建筑结构设计疑难 300 问

辛　力　主编
杨　琦　主审

中国建筑工业出版社

图书在版编目（CIP）数据

建筑结构设计疑难 300 问/辛力主编. —北京：中国建筑工业出版社，2021.12（2022.10重印）

ISBN 978-7-112-26647-0

Ⅰ.①建… Ⅱ.①辛… Ⅲ.①建筑结构-结构设计-问题解答 Ⅳ.①TU318-44

中国版本图书馆 CIP 数据核字（2021）第 193450 号

本书的 300 多个疑问均征询自一线结构工程师，并按结构设计基本要求、混凝土结构、钢结构、钢-混凝土混合结构、复杂高层建筑结构、消能减震和隔震结构、超限项目结构设计、地基基础分为 8 章。答复则以现行规范、标准、规程为依据，着重梳理问题根源及脉络，明辨是非，并给出具体解决方案，理论性、科学性、实操性较强。

本书适合从事建筑结构设计的工程师作为专业工具书查询阅读，也可供高校土木工程类专业师生、相关专业科研人员，以及从事建筑施工、工程管理工作的专业人士参考。

责任编辑：武晓涛

责任校对：姜小莲

建筑结构设计疑难 300 问

辛　力　主编

杨　琦　主审

*

中国建筑工业出版社出版、发行（北京海淀三里河路 9 号）

各地新华书店、建筑书店经销

唐山龙达图文制作有限公司制版

北京建筑工业印刷厂印刷

*

开本：787 毫米×1092 毫米　1/16　印张：16¾　字数：415 千字

2021 年 10 月第一版　2022 年 10 月第二次印刷

定价：**58.00** 元

ISBN 978-7-112-26647-0

（38086）

标准规范缩写

本书为了节省篇幅和便于阅读，文中对相关标准规范采用了缩写方式，如下表。

标准规范缩写对照表

分类	序号	名称	编号	缩写
国家标准	1	工程结构可靠性设计统一标准	GB 50153—2008	《工程可靠性标准》
	2	建筑结构可靠性设计统一标准	GB 50068—2018	《建筑可靠性标准》
	3	建筑结构荷载规范	GB 50009—2012	《荷载规范》
	4	混凝土结构设计规范	GB 50010—2010(2015 年版)	《混规》
	5	钢结构设计标准	GB 50017—2017	《钢标》
	6	建筑抗震设计规范	GB 50011—2010(2016 年版)	《抗规》
	7	砌体结构设计规范	GB 50003—2011	《砌体规范》
	8	建筑隔震设计标准	GB/T 51408—2021	《隔震标准》
	9	钢管混凝土结构技术规范	GB 50936—2014	《钢管混凝土规范》
	10	建筑地基基础设计规范	GB 50007—2011	《基础规范》
	11	湿陷性黄土地区建筑标准	GB 50025—2018	《湿陷性黄土标准》
	12	建筑抗震鉴定标准	GB 50023—2009	《抗震鉴定标准》
	13	人民防空地下室设计规范	GB 50038—2005	《人防规范》
	14	中国地震动参数区划图	GB 18306—2015	《区划图》
	15	建筑钢结构防火技术规范	GB 51249—2017	《钢结构防火规范》
行业标准	1	高层建筑混凝土结构技术规程	JGJ 3—2010	《高规》
	2	高层民用建筑钢结构技术规程	JGJ 99—2015	《高钢规》
	3	组合结构设计规范	JGJ 138—2016	《组合规范》
	4	建筑消能减震技术规程	JGJ 297—2013	《消规》
	5	空间网格结构技术规程	JGJ 7—2010	《空间网格规程》
	6	建筑地基处理技术规范	JGJ 79—2012	《地基处理规范》
	7	建筑桩基技术规范	JGJ 94—2008	《桩基规范》
	8	既有建筑地基基础加固技术规范	JGJ 123—2012	《地基加固规范》
协会标准	1	建筑工程抗震性态设计通则	CECS 160：2004	《性态设计通则》
	2	叠层橡胶支座隔震技术规程	CECS 126：2001	《橡胶隔震规程》
其他	1	超限高层建筑工程抗震设防专项审查技术要点	建质[2015]67 号	《超限审查技术要点》
	2	西安地裂缝场地勘察与工程设计规程	DBJ 61—6—2006	《地裂缝规程》
	3	挤密桩法处理地基技术规程	DBJ 61—2—2006	《挤密桩规程》

序

伴随着我国改革开放和经济振兴，带动了建筑行业前所未有的蓬勃发展，复杂的多高层建筑、大跨度异形建筑和超高层建筑如雨后春笋，遍及我国大中城市乃至县乡。而技术方面得益于计算机技术的发展和建筑结构新体系、新材料、新工艺的研发，更依赖于建筑行业大量的优秀人才培养和充足的实践积累。

建筑结构专业覆盖面广、系统性强，概念设计与精细分析并举，传统手法与现代技术融合。建立完整的结构概念体系，融会贯通结构专业技术之奥妙，需要强大的理论功底与工程实践经验。本书以问答形式来交流结构技术问题并辅以引申说明，让人耳目一新。书中筛选出 300 多个工程设计常见疑难问题，涵盖各类结构体系，包括新技术、新材料、新方法，代表性强，广度与深度兼备。作者在规范规定、理论分析基础上给出个人见解，然后从工程实践角度给出解决方案，概念清晰、观点明确、操作性强。特别是对结构概念设计、抗震性能化设计、建筑减隔震（振）设计、湿陷性黄土地基处理等，有着诸多独到视角，值得大力推荐。

我与本书作者的交往甚少，年龄上也相差较大，仅有的几次接触，言语之间察觉到其对结构专业的深刻认知，深感欣慰。本书写作手法凸显自我解读，虽略显生涩，但个性鲜活，独立之思想跃然纸上，有时候围绕某个专业问题，不厌其烦地从各层面解读，显示出其对专业技术的执着追求与由衷热爱，这样的年轻结构人让我感慨。希望本书的出版，能给工程设计人员传递一抹情怀，带来一丝新意，感召更多的年轻工程师专注专业、开拓思维、敢于突破、勇立潮头！

本书既注重传统技术创新，又关注前沿技术发展，兼顾地域技术特色，涉及范围广，技术成熟度高，指导意义强。相信本书的出版，必将为广大读者带来设计新思路，为业界同仁开拓技术新视野，为行业高质量发展增添新动力。

任庆英

2021 年 9 月 25 日

前　言

经过多年发展与积淀，建筑结构设计的标准、规范、规程（以下简称标准规范）有百余种之多，涵盖各种材料类型、各类结构体系、各项新技术。建筑结构设计标准普遍建立在计算分析、试验模拟、震害调研、概念设计等基础之上，多种标准之间难免存在交叉与冲突，对一些细节问题的解读存在争议；另外，随着计算软件的飞速发展，分析手段日趋多样，分析结果更加精细，精细分析与概念设计的矛盾更加显现。当前，社会、经济快速发展，对建筑功能的要求愈加多样，建筑结构设计面临的挑战也越来越大，面对各种设计疑难问题，如何对标准规范的背景进行深入挖掘，在标准规范的异议中寻求共性，在精细分析与概念设计之间找到平衡，是新时代结构工程师必备的专业素养。

本书在征询中国建筑西北设计研究院有限公司一线工程师常见设计疑难问题1000余项基础上，筛选出300多个典型问题进行剖析，以现行标准规范规定为基础，着重梳理标准规范的渊源及脉络，凸显标准规范本质，结合精细分析、性能化设计等新手段、新思想，深入解读、明辨是非，给出具体解决方案，理论性、科学性、实操性较强。

全书共分为8章：结构设计基本要求、混凝土结构、钢结构、钢-混凝土混合结构、复杂高层建筑结构、消能减震和隔震结构、超限项目结构设计、地基基础，从理论到实践、从分析到概念、从背景到前沿，包含结构工程设计各个方面，适用于从事建筑结构设计的工程师、土木工程类专业在校师生，以及从事工程管理对结构设计感兴趣的广大同仁。

本书作者自博士毕业后，从事建筑结构设计工作10余年，主持各类结构设计50余项，涵盖框架、框架-剪力墙、剪力墙、框架-核心筒、钢框架、钢框架-支撑等结构体系以及超高层、大跨度、减隔震等复杂工程项目，积累了丰富的一线设计经验。工作期间完成了博士后科研工作站相关工作，进行了多个科研课题的研发工作，发表了一系列论文，在工程设计理论、新技术应用等方面也具备较深基础。相信本书会对结构设计同行带来一定的启发，您的一点一滴收获，会让我感受到分享的喜悦与满足，无比荣光。

本书编写过程中得到中国建筑西北设计研究院有限公司沈励操、曾凡生、吴琨、仲崇民、郑永强、吕旭东、唐旭阳、韦孙印、陈考学、刘万德、贾俊明、王敏、任同瑞、王世斌、许嵘、应向阳、田敏、单桂林、王洪臣、李海琳等技术总工的精心指导，西安建筑科技大学梁兴文教授对全书进行了审阅，前辈们的敬业精神、执着信念、专业情怀让人肃然起敬，我辈定不负众望、负重前行，开拓中建西北院结构事业新篇章。史生志、荆罡、郝维平、张向辉、刘福禄、潘映兵等工程师完成了部分插图及校审工作，在此一并致谢。

本书编写过程中参考了大量国内外文献，作者尽可能在书末详尽列出，如有遗漏，还请联系作者。

本书为作者第一本拙作，文笔略显生硬与繁冗，加之日常设计工作繁忙，往往顾此失彼，漏洞和错误在所难免，不足之处，还望业内专家不吝赐教！

目　录

1 结构设计基本要求

1.1 一般要求

1.1.1 嵌固端判断时，地下一层与首层结构侧向刚度比能否小于2？小于2时采取什么补救措施？

【背景：地基规范、个别地方规程、设计院的技术措施等已对此规定适当放松，同时要求提高回填土质量，或适当考虑整体筏板、地下室顶板框架梁、楼板等对楼层刚度的影响】

答复：《高规》第5.3.7条规定：高层建筑结构整体计算中，当地下室顶板作为上部结构嵌固部位时，地下一层与首层侧向刚度比不宜小于2。《抗规》也有类似规定。现行规范对结构嵌固端进行判定时，以楼层等效剪切刚度比为依据，计算公式见《高规》附录E：

$$\gamma_{e1}=\frac{G_1A_1}{G_2A_2}\times\frac{h_2}{h_1} \tag{1.1.1-1}$$

$$A_i=A_{w,i}+\sum_j C_{i,j}A_{ci,j}\ (i=1,2) \tag{1.1.1-2}$$

式中 $C_{i,j}$ 计算方法来源如下：

$$\frac{G_iA_i}{h_i}=\frac{G_iA_{w,i}}{h_i}+\frac{12E_iI_{c,i}}{h_i^3}=\frac{G_i}{h_i}(A_{w,i}+\sum_j C_{i,j}A_{ci,j}) \tag{1.1.1-3}$$

取 $G=0.4E$，对于矩形截面可得出：

$$C_{i,j}=2.5\left(\frac{h_{ci,j}}{h_i}\right)^2(i=1,2) \tag{1.1.1-4}$$

式中：G_1、G_2——分别为转换层和转换层上层的混凝土剪变模量；

A_1、A_2——分别为转换层和转换层上层的折算抗剪截面积；

$A_{w,i}$——第 i 层全部剪力墙在计算方向的有效截面面积（不包括翼缘面积）；

$A_{ci,j}$——第 i 层第 j 根柱的截面面积；

h_i——第 i 层的层高；

$h_{ci,j}$——第 i 层第 j 根柱沿计算方向的截面高度；

$C_{i,j}$——第 i 层第 j 根柱截面面积折算系数，当计算值大于1时取1。

式(1.1.1-3)是基于楼层上、下端仅产生相对水平位移（无转角）的假定（图1.1.1），由剪力墙的剪切刚度和框架柱的弯曲刚度推导而来，未考虑实际工程中基础嵌固、回填土约束、楼盖约束、剪力墙截面弯曲刚度、框架柱截面剪切刚度等影响，设计中允许适当放松，但应采取对应加强措施。从工程实际角度考虑，建议地下室顶板作为上部结构嵌固部位时，地下一层与首层侧向刚度比不宜小于 2.0，不应小于 1.8。当刚度比小于 1.8 而大于 1.5 时，嵌固端允许下移一层并基于嵌固端分别在地下一层顶板和地下二层顶板两种情况做包络设计。如果考虑地下室相关范围抗侧力构件刚度所计算的地下一层与首层结构侧向刚度比小于 1.5，必须经过专项评审并采取性能化设计等加强措施。

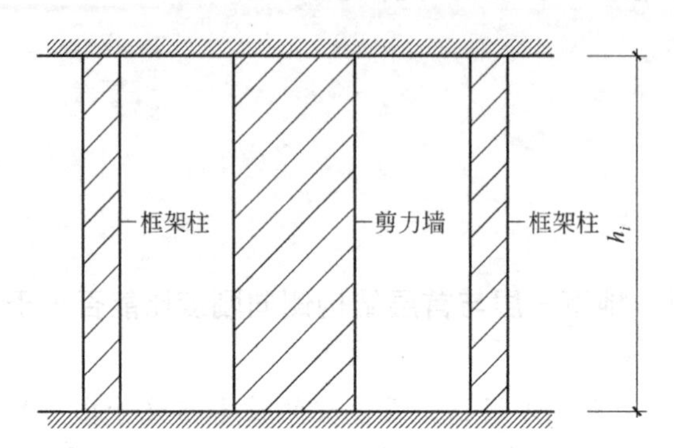

图 1.1.1　楼层剪切刚度计算模型——上下端无转角

【说明】当地下一层与首层侧向刚度比小于 2.0 而大于 1.8 时，如果对地下室回填土的质量、压实系数等提出更高要求，或者通过提高地下室顶板的梁板截面尺寸等措施提高地下一层结构刚度，往往也能达到嵌固效果。

刚度比小于 1.8 而大于 1.5 时，需要将嵌固端下移一层并取包络设计结果。严禁相关范围内地下一层与首层结构侧向刚度比小于 1.5，否则上部结构设计与规范宗旨、反应谱设计理论等存在矛盾，需要采取更严格措施。

1.1.2　如果地下室顶板不能作为上部结构的嵌固端，嵌固端能否下移？下移的原则是什么？

答复：高层建筑结构计算时，主体结构计算模型的底部嵌固端，理论上应能有效约束结构底部在两个水平方向的平动位移和绕竖轴的转角位移。因此，对作为主体结构嵌固部位的相邻下、上楼层的整体刚度比应加以控制。《高规》第 5.3.7 条规定：高层建筑结构整体计算中，当地下室顶板作为上部结构嵌固部位时，地下一层与首层侧向刚度比不宜小于 2。

当地下一层结构的侧向刚度难以满足嵌固端刚度比要求时，在保证地下一层与首层侧向刚度比不小于 1.5 的前提下，可将主体结构的嵌固部位下移至地下二层顶板或筏形基础、箱形基础的顶面（图 1.1.2）。当嵌固部位在地下二层顶板时，应保证地下二层与上部结构首层侧向刚度之比不宜小于 2。即：当 $1.5<K_{-1}/K_1<1.8$ 时，$K_{-2}/K_1\geqslant2$。

结构设计时，应注意地下室顶板的实际嵌固作用，取向下延伸的嵌固部位和地下室顶板作为上部结构的嵌固部位，分别计算，包络设计，并对地下一层结构的配筋适当加强，保证地下室的抗侧力构件不产生塑性铰。

【说明】当地下室一层结构侧向刚度不满足嵌固要求时，嵌固端可下移一层，此时上部结构的嵌固部位实际上变成一个嵌固区域（从地下室顶板至向下延伸的嵌固部位）。如果地下一层、地下二层与地上一层结构侧向刚度比分别大于 1.5、2，那么地下两层区域

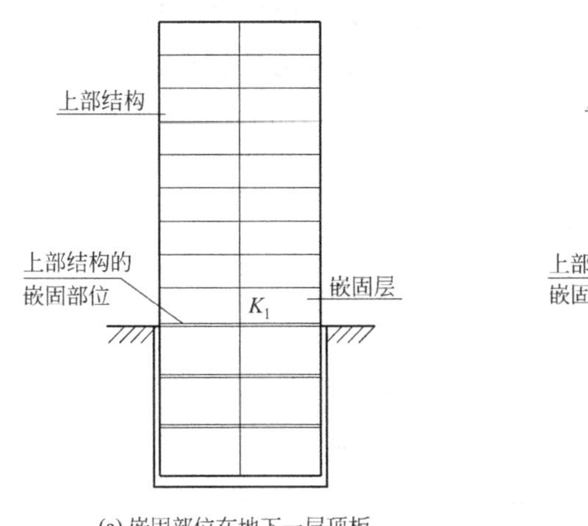

(a) 嵌固部位在地下一层顶板

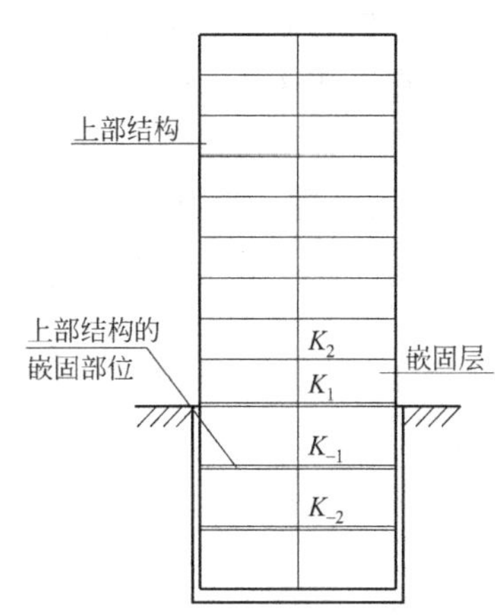

(b) 嵌固部位在地下二层顶板

图 1.1.2 结构嵌固端示意图

与地上两层区域侧向刚度比一般大于 1.8，即 $(1/K_1+1/K_2)/(1/K_{-1}+1/K_{-2})>1.8$，这样地下室顶板仍可近似作为嵌固端。

嵌固端原则上可下移一层，再往下延伸已失去理论与工程意义。

1.1.3 《高规》第 3.5.2 条第 2 款中的结构底部嵌固层，是地上一层还是嵌固端的上一层？

答复：嵌固端可以在地下一层顶板，也可以在地下二层顶板，或在基础顶面，但被嵌固的结构总是上部结构，即嵌固层一般指的是地上一层（见图 1.1.2）。

1.1.4 如果嵌固端在地下二层顶板，地下一层与地上一层刚度比不满足《高规》第 3.5.2 条要求时，地下一层属于薄弱层吗？

答复：地下一层属于地下室，其自身的地震作用很小，主要传递上部结构地震剪力至下部楼层及周边回填土，相邻层结构刚度比对其剪力分布影响很小，加之其受回填土约束，一般不会形成薄弱层，因此无须按照《高规》第 3.5.2 条复核刚度比，但应满足本书 1.1.2 问答复中相关要求。

1.1.5 剪力墙结构嵌固端判断时，地下一层为层高较低的管道层，而地下二层层高较高，等效剪切刚度虽然容易满足嵌固端刚度比要求，概念上是否合理？

答复：剪力墙结构嵌固端判断时，如果有层高较低的管道层，建议按照楼层剪力与层间位移角比值 [《高规》公式(3.5.2-2)] 复核嵌固端刚度比，使其满足地下一层侧向刚度不小于地上一层侧向刚度 2 倍的嵌固端要求。此时，地下室结构侧向刚度计算时，不应考虑回填土侧向约束的影响，以免侧向刚度计算结果失真。

结构嵌固端侧向刚度比验算如采用等效剪切刚度 [《高规》公式(E.0.1-1)]，并考虑层高修正，这对于侧移模式呈弯曲型的剪力墙结构而言，概念上不是很合理。一般情况下，剪力墙侧向刚度较大，楼层水平构件对其约束作用有限，楼层侧向刚度比计算考虑层高修正理论上不严密。由于结构底部楼层无害层间位移角占比较小，采用楼层剪力与层间位移角比值 [《高规》公式(3.5.2-2)] 能较好地反映楼层刚度分布情况，作为嵌固端刚度判断指标似乎更为合适。

1.1.6 对结构底部嵌固层，《高规》第3.5.2条第2款要求楼层与相邻上层的侧向刚度比不宜小于1.5，计算该比值时嵌固层底部可否按完全嵌固考虑？

答复：《高规》第3.5.2条第2款规定，对框架-剪力墙、板柱-剪力墙结构、剪力墙结构、框架-核心筒结构、筒中筒结构，楼层与相邻上层的侧向刚度比 γ_2 可按下式计算：

$$\gamma_2=\frac{V_i\Delta_{i+1}}{V_{i+1}\Delta_i}\frac{h_i}{h_{i+1}} \tag{1.1.6}$$

对结构底部嵌固层，该比值不宜小于1.5。嵌固层侧向刚度比，一般指的是地上一层与二层的结构侧向刚度比，要求其大于1.5，是因为地上一层往往为率先屈服楼层，需要对其刚度和承载力进行加强。另外，嵌固端的嵌固效果会增大该楼层刚度，因此对嵌固层的侧向刚度比要求更严。也就是说，规范要求嵌固层与其上层结构侧向刚度比大于1.5，远大于一般楼层规定的0.9，是建立在考虑底层嵌固作用的基础之上，因此计算时可以按完全嵌固计算（图1.1.6）。

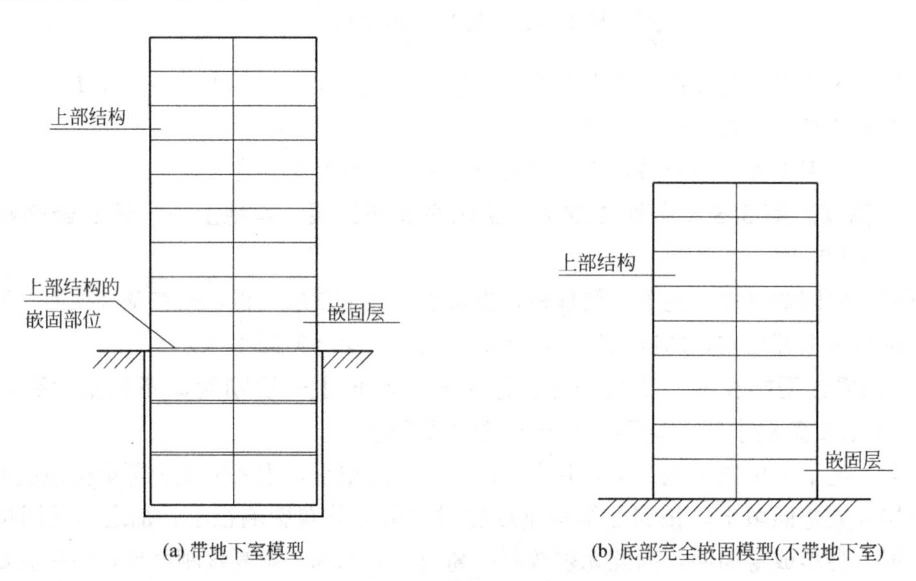

(a) 带地下室模型　(b) 底部完全嵌固模型(不带地下室)

图1.1.6　结构计算模型

算例分析表明，按完全嵌固计算的嵌固层侧向刚度比如果大于1.5，带地下室模型（与地下室刚度、回填土等有关）计算所得侧向刚度比一般略小于完全嵌固模型，基本能够保证首层不出现软弱层。

1.1.7 设计中通过设置柱墩来解决首层层高过高的问题，柱墩与柱的刚度比取多少合理？

答复：框架柱下部的柱墩顶面作为近似嵌固端，应保证带柱墩与不带柱墩结构计算模型的刚度、强度偏差控制在工程允许范围以内。工程意义上的嵌固端很难做到底部完全嵌固，嵌固端以下结构侧向刚度大于上部结构刚度一定比例可认为近似嵌固（如地下一层与首层侧向刚度比不宜小于2的嵌固要求）。

以两端嵌固的变刚度柱单元为例，如图1.1.7(a)所示，当下段柱线刚度约为上段柱线刚度的110倍左右时，图1.1.7(a)、图1.1.7(b)所示的两个柱单元抗侧刚度偏差在10%以内，也能保证图1.1.7(a)、图1.1.7(b)顶部发生单位位移时，上段柱弯矩偏差在

10%以内。因此，力学意义上做到上段柱下部近似嵌固对柱墩的刚度要求较高。

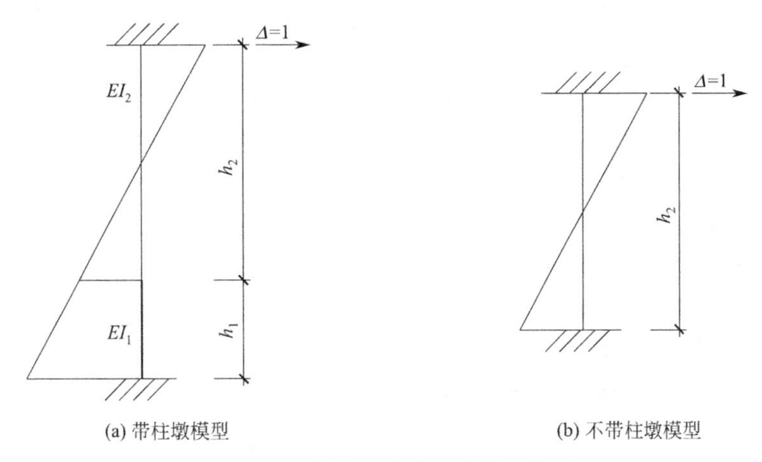

(a) 带柱墩模型　　(b) 不带柱墩模型

图 1.1.7　框架柱墩嵌固计算示意图

当然，以上为理想的两端嵌固模型，实际结构计算结果也表明，柱墩线刚度达到上部柱线刚度的 20 倍以上时，二者的配筋计算结果差异在工程允许范围以内，但不带柱墩模型会高估首层结构侧向刚度，所得的层间位移角（偏小）、首层与二层侧向刚度比（偏大）等值偏差较大。

因此，柱墩顶面作为嵌固端时，考虑到柱墩周边回填土约束效果，建议柱墩线刚度大于上段柱线刚度的 10 倍（式 1.1.7），同时对首层层间位移角、楼层侧向刚度比采取更严的要求（建议采用带柱墩模型复核），柱墩的纵向钢筋不应小于上柱的实际配筋，其截面受弯承载力不应小于上柱的 1.1 倍。

$$\frac{EI_1h_2}{EI_2h_1}=\frac{I_1h_2}{I_2h_1}>10 \tag{1.1.7}$$

1.1.8 对于楼层概念不是很明确的结构，如体育场馆、开大洞、局部夹层等结构，是否需要控制位移比、刚度比？

答复： 位移比、刚度比是控制结构平面布置（减少整体扭转）、竖向布置（防止刚度突变）不规则性的衡量指标。

(1) 为什么要控制扭转？扭转使得地震效应在结构某些部位（如边跨、角部）明显放大，如在刚性隔板假定前提下，当某楼层最大层间位移与其平均值的比值为 1.2 时，意味着该楼层一端为 1.0，而另一端为 1.45；位移比为 1.5 时，相当于该楼层一端为 1.0，另一端为 3.0。因此，扭转对结构受力是非常不利的。而此处的扭转，是整体意义上的扭转，如果结构（或楼层）不是整体扭转，控制位移比将没有意义。整体扭转一般是建立在楼层刚性隔板假定基础上的（位移比本身是宏观指标，不要求非常精确，但应能反映问题），但是，刚性隔板应能够近似反映楼板平面内实际约束情况，不能用刚性隔板去假定并不存在的楼板（如开大洞、柔性屋盖）等。

(2) 是否需要控制结构（楼层）位移比？首先需判断结构会不会产生整体扭转（或局部的整体扭转，如未开洞范围的楼板，也应控制）。对于无楼板、楼板开大洞、柔性屋盖等结构，不存在整体扭转的情况，人为地假定刚性隔板去计算位移并控制位移比没有意义；对于大跨刚性屋盖情况，结构可能还是存在整体扭转的，此时应该控制位移比（可按屋盖实际刚度分析，取支撑屋盖柱顶的位移比）；对于错层等可能存在整体扭转或局部整体扭转的结构，可按分块刚性隔板假定控制位移比。

（3）控制竖向楼层刚度比主要是防止结构竖向刚度突变，进而导致竖向构件内力分布突变，破坏集中。楼层集中破坏将导致结构整体屈服机制失效，这是抗震设计中应严格避免的。对于结构顶层为大跨屋盖的情况，其与下层刚度比往往偏小，设计时建议对其竖向构件地震剪力标准值乘以1.25的放大系数；对于存在局部夹层的情况，夹层与主体结构铰接，则对结构刚度分布无影响。如果夹层影响结构的刚度分布，则应控制其刚度比，此时，如果夹层面积占到楼层面积的1/3，应按楼层考虑其层刚度特性；如果夹层占比较小，则不必考虑其层刚度特性。

1.1.9 抗震设计的框架结构为什么不应采用单跨框架？

答复：钢筋混凝土结构抗震性能指标可概括为刚度、强度、延性等几个方面。单跨框架由于整体约束冗余度低，其延性较多跨框架差。在罕遇地震作用下，如果两根柱中的一根柱发生破坏，可能引起结构的连续倒塌。震害调查表明，单跨框架结构，尤其是层数较多的高层建筑，震害较重。因此，《高规》第6.1.2条规定：抗震设计的框架结构不应采用单跨框架。

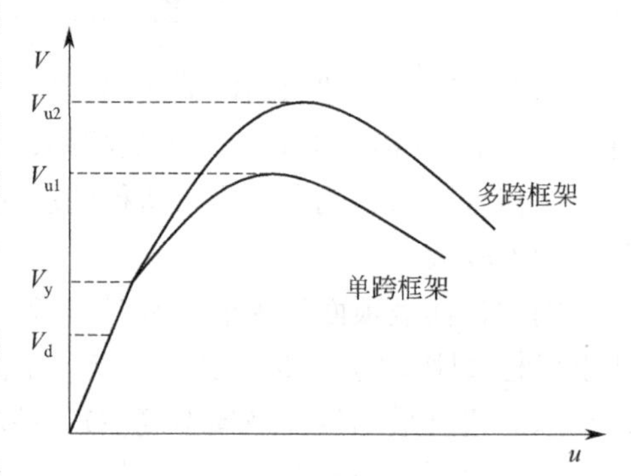

图1.1.9 单跨框架与多跨框架承载能力对比示意图
V_d—结构设计承载力；V_y—结构屈服承载力；V_u—结构极限承载力

地震作用下多跨框架梁端塑性铰一般逐步形成，结构进入屈服（首个梁端产生塑性铰）后，随着塑性铰形成，承载能力会继续提升，以满足大震的承载力需求（图1.1.9），而单跨框架结构不具备上述条件，其结构超强系数（V_u/V_d）低于多跨框架，大震作用下其承载力可能不足。因此，单跨框架存在承载力、延性指标的双重不足，需要大幅提升承载力储备，用“高承载力-低延性”的性能化设计思路解决其抗震问题。

单跨框架结构是指整栋建筑全部或绝大部分采用单跨框架的结构，不包括仅局部为单跨框架的框架结构和框架-剪力墙结构中的单跨框架。

对位于建筑物顶层的单跨框架，可适当放松要求。但对位于建筑物一侧的跨度及范围较大的单跨框架，或平面内开洞较大，使单跨部分与其他部分多跨框架的变形不易协调者，应采取加强措施（如提高其抗震等级、进行抗震性能化设计等）。

1.1.10 中、小学教学楼之间的连廊、通廊等建筑能否采用单跨多层框架结构？

答复：单跨框架结构的冗余度低，结构抗震性能较差。《抗规》第6.1.5条规定，甲、乙类建筑以及高度大于24m的丙类建筑，不应采用单跨框架结构。由于教学楼之间的连廊一般属于乙类建筑，按规范要求，不允许采用单跨框架结构。因此，设计时应尽量将主楼与连廊连接为整体，或改变连廊结构形式，将其设计为框架-剪力墙结构或多跨框架结构。如果条件限制只能采用单跨框架结构时，对于不超过两层的单跨框架结构，采取抗震等级提高一级的抗震措施；对于两层以上的单跨框架结构，可采用性能化设计方法，框架柱性能目标为大震抗弯不屈服（抗剪弹性），框架梁性能目标为中震不屈服，并补充大震弹塑性分析验算，要求其弹塑性层间位移角不大于 1/100。

1.1.11 以防震缝分开的结构，或包含地下室的结构，能否分区段、分地下地上人流确定抗震设防分类标准？

答复：《建筑工程抗震设防分类标准》GB 50023—2008 第 6.0.5 条中的“区段”应该是指具有同一建筑功能的相关范围，与结构是否分缝、有无地下室没有直接关系，其关注的是具有同一建筑功能的相关范围内人员的密集程度。若建筑中不同区段的人流密集程度及使用功能有较大不同，可分区段确定抗震设防分类，但应避免上高下低。

1.1.12 单层坡屋面是否需要控制位移比？坡屋面下部软弱层是否考虑剪力放大？

答复：对于坡屋面，如果屋面斜板按照壳单元考虑，刚度很大，此种情况下楼层位移（位移角）一般很小，控制位移比没有意义。

由于坡屋面刚度较大，其下几层往往会出现软弱层，此时不需考虑软弱层地震剪力放大。因为坡屋面位于顶层，上部悬空且没有大的荷载或质量，其刚度再大，对下部结构的约束和影响有限，其刚度突变对主体结构楼层剪力和位移分布影响较小（如图 1.1.12-1、图 1.1.12-2 所示），同时，顶部楼层一般地震剪力较小，很难在地震作用下集中破坏。

结构设计不确定因素很多，计算分析的同时，概念设计非常重要，应具体问题具体分析，很难有以一概全的解决方案。

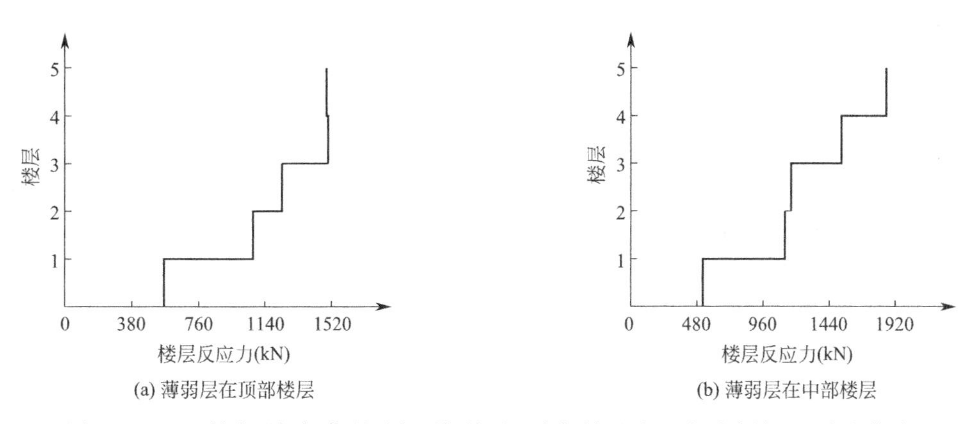

图 1.1.12-1 某多层框架薄弱层在顶部楼层和中部楼层时 X 向最大楼层反应力曲线

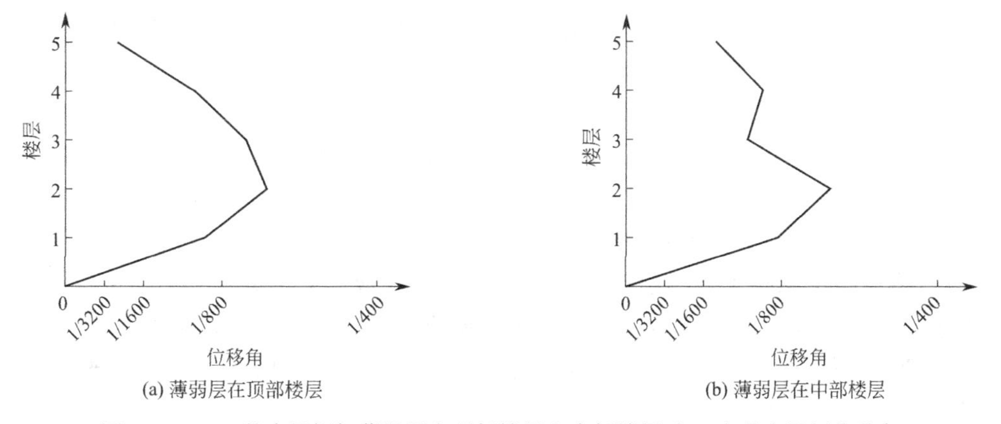

图 1.1.12-2 某多层框架薄弱层在顶部楼层和中部楼层时 X 向最大层间位移角

1.1.13 混凝土结构设计中使用高强钢筋应注意什么？

答复：高强钢筋（500MPa 以上）用于钢筋混凝土结构设计中，钢筋的强度（包括抗拉、抗压强度以及强屈比、屈强比）、延性（最大拉力下的总伸长率）等指标均应满足相关设计要求。

首先，混凝土强度等级应该与钢筋强度相匹配，使用高强钢筋时尽量使用高强度等级混凝土，一般不应低于 C30。

其次，高强钢筋因与混凝土组合使用，个别强度指标由混凝土材料控制，如抗压强度（轴压状态下一般不大于 400N/mm^2）受混凝土极限受压应变制约，钢筋混凝土构件截面受剪、受扭、受冲切承载力计算时采用的钢筋抗拉设计强度（不大于 360N/mm^2）受到混凝土裂缝宽度制约等。

另外，对于有抗震延性需求的结构构件（柱、梁、支撑、剪力墙边缘构件等）的受力纵筋，钢筋的抗拉强度实测值与屈服强度实测值的比值（1.25）、屈服强度实测值与屈服强度标准值的比值（1.30）、最大拉力下总伸长率（9%）等均应满足相关要求，保证其在往复地震作用下具有足够的延性和耗能能力。

1.1.14 高层建筑结构的墙、柱混凝土强度等级比梁、板混凝土强度等级高时，需要采用什么样的施工措施？设计中应注意什么问题？

答复：高、低强度等级混凝土的交界面易形成冷缝。为保证柱、墙与梁连接节点的可靠性，《高规》第 13.8.9 条规定，结构墙、柱混凝土设计强度等级高于梁、板混凝土设计强度等级时，应在交界区域采取分隔措施。分隔位置应在低强度等级的构件中，且与高强度等级构件边缘的距离不宜小于 500mm。应先浇筑高强度等级混凝土，后浇筑低强度等级混凝土。原则上，墙、柱与梁混凝土强度等级相差不应超过 20MPa。当二者级差超过 10MPa 时，应在设计文件中注明采取的相应施工措施，如：

（1）严格遵守“先高后低”的浇捣原则；

（2）梁板的混凝土采用二次振捣法，即在混凝土初凝前再振捣一次，增强高、低强度等级混凝土交接面的密实性，减少收缩；

（3）在产生裂缝相对较多的梁的侧面，增加水平构造钢筋，提高梁的抗裂性；

（4）严格控制混凝土拌合物的坍落度，节点核心区柱子部位混凝土采用塔吊输送，以期降低坍落度；

（5）加强混凝土的养护，特别是梁，除了板面浇水外，还应在板下梁侧浇水，在满堂承重脚手架未拆除之前，可以用高压水枪对梁进行浇水养护，并推迟梁侧模的拆模时间。

当墙、柱与梁混凝土强度等级相差不超过 10MPa 时，为了便于施工，也可采用较低强度等级的梁、板混凝土浇筑梁柱节点核心区，但应验算梁柱节点核心区的受剪承载力以及各层柱下端梁、板处混凝土的局部受压承载力。

1.1.15 高层建筑混凝土结构设计中混凝土强度等级应如何选取？

答复：高层建筑中各类结构混凝土强度等级的选取，应考虑钢筋级别、结构的重要性、受力部位、抗震等级等。《高规》第 3.2.2 条规定，各类结构用混凝土的强度等级均不应低于 C20，并应符合下列要求：

（1）抗震设计时，一级抗震等级框架梁、柱及其节点的混凝土强度等级不应低于 C30；

(2) 筒体结构的混凝土强度等级不宜低于 C30；

(3) 作为上部结构嵌固部位的地下室楼盖的混凝土强度等级不宜低于 C30；

(4) 转换层楼板、转换梁、转换柱、箱形转换结构以及转换厚板的混凝土强度等级均不应低于 C30；

(5) 预应力混凝土结构的混凝土强度等级不宜低于 C40、不应低于 C30；

(6) 型钢混凝土梁、柱的混凝土强度等级不宜低于 C30；

(7) 现浇非预应力混凝土楼盖结构的混凝土强度等级不宜高于 C40；

(8) 抗震设计时，框架柱的混凝土强度等级，9 度时不宜高于 C60，8 度时不宜高于 C70；剪力墙的混凝土强度等级不宜高于 C60。

【说明】《混规》局部修订送审稿（2020 年 12 月 15 日）规定：钢筋混凝土结构的混凝土强度等级不应低于 C25（原为 C20）；采用 500MPa 及以上的钢筋时，混凝土强度等级不应低于 C30（原为 C25）。

1.1.16 混凝土结构设计中使用高强混凝土应注意什么？

答复：与普通强度混凝土相比，高强混凝土的脆性较大，且工程应用时间不长，故设计和施工时，应注意下列问题：

1. 因为高强混凝土具有明显的脆性破坏特征，且因构件纵向受压时横向变形偏小（与普通混凝土构件相比），而使箍筋对其的约束效果受到一定的削弱，故应对地震高烈度区高强混凝土的应用予以限制。《混规》第 11.2.1 条规定，混凝土剪力墙结构的混凝土强度等级不宜超过 C60；其他构件（如框架柱），9 度时不宜超过 C60，8 度时不宜超过 C70。

2. 研究表明，处于拉、压受力状态的混凝土存在软化现象，即其复合抗压、抗拉强度均降低，并且随混凝土强度等级的增加，软化现象越明显。因此，验算构件受剪截面（如 $V\leqslant 0.25\beta_c f_c bh_0$）时，混凝土轴心抗压强度 f_c 应乘以混凝土强度影响系数 β_c。当混凝土强度等级不超过 C50 时，取 $\beta_c=1.0$；当混凝土强度等级为 C80 时，取 $\beta_c=0.8$；其间按线性内插法确定。

钢筋混凝土构件正截面承载力计算时，截面矩形应力图的受压区高度 x 可取截面应变保持平面的假定所确定的中和轴高度乘以系数 β_1。当混凝土强度等级不超过 C50 时，β_1 取为 0.80；当混凝土强度等级为 C80 时，β_1 取为 0.74；其间按线性内插法确定。

3. 高强混凝土框架结构的抗震构造措施，应符合下列要求：

(1) 梁端纵向受拉钢筋的配筋率不宜大于 2.6%（HRB400 级钢筋）。梁端箍筋加密区的箍筋最小直径应比普通混凝土梁箍筋的最小直径增大 2mm。

(2) 柱的轴压比限值宜按下列规定采用：不超过 C60 混凝土的柱可与普通混凝土柱相同，C65～C70 混凝土的柱宜比普通混凝土柱减小 0.05，C75～C80 混凝土的柱宜比普通混凝土柱减小 0.1。

(3) 当混凝土强度等级大于 C60 时，柱纵向钢筋的最小总配筋率应比普通混凝土柱增大 0.1%。

(4) 混凝土强度等级高于 C60 时，箍筋宜采用复合箍、复合螺旋箍或连续复合矩形螺旋箍。柱加密区的最小配箍特征值宜按下列规定采用：

1）轴压比不大于0.6时，宜比普通混凝土柱大0.02；

2）轴压比大于0.6时，宜比普通混凝土柱大0.03。

4. 当抗震墙的混凝土强度等级大于C60时，应经过专门研究，采取加强措施。

目前，C70、C80甚至C100强度等级混凝土已逐渐应用于超高层建筑结构的底部剪力墙或底部框架柱，能有效减小结构构件尺寸和结构质量、降低地震作用。针对高强混凝土的脆性特点，可将其设计为高强混凝土-钢板剪力墙、钢管混凝土柱、型钢混凝土柱等组合构件，提升其延性，也可采用消能减震技术，降低结构构件在罕遇地震作用下的损伤程度。

高强混凝土应用时还应考虑其制备、浇筑、养护等各方面的问题。

1.1.17 钢筋混凝土结构在设置结构缝时应遵循什么原则？变形缝间距及变形缝宽度如何取值？

答复：结构缝为根据所受影响而在相邻建筑或建筑物两部分之间设置的伸缩缝、沉降缝、防震缝、构造缝、防连续倒塌的分割缝等的总称。结构设计时，通过设置结构缝将结构分割为若干相对独立的单元，以消除各种不利因素的影响。除永久性的结构缝以外，还应考虑设置施工接槎、后浇带、控制缝等临时性缝以消除某些暂时性的不利影响。《混规》第3.2.2条规定，混凝土结构中结构缝的设计应符合下列要求：

（1）应根据结构受力特点及建筑尺度、形状、使用功能要求，合理确定结构缝的位置和构造形式；

（2）宜控制结构缝的数量，并应采取有效措施减少设缝对使用功能的不利影响；

（3）可根据需要设置施工阶段的临时性结构缝。

1. 伸缩缝。《混规》第8.1.1条规定，钢筋混凝土结构伸缩缝的最大间距可按《混规》表8.1.1确定。由于温度变化对建筑物造成的危害在其底部数层和顶部数层较为明显，基础部分基本不受温度变化的影响，因此，当房屋长度超过表中规定的限值时，宜用伸缩缝将上部结构从顶到基础顶面断开，分成独立的温度区段。

2. 沉降缝。当上部结构不同部位的竖向荷载差异较大，或同一建筑物不同部位的地基承载力差异较大时，应设沉降缝将其分成若干独立的结构单元，使各部分自由沉降。沉降缝应将建筑物从顶部到基础底面完全分开。

3. 防震缝。当位于地震区的结构房屋体型复杂时，造成结构平面不规则，宜设置防震缝。《高规》第3.4.9条规定，抗震设计时，高层建筑宜调整平面形状和结构布置，避免设置防震缝。体型复杂、平立面不规则的建筑，应根据不规则程度、地基基础条件和技术经济等因素的比较分析，确定是否设置防震缝。《高规》第3.4.10条规定，设置防震缝时，应符合下列规定：

（1）防震缝宽度应符合下列要求：

①框架结构房屋，高度不超过15m时不应小于100mm；超过15m时，6度、7度、8度和9度分别每增加高度5m、4m、3m和2m，宜加宽20mm；

②框架-剪力墙结构房屋不应小于本款①项规定数值的70%，剪力墙结构房屋不小于本款①项规定数值的50%，且二者均不宜小于100mm。

以8度区为例，不同结构类型防震缝最小宽度见表1.1.17。

8 度区钢筋混凝土结构防震缝最小宽度表　　表 1.1.17

结构高度(m)	房屋类型		
	框架结构	框架-剪力墙结构	剪力墙结构
≤15	100	100	100
30	200	140	100
40	267	187	133
60	—	280	200
80	—	373	267
100	—	467	333

注：除结构高度外，表中数值单位为 mm。

（2）防震缝两侧结构体系不同时，防震缝宽度应按不利的结构类型确定。

（3）防震缝两侧的房屋高度不同时，防震缝宽度可按较低的房屋高度确定。

（4）8、9 度抗震设计的框架结构房屋，防震缝两侧结构层高相差较大时，防震缝两侧框架柱的箍筋应沿房屋全高加密，并可根据需要沿房屋全高在缝两侧各设置不少于两道垂直于防震缝的抗撞墙。

（5）当相邻结构的基础存在较大沉降差时，宜增大防震缝的宽度。

（6）防震缝宜沿房屋全高设置，地下室、基础可不设防震缝，但在与上部防震缝对应处应加强构造和连接。

（7）结构单元之间或主楼与裙房之间不宜采用牛腿托梁的做法设置防震缝，否则应采取可靠措施。

4. 构造缝。当因温度变化、混凝土收缩等引发结构局部应力集中时，可在结构局部设置构造缝，以释放局部应力，防止结构局部裂缝。

5. 分割缝。对于重要的混凝土结构，为防止局部破坏引发结构连续倒塌，可采用防连续倒塌的分割缝，将结构分为几个区域，控制可能发生连续倒塌的范围。

结构缝的设置应考虑对建筑功能（如装修观感、止水防渗、保温隔声等）、结构传力（如结构布置、构件传力）、构造做法和施工可行性等造成的影响。结构设计时，应根据结构受力特点及建筑尺度、形状、使用功能，合理确定结构缝的位置和构造形式；宜控制结构缝的数量，并应采取有效措施减少设缝的不利影响；应遵循“一缝多能”的设计原则，采取有效的构造措施。

1.1.18 我国各版《建筑抗震设计规范》在地震作用计算、抗震措施方面有哪些异同？

答复：我国《建筑抗震设计规范》发展大体经历了三个阶段：第一阶段以《工业与民用建筑抗震设计规范》TJ 11—78（简称《78 规范》）为代表；第二阶段是《建筑抗震设计规范》GBJ 11—89（简称《89 规范》）；第三阶段是《建筑抗震设计规范》GB 50011—2001（简称《2001 规范》）和《建筑抗震设计规范》GB 50011—2010（简称《2010 规范》）。三个版本抗震规范既具有延续性，又不断丰富创新，反映了我国工程抗震科学技术和工程实践的发展和进步。

1.《78 规范》

1976 年唐山大地震后，在总结建筑震害的基础上，对《工业与民用建筑抗震设计规范》TJ 11—74，简称《74 规范》进行了及时修订，形成了《78 规范》。《78 规范》除了将《74 规范》关于房屋建筑的设防烈度比地震基本烈度降低一度的规定提高为按基本烈度采用外，在设计原理和方法上，与《74 规范》没有原则差别。

(1) 设防水准及场地土划分。《78 规范》适用于全国 7～9 度地震设防区；其抗震设防水准是以基本烈度作为设计烈度（中震）的单水准抗震设防。将场地划分为抗震有利、不利和危险地段；场地土按岩土性状简单分为Ⅰ、Ⅱ、Ⅲ三类。场地土液化判别是针对地下 15m 范围内饱和砂土，采用标准贯入试验，可液化判别公式考虑了地震烈度、土层厚度及地下水位的影响。

(2) 设计反应谱。引入与场地土条件相关的加速度反应谱（地震影响系数 α）计算地震作用；对应三类场地土给出由三条谱加速度曲线组成的设计反应谱，对应的反应谱曲线的拐点周期分别为 0.2s、0.3s 和 0.7s，长周期部分的曲线以 $1/T$ 的规律下降（T 为结构自振周期）。地震影响系数 α 曲线如图 1.1.18-1 所示。

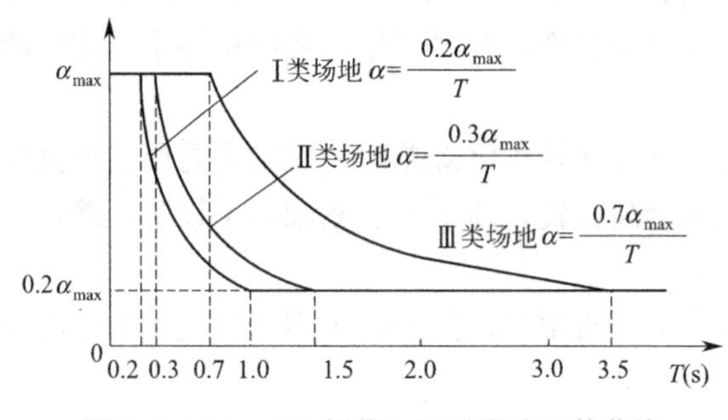

图 1.1.18-1 《78 规范》地震影响系数曲线

(3) 地震荷载。考虑结构在地震作用下的弹塑性效应，采用结构影响系数 C 对弹性计算的地震荷载予以折减，结构底部剪力（即总水平地震力）Q_0 为：

$$Q_0=C\alpha W \tag{1.1.18-1}$$

式中：α——地震影响系数（按设防烈度取值）；

C——结构影响系数（弹塑性结构地震力与弹性结构地震力之比）；

W——结构重量。

(4) 结构抗震强度验算。采用安全系数法或容许应力法进行结构构件抗震强度验算。采用安全系数法时，安全系数取不考虑地震荷载时数值的 80%，但不小于 1.1；采用容许应力法时，容许应力取不考虑地震荷载时数值的 125%。可见，《78 规范》采用的是单一安全系数的截面设计表达式。由于不同结构的材料和受力特性不同，总安全系数 K 差异很大，经过折减的安全系数同样差异很大；材料强度的离散性也很大。这两种方法均无法考虑地震作用的随机性以及材料和构件强度的离散性，从而不能真实地反映不同结构的抗震安全性。

(5) 抗震构造措施。对砖房、钢筋混凝土框架结构房屋和厂房、土木房屋等提出了一些新的抗震构造措施。其中，对超过一定高度的多层砖房提出了构造柱的设计概念和详细的构造要求，与传统的圈梁相结合，形成对砖砌体的加强约束，提高了砌体结构的延性和整体性。构造柱可以说是一个创造性的、具有中国特色的工程抗震技术，以较少的代价，取得提高砌体结构抗震能力的显著效果，是价格低廉而又行之有效的抗震结构形式，构造柱与圈梁形成的约束砌体结构一直沿用至今。

2.《89 规范》

《89 规范》可视为我国规范发展第二阶段的代表，于 1990 年开始实施。适用于全国 6～9 度设防区。将抗震设防区扩大到 6 度区是一项重大决策，使我国的抗震设防区占到大陆国土面积的 60%。其中，6 度区约占一半。

(1) 抗震设防水准和设防目标。由《78 规范》的单水准设防过渡到三水准设防，提出了“小震不坏、中震可修、大震不倒”的三水准抗震设防目标；小震、中震、大震的重现期分别为 50 年、475 年、1641～2475 年，对应的烈度差分别是 1.55 度（中震—小震）和约 1 度（大震—中震）。三水准设防原则的提出，标志着我国建筑抗震设计理论与实践基本与国际先进水平站到同一起跑线上。

(2) 场地划分和场地土液化判别。将场地划分为抗震有利、不利和危险地段，但是划分标准除岩土性状之外，还考虑地形地貌；场地类别分为Ⅰ、Ⅱ、Ⅲ、Ⅳ四类，按场地土平均剪切波速和覆盖层厚度双参数确定，比《78 规范》仅按岩土种类划分更为科学。场地土的液化采用初判和再判的两步判别方法，考虑近震和远震条件下的液化可能性和危害性，适用于粉土和砂土两类土，并提出了比较具体的抗液化措施。对存在液化土层的地基，根据土层深度和厚度，以及标贯实测值和临界值计算液化指数，并划分液化等级（危害性）。

(3) 地震作用。地震不是一种外加的荷载，而是在地震时由于结构自身惯性力所产生的响应（内力和变形），所以明确地震作用为间接作用，不再属于“荷载”的范畴。场地分类由三类变为四类，对应四类场地，区分远震和近震，定义反应谱特征周期 T_g，见表 1.1.18-1。

特征周期值 T_g **表 1.1.18-1**

设计地震分组	场地类别			
	Ⅰ	Ⅱ	Ⅲ	Ⅳ
近震特征周期(s)	0.20	0.30	0.40	0.65
远震特征周期(s)	0.25	0.40	0.55	0.85

相应地给出由 8 条谱加速度曲线组成的设计反应谱（地震影响系数 α），长周期部分（$T>T_g$）的曲线以 $(1/T)^{0.9}$ 的规律下降，最长周期定义至 3.0s，如图 1.1.18-2 所示。地震影响系数曲线在长周期部分设定了下限值 $0.2\alpha_{max}$，对于周期大于 3s 的结构，其设计反应谱要求专门研究。

(4) 抗震设计方法（两阶段抗震设计）。结构抗震设计要求进行小震（多遇地震）作用下的截面抗震验算和结构层间弹性变形验算（规定了结构层间弹性位移角限值）以及大震（罕遇地震）作用下的抗倒塌变形验算（规定了结构层间弹塑性位移角限值）。

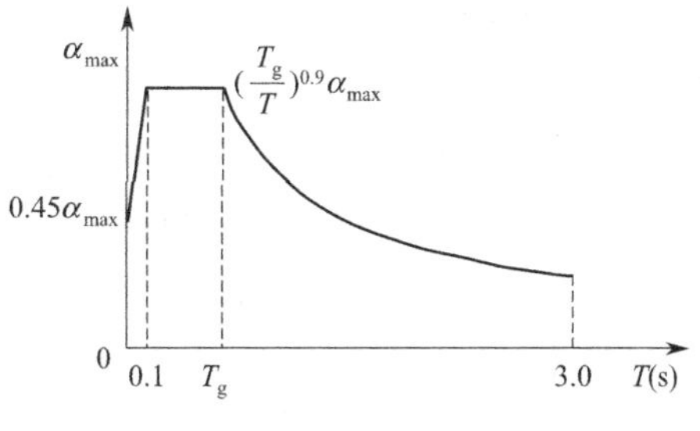

图 1.1.18-2 《89 规范》地震影响系数曲线

第一阶段抗震设计，采用基于概率可靠度理

论的极限状态设计方法，取消结构影响系数C，而采用多遇烈度下的地震作用，即“小震作用”，相当于将《78规范》中与设防烈度（中震）对应的地震作用乘以各类结构影响系数C的平均值（约为1/2.8）。

由于各类结构原有的结构影响系数不同和各种构件的安全系数不同，导致各类结构和构件达到“小震不坏”设防目标时，其承载力极限状态的可靠度指标与非抗震设计时不同。为此，引入结构构件承载力抗震调整系数γ_{RE}反映这种差异，结构构件的截面抗震验算表达式改为：

$$S \leqslant R/\gamma_{RE} \tag{1.1.18-2}$$

由此可见，虽然《78规范》是按“中震作用”进行抗震验算，但采用结构影响系数C对地震作用进行折减，相当于按比中震降低1～2度的地震力进行结构构件截面承载力验算；而《89规范》则直接取“小震作用”（大约为“中震作用”的1/2.8，即降低约1.55度）进行结构构件截面抗震承载力验算，并采用适当反映不同材料结构延性的调整系数γ_{RE}，总体上保持了《78规范》各类结构的抗震安全度水准。

第二阶段抗震设计是为了达到“大震不倒”的设防目标，对位于高烈度区的甲类建筑和带薄弱部位的结构，《89规范》要求进行罕遇地震作用下的弹塑性变形验算，相应地提出了结构弹塑性位移角限值。

《89规范》所提出的两阶段抗震设计是对《78规范》的重大修订；除了在截面承载力验算时将确定性的设计方法改为基于概率可靠度的设计方法外，还增加了变形验算的内容。

（5）结构时程分析和输入地震加速度时程。除采用底部剪力法和振型分解反应谱法之外，对于特别不规则的和较高的高层建筑的抗震设计，要求采用时程分析法进行补充计算，同时对输入的地震加速度时程，即地震波的选择提出要求。

（6）抗震概念设计。有别于静力作用下的结构“计算设计”，增加结构“抗震概念设计”内容，形成独立的一章“抗震设计的基本要求”，对建设选址、建筑体型、结构体系（包括地震作用传力路径、多道抗震防线、结构承载能力、变形和耗能能力）、非结构构件以及材料和施工等作了具体规定。

（7）计算要点和构造措施。《89规范》对不同的结构类型，分别单列计算要点和构造措施。例如，砌体的受剪承载力验算、引入钢筋混凝土结构的抗震等级、柱轴压比等，在构件受弯、受剪承载力验算中为实现“强柱弱梁”“强剪弱弯”“强节点弱构件”所采用的内力调整系数等。

3.《2001规范》和《2010规范》

《2001规范》适用于全国6～9度设防区。该规范的抗震设计理念、抗震设防水准和设防目标以及设计方法与《89规范》基本一致。而与《89规范》相比，《2001规范》主要有如下调整：

（1）场地分类方法的调整和改进。计算土层厚度取20m，尽量减小不同场地类别划分的“跳跃”，对断层的影响和避让及液化土的处理也作出相应的规定。场地类别仍分为Ⅰ、Ⅱ、Ⅲ、Ⅳ四类，但场地土平均剪切波速改用等效剪切波速；同时在波速和覆盖层厚度的边界附近（相差15%左右）允许采用插入法计算场地特征周期T_g。

（2）地震作用。采用三个设计地震分组定义特征周期T_g，以反映远震和近震的区分（表1.1.18-2）。相应地给出地震影响系数曲线如图1.1.18-3所示。

特征周期值 T_g（s） 表 1.1.18-2

设计地震分组	场地类别			
	Ⅰ	Ⅱ	Ⅲ	Ⅳ
第一组	0.25	0.35	0.45	0.65
第二组	0.30	0.40	0.55	0.75
第三组	0.35	0.45	0.65	0.90

注：8、9 度罕遇地震作用时，特征周期增加 0.05s。

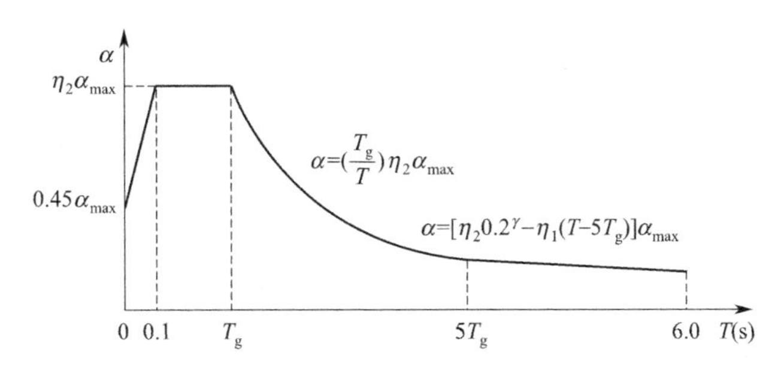

图 1.1.18-3 《2001 规范》地震影响系数曲线

①设计反应谱周期延至 6s。基本满足绝大多数高层建筑和长周期结构的抗震设计需要。对于周期大于 6s 的结构，抗震设计反应谱应进行专门研究。

②为保持规范的延续性，设计反应谱在 $T \leqslant 5T_g$ 范围内与《89 规范》相同，但取消了下限值 $0.2\alpha_{max}$，而把下平台改为倾斜段，使 $T > 5T_g$ 后的反应谱值有所下降，较符合实际地震加速度反应谱的统计规律。在 $T = 6T_g$ 附近，《2001 规范》反应谱地震影响系数比《89 规范》约增加 15%，地震作用有所加大。

③特征周期 T_g 不仅与场地类别有关，还与分区有关，同时反映了震级大小、震中距和场地条件的影响。T_g 分组中的第一组、第二组、第三组大致反映了近、中、远震影响。为适当调整和提高结构的抗震安全度，各分区中Ⅰ、Ⅱ、Ⅲ类场地的特征周期值较《89 规范》约增大了 0.05s。同理，罕遇地震作用时，特征周期 T_g 值也适当延长。

④考虑到不同结构类型建筑的抗震设计需要，提供了阻尼调整系数，以阻尼比为 0.05 为标准，给出不同阻尼比（0.01～0.20）的地震影响系数曲线。根据实际强震记录的统计分析结果，这种调整可分两段进行：在反应谱平台段（$\alpha = \alpha_{max}$），调整幅度最大；在反应谱上升段（$T < T_g$）和下降段（$T > T_g$），调整幅度变小；在曲线两端（0s 和 6s），不同阻尼比下的 α 系数趋向接近。

（3）楼层最小地震剪力控制。由于地震影响系数反映了加速度反应谱的特征，在长周期段下降很快，不能反映地震地面运动的速度和位移在结构上产生的地震作用，可能导致高层建筑和大跨度空间结构的计算地震内力偏小，需要对此进行控制和补偿。为此规定抗震验算时，结构任一楼层的水平地震剪力为：

$$V_{Eki} > \lambda \sum_{j=i}^{n} G_j \tag{1.1.18-3}$$

式中：V_{Eki}——第 i 层对应于水平地震作用标准值的楼层剪力；

λ——剪力系数，不应小于表 1.1.18-3 规定的楼层最小地震剪力系数值，对竖向不规则结构的薄弱层，尚应乘以 1.15 的增大系数；

G_j——第 j 层的重力荷载代表值。

楼层最小地震剪力系数值 **表 1.1.18-3**

类别	7 度	8 度	9 度
扭转效应明显或基本周期小于 3.5s 的结构	0.016 (0.024)	0.032 (0.048)	0.064
基本周期大于 5.0s 的结构	0.012 (0.018)	0.024 (0.032)	0.040

注：基本周期介于 3.5s 和 5s 之间的结构，可插入取值。

2. 括号内数值分别用于设计基本地震加速度为 0.15g 和 0.30g 的地区。

(4) 结构时程分析和输入地震加速度时程。对进行时程分析的结构高度有所提高（缩小了需要进行结构时程分析的范围），对输入地震加速度时程要求满足一定的数量和反应谱特征，以计算结构底部总剪力作为评估输入地震动合理性的标准。

(5) 抗震概念设计。抗震概念设计的某些规定，如建筑平面和立面不规则性的定义定量化，具有更强的可操作性。对于结构计算分析方法、计算机软件和计算模型等单列一节加以规定。对大震作用下的结构弹塑性计算分析，除动力时程分析法外，引入静力非线性方法。对不同类型结构的分析、设计、构造要求做了适当调整。

①钢筋混凝土结构。扩大适用范围，包括框架、框架-剪力墙、板柱-框架、板柱-剪力墙、筒体和抗震墙等结构类型；重新制定了各种结构类型的抗震等级划分标准；对构件截面抗震验算时的若干系数，如强柱系数、框架梁端剪力增大系数、框架柱和抗震墙剪力增大系数等作了调整；在构造措施方面也有若干修改。

②多层砌体结构。适用范围有所调整，有条件地放宽了混凝土空心砌块结构和底部框架-抗震墙结构的高度限值；修改了水平配筋砖砌体的计算公式，在构造措施方面也有若干修改和补充。

③多层和高层钢结构房屋。新增了多层和高层钢结构房屋抗震设计内容。

④隔震和消能减震设计。新增了隔震和消能减震设计内容。

《2010 规范》基本延续了《2001 规范》的基本理念和架构，着重吸取了 2008 年汶川地震的震害经验，修改原有条文规定的不尽合理之处。如对场地分类和场地土液化判别、地震影响系数曲线作了微调；小震作用下的截面抗震验算增加了以竖向地震为主的效应组合工况；进一步细化了概念设计和各类结构抗震措施的内容；增加了大跨度屋盖建筑、地下建筑、钢支撑-混凝土框架和钢框架-钢筋混凝土核心筒结构、钢筋混凝土框排架结构和多层钢结构厂房抗震设计内容；新增了对有专门要求的建筑进行抗震性能设计的要求，并提供了关于性能化设计的原则规定和参考指标。

1.2 荷载、作用和作用组合

1.2.1 建筑寿命、设计使用年限、设计基准期的关系是什么？

答复：建筑寿命指从建造到丧失其使用功能的总时间，即从建造开始直到建筑毁坏或丧失使用功能的全部时间。

《建筑可靠性标准》第 2.1.5 条指出，设计使用年限指设计规定的结构或结构构件不需进行大修即可按其预定目的使用的年限。即房屋建筑在正常设计、正常施工、正常使用和一般维护下所应达到的工作年限。当房屋建筑达到设计使用年限后，其可靠度可能较设计时的预期值减小，但仍可继续使用或经过大修后可继续使用。

设计基准期是指为确定可变作用等取值而选用的时间参数。我国《建筑可靠性标准》所规定的建筑结构的设计基准期为 50 年，即设计时所考虑荷载、作用等的统计参数均是按设计基准期确定的。设计基准期是一个基准参数，一般情况下不能修改。

因此，设计使用年限不同于建筑寿命。同一幢房屋建筑中，不同部分的设计使用年限可以不同，例如，外保温墙体、给水排水管道、室内外装修、电气管线、结构和地基基础，可以有不同的设计使用年限。设计基准期不等同于建筑结构的设计使用年限，也不等同于建筑寿命。

1.2.2 建筑设计使用年限为 100 年时，结构设计应注意什么？

答复：设计基准期与设计使用年限的关系可用杆秤来打比方（图 1.2.2），设计基准期就好比秤砣固定不变，当设计使用年限变长或变短时，就必须相应地增长或缩短可变荷载重现期（调整秤砣的位置），杆秤才能平衡。

设计使用年限为 100 年时，结构设计时应另行确定在其设计基准期内的楼面活荷载、雪荷载、风荷载、地震作用等的取值，确定结构的可靠度指标以及确定包括钢筋保护层厚度等构件的有关参数的取值。

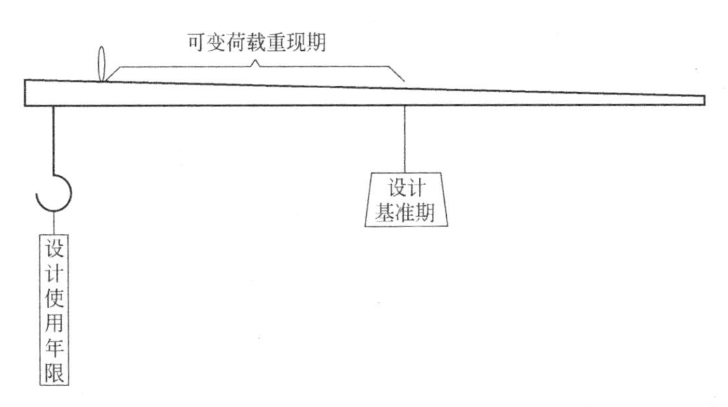

图 1.2.2 设计使用年限、设计基准期和可变荷载重现期的关系示意

楼、屋面活荷载应按《荷载规范》表 3.2.5 考虑调整系数 γ_L；

雪荷载、风荷载应取重现期 100 年，按《荷载规范》确定基本雪压和基本风压；

考虑地震重现期和我国小、中、大震烈度关系，以及设防烈度和基本地震加速度关系，得到设计使用年限为 100 年的地震加速度峰值（cm/s^2），见表 1.2.2-1。

设计使用年限为 100 年的地震加速度峰值（cm/s^2） **表 1.2.2-1**

地震烈度	7 度	8 度	9 度
多遇地震	49(74)	99(150)	200
设防地震	132(197)	261(388)	514
罕遇地震	274(379)	484(623)	762

注：括号中数值分别用于设计基本地震加速度为 0.15g 和 0.30g 的地区。

设计使用年限为 100 年的混凝土结构，结构重要性系数不应小于 1.1。

设计使用年限为 100 年的混凝土结构，最外层钢筋的保护层厚度不应小于《混规》表 8.2.1 中数值的 1.4 倍（表 1.2.2-2）。

设计使用年限 100 年混凝土保护层最小厚度 c（mm）　　表 1.2.2-2

环境类别	板、墙、壳	梁、柱、杆
一	21	28
二 a	28	35
二 b	35	49
三 a	42	56
三 b	56	70

注：基础中钢筋保护层厚度不应小于 56mm。

一类环境中，设计使用年限为 100 年的混凝土结构，钢筋混凝土结构的最低混凝土强度等级为 C30，预应力混凝土结构的最低混凝土强度等级为 C40。二、三类环境中，设计使用年限为 100 年的混凝土结构应采取专门的有效措施。结构构造措施应根据工程实际情况作相应加强。

1.2.3 超长结构温度应力计算的标准是什么？混凝土楼板的温度应力分析结果如何指导设计？

答复： 中国建筑设计院有限公司《结构设计统一技术措施》要求，混凝土结构房屋长度超过《混规》第 8.1.1 条规定结构伸缩缝最大间距的 1.5 倍时（在采取后浇带等措施基础上），需要进行温度应力分析（见表 1.2.3）。经过对多个西安地区项目比对分析，长度不超过 100m 的框架结构，采取构造措施解决温度应力是可行的。

需要进行温度应力验算的结构长度限值（m）　　表 1.2.3

结构类别		室内或土中	露天
排架结构	装配式	150	105
框架结构	装配式	115	75
	现浇式	85	55
剪力墙结构	装配式	100	60
	现浇式	70	45
挡土墙、地下室墙壁等类结构	装配式	60	45
	现浇式	45	30

注：表内相关参数注释见《混规》表 8.1.1。

钢结构温度作用取值一般按日平均气温，并考虑太阳辐射等各种因素影响，温差范围比混凝土结构大，但其刚度一般较小（对混凝土楼板的约束作用小），变形能力较强，使用阶段温差范围与混凝土结构接近。因此，对于钢结构＋混凝土楼板体系，可参考混凝土结构确定变形缝间距以及是否需要进行温度应力分析；对于网架等刚性屋盖钢结构，超过 80m 以上建议进行温度应力计算，柔性屋盖可根据《钢标》第 3.3.5 条的规定长度进行温度应力计算。

具体温度应力计算尚应根据工作环境（温差大小）、结构边界条件（如屋盖支座是否释放温度效应）、抗震设防烈度（高烈度区往往地震作用起控制作用）等判定。

地震作用下结构允许进入塑性，竖向构件对楼板的约束作用降低，温度应力将得到一定释放，因此温度效应一般不参与地震作用效应组合。

1.2.4 消防车荷载在计算中能否按普通活荷载输入？

答复：消防车荷载介于普通活荷载与偶然荷载之间，与普通活荷载既有区别又有联系，其与普通活荷载的区别如下：

(1) 消防车荷载准永久值系数为0，不参与裂缝宽度、挠度计算；

(2) 消防车荷载对梁、柱、墙设计的折减系数与普通活荷载不同；

(3) 消防车荷载不与地震作用、风荷载、温度作用等组合；

(4) 消防车荷载的重力荷载代表值系数为0，不参与地震作用计算；

(5) 消防车荷载不考虑活荷载不利布置；

(6) 基础设计不考虑消防车荷载。

现行常规设计软件均能单独定义消防车荷载，分析、设计时应该和普通活荷载区别对待。

1.2.5 墙、柱设计时消防车荷载能否折减？

答复：根据《荷载规范》第5.1.3条和对应的条文说明可知，虽然消防车荷载并不属于偶然荷载（仍属于活荷载），但消防车荷载值较大，其作用时间很短，出现概率小，所以在墙、柱设计时，容许进行折减，折减系数建议与框架梁折减系数取值一致，即取0.8。

楼面上的消防车荷载，不可能以标准值的大小同时布满在所有的楼面上，因此在设计梁、墙、柱和基础时，还应考虑实际荷载沿楼面分布的变异情况，即在确定梁、墙、柱和基础的荷载标准值时，允许将楼面活荷载标准值乘以折减系数。折减系数理论上与受荷从属面积反相关，一般情况下，楼面荷载传递顺序为：板→次梁→主梁→墙柱→基础，故从属面积越来越大，荷载折减系数越来越小。计算板时，仅考虑覆土折减，不考虑从属面积折减；计算次梁和主梁时，应进一步考虑从属面积折减；柱折减系数和主梁基本相当；基础则完全可以不考虑消防车荷载。

1.2.6 大于30t的消防车荷载如何取值？

答复：现行《荷载规范》规定，消防车等效均布荷载适用于满载30t的大型车辆。一般情况下，消防车吨位增大，车轮数量增多，轮压变化不大，但由于车轮布置发生变化，等效均布活荷载有所增加。对于55～70t的消防车，设计中等效均布荷载可取30t消防车荷载的1.2倍。

消防车等效均布活荷载依据消防车台数、车轮布置、轮压、轮压最不利布置、楼板跨度和长宽比等参数，并考虑动力效应、覆土厚度等因素，按照简支板跨中弯矩相等的原则确定。高吨位消防车后轴数量增多，单轴轮胎负重与30t消防车基本相当，由于《荷载规范》在确定30t消防车等效均布荷载时考虑了多个车的最不利布置情况，因此较高吨位消防车与30t消防车算得的等效均布荷载在板块较大时基本相当，板块较小时略有增加。

如果设计中需要更精确的消防车荷载，可根据车辆以及楼板实际情况，按相关等效原则进行计算。

1.2.7 主梁设计时，消防车荷载能否按照主梁围成的板块大小取值？此时荷载能否根据《荷载规范》第 5.1.2 条进行折减？

答复：对于地下室顶板，消防车荷载能否按照主梁围成的板块大小取值，取决于顶板的结构布置形式。如果结构柱网长宽比例满足双向板受力条件，且次梁布置为双向传力（十字形、井字形），主梁类似于双向板楼盖（或无梁楼盖）中的主梁，则板块大小可按主梁跨度取值［图 1.2.7(a)］。如果主梁在板块范围为单向板传力体系，则应按照单向板计算消防车荷载［图 1.2.7(b)］。

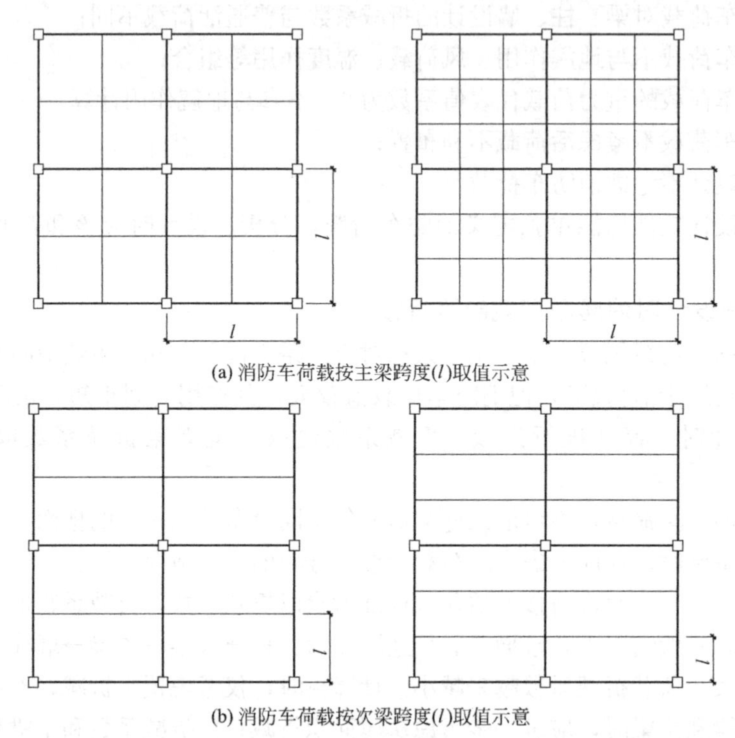

(a) 消防车荷载按主梁跨度(*l*)取值示意

(b) 消防车荷载按次梁跨度(*l*)取值示意

图 1.2.7　消防车荷载取值示意

《荷载规范》中消防车等效均布荷载依据楼板等效弯矩折算而来，考虑了消防车最不利布置，随着双向板板块增大，消防车最不利布置时的轮压数量增幅一般小于板块面积增幅，等效均布荷载减小。如果次梁布置方式对于主梁受力模式不产生明显影响，则主梁设计时消防车荷载可不考虑次梁布置情况，按照框架梁＋大板结构进行荷载取值，并在梁设计时进行相应的荷载折减。应该注意，消防车活荷载考虑覆土厚度影响的折减系数应与其板块大小相对应。

如果主梁受力方式呈单向板形式，其受荷范围与双向板存在明显差别，楼板消防车荷载取值应按单向板考虑。

1.2.8 重现期为 50 年、100 年的基本风压分别在什么情况下采用？

答复：设计使用年限为 50 年的结构（含围护结构），按重现期为 50 年的基本风压取值，对于风荷载比较敏感的高层建筑（如房屋高度大于 60m）或高耸结构，承载力设计时应按基本风压的 1.1 倍采用。

设计使用年限为100年的结构，按重现期为100年的基本风压取值（围护结构可按重现期50年的基本风压取值），对于风荷载比较敏感的高层建筑或高耸结构，承载力设计时按上述基本风压的1.1倍采用（围护结构可按重现期50年基本风压的1.1倍取值）。

1.2.9 结构设计中，什么情况下应该考虑竖向地震作用，如何考虑？

答复：高层建筑和烟囱等高耸结构的上部在竖向地震作用下，因上下振动，会出现受拉破坏；大跨度和长悬臂等结构在竖向地震作用下，会产生较大的竖向振动，引起结构构件损伤及破坏。因此，《抗规》规定：8度、9度时的大跨度和长悬臂结构及9度时的高层建筑应计算竖向地震作用；8度、9度时采用隔震设计的建筑结构，应按有关规定计算竖向地震作用。（本书6.2.5问有论述，此处不再赘述）

（1）9度时的高层建筑，其竖向地震作用标准值可采用时程分析法或振型分解反应谱法计算，也可按下列规定计算（图1.2.9）：

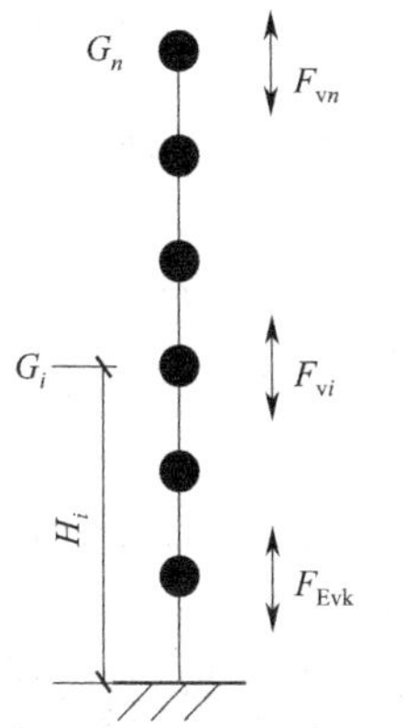

图1.2.9 结构竖向地震作用计算示意图

结构总竖向地震作用标准值可按下列公式计算：

$$F_{\mathrm{Evk}}=\alpha_{\mathrm{vmax}}G_{\mathrm{eq}} \quad (1.2.9\text{-}1)$$

$$\alpha_{\mathrm{vmax}}=0.65\alpha_{\max} \quad (1.2.9\text{-}2)$$

式中：F_{Evk}——结构总竖向地震作用标准值；

α_{vmax}——结构竖向地震影响系数最大值，可取水平地震影响系数的65%；

G_{eq}——结构等效总重力荷载代表值，可取其重力荷载代表值的75%。

结构质点 i 的竖向地震作用标准值可按下式计算：

$$F_{\mathrm{v}i}=\frac{G_iH_i}{\sum_{j=i}^{n}G_jH_j}F_{\mathrm{Evk}} \quad (1.2.9\text{-}3)$$

式中：$F_{\mathrm{v}i}$——质点 i 的竖向地震作用标准值；

G_i、G_j——集中于质点 i、j 的重力荷载代表值；

H_i、H_j——质点 i、j 的计算高度。

楼层各构件的竖向地震作用效应可按各构件承受的重力荷载代表值比例分配，并宜乘增大系数1.5。

（2）9度和9度以上时，跨度大于18m的屋架、1.5m以上的悬挑阳台和走廊；8度时，跨度大于24m的网架、2m以上的悬挑阳台和走廊，应考虑竖向地震作用。

（3）7度（0.15g）和8度抗震设计时，连体结构的连接体应考虑竖向地震的影响。6度和7度（0.10g）抗震设计时，高位连体结构的连接体宜考虑竖向地震的影响。

（4）跨度大于24m的楼盖结构、跨度大于12m的转换结构和连体结构，悬挑长度大于5m的悬挑结构，结构竖向地震作用效应标准值宜采用时程分析法或振型分解反应谱法进行计算。时程分析计算时输入的地震加速度最大值可按规定的水平输入最大值的65%采用，反应谱分析时结构竖向地震影响系数最大值可按水平地震影响系数最大值的65%采用，但设计地震分组可按第一组采用。

（5）高层建筑中，大跨度结构、悬挑结构、转换结构、连体结构的连接体的竖向地震作用标准值，不宜小于结构或构件承受的重力荷载代表值与表1.2.9所规定的竖向地震作用系数的乘积。

竖向地震作用系数 表 1.2.9

设防烈度	7 度	8 度		9 度
设计基本地震加速度	0.15g	0.20g	0.30g	0.40g
竖向地震作用系数	0.08	0.10	0.15	0.20

注：g 为重力加速度。

1.2.10 高层建筑结构计算单向地震作用时为什么需考虑偶然偏心的影响？

答复：理论研究和震害分析表明，由于地面扭转运动、结构实际刚度和质量相对于计算假定值的偏差以及结构在地震反应过程中各抗侧力构件刚度退化的不同等原因，引起结构扭转反应增大。因此，计算地震作用时，应考虑由于施工、使用或地震地面运动的扭转分量等因素所引起的偶然偏心的不利影响，即使对于平面规则（包括对称）的结构也应考虑偶然偏心。对于平面布置不规则的结构，除其自身已有的偏心外，还应加上偶然偏心。

《抗规》第 5.2.3 条第 1 款规定：规则结构不进行扭转耦联计算时，平行于地震作用方向的两个边榀各构件，其地震作用效应应乘以增大系数。一般情况下，短边可按 1.15 采用，长边可按 1.05 采用，角部构件可按 1.3 采用；当扭转刚度较小时，周边各构件宜按不小于 1.3 采用。角部构件宜同时乘以两个方向各自的增大系数。

《高规》第 4.3.3 条规定：计算单向地震作用时应考虑偶然偏心的影响。每层质心沿垂直于地震作用方向的偏移值可按下式采用：

$$e_i = \pm 0.05L_i \tag{1.2.10}$$

式中：e_i——第 i 层质心偏移值（m），各楼层质心偏移方向相同；

L_i——第 i 层垂直于地震作用方向的建筑物总长度（m）。

偶然偏心值与垂直于单向地震作用方向的建筑物总长度有关，当建筑物为长宽比较大（大于 3）的长矩形平面时，偶然偏心的计算值偏大。因此，对于长矩形平面，当考虑偶然偏心计算的扭转位移比明显不合理时，可采用考虑双向地震作用的计算方法进行补充分析，并按计算的扭转位移数值，调整偶然偏心率的数值。

偶然偏心是一种近似计算，难以准确估计其扭转效应。因此，结构设计中，应采用平面规则结构布置，尽量少用长宽比较大的长矩形平面，并采取措施增大结构的抗扭刚度。

考虑偶然偏心的计算方法仅适用于单向地震作用计算。当计算双向地震作用时，可不考虑偶然偏心的影响，但应将双向地震作用的计算结果与考虑偶然偏心的单向地震作用计算结果进行比较，取不利值设计。采用底部剪力法计算地震作用时，也应考虑偶然偏心的不利影响。

1.2.11 抗震设防烈度与地震震级之间有怎样的关系和联系？

答复：地震震级和地震烈度是不同的两个概念。地震震级近似表示一次地震释放能量的大小，地震烈度则是地震对特定地区的影响程度的总评价，两者之间有一定的关系（一般地，地震震级越大，震中的地震烈度越高）。以 2008 年汶川地震为例，震级和烈度关系如表 1.2.11 所示。

汶川地震震级和烈度关系 表 1.2.11

震级	震中烈度	成都烈度	西安烈度(异常区)
里氏 8.0 级	11 度	7 度	6 度

地震基本烈度是指某地区在今后一定时间内，在一般场地条件下可能遭受的最大地震烈度（以地面加速度峰值衡量）。我国根据 45 个城镇的历史震灾记录以及地质构造等资料进行统计，并依据烈度递减规律进行预估，定义 50 年内超越概率为 10%的烈度为该地区的基本烈度。

抗震设防烈度是指按国家规定的权限批准作为一个地区抗震设防依据的地震烈度。一般情况下，取 50 年内超越概率 10%的地震烈度（即基本烈度）。如西安地区 50 年内超越概率 10%的地震烈度为 8 度，对应的地震动加速度峰值为 $200cm/s^2$，基于我国规范三水准设计思想，抗震设防烈度为 8 度地区又划分为三个地震风险水准，即多遇地震（$70cm/s^2$）、常遇地震（对应基本烈度，$200cm/s^2$）、罕遇地震（$400cm/s^2$）。

地震影响系数是上部结构（等效）单质点弹性体系在地震时的最大反应加速度与重力加速度的比值，其与场地特性、上部结构自振周期、阻尼比以及地震波的加速度峰值、频谱特性、持续时间等有关。现行《抗规》图 5.1.5 给出的地震影响系数曲线，是根据大量地震动记录经过数值分析所得的具有一定可靠度的上部单自由度体系的加速度谱值曲线，地震影响系数最大值为地震动加速度峰值的 2.25 倍。如抗震设防烈度为 8 度（$0.20g$），对应的地震影响系数最大值为 $0.20\times2.25=0.45$，换算为多遇地震（小震）的地震影响系数最大值为 $0.45\times70/200\approx0.16$。

1.2.12 什么情况下需要按《区划图》确定抗震设防烈度、设计地震分组和地震计算参数？

答复：《抗规》第 3.2.4 条规定：我国主要城镇（县级及县级以上城镇）中心地区的抗震设防烈度、设计基本地震加速度值和所属的设计地震分组，可按本规范附录 A 采用。《区划图》将我国地震动区划细分到乡镇（或街办）级，并给出了设防烈度、Ⅱ类场地对应的地震动加速度峰值以及场地特征周期（可由此判断设计地震分组），相比《抗规》更加详细，故Ⅱ类场地峰值加速度、特征周期取值应执行《区划图》的相关规定，并依据其表 1 和附录 E 确定其他场地类别设计参数。

目前，对于要求采用《区划图》设计参数的地区（地方政府文件要求），峰值加速度应考虑场地调整系数 F_a，水平地震影响系数最大值应按《区划图》执行；对于未明确要求采用《区划图》设计参数的地区，峰值加速度可不考虑场地影响，水平地震影响系数最大值可根据《抗规》确定。

1.3 结构布置规则性

1.3.1 刚度比在不同结构类型中应如何考虑？

答复：刚度比是指结构竖向不同楼层的侧向刚度比值。结构侧向刚度突变引起高阶振型地震反应加剧，导致楼层地震剪力突变，易引起楼层整体屈服，对结构抗震非常不利。楼层侧向刚度除与结构构件布置方式、材料、截面尺寸等相关外，还与边界条件相关。因结构各楼层的边界条件不尽相同，为准确地反映楼层侧向刚度分布特点，结合工程实际，引申出剪切刚度、剪弯刚度、楼层地震剪力与层位移比值等一系列表述方法。

楼层地震剪力与楼层位移比值往往用来进行上部结构软弱层判断，对于呈整体剪切型变形模式的框架结构，楼层剪力与相应的楼层位移的比值往往能较准确地反映楼层侧向刚度特性；对于呈整体弯曲型变形的剪力墙结构，结构竖向构件刚度较大，水平构件对其约束效果有限，楼层高度（水平构件分布间距）对整体结构侧向刚度特性的影响有限，因此往往采用楼层地震剪力与相应的层间位移角的比值计算楼层与其相邻上层的侧向刚度比。当然，呈整体弯剪型变形的框架-剪力墙结构、框架-支撑结构，可根据结构弯曲、剪切变形比例确定楼层侧向刚度比的计算方法。另外，呈整体弯曲或弯剪型变形模式的结构，其层间位移往往包含由于底部楼层整体转动引起的无害位移，剔除掉无害位移后的计算结果可能更加真实。

等效剪切刚度以单个楼层上、下两端仅产生相对平动（无转角）模型为基准，其中剪力墙采用截面剪切刚度，框架柱采用截面弯曲刚度，基本反映了单个楼层的侧向刚度属性。剪切刚度计算时不考虑边界条件影响，往往用来判断嵌固部位附近的刚度比，如嵌固端判定、低位转换时的转换层刚度比判定，是由于嵌固端附近的边界条件复杂，采用楼层地震剪力与层位移（角）比值计算楼层刚度会导致计算结果失真。但在整体结构中，剪力墙往往以整体弯曲变形为主，脱离了整体结构的楼层侧向刚度计算方法是否精确，值得进一步探讨。

剪弯刚度往往用来计算转换层在二层以上时的侧向刚度比，因为转换层数较高，单独取出上、下部结构计算模型后，剪力墙变形模式可能接近剪-弯型，因此调整了刚度计算方式。

由于结构楼层边界条件复杂多样，以上刚度比计算都建立在一定的假定基础之上，也基本能够反映结构竖向刚度分布情况，属于概念设计范畴。

1.3.2 多层建筑结构是否需控制周期比？

答复：多层建筑结构可不控制周期比。

控制位移比、周期比均是为了减少结构整体扭转的影响。位移比可以从结构平面布置不规则、刚心与质心偏差较大，或扭转刚度太小层面去考虑。而周期比直接控制结构抗扭刚度，要求结构抗扭能力大于抗侧能力（相对而言），且两者比例不能很接近（控制振型耦联）。两者的目标一致，位移比更能全面反映扭转效应影响。

抗扭刚度应该控制，但是否用抗扭与抗侧刚度相比来控制，业界存在争议。

1）如果一个结构周期比不满足要求，可以通过降低抗侧刚度（放大平动周期）来满足，是否合理？

2）同一平面布置结构，结构越高反而越容易满足周期比要求，是否合适？

3）扭转最终反映在位移比指标上，如果位移比很小，控制周期比是否有意义？

4）假定扭转振型与平动振型正交，周期比控制扭转耦联是否失去意义？

综上，多层建筑结构可不控制周期比，但如果周期比超限（特别是扭转周期与平动周期接近），应从严控制位移比，且控制两个振型周期值不能太接近，尽量不耦合。

广东省《高层建筑混凝土结构技术规程》已取消周期比要求，期待下版国家标准能在此方面适当调整。

【说明】《高规》第3.4.5条："结构平面布置应减少扭转的影响。结构扭转为主的第

一自振周期 T_t 与平动为主的第一自振周期 T_1 之比，A级高度高层建筑不应大于0.9，B级高度高层建筑、超过A级高度的混合结构及本规程第10章所指的复杂高层建筑不应大于0.85。”

《抗规》正文没有明确要求多层建筑结构应考虑扭转周期比，而《抗规》第3.4.1条条文说明将扭转周期比大于0.9（混合结构大于0.85）列为不规则项。

1.3.3 设计中如何控制大底盘多塔楼结构的竖向不规则程度以及塔楼结构的综合质心与底盘结构质心距离？

答复：大底盘多塔楼高层建筑结构在大底盘上一层突然收进，使其侧向刚度和质量突然变化，故这种结构属竖向不规则结构。另外，由于大底盘上有两个或多个塔楼，结构振型复杂，并会产生复杂的扭转振动，引起结构局部应力集中，对结构抗震不利。如果结构布置不当，则竖向刚度突变、扭转振动反应及高振型的影响将会加剧。因此，多塔楼结构的结构布置应满足下列要求。

（1）多塔楼建筑结构各塔楼的层数、平面和刚度宜接近。多塔楼结构模型振动台试验研究和数值计算分析结果表明，当各塔楼的质量和侧向刚度不同、分布不均匀时，结构的扭转振动反应大，高振型对内力的影响更为突出。所以，为了减轻扭转振动反应和高振型反应对结构的不利影响，位于同一裙房上各塔楼的层数、平面形状和侧向刚度宜接近；如果各多塔楼的层数、刚度相差较大时，宜用防震缝将裙房分开。

（2）塔楼对底盘宜对称布置，塔楼结构的综合质心与底盘结构质心距离不宜大于底盘相应边长的20%。试验研究和计算分析结果表明，当塔楼结构与底盘结构质心偏心较大时，会加剧结构的扭转振动反应。所以，结构布置时应注意尽量减小塔楼与底盘的偏心。此处，塔楼结构的综合质心是指将各塔楼平面看作一组合平面而求得的质量中心（图1.3.3-1）。

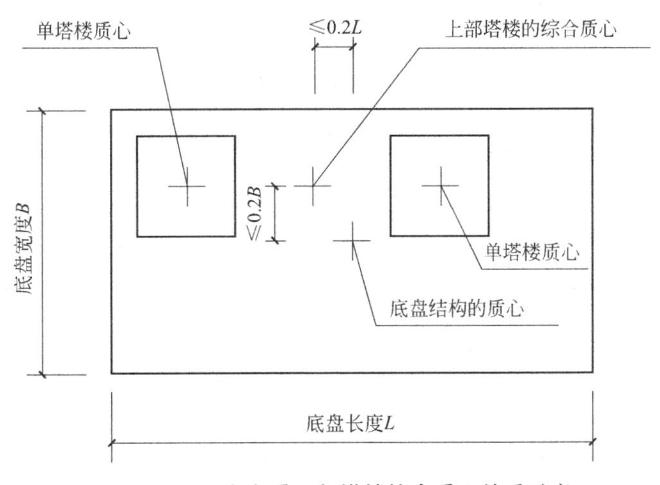

图1.3.3-1　底盘质心与塔楼综合质心关系示意

（3）抗震设计时，转换层不宜设置在底盘屋面的上层塔楼内；否则，应采取有效的抗震措施。多塔楼结构中采用带转换层结构，则结构的侧向刚度沿竖向突变与结构内力传递途径改变同时出现，已经使结构受力更加复杂，不利于结构抗震。如再把转换层设置在大底盘屋面的上层塔楼内，则转换层与大底盘屋面之间的楼层更容易形成薄弱部位，加剧了结构破坏。因此，设计中应尽量避免将转换层设置在大底盘屋面的上层塔楼内；否则，应采取有效的抗震措施，包括提高该楼层的抗震等级、增大构件内力等。震害及计算分析表明，转换层宜设置在底盘楼层范围内，不宜设置在底盘以上的塔楼内（图 1.3.3-2）。

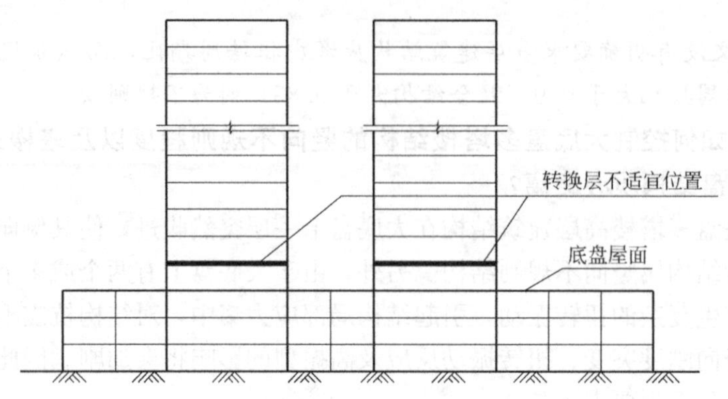

图 1.3.3-2 多塔楼结构转换层不适宜位置示意

1.3.4 如何判断结构的不规则类型和程度？对不规则结构，应采取哪些措施？

答复：建筑设计应依据抗震概念设计的要求选择建筑方案，不规则的建筑方案应按规定采取加强措施；特别不规则的建筑方案应进行专门研究和论证，采取特别的加强措施；不应采用严重不规则的建筑方案。《抗规》第 3.4 节对“建筑形体及其构件布置的规则性”做了明确的规定。

1. 不规则类型的判断

建筑方案和结构布置的平面和竖向不规则性，应按下列要求综合判断：

（1）混凝土结构、钢结构和钢-混凝土混合结构存在表 1.3.4-1 所列的某项平面不规则类型或表 1.3.4-2 所列的某项竖向不规则类型以及类似的不规则，应属于不规则的建筑结构。

（2）砌体房屋、单层工业厂房、单层空旷房屋、大跨屋盖房屋和地下建筑的平面和竖向不规则性的划分，应符合《抗规》有关章节的规定。

（3）当存在多项不规则或某项不规则超过规定的参考指标较多时，应属于特别不规则的建筑结构。

平面不规则的类型 **表 1.3.4-1**

不规则类型	定义和参考指标
扭转不规则	在具有偶然偏心的规定水平力作用下，楼层两端抗侧力构件弹性水平位移（或层间位移）的最大值与平均值的比值大于 1.2
凹凸不规则	平面凹进的尺寸，大于相应投影方向总尺寸的 30%
楼板局部不连续	楼板的尺寸和平面刚度急剧变化，例如，有效楼板宽度小于该层楼板典型宽度的 50%，或开洞面积大于该层楼面面积的 30%，或较大的楼层错层

竖向不规则的类型 **表 1.3.4-2**

不规则类型	定义和参考指标
侧向刚度不规则	该层的侧向刚度小于相邻上一层的 70%，或小于其上相邻三个楼层侧向刚度平均值的 80%；除顶层或出屋面小建筑外，局部收进的水平向尺寸大于相邻下一层的 25%
竖向抗侧力构件不连续	竖向抗侧力构件（柱、抗震墙、抗震支撑）的内力由水平转换构件（梁、桁架等）向下传递
楼层承载力突变	抗侧力结构的层间受剪承载力小于相邻上一楼层的 80%

2. 结构不规则程度分类

结构平面和竖向布置与规范要求一致，平面布置、位移比、周期比、刚度比、承载力之比满足“不宜”要求，并且不具备不规则结构的特征。

(1) 一般不规则结构

超过表 1.3.4-1 和表 1.3.4-2 中的一项不规则指标但超过不多，或者具有某一种复杂高层类型，如转换、加强、错层、连体、多塔楼等。

(2) 特别不规则结构

1) 同时超过表 1.3.4-1 和表 1.3.4-2 中的两项不规则指标（包括偏心布置、组合平面等不规则项）但超过不多；

2) 某一项参数超过较多，如：位移比大于 1.5（高层大于 1.4），扭转周期比大于 0.9（超 A 级高度高层大于 0.85），本层侧向刚度小于相邻上层的 50%，楼层承载力之比小于 0.65（B 级高度高层小于 0.75），单塔或多塔与大底盘的质心偏心距大于底盘相应边长 20%；

3) 同时有两种复杂高层特征，如转换、加强、错层、连体、多塔楼。

(3) 严重不规则结构（应避免或采取性能化设计方法）

1) 结构布置三项及以上超标（同种类型不重复计入，参考超限审查要点）；

2) 结构某项参数远超“不应”之外；

3) 具有三种以上复杂高层特征，如转换、加强、错层、连体、多塔楼；

4) 高位转换（7 度超过 5 层，8 度超过 3 层），厚板转换（7～9 度设防的厚板转换结构），复杂连接（各部分层数、刚度、布置不同的错层，连体两端塔楼高度、体型或沿大底盘某个主轴方向的振动周期显著不同的结构）；

5) 新型结构体系。

3. 计算及构造措施

不规则的建筑结构，应按下列要求进行水平地震作用计算和内力调整，并应对薄弱部位采取有效的抗震构造措施。

(1) 平面不规则而竖向规则的建筑，应采用空间结构计算模型，并应符合下列要求：

1) 扭转不规则时，应计入扭转影响，且在具有偶然偏心的规定水平力作用下，楼层两端抗侧力构件弹性水平位移或层间位移的最大值与平均值的比值不宜大于 1.5，当最大层间位移远小于规范限值时，可适当放宽；

2) 凹凸不规则或楼板局部不连续时，应采用符合楼板平面内实际刚度变化的计算模型；高烈度或不规则程度较大时，宜计入楼板局部变形的影响；

3) 平面不对称且凹凸不规则或局部不连续，可根据实际情况分块计算扭转位移比，扭转较大的部位应考虑局部的内力增大系数。

(2) 平面规则而竖向不规则的建筑结构，应采用空间结构计算模型，刚度小的楼层的地震剪力应乘以不小于 1.15 的增大系数，其薄弱层应按《抗规》有关规定进行弹塑性变形分析，并应符合下列要求：

1) 竖向抗侧力构件不连续时，该构件传递给水平转换构件的地震内力应根据烈度高低和水平转换构件的类型、受力情况、几何尺寸等，乘以 1.25～2.0 的增大系数；

2) 相邻层的侧向刚度比，应依据其结构类型分别不超过《抗规》有关章节的规定；

3）楼层承载力突变时，薄弱层抗侧力结构的受剪承载力不应小于相邻上一楼层的65%。

（3）平面不规则且竖向不规则的建筑结构，应根据不规则类型的数量和程度，有针对性地采取不低于（1）、（2）款要求的各项抗震措施。特别不规则时，应经专门研究，采取更有效的加强措施或对薄弱部位采用相应的抗震性能设计方法。

1.3.5 如何控制高层建筑结构的平面不规则性？

答复：震害资料表明，平面不规则、质量中心与刚度中心之间存在偏心、抗扭刚度较弱的结构，在地震中均遭受严重破坏。国内一些复杂体型高层建筑振动台模型试验结果也表明，扭转效应会导致结构的严重破坏。因此，结构平面布置应尽量简单、规则、对称，减少扭转的影响。

《高规》第3.4.5条规定：结构平面布置应减少扭转的影响。在考虑偶然偏心影响的规定水平地震作用下，楼层竖向构件最大的水平位移和层间位移，A级高度高层建筑不宜大于该楼层平均值的1.2倍，不应大于该楼层平均值的1.5倍；B级高度高层建筑、超过A级高度的混合结构高层建筑及复杂高层建筑不宜大于该楼层平均值的1.2倍，不应大于该楼层平均值的1.4倍。结构扭转为主的第一自振周期T_t与平动为主的第一自振周期T_1之比，A级高度高层建筑不应大于0.9，B级高度高层建筑、超过A级高度的混合结构高层建筑及复杂高层建筑不应大于0.85。

由上述可见，对高层建筑结构的扭转效应应从以下三个方面进行控制：

1. 尽量不采用凹凸不规则、组合平面、楼板不连续等平面布置形式。如果不可避免时，其凹凸、细腰、角部重叠、楼板开洞的尺度应满足相关规范要求。

2. 结构布置避免质心与刚心存在过大的偏心。当结构楼层刚度中心与质量中心之间存在偏心时，应增大质量中心一侧楼层边端部位的抗侧力构件刚度，如增大剪力墙墙肢截面的高度和厚度，增加框架柱截面或增大框架梁截面尺寸，布置少量位移型消能器等，或减小刚度中心一侧边端部位的刚度。

3. 严格控制结构位移比。结构楼层位移和层间位移控制值验算时，应采用振型耦联的CQC效应组合，但计算扭转位移比时，楼层的位移按“考虑偶然偏心的规定水平力”计算，由此得到的位移比与楼层扭转效应之间存在明确的相关性。该水平力一般可采用振型组合后的楼层地震剪力换算的水平作用力，并考虑偶然偏心。规定水平力的换算原则：每一楼面处的水平作用力取该楼面上、下两个楼层的地震剪力差的绝对值。

当计算的楼层最大层间位移角不大于相应的位移角限值的0.4倍［如对剪力墙结构，0.4(1/1000)=1/2500］时，表明该楼层的侧移很小，故该楼层的扭转位移比的上限可适当放松，但不应大于1.6。扭转位移比为1.6时，该楼层的扭转变形已很大，相当于一端位移为1.0，另一端位移为4。

4. 结构的抗扭刚度不能太弱。理论分析结果表明（如图1.3.5所示），若周期比T_t/T_1小于0.5，则相对扭转振动效应$\theta \cdot r/u$一般较小（θ，r分别表示扭转角和结构的回转半径，$\theta \cdot r$表示由于扭转产生的与质心距离为回转半径处的位移，u为质心处的位移），即使结构的刚度偏心很大，偏心距e达到$0.7r$，其相对扭转变形$\theta \cdot r/u$值也仅为0.2；当周期比T_t/T_1大于0.85时，相对扭转变形$\theta \cdot r/u$值急剧增大，即使刚度偏心很小，偏心距仅为$0.7r$；当周期比T_t/T_1等于0.85时，相对扭转变形$\theta \cdot r/u$值可达

0.25；当周期比 T_t/T_1 接近于1时，扭转耦联系数迅速增大，相对扭转变形 $\theta \cdot r/u$ 值可达0.5。可见，抗震设计中应采取措施减小周期比 T_t/T_1 值，使结构具有必要的抗扭刚度。

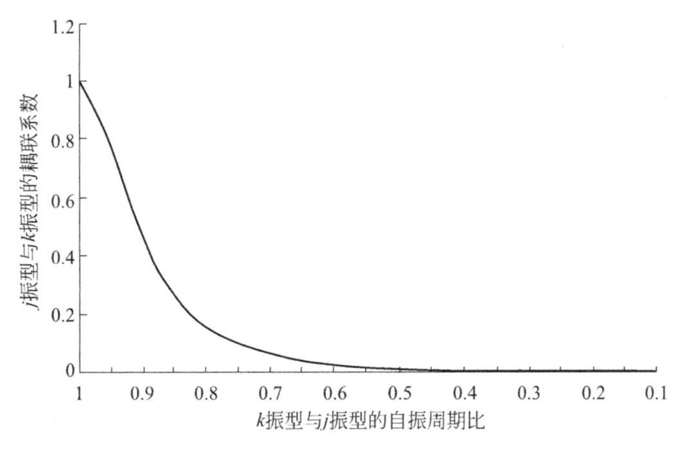

图1.3.5 不同振型周期比对应的耦联系数

如果周期比 T_t/T_1 不满足上述规定的限值时，应调整抗侧力结构的布置，增大结构的抗扭刚度。可采用下列方法：

（1）在层间最大位移与层高之比 $\Delta u/h$ 小于规范限值时，调整结构中部抗侧力构件的刚度（减小构件截面或降低混凝土强度等级），从而增大平动周期，减小周期比 T_t/T_1。

（2）对框架-剪力墙结构、剪力墙结构等布置有剪力墙的结构，应将楼层边端部位的纵、横剪力墙连为一体，形成L形、T形或口字形截面墙，提高结构的抗扭刚度。

1.3.6 设计中应该如何计算不规则结构的高宽比？

答复： 房屋高宽比为室外地面以上房屋高度 H 与建筑平面宽度 B 之比。房屋高度指室外地面到主要屋面板板顶的高度（不包括局部突出屋面部分）；一般情况下房屋宽度可按所考虑方向主体结构的最小投影宽度计算。对带悬挑结构的房屋，其宽度不包括悬挑宽度。

当建筑平面为非矩形时，平面宽度可取等效宽度，等效宽度为3.5倍的结构平面最小回转半径（不计外挑部分）。即先求出非矩形平面沿其宽度（短边）方向的形心轴位置，再对形心轴求惯性矩 I，并计算平面面积 A，则非矩形平面的回转半径为 $i=\sqrt{I/A}$，其等效宽度为 $3.5i$。

例如，某建筑结构平面外轮廓如图1.3.6所示，其等效截面宽度计算如下：

建筑平面形心轴的位置坐标 y_c 为

$$y_c=[14\times7\times7/2+30\times12\times(7+12/2)]/(14\times7+30\times12)=10.97\text{m}$$

建筑平面关于形心轴的惯性矩 I_y 为

$$\begin{aligned}I_y&=1/12\times14\times7^3+14\times7\times(10.97-7/2)^2+1/12\times30\times12^3+30\times12\times(7+12/2-10.97)^2\\&=11672\text{m}^4\end{aligned}$$

最小回转半径为

$$i_y=\sqrt{I_y/A}=\sqrt{11672/(14\times7+30\times12)}=5.048\text{m}$$

等效截面宽度为

$$B_e = 3.5 i_y = 3.5 \times 5.048 = 17.668\text{m}$$

对带有裙房的高层建筑，当裙房的面积和侧向刚度相对于其上的塔楼较大时，计算房屋的高度和宽度可按裙房以上塔楼结构考虑。其中，裙房相对于塔楼面积较大，在实际工程中，可要求塔楼周边不小于 3 跨 20m 的范围；裙房相对于塔楼刚度较大，一般情况下，指裙房与主楼的侧向刚度比不小于 2.0。

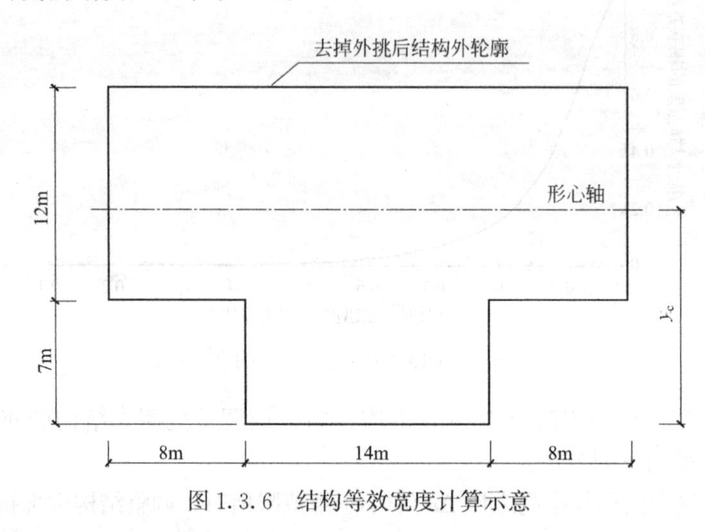

图 1.3.6　结构等效宽度计算示意

1.3.7　结构设计过程中出屋面结构构架的位移指标如何控制?

答复: 出屋面部分结构体系与下部结构不一致时，可按出屋面部分结构体系层间位移角限值对其进行刚度控制。出屋面结构构架一般无使用功能要求，震后损失较小，且结构（特别是弯曲型结构）顶部有害层间位移角占比较小，因此对出屋面结构弹性刚度（层间位移角）控制可略微放松。但出屋面构筑物应满足“大震不倒”的设防目标要求，罕遇地震作用下层间位移角限值应满足《构筑物抗震设计规范》GB 50191—2012 第 5.5.4 条相关规定（见表 1.3.7）。

结构弹塑性位移角限值　　　　**表 1.3.7**

结构类型	$[\theta_p]$
钢筋混凝土框架结构	1/50
钢排架	1/30
钢框架、钢井架(塔)、钢电视塔	1/50

注：对于没有楼层概念的结构，根据结构布置视其沿高度方向由一定数量的结构层组成，其弹塑性位移角值可取最薄弱结构层间的相对位移角值。

另外，出屋面构架刚度偏小可能引起较大鞭鞘效应，设计时可参考体型收进结构对其进行加强（特别是与主体结构屋面相接的底部部位）。

1.3.8　如何判别角部重叠或细腰平面布置? 对角部重叠或细腰的楼面结构应采取什么加强措施?

答复: 角部重叠和细腰形的平面布置（图 1.3.8），因重叠长度太小［图 1.3.8(a)］或采用狭窄的楼板连接［图 1.3.8(b)］，在重叠部位和连接楼板处，应力集中十分显著，尤其在凹角部位，因应力集中易使楼板开裂、破坏，故《高规》第 3.4.3 条第 4 款规定：建筑平面不宜采用角部重叠和细腰形平面布置。如必须采用时，则这些部位应采用增大楼板厚度、增加板内配筋、设置集中配筋的边梁、配置 45°斜向钢筋等方法予以加强［图 1.3.8(c)］。

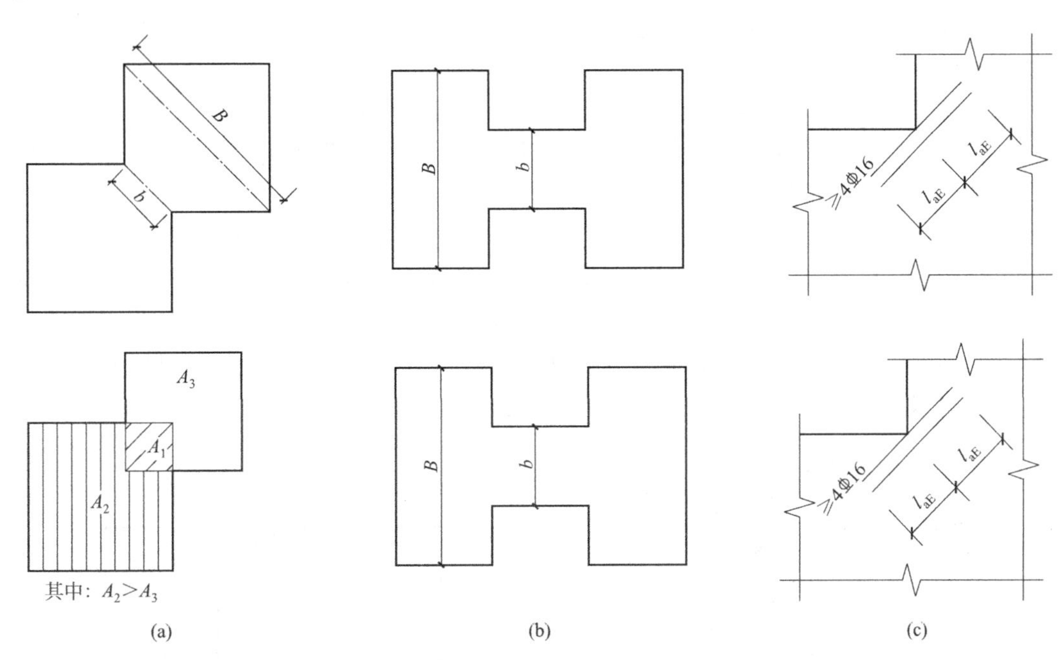

图 1.3.8 角部重叠和细腰形结构平面及连接部位楼板的加强措施

分析表明，随着角部重叠面积比减小或者细腰收进宽度比增大，楼板应力集中程度增大，扭转效应增大，两侧结构的反向振动增强，大震下结构损伤程度增大。当角部重叠面积比，即 $A_1/(A_1+A_2)<25\%$时，可判断为“角部重叠”平面布置［图 1.3.8(a)］；当细腰收进宽度比，即 $(B-b)/B>50\%$时，可判断为“细腰形”平面布置［图 1.3.8(b)］。

1.3.9 高层建筑结构对楼板开洞有何限制?

答复：为改善房间的通风、采光等性能，高层建筑的楼板经常有较大的凹入或开有较大面积的洞口。楼板开口后，楼盖的整体刚度减弱，水平变形协调能力降低，易引起楼板或竖向构件应力集中，结构各部分可能出现局部振动，降低了结构的抗震性能。为此，《高规》对高层建筑的楼板做了下列规定：

(1)《高规》第 3.4.6 条规定：当楼板平面比较狭长、有较大的凹入和开洞时，应在设计中考虑其对结构产生的不利影响。有效楼板宽度不宜小于该层楼面宽度的 50%；楼板开洞总面积不宜超过楼面面积的 30%；在扣除凹入或开洞后，楼板在任一方向的最小净宽不宜小于 5m，且开洞后每一边的楼板净宽度不应小于 2m。

当楼板平面比较狭长、有较大的凹入和开洞使楼板有较大削弱时，楼板可能产生明显的平面内变形，分析时需要采用壳单元或弹性膜单元考虑其平面内刚度。

楼板有较大的凹入和开洞时，被凹口或洞口划分的各部分之间的连接较为薄弱，地震过程中由于各相对独立部分产生相对振动（或局部振动），而使连接部位的楼板产生应力集中，因此应对凹口或洞口的尺寸加以限制。设计中应同时满足上述规定的各项要求。以图 1.3.9-1 所示平面为例，其中 l_2 不宜小于 $0.5l_1$；a_1 与 a_2 之和不宜小于 $0.5l_2$ 且不宜小于 5m，a_1 和 a_2 均不应小于 2m；开口总面积（包括凹口和洞口）不宜超过楼面面积的 30%。

（2）《高规》第 3.4.7 条规定：卄字形、井字形等外伸长度较大的建筑，当中央部分楼板有较大削弱时，应加强楼板以及连接部位墙体的构造措施，必要时可在外伸段凹槽处设置连接梁或连接板。

（3）《高规》第 3.4.8 条规定：楼板开大洞削弱后，宜采取下列措施：①加厚洞口附近楼板，提高楼板的配筋率，采用双层双向配筋；②洞口边缘设置边梁、暗梁；③在楼板洞口角部集中配置斜向钢筋。

如图 1.3.9-2 所示的井字形平面建筑，由于采光通风要求，平面凹入很深，中央设置楼、电梯间后，楼板削弱较大，结构整体刚度降低。在不影响建筑要求及使用功能的前提下，可采取以下两种措施之一予以加强：①设置拉梁 a，为美观也可以设置拉板（板厚可取 250～300mm）；拉梁、拉板内配置受拉钢筋；②增设不上人的挑板 b 或可以使用的阳台，在板内双层双向配钢筋，每层、每方向配筋率可取 0.25%。

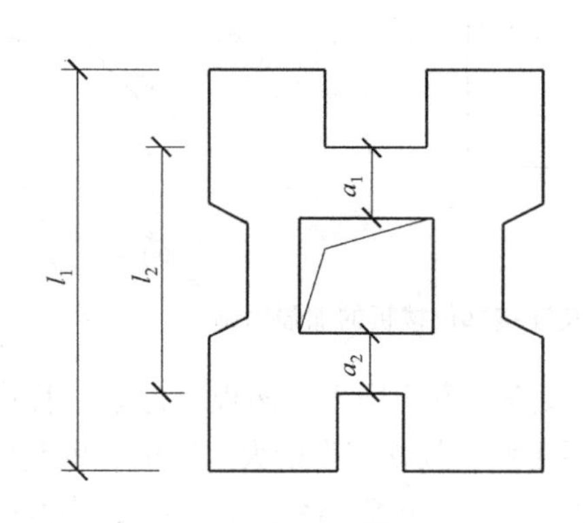

图 1.3.9-1　楼板净宽度要求示意图

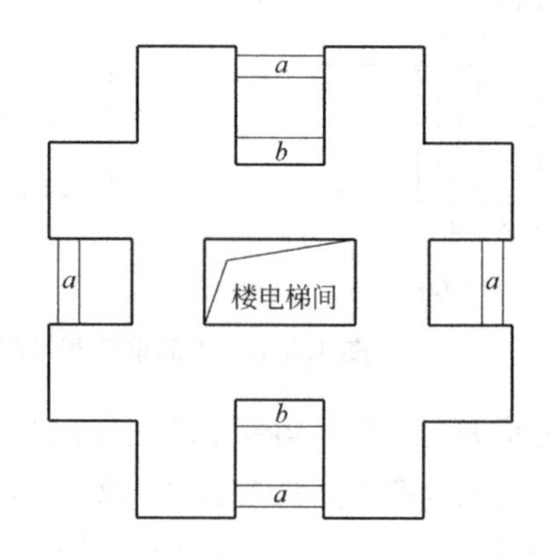

图 1.3.9-2　井字形平面建筑

1.3.10 “回字形”平面布置的结构是否需要分缝处理？

答复： 楼板洞口超过楼面面积 30%，或有效楼板宽度小于该层楼面宽度的 50%时，造成不规则项。楼板开洞判定超限项的主要依据为楼板的水平传力、变形协调功能是否受到影响，进而影响整体结构抗震性能。

当“回字形”结构布置呈双轴对称、中心对称时［图 1.3.10(a)］，结构整体性好，抗侧、抗扭刚度大，楼板水平传力效果不受影响，此时不应判定楼板开洞为不规则项。当“回字形”结构平面布置或刚度布置不均匀、不对称，或楼板有效宽度过小时［图 1.3.10(b)］，会影响其水平传力及变形协调功能，引起楼板局部应力过大或应力集中，或造成相关竖向构件地震剪力突变，此时可采取措施对楼板进行加强，或调整结构布置等，保证楼板传力效果，否则应根据开洞情况判定为不规则结构。

总体来讲，不设缝对于提高结构整体稳定性、约束冗余度有利，也是目前结构设计的主流方向。

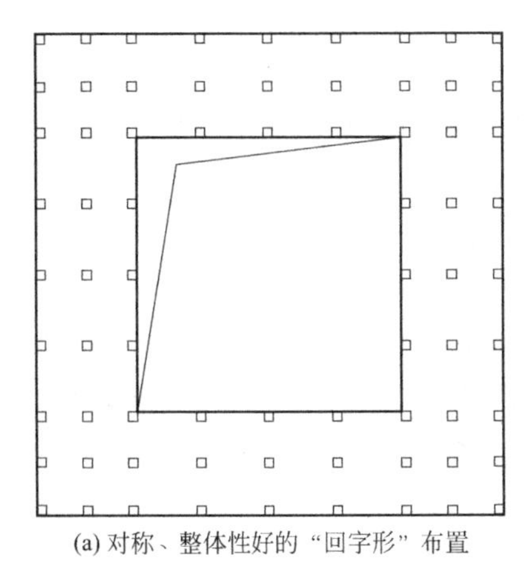

(a) 对称、整体性好的“回字形”布置

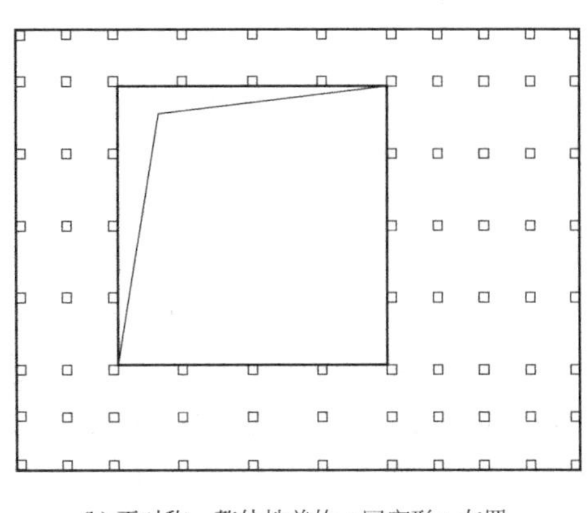

(b) 不对称、整体性差的“回字形”布置

图 1.3.10 “回字形”平面布置

1.4 结构计算分析

1.4.1 高层建筑结构是否需要进行大震不倾覆的验算？如何验算？

答复：高宽比过大的高层建筑结构应该验算其抗倾覆能力。由于此类高层建筑结构一般为深基础，验算时应该考虑周边土的被动土压力的有利作用，也应该考虑地基土动承载力高于静承载力。同时，地震属于小概率事件，大震抗倾覆安全系数可适当降低。

《高规》第 12.1.7 条规定：在重力荷载与水平荷载标准值或重力荷载代表值与多遇水平地震作用标准值共同作用下，高宽比大于 4 的高层建筑，基础底面不宜出现零应力区；高宽比不大于 4 的高层建筑，基础底面与地基之间零应力区面积不应超过基础底面面积的 15%。质量偏心较大的裙楼与主楼可分别计算基底应力。

此处基础底面零应力区控制，主要基于抗倾覆考虑。假定水平地震作用为倒三角形分布，基底压应力为线性分布（图 1.4.1），则有

倾覆力矩：
$$M_{\text{ov}}=F\cdot\frac{2}{3}H=\alpha G\cdot\frac{2}{3}H=Ge_0 \quad (1.4.1\text{-}1)$$

抗倾覆力矩：
$$M_{\text{r}}=GB/2 \quad (1.4.1\text{-}2)$$

由以上公式可算得结构抗倾覆安全系数：

$$\frac{M_{\text{r}}}{M_{\text{ov}}}=\frac{B}{2e_0} \quad (1.4.1\text{-}3)$$

或
$$\frac{M_{\text{r}}}{M_{\text{ov}}}=\frac{3}{4\alpha(H/B)} \quad (1.4.1\text{-}4)$$

式中：α——地震影响系数；

其余符号意义见图 1.4.1。

当基底零应力区为零时，$e_0=B/6$，由式(1.4.1-3) 可得：$M_{\text{r}}/M_{\text{ov}}=B/(2\times B/6)=3$；当基础底面与地基之间零应力区面积为基础底面面积的 15%时，$e_0=B/2-0.85B/3$，$M_{\text{r}}/M_{\text{ov}}=2.3$。

另外，从水平地震作用方面考虑，假设结构高宽比分别为 3、4、5、6、7，地震影响

系数α取最小剪重比。以8度区（最小剪重比$\alpha=0.032$）高层建筑结构为例，多遇地震作用下，由式(1.4.1-4)可得$M_r/M_{ov}=7.81$（高宽比为3），$M_r/M_{ov}=5.86$（高宽比为4），$M_r/M_{ov}=4.68$（高宽比为5），$M_r/M_{ov}=3.91$（高宽比为6），$M_r/M_{ov}=3.34$（高宽比为7，此时安全系数对应于基底零应力区临界状态）。

因此，多遇地震作用下，结构的抗倾覆能力一般是有安全保障的。

罕遇地震作用下，上部结构地震作用增大，倾覆力矩增加。考虑到上部结构进入弹塑性阶段、基础埋深范围内回填土约束效果、地下室及基础范围自重，《甘肃省钢筋混凝土高层建筑结构高宽比超限抗震措施暂行规定》中建议：结构倾覆力矩可分别采用多遇水平地震作用下倾覆力矩的2.0倍（8度0.30g）、2.2倍（8度0.20g）、2.5倍（7度）、2.8倍（6度）。

此时考虑到地基土（桩基）压力塑性重分布，抗倾覆能力有所降低，按照地基反力仍为弹性计算时，应考虑塑性折减系数（约1.3），同时考虑安全系数1.5，则1.5×1.3约为2（安全度），可反推出按大震弹性计算时基础底面与地基之间零应力区面积不应超过基础底面面积的25%。即由此再反推出结构在小震时不能出现零应力区（以8度0.2g为例，如结构小震时地基边缘处于零应力临界状态，则大震时零应力区面积约为60%，防倾覆安全系数约为1.4）。

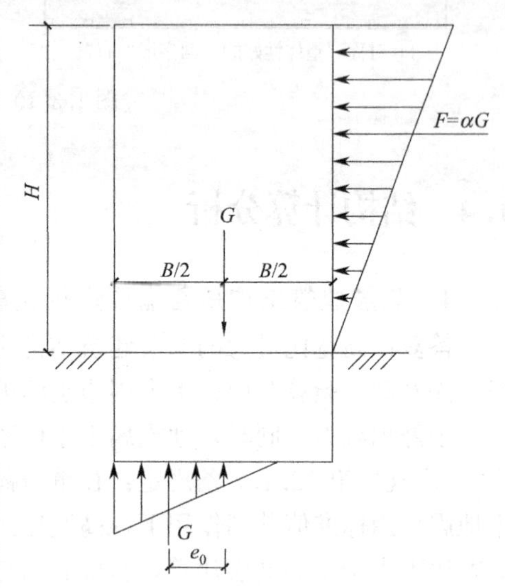

图1.4.1　结构抗倾覆计算简图

上述分析表明，当结构在多遇地震作用下出现零应力区，以及高宽比大于7（设防烈度8度），可能存在大震抗倾覆不足等问题，需要进行罕遇地震作用下的抗倾覆验算。当然，由于回填土约束、P-Δ效应等诸多不确定因素，设计过程中应具体问题具体分析，对存在倾覆隐患的结构均应进行抗倾覆验算。

1.4.2　如何考虑超长结构温度效应？

答复：超长结构是指房屋长度超过《混规》第8.1.1条规定的混凝土结构、《砌体规范》第6.5.1条规定的砌体结构以及《钢标》第3.3.5条规定的钢结构。结构超长超过一定程度时，应进行水平向温度应力分析。剪力墙住宅结构应控制其长度不大于55m。

混凝土结构长度超长但不超过《混规》表8.1.1要求的1.5倍时，可通过设置后浇带、通长配置楼板构造钢筋、加强超长方向梁顶贯通筋和腰筋等解决温度应力问题。如果结构同时存在楼板异形、开大洞等，应补充温度应力计算。

混凝土结构的长度超过《混规》表8.1.1要求的1.5倍时，应进行温度应力计算，并采用更严格的构造措施。

(1) 初始温度T_0

考虑到超长混凝土结构建设周期较长的特点，可取拟建场地年平均温度T_y（如西安地区年平均气温约15℃）作为后浇带封闭即结构的初始温度，考虑到施工工期的不确定性，通常设定一定的温度偏差范围作为结构的初始温度T_0，即

$$T_0=T_y\pm\Delta T \tag{1.4.2-1}$$

式中：$\pm\Delta T$——后浇带封闭的正、负温差值，一般取值范围为5～10℃。考虑到西安地区四季温差较大，ΔT可取8℃，则$T_0=23$℃或7℃。

（2）混凝土收缩当量温度（温差）ΔT_s

混凝土收缩当量温度是将混凝土干燥收缩与自身收缩产生的变形值，换算成相当于引起等量变形所需要的温度。混凝土收缩是长期过程，收缩应变与后浇带间距、封闭时间等相关。

对于超长结构，结构后浇带间距应严格按《混规》表8.1.1伸缩缝最大间距设置，并要求后浇带封闭时间为主体结构至少完工60d（一般要求90d）以后，此时混凝土收缩当量温度（温差）可取$\Delta T_s=-12$℃（90d时为-8℃）。

（3）施工阶段正、负温差ΔT_c

混凝土结构的温度作用是由结构本体温度（包含混凝土收缩、徐变影响）与初始温度之间的差异所引起。

对混凝土结构负温差ΔT_c^-的计算，主要包括混凝土收缩当量温度和季节温差，计算公式如下：

$$\Delta T_c^-=\Delta T_s+(T_{min}-T_0) \tag{1.4.2-2}$$

同样，结构正温差ΔT_c^+计算如下：

$$\Delta T_c^+=\Delta T_s+(T_{max}-T_0) \tag{1.4.2-3}$$

式中：T_{max}、T_{min}——后浇带封闭后施工阶段的月平均最高气温、最低气温。

（4）使用阶段正、负温差

对于大型公共建筑，围护结构通常具有良好的保温隔热性能，并可通过中央空调系统保持使用期间的舒适性。在建筑正常使用阶段，室内混凝土结构的温度可视为与室内空气温度相同。对于设置有中央空调系统的大型公用建筑，夏季室内温度为25℃左右，冬季室内温度为18℃左右。

在确定使用阶段的正、负温差时，将式(1.4.2-2）和式(1.4.1-3）的T_{max}和T_{min}分别修正为室内最高温度和最低温度，在对设置有中央空调系统的超长结构进行设计时，由于使用阶段温度变化的幅度较小，故施工阶段的温差往往起控制作用。

（5）温度效应折减系数K_s

多年的工程实践表明，按照弹性假定计算得到的混凝土结构温度应力远大于实测应力。由于混凝土徐变造成的应力松弛，进而引起应力重分布，所以降低了温度应力。当温度应力较高时，混凝土结构会局部进入塑性变形状态，从而减小应力峰值。此外，混凝土微裂缝也会降低竖向构件的刚度，减弱柱对梁板的约束作用。

为了避免分析过程的复杂性，目前所采用的计算方法是对计算温差进行适当折减，折减系数一般取0.3。

（6）等效温差计算

以西安地区为例，假设某公共建筑施工周期超过一年，后浇带封闭时间为主体结构完工3个月以后，最高月平均气温取32℃，最低月平均气温取-3℃。

施工阶段　$\Delta T_{ceff}^-=k_s[\Delta T_s+(T_{min}-T_0)]=0.3[-8+(-3-23)]=-10.2$℃

$\Delta T_{ceff}^+=k_s[\Delta T_s+(T_{max}-T_0)]=0.3[-8+(32-7)]=5.1$℃

使用阶段　$\Delta T_{ceff}^-=k_s[\Delta T_s+(T_{min}-T_0)]=0.3[-8+(18-23)]=-3.9$℃

$$\Delta T_{ceff}^{+}=k_{s}[\Delta T_{s}+(T_{max}-T_{0})]=0.3[-8+(25-7)]=3℃$$

可见，混凝土结构等效温差由施工阶段控制。

对于有地下室结构，地下二层以下可近似按恒温（温差为 0℃）考虑，地下一层可按恒温与地上一层结构的温差平均值考虑。

（7）温度效应分析与设计

将楼板定义为壳单元，对上部结构输入等效温差值，进行混凝土结构温度效应有限元计算，温度效应可不参与地震组合。

当钢结构房屋长度超过《钢标》表 3.3.5 规定的最大温度区段时，应考虑水平向温度作用。钢结构合拢温度应按日平均气温取值，并考虑一定的温度变化（通常取±5℃）。

1.4.3　框架梁、柱中心线之间的偏心距大于柱截面在该方向宽度的 1/4 时，梁端是否应设置水平加腋？

答复： 梁、柱中心线之间的偏心距主要影响节点核心区受剪承载力验算以及梁负担的荷载对柱子的偏心影响。如果两种影响因素都能在分析、设计中得以考虑，那么可不设置梁端水平加腋。当然，按《高规》第 6.1.7 条要求，9 度抗震设计时，梁、柱中心线之间的偏心距不应大于柱截面在该方向宽度的 1/4，否则应该加腋处理。

现行分析软件已能够对梁、柱偏心影响做到准确计算，建模时根据软件功能做相关定义即可。当梁、柱偏心对柱子产生弯矩且影响较大时，建议竖向导荷时可将楼板定义为壳单元，弱化梁单元传力比例，减小附加弯矩影响。

梁端加腋可能会使梁端塑性铰外移，不利于“强柱弱梁”的实现，设计时应适当考虑加腋对梁端承载力的影响。

梁水平加腋厚度可取梁截面高度，其水平尺寸宜满足 $b_x/l_x\leqslant1/2$；$b_x/b_b\leqslant2/3$；$b_b+b_x+x\geqslant b_c/2$（图 1.4.3）。

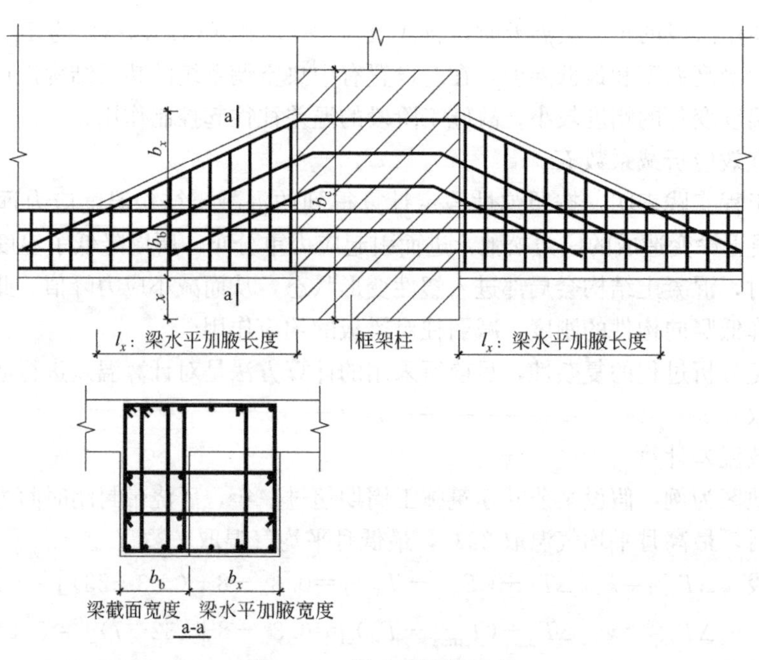

图 1.4.3　梁水平加腋示意

1.4.4 三面围土（一面敞开）地下室结构设计时，嵌固端、结构高度如何取值？如何设计？

答复：土为非线性体，且不同土层力学性能差异很大，其与地下室结构的相互作用难以精确计算，以下分析仅供参考。

（1）三面围土（一面敞开）地下室从结构概念上讲不属于地下室结构。结构意义上的地下室，要求四面围土，地下室顶板尽量作为上部结构的嵌固端，地下室结构有足够强度以保证塑性铰不下移至地下室。而三面围土（一面敞开）的情况下，敞开侧无论如何加强，也难以避免其在地震作用下底部最不利而产生塑性铰的情况。

（2）塔楼的结构高度取值应根据其与地下室的关系［图 1.4.4(a)］进行判断。由于三面围土（一面敞开）不能定义为地下室，紧邻敞开一侧的塔楼房屋高度需要从敞开一侧地面算起［图 1.4.4(b)］。如果塔楼地下室相关范围边界距开敞边大于 20m 且超过两跨，此时地下室顶板对塔楼具有一定的嵌固效果，房屋高度可从其自身室外地面算起，但设计时不应作为嵌固端。

（3）三面围土（一面敞开）的地下室，由于其三侧受到约束（扭转自由度、一个方向的水平自由度），大底盘与塔楼振型耦合度不高，上部塔楼不应归属为大底盘多塔结构，可仅按单塔模型进行设计，但构造措施可参考大底盘结构。

（4）单塔模型设计时，地下室可取相关范围带入主楼模型，结构属于体型收进，且刚度存在较大突变，对主体结构底层（地上一层）非常不利。因此，设计时建议嵌固端按照实际位置分析的同时，也应取地下室（此时指的“三面围土地下室”）顶板作为嵌固端进行包络设计。

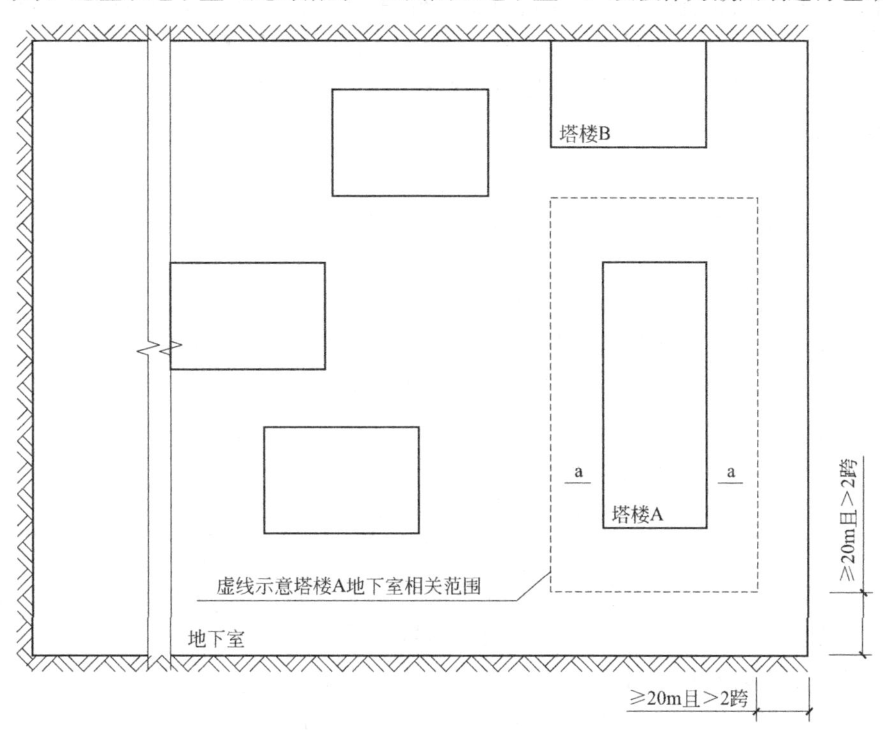

(a) 平面布置示意

图 1.4.4 三面围土（一面敞开）地下室结构计算示意

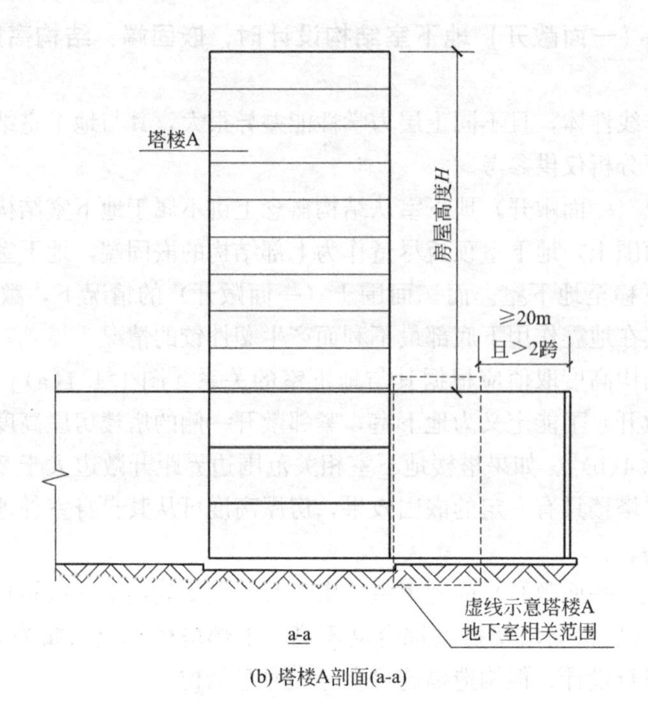

(b) 塔楼A剖面(a-a)

图 1.4.4　三面围土（一面敞开）地下室结构计算示意（续）

（5）由于三面围土对地下室的扭转自由度具有约束效果，因此按照单塔模型计算时，如果地下室存在平面布置不规则等情况（如一侧有挡土墙等情况），可采取等代措施弱化扭转不利影响，如在刚度较弱一侧楼板边缘部位施加等代弹簧单元等。

1.4.5　嵌固端位置对结构计算模型以及抗震措施的影响是什么？

答复：嵌固端在结构意义上应该具备三个特点：一是在地下室部位；二是具备足够的刚度；三是具备足够的强度。

结构计算模型一般分为地上结构、地下结构和地基基础（图 1.4.5），上述三要素和地基土、回填土特性确定后，结构分析模型即可确定。因此，计算模型与嵌固端无直接关系，也就是说，无论嵌固端定义在何处，均不影响结构的分析结果，如自振周期、层间位移角、各工况下结构构件内力标准值等。

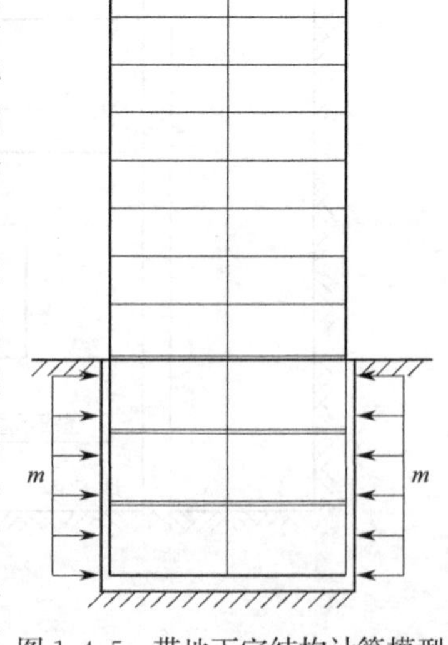

图 1.4.5　带地下室结构计算模型

为保证嵌固端以下部位具备足够的刚度和强度，需要采取一定的措施，包含结构布置措施（如剪切刚度、嵌固端楼板厚度等）以及抗震措施（内力调整、配筋放大、延性措施等），因此，嵌固端位置与抗震措施紧密相关。如果地下室顶板不能作为嵌固端，地下室顶板至嵌固端下一层（嵌固端为基础时不再延伸）的构件抗震等级，应该与上部结构一致，其相应的抗震构造措施，如约束边缘构件等也应随之下延。另外，结构构件内力调整应与地下室顶板作为嵌固端的设计模型进行包络设计。

1.4.6 钢筋混凝土框架-屈曲约束支撑结构的层间位移角是否按 1/550 控制?

答复: 钢筋混凝土框架-屈曲约束支撑结构层间位移角可按 1/550 控制，但屈曲约束支撑的布置应满足一定要求。

《抗规》第 G.1.4 条规定，钢支撑-混凝土框架结构的层间位移角限值，宜按框架和框架-抗震墙结构内插。然而屈曲约束支撑与普通钢支撑在工作机理上有本质区别：屈曲约束支撑在地震作用下不存在失稳退出工作的情况，其屈服前为结构提供侧向刚度，屈服后承载力不退化，起到耗散地震能量的作用。

框架结构布置屈曲约束支撑时，当支撑（底层）按刚度分配的地震倾覆力矩小于结构总倾覆力矩的 20%时，属于带少量屈曲约束支撑的框架结构。此时支撑一般用来调整结构扭转、控制薄弱层等，中、大震时适量耗能，结构体系仍为框架结构，层间位移角可按 1/550 控制。

当支撑（底层）按刚度分配的地震倾覆力矩占结构总倾覆力矩的 20%～50%时，属于框架-屈曲约束支撑结构体系。此时，小震时支撑为结构提供侧向刚度，中、大震时屈服耗能，保护主体结构安全，结构框架部分侧向刚度仍占主导，侧移模式仍以剪切型为主，而屈曲支撑变形与结构楼层剪切型变形正相关。为充分发挥屈曲约束支撑作用，建议混凝土框架-屈曲约束支撑结构体系层间位移角限值仍取为 1/550。

当支撑（底层）按刚度分配的地震倾覆力矩大于结构总倾覆力矩的 50%时，属于钢支撑-框架结构体系，支撑主要为结构提供侧向刚度。此时支撑刚度占主导地位，结构侧移模式呈弯剪型，支撑反向轴力使梁柱构件在相同侧向位移下处于更加不利的受力状态，对主体结构损伤程度影响较大。此时，结构层间位移角可根据修正支撑刚度后的模型进行复核，即计算时同比例减小支撑刚度，当支撑倾覆力矩占结构总倾覆力矩的 50%时，结构层间位移角仍满足 1/550 即可。

所有类型的框架-屈曲约束支撑结构，均应满足大震时层间位移角不大于 1/50 的要求。

1.4.7 楼盖舒适度验算一方面控制竖向自振频率，另一方面控制竖向峰值加速度，具体应该如何执行?

答复: 对于跨度（或悬挑）较大的楼盖、旋转楼梯、人行天桥、轻钢上人屋面等竖向自振频率较小的结构应进行竖向舒适度验算。

《混规》第 3.4.6 条规定，对混凝土楼盖结构应根据使用功能的要求进行竖向自振频率验算，并宜符合下列要求：

（1）住宅和公寓不宜低于 5Hz;

（2）办公楼和旅馆不宜低于 4Hz;

（3）大跨度公共建筑不宜低于 3Hz。

《高规》第 3.7.7 条规定，楼盖结构应具有适宜的舒适度。楼盖结构的竖向振动频率不宜小于 3Hz，竖向振动加速度峰值不应超过表 1.4.7 的限值。

楼盖竖向振动加速度限值 **表 1.4.7**

人员活动环境	峰值加速度限值(m/s^2)	
	竖向自振频率不大于 2Hz	竖向自振频率不小于 4Hz
住宅、办公	0.07	0.05
商场及室内连廊	0.22	0.15

注：楼盖竖向自振频率为 2～4Hz 时，峰值加速度限值可按线性插值选取。

楼盖竖向舒适度验算的最终控制指标为峰值加速度，自振频率只是一种近似的简化控制方法。人行激励荷载作用下，楼盖竖向振动加速度与频率、变形幅值相关。一般结构在满足竖向挠度验算的条件下，峰值加速度与自振频率关联较大。人行走的频率大概在 1.6～2.5Hz，如果楼盖竖向振动频率大于 3Hz，就可以避开人行走的频率，避免共振，一般情况下振动加速度也不会很大，舒适度基本没问题。所以，规范通过控制楼盖结构的竖向自振频率间接控制其竖向振动加速度。

当计算所得的竖向自振频率接近规范限值，或者对舒适度敏感的结构（如钢结构旋转楼梯、轻钢上人屋面等），或者有更高舒适度要求的结构，应补充峰值加速度验算。

根据结构动力学原理，在竖向自振频率一定的情况下，峰值加速度 a_{max} 与结构变形幅值 y_{st} 相关（式 1.4.7-1），而结构变形幅值则与激励荷载 F、振型质量 m、自振频率 ω 存在如式(1.4.7-2) 所示关系。因此，对于质量偏小的轻钢屋面结构、旋转楼梯等，人行激励下可能产生较大位移幅值，其峰值加速度会大于普通混凝土楼盖的峰值加速度，因此，对此类结构应该从严控制自振频率。

$$a_{max}=(y_{st}\sin\omega t)''_{max} \tag{1.4.7-1}$$

$$y_{st}=\frac{F}{m\omega^2} \tag{1.4.7-2}$$

结构竖向峰值加速度验算时，其人行激励时程、阻尼比、质量源等均应满足规范和实际情况，对含有钢梁的组合楼盖应正确处理钢梁与混凝土楼板的关系等。另外，计算得到加速度时程曲线后，可取加速度时程曲线中稳态部分的最大值（而不是瞬态峰值）判断加速度是否满足要求。

1.4.8 如何理解现行规范的加速度反应谱？对现行反应谱存在的问题如何修正？

答复：地震反应谱是现阶段计算地震作用的基础，即通过反应谱将随时程变化的地震作用转化为最大的等效侧向力。地震反应谱是在给定的地震加速度作用期间，单质点弹性体系的最大地震反应随结构自振周期变化的曲线。

抗震设计反应谱，它包括地震动强度（地面运动峰值加速度）和地面运动频谱特性的影响。前者影响谱坐标的绝对值，后者影响谱形状。《抗规》用地震影响系数（单质点弹性体系的最大反应加速度与重力加速度之比）反映地震动强度对结构地震反应的影响，在阻尼比给定后（$\zeta=0.05$），地震影响系数主要与地震烈度有关（表 1.4.8-1）。

水平地震影响系数最大值（m/s^2） **表 1.4.8-1**

地震影响	6 度	7 度	8 度	9 度
多遇地震	0.04	0.08(0.12)	0.16(0.24)	0.32
设防地震	0.12	0.23(0.34)	0.45(0.68)	0.90
罕遇地震	0.28	0.50(0.72)	0.90(1.20)	1.40

注：括号中数值分别用于设计基本地震加速度为 $0.15g$ 和 $0.30g$ 的地区。

强震地面运动的频谱特性取决于许多因素，如震源机制、局部地质或土质条件等。宏观震害表明，大震级、远震中距的高柔结构比发生在该地区的中、小震级，近震中距重得多。即结构地震反应除与地震烈度有关外，还受地震震级大小、震中距和场地条件的影响。《抗规》用“特征周期值 T_g”反映地震震级大小、震中距和场地条件的影响

(表 1.4.8-2)。其中“震级、震中距”的影响分为三组(第一、二、三组),称为“设计地震分组”;“场地条件”的影响用“场地类别”表示,分为 4 类场地(其中Ⅰ类又分为 $Ⅰ_0$ 和 $Ⅰ_1$ 类)。

特征周期值(s)　　表 1.4.8-2

设计地震分组	场地类别				
	$Ⅰ_0$	$Ⅰ_1$	Ⅱ	Ⅲ	Ⅳ
第一组	0.20	0.25	0.35	0.45	0.65
第二组	0.25	0.30	0.40	0.55	0.75
第三组	0.30	0.35	0.45	0.65	0.90

《抗规》规定的建筑结构地震影响系数曲线如图 1.4.8-1 所示。在 $T\leqslant0.1\text{s}$ 的范围内,各类场地的地震影响系数一律采用相同的斜线,使之符合 $T=0$ 时(刚体)动力不放大的规律;在 $0.1\text{s}\leqslant T\leqslant T_g$(加速度控制段)范围内,地震影响系数取最大值($\alpha_{max}$),以反映结构共振;在 $T_g<T\leqslant5T_g$(速度控制段)范围内,地震影响系数随 T 增大而曲线下降;在 $5T_g<T\leqslant6\text{s}$(位移控制段)范围内,地震影响系数随 T 增大而直线下降。

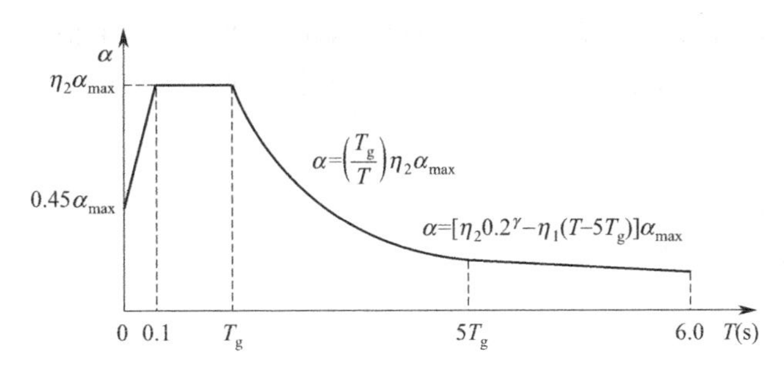

图 1.4.8-1　地震影响系数曲线(2001 版《抗规》)

在图 1.4.8-1 中,曲线下降段的衰减指数 γ 应按下式确定:

$$\gamma=0.9+\frac{0.05-\zeta}{0.3+6\zeta} \tag{1.4.8-1}$$

直线下降段的下降斜率调整系数 η_1 应按下式确定:

$$\eta_1=0.02+\frac{0.05-\zeta}{4+32\zeta} \tag{1.4.8-2}$$

阻尼调整系数 η_2 应按下式确定:

$$\eta_2=1+\frac{0.05-\zeta}{0.08+1.6\zeta} \tag{1.4.8-3}$$

对于阻尼比 $\zeta=0.05$ 的建筑结构,上述系数分别等于 $\gamma=0.9$,$\eta_1=0.02$,$\eta_2=1$。

长周期结构的地震反应对地面运动位移更加敏感,目前基于加速度的反应谱理论尚无法对此作出估计。为保证长周期结构安全,我国现行加速度反应谱在后半段做了人为抬高,带来一些争议。抬高加速度反应谱,会使得与其对应的位移反应谱(位移与加速度呈双阶导数关系)在长周期段持续抬升,与结构动力学基本原理不符,也影响到大震静力弹塑性分析的需求谱(由加速度反应谱演化而来)精度等。另外,长周期结构的潜在风险可能在大位移后的整体稳定，增大结构地震作用后，结构需要更大刚度满足变形验算等，这又会反过来增加结构地震力，形成死循环。因此，抬升后半段加速度反应谱谱值，对结构的位移控制、安全度等是否有效值得深入讨论。

提升加速度反应谱后半段，将低估隔震结构的隔震效果，不利于隔震技术推广，因此，《隔震标准》对现行加速度反应谱的后半段（$5T_g$～6.0s）做了平滑处理（图 1.4.8-2）。

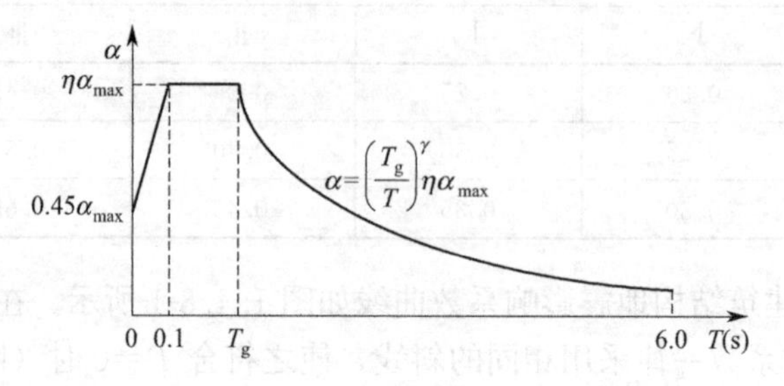

图 1.4.8-2　地震影响系数曲线（《隔震标准》）

超高层建筑由于其刚度较弱，自振周期较长，特别是高度大于 300m 的超高层建筑，其自振周期往往大于 6s，已经超越现行《抗规》及《高规》地震影响系数曲线的周期范围。对于这种情况，有些地方规范已给出自己的取值标准，但是取值不尽相同，对结构设计影响较大，例如：2013 版上海市《建筑抗震设计规程》DGJ 08—9—2013 第 5.1.5 条规定，6～10s 取水平段，如图 1.4.8-3 所示。

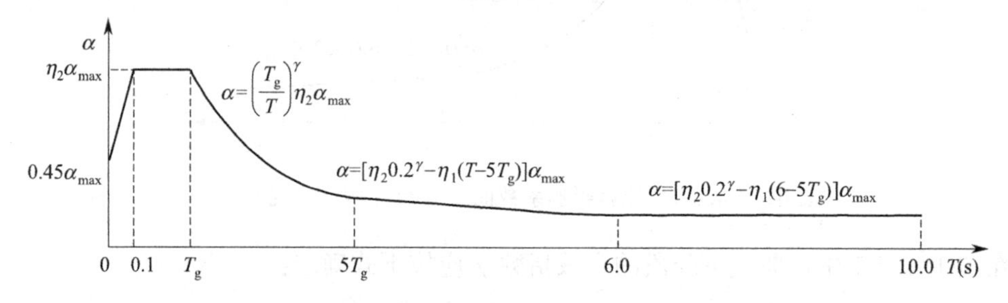

图 1.4.8-3　地震影响系数曲线（上海市《建筑抗震设计规程》）

广东省《高层建筑混凝土结构技术规程》DBJ/T 15—92—2021 第 4.3.9 条规定，T_D（3.5s）～10s 按照曲线下降段取值，如图 1.4.8-4 所示。其中，T_D 为曲线下降段拐点周期（建议取 3.5s）；η 为阻尼调整系数。

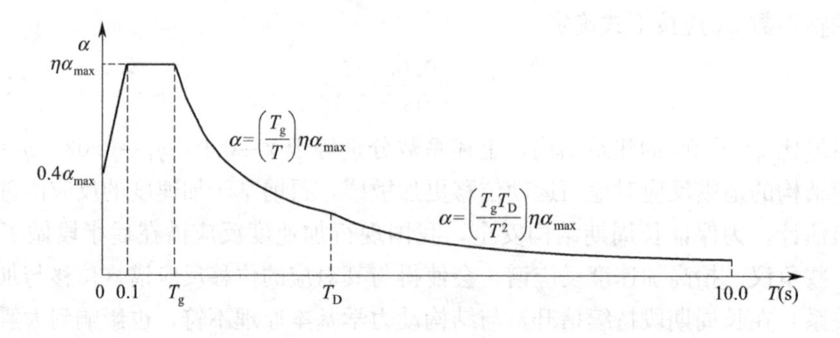

图 1.4.8-4　地震影响系数曲线（广东省《高层建筑混凝土结构技术规程》）

综上所述，在现有规范设计条件下，对基本自振周期超过6s的结构，其反应谱在6s后可取为水平段，并保证结构剪重比满足《抗规》第5.2.5条的相关要求。对于特殊项目(如隔震结构、钢结构等)，也可采用曲线下降段的延伸线，但需要突破剪重比限值时则需要专项论证。

【说明】现行规范加速度谱在后半段的人为调整，不但影响到结构地震作用计算，也影响到位移计算，进而影响到结构刚度布置等。这些连锁响应是否是规范初衷，不得而知。《隔震标准》、上海市《建筑抗震设计规程》、广东省《高层建筑混凝土结构技术规程》均对反应谱后半段做了修正补充，应用范围更加广泛。反应谱本身就是大量地震波输入基础上的统计意义结果，进行适当的概念性调整也无可厚非，需要具体问题具体分析。

目前《抗规》对剪重比的要求也比较严格，超长周期结构的地震力往往由剪重比控制。因此，自振周期大于6s的超长周期结构，取水平线，或者取反应谱6s前线段的延伸原则上都可行，最终满足剪重比要求是关键。当然，剪重比对结构刚度的要求是否合理，需要另行讨论。

1.4.9 对建筑结构进行时程分析时如何选择地震波?

答复: 对复杂结构进行弹性或弹塑性时程分析时，选择合适的地震波至关重要。一般应结合实际工程情况、场地特点等，选择合适的地震波。

1. 一般原则

地震动具有强烈的随机性，分析表明，结构的地震反应随输入地震波的不同而差异很大，相差高达几倍甚至十几倍之多。如要保证时程分析结果的合理性，必须合理选择输入地震波。一般来讲，选择输入地震波时应当考虑以下几方面的因素：地震波的峰值、频谱特性、地震动持时以及地震波数量，其中前三个因素称为地震动的三要素。

(1) 地震波峰值加速度的调整

地震波的峰值加速度一定程度上反映了地震波的强度，因此要求输入结构的地震波峰值加速度应与设防烈度要求的多遇地震或罕遇地震的峰值加速度相当，否则应按下式对该地震波的峰值进行调整：

$$A'(t)=\frac{A'_{\max}}{A_{\max}}A(t) \tag{1.4.9}$$

式中：$A(t)$、$A_{\max}$——原地震波时程曲线任意时刻 t 的加速度值、峰值加速度值；

$A'(t)$、$A'_{\max}$——调整后地震波时程曲线任意时刻 t 的加速度值、峰值加速度值。

(2) 地震波的频谱特性

频谱即地面运动的频率成分及各频率的影响程度。它与地震传播距离、传播区域、传播介质及结构所在地的场地土性质有密切关系。地面运动的特性测定表明，不同性质的土层对地震波中各种频率成分的吸收和过滤的效果是不同的。一般来说，同一地震，震中距近，则振幅大，高频成分丰富；震中距远，则振幅小，低频成分丰富。因此，在震中附近或岩石等坚硬场地土中，地震波中的短周期成分较多；在震中距很远或当冲积土层很厚而土质又较软时，由于地震波中的短周期成分被吸收而导致长周期成分为主。合理的地震波选择应符合下列两条原则：

1) 所输入地震波的卓越周期应尽可能与拟建场地的特征周期一致；

2) 所输入地震波的震中距应尽可能与拟建场地的震中距一致。

(3) 地震动持时

地震动持时也是结构破坏、倒塌的重要因素。结构在开始受到地震波的作用时，只引起微小的裂缝，在后续的地震波作用下，破坏加大，变形积累，导致大的破坏甚至倒塌。有的结构在主震时已经破坏但没有倒塌，但在余震时倒塌，就是因为地震动时间长，破坏过程在多次地震反复作用下完成，即所谓低周疲劳破坏。总之，地震动的持续时间不同，地震能量损耗不同，结构地震反应也不同。工程实践中确定地震动持续时间的原则是：

1) 地震记录最强烈部分应包含在所选持续时间内；

2) 若仅对结构进行弹性最大地震反应分析，持续时间可取短些；若对结构进行弹塑性最大地震反应分析或耗能过程分析，持续时间可取长些；

3) 一般可考虑取持续时间为结构基本周期的5～10倍。

(4) 地震波的数量

输入地震波数量太少，不足以保证时程分析结果的合理性；输入地震波数量太多，则计算工作量较大。研究表明，在充分考虑地震波幅值、频谱特性和持时的情况下，采用3～5条地震波可基本保证时程分析结果的合理性。

2. 现行有关标准的建议

(1)《抗规》和《高规》的建议

我国的《抗规》和《高规》规定，对建筑结构进行时程分析时，应符合下列要求：

1) 应按建筑场地类别和设计地震分组选取实际地震记录和人工模拟的加速度时程曲线，其中实际记录的数量不应少于总数量的2/3，多组时程曲线的平均地震影响系数曲线应与振型分解反应谱法所采用的地震影响系数曲线在统计意义上相符；弹性时程分析时，每条时程曲线计算所得结构底部剪力不应小于振型分解反应谱法计算结果的65%，多条时程曲线计算所得结构底部剪力的平均值不应小于振型分解反应谱法计算结果的80%。

2) 地震波的持续时间不宜小于建筑结构基本自振周期的5倍和15s，地震波的时间间距可取0.01s或0.02s。

3) 输入地震加速度的最大值可按表1.4.9-1采用。

4) 当取三组时程曲线进行计算时，结构地震作用效应宜取时程法计算结果的包络值与振型分解反应谱法计算结果的较大值；当取七组及七组以上时程曲线进行计算时，结构地震作用效应可取时程法计算结果的平均值与振型分解反应谱法计算结果的较大值。

时程分析所用地震加速度时程的最大值（cm/s^2） **表1.4.9-1**

地震影响	6度	7度	8度	9度
多遇地震	18	35(55)	70(110)	140
设防地震	50	100(150)	200(300)	400
罕遇地震	125	220(310)	400(510)	620

注：7、8度时括号内数值分别用于设计基本加速度为0.15g和0.30g的地区，此处g为重力加速度。

(2)《建筑工程抗震性态设计通则》的建议

中国工程建设标准化协会标准《建筑工程抗震性态设计通则》建议，对建筑结构进行时程分析时，地震加速度时程应采用实际地震记录和人工模拟的加速度记录。当选用实际地震加速度记录时，应按下述方法从中选取“最不利设计地震动”。

1）按目前认为最可能反映地震动潜在破坏势的各种参数（峰值加速度、峰值速度、峰值位移、有效峰值加速度、有效峰值速度、强震持续时间、最大速度增量、最大位移增量以及各种谱烈度值），对所有强地震动记录进行排队，将所有排名在前面的记录汇集在一起，组成最不利的地震动备选数据库。

2）将收集到的备选强地震动记录做第二次排队。主要考虑和比较这些强地震动记录的位移延性和耗能值，将这两项指标最高的强地震动记录挑选出来；再进一步考虑场地条件、结构自振周期、规范有关规定等因素，最后得到给定场地条件及结构自振周期下的最不利地震动记录。

3）将结构按其自振周期分为三个频谱段：短周期段（0～0.5s）、中周期段（0.5～1.5s）和长周期段（1.5～5.5s），并将地震动记录按四类场地划分，这样对应每种不同周期频谱段与不同场地类别的组合，均得到3条最不利地震动记录（国外地震动记录2条、国内1条），作为推荐的设计地震加速度时程。表1.4.9-2中列出了这些地震动记录信息。

《建筑工程抗震性态设计通则》推荐的设计地震动　　表 1.4.9-2

场地类别	短周期(0～0.5s)		中周期(0.5～1.5s)		长周期(1.5～5.5s)	
	组号	地震动记录名称	组号	地震动记录名称	组号	地震动记录名称
Ⅰ	F1	1985，La Union，Michoacan Mexico	F1	1985，La Union，Michoacan Mexico	F1	1985，La Union，Michoacan Mexico
	F2	1994，Los Angeles Griffith Observation，Northridge	F2	1994，Los Angeles Griffith Observation，Northridge	F2	1994，Los Angeles Griffith Observation，Northridge
	N1	1988，竹塘A浪琴	N1	1988，竹塘A浪琴	N1	1988，竹塘A浪琴
Ⅱ	F3	1971，Castaic Oldbridge Route，San Fernando	F4	1979，El Centro，Array ＃10，Imperial Valley	F4	1979，El Centro，Array ＃10，Imperial Valley
	F4	1979，El Centro，Array ＃10，Imperial Valley	F5	1952，Taft，Kern County	F5	1952，Taft，Kern County
	N2	1988，耿马1	N2	1988，耿马1	N2	1988，耿马1
Ⅲ	F6	1984，Coyote Lake Dam，Morgan Hill	F7	1940，El Centro-Imp Vall. Irr. Dist，El Centro	F7	1940，El Centro-Imp Vall. Irr. Dist，El Centro
	F7	1940，El Centro-Imp Vall. Irr. Dist，El Centro	F12	1966，Cholame Shandon Array2，Parkfield	F5	1952，Taft，Kern County
	N3	1988，耿马2	N3	1988，耿马2	N3	1988，耿马2
Ⅳ	F8	1949，Olympia Hwy Test Lab，Western Washington	F8	1949，Olympia Hwy Test Lab，Western Washington	F8	1949，Olympia Hwy Test Lab，Western Washington
	F9	1981，Westmor and Westmoreland	F10	1984，Parkfield Fault Zone 14，Coalinga	F11	1979，El Centro Array＃6，Imperial Valley
	N4	1976，天津医院，唐山地震	N4	1976，天津医院，唐山地震	N4	1976，天津医院，唐山地震

1.4.10 为什么应采用时程分析法对一些结构进行多遇地震下的补充计算？

答复：现阶段高层建筑结构抗震分析方法主要有两种：振型分解反应谱法和时程分析法。其中振型分解反应谱法是目前结构地震反应分析的主要方法，该法首先对结构进行模态分析，以得到足够数量的结构振型和频率，该过程就是将结构模型解耦为多个"独立"的等效单自由度体系，每个振型对应一个等效单自由度体系，这样就可以运用规范规定的反应谱得到各个振型（单自由度体系）所对应的最大地震响应；然后将各个振型所对应的地震响应通过SRSS或CQC方法进行振型组合，得到结构最终的地震响应。

规范的反应谱是多条（几百条以上）地震波所对应的反应谱通过概率平均化和平滑后所得，虽然可以从概率意义上保证振型分解反应谱法的一般性，但如果单独拿出几条地震波的反应谱与规范反应谱比较，单波响应与规范反应谱方法计算结果比较均会有一定的差别。对于特殊情况，单波响应还可能偏大，即振型分解反应谱方法并不保守，单条地震波的反应谱与规范反应谱的差别还是很大的。另一方面，还要理解 CQC 振型组合方法是将地震作用看作平稳随机过程得到的振型组合方法，该方法同样是一种概率保证法。由于以上两方面的原因，振型分解反应谱法可以保证大多数结构的地震响应计算足够保守，或者说从概率意义上能够保证。但对于一些特殊情况，如复杂高层结构则可能会出现偏于不安全现象，所以要附加多条实际或人造地震波的弹性动力时程分析方法，进一步保证结构的安全。

《抗规》第 5.1.2 条第 3 款规定，特别不规则的建筑、甲类建筑和《抗规》表 5.1.2-1 所列高度范围的高层建筑，应采用时程分析法进行多遇地震下的补充计算，计算结果可取多条时程曲线计算结果的平均值与振型分解反应谱法计算结果的较大值。

《高规》第 4.3.4 条第 3 款规定，7～9 度抗震设防的高层建筑，下列情况应采用弹性时程分析法进行多遇地震下的补充计算：

（1）甲类高层建筑结构；

（2）《高规》表 4.3.4 所列的乙、丙类高层建筑结构；

（3）不满足《高规》第 3.5.2～3.5.6 条规定的高层建筑结构；

（4）《高规》第 10 章规定的复杂高层建筑结构；

（5）质量沿竖向分布特别不均匀的高层建筑结构。

1.4.11 为什么需验算剪重比？剪重比不满足时应该如何处理？

答复：对于长周期结构，地面运动速度和位移可能对结构的破坏具有更大的影响，但规范所采用的振型分解加速度反应谱法还无法对此做出估计。出于安全考虑，《抗规》增加了对各楼层水平地震剪力最小值的要求，规定了不同烈度下的楼层最小地震剪力系数（剪重比），如表 1.4.11 所示，结构水平地震作用效应应据此进行调整。

楼层最小地震剪力系数值 **表 1.4.11**

类别	6 度	7 度	8 度	9 度
扭转效应明显或基本周期小于 3.5s 的结构	0.008	0.016(0.024)	0.032(0.048)	0.064
基本周期大于 5.0s 的结构	0.006	0.012(0.018)	0.024(0.036)	0.048

注：1. 基本周期介于 3.5s 到 5s 之间的结构，按插入法取值；
2. 括号内数值分别用于设计基本地震加速度为 0.15g 和 0.30g 的地区。

当剪重比不满足要求时，需要调整结构总地震剪力和各楼层的水平地震剪力，使之满足要求。最小地震剪力系数存在的根本原因，是对当前地面运动和结构地震反应规律认识程度不深，为了保证结构的抗震安全性而设置的，我国规范目前对剪重比的调整更倾向于调整刚度，研究表明，增强刚度后结构罕遇地震作用下的抗震性能有所提升，但调整结构刚度付出的较大经济代价和对建筑使用功能的影响以及获得的抗震性能提高幅度并不对等，调整强度或采用性能化设计手段往往也能达到预期效果。因此，在当前规范体系下建议采用强度与刚度双控的调整方案。

当结构底部总地震剪力相差较多时，需重新进行结构选型或结构布置，不能用仅乘以增大系数的方法处理。一般情况下（不含薄弱层），不满足剪重比要求的楼层数不超过15%，剪重比调整系数不大于1.15时，可通过剪力调整解决，对于I_0类或I_1类场地，以及减隔震结构，以上数值可适当放宽10%。否则应调整结构方案。

剪重比调整方法，按反应谱的加速度控制段、速度控制段、位移控制段，根据规范要求进行调整，应遵循全楼同步调整（不能仅调整不满足的楼层），先调整再计算内力及位移的原则。

（1）加速度控制段（$0.1\leqslant T\leqslant T_g$），各楼层地震剪力均需乘以相同的剪力增大系数；

（2）速度控制段（$T_g<T\leqslant 5T_g$），各楼层地震剪力的增加值应大于总地震剪力差值；

（3）位移控制段（$T>5T_g$），各楼层地震剪力均需按总地震剪力差值增加该层的地震剪力。

1.4.12 采用欧拉公式反算穿层柱、巨型框架柱的计算长度系数时，应注意什么？

答复：采用欧拉公式反算受压构件计算长度系数的原理如下：

$$P_{cr}=\frac{\pi^2 EI}{(\mu l)^2} \tag{1.4.12-1}$$

$$\mu=\frac{\pi}{l}\sqrt{\frac{EI}{P_{cr}}} \tag{1.4.12-2}$$

式中：P_{cr}——压杆的临界压力；

E——材料弹性模量；

I——压杆横截面惯性矩；

μ——计算长度系数；

l——压杆计算长度。

由上式可知，采用欧拉公式反推竖向构件计算长度系数时，关键是求得P_{cr}的精确解。P_{cr}与边界条件、屈曲荷载工况、屈曲模态等相关。因此，首先应定义正确的屈曲荷载工况，如一般情况下的恒荷载＋活荷载，而不是单独给某个竖向构件顶部施加假定的屈曲荷载工况；其次，应保证杆件的最低阶屈曲模态与整体结构相应的最不利屈曲模态一致；最后，为保证计算结果的准确性，需要对相关框架柱计算单元进行细分处理。

现行规范进行框架柱稳定承载力计算时，未考虑结构初始缺陷以及P-Δ效应影响，为安全起见，根据框架柱边界约束条件引入计算长度系数，近似考虑结构初始缺陷以及P-Δ效应。应该明确，规范在推导框架柱长度系数时，仅截取框架柱与相关框架梁子结构进行分析，并基于诸多假定，对于有侧移框架，并未考虑周边框架对子结构框架柱的侧向支撑效应，即假定的屈曲模态为整层框架柱同时屈曲。欧拉公式反推所得的框架柱计算长度系数，考虑了各类因素影响，相比《钢标》可能取值偏小，设计时可根据工程实际加以修正。

1.4.13 在结构静力弹塑性分析中，如何将弹性需求谱转换为弹塑性需求谱？何为R-μ-T关系？

答复：在强烈地震作用下，实际结构通常处于弹塑性阶段，产生弹塑性变形。利用结构的弹塑性变形能力，可以使结构的实际承载力比按照完全弹性反应要求的承载力低。地震力折减系数定义为强烈地震引起的单自由度弹性结构的最大地震力与相应的弹塑性结构的屈服力之比：

$$R_{\mu}=\frac{F_{e}}{F_{y}} \tag{1.4.13-1}$$

式中：R_{μ}——地震力折减系数，即单自由度弹性结构的弹性地震力与相应的弹塑性结构屈服力之比；

F_{e}——强烈地震引起的单自由度弹性结构的最大地震力；

F_{y}——单自由度弹塑性结构的屈服力。

式(1.4.13-1) 亦可表示为：

$$R_{\mu}=\frac{F_{y}(\mu_{\Delta}=1)}{F_{y}(\mu_{\Delta}=\mu_{i})} \tag{1.4.13-2}$$

式中：$F_{y}(\mu_{\Delta}=1)$——单自由度弹性体系的最大地震力；

$F_{y}(\mu_{\Delta}=\mu_{i})$——位移延性系数为$\mu_{i}$的单自由度弹塑性结构的屈服力。

由式(1.4.13-2) 可知，如果能计算出地震力折减系数R_{μ}，则可利用R_{μ}，通过式(1.4.13-2) 构造出非线性加速度反应谱（图1.4.13-1）；或者，利用弹性反应谱，由地震力折减系数R_{μ}，直接得到相应的弹塑性结构的最大地震力（即屈服力）。

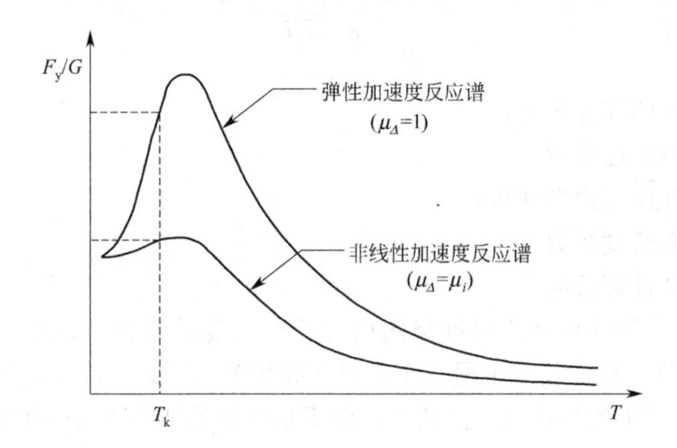

图1.4.13-1　单自由度弹性结构与对应弹塑性结构的反应谱

国内外研究者对地震力折减系数R_{μ}的计算方法进行了大量的研究。最早对地震力折减系数R_{μ}进行研究的是Newmark和Hall，他们经过研究得出三点重要结论：

（1）若单自由度结构的周期非常短（这相当于质点与地面近似刚性连接，当地面运动时，质点位移与地面运动位移接近），则无论是弹塑性结构还是对应的理想弹性结构，它们的质点最大加速度趋近于地面运动加速度，即二者的反应加速度相等，于是可得：

$$R_{\mu}=1 \tag{1.4.13-3}$$

（2）对长周期的单自由度结构（这相当于质点与地面之间的联系很弱，当地面运动时，认为不能传递地震能量，质点基本上处于静止状态），无论是弹塑性结构还是对应的理想弹性结构，它们的质点相对位移均接近地面运动位移，亦即弹塑性结构的位移约等于对应的理想弹性结构位移（等位移准则）。根据等位移准则，可得［图1.4.13-2(a)］：

$$R_{\mu}=\frac{F_{e}}{F_{y}}=\frac{\Delta_{m}}{\Delta_{y}}=\mu_{\Delta} \tag{1.4.13-4}$$

（3）对中等周期的单自由度结构，无论是弹塑性结构还是对应的理想弹性结构，其速度反应大致相同，故它们吸收的地震能量基本相等（等能量准则）。根据等能量准则，可得［图 1.4.13-2(b)］：

$$R_{\mu}=\frac{F_{e}}{F_{y}}=\sqrt{2\mu_{\Delta}-1} \tag{1.4.13-5}$$

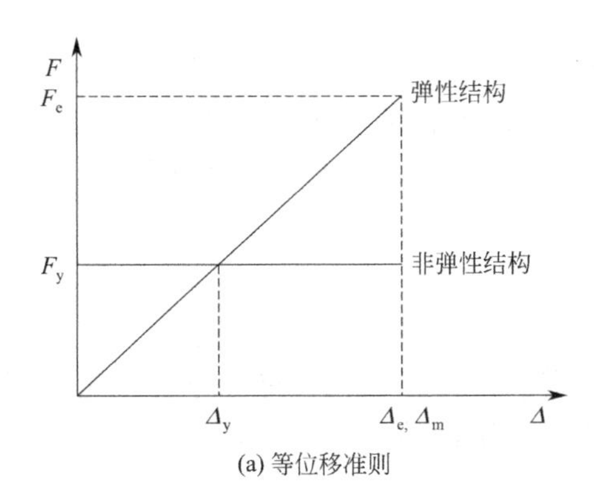

(a) 等位移准则

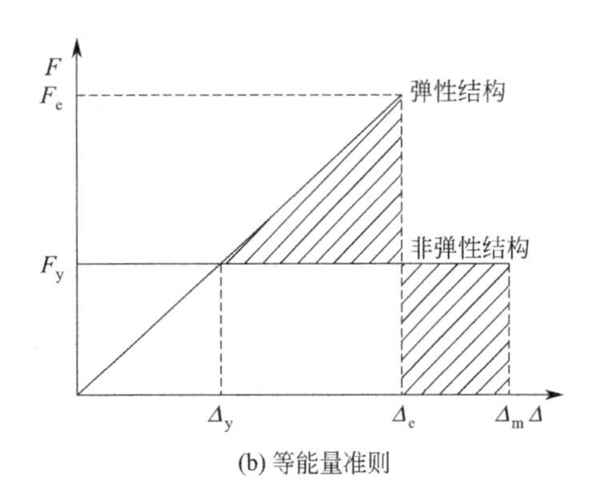

(b) 等能量准则

图 1.4.13-2　等位移准则和等能量准则

Miranda 基于 13 次不同地震的 124 条水平地震动记录，考虑了岩石、冲积土和软弱土三类场地条件以及震级和震中距的影响，对地震力折减系数 R_{μ} 进行研究。结果表明，场地条件对地震力折减系数有显著影响，而震级和震中距的影响可以忽略。据此提出了与结构自振周期 T 和位移延性系数 μ_{Δ} 相关的地震力折减系数 R_{μ} 的函数表达式：

$$R_{\mu}=1+(\mu_{\Delta}-1)/\phi \tag{1.4.13-6}$$

式中：ϕ——结构初始弹性周期 T 和位移延性系数 μ_{Δ} 的函数，且与场地条件有关。

对岩石类场地：

$$\phi=1+\frac{1}{10T-\mu_{\Delta}T}-\frac{1}{2T}\exp\left[-\frac{3}{2}\left(\ln T-\frac{3}{5}\right)^{2}\right] \tag{1.4.13-7}$$

对冲击土：

$$\phi=1+\frac{1}{12T-\mu_{\Delta}T}-\frac{2}{5T}\exp\left[-2\left(\ln T-\frac{1}{5}\right)^{2}\right] \tag{1.4.13-8}$$

对软弱土：

$$\phi=1+\frac{T_{g}}{3T}-\frac{3T_{g}}{4T}\exp\left[-3\left(\ln\frac{T}{T_{g}}-\frac{1}{4}\right)^{2}\right] \tag{1.4.13-9}$$

式中：T_{g}——与弹性相对速度反应谱峰值点对应的周期。

Chopra 等提出的地震力折减系数 R_{μ} 为：

$$\begin{cases} R_{\mu}=(\mu_{\Delta}-1)\dfrac{T}{T_{0}}+1 & (T\leqslant T_{0}) \\ R_{\mu}=\mu_{\Delta} & (T>T_{0}) \end{cases} \tag{1.4.13-10}$$

其中

$$T_0=0.65\mu_\Delta^{0.3}T_g\leqslant T_g \quad (1.4.13\text{-}11)$$

式中：T_g——场地特征周期。

由上述可见，各学者提出的地震力折减系数 R_μ 与位移延性系数 μ_Δ 和结构自振周期 T 相关，故称为 R-μ-T 关系。

如果以结构的弹性反应为准，把结构用以截面承载能力设计的地震作用取得越低，即地震力折减系数 R_μ 越大，则结构在与弹性反应时相同的地震作用下达到的非弹性水平位移就越大，或更准确地说，位移延性需求就越高。这意味着，结构必须具有更高的塑性变形能力。

1.4.14 静力弹塑性分析的步骤和优缺点是什么？

答复：静力弹塑性分析方法是通过对结构逐步施加某种形式的水平荷载，用静力推覆分析计算得到结构的内力和变形，并借助地震需求谱计算结构性能需求点，近似得到结构在预期地震作用下的抗震性能状态，由此实现结构的抗震性能评估，主要步骤如下：

(1) 建立结构弹塑性分析模型（材料、构件本构只需定义单向加载模式，不考虑滞回效应以及由其引起的刚度退化等）；

(2) 对结构施加重力荷载作为初始状态；

(3) 确定水平荷载分布模式，如倒三角形、第一振型模态等；

(4) 对结构进行推覆分析，求得结构的能力曲线（如基底剪力-顶点位移曲线），将其转换为等效单自由度结构的能力谱曲线；

(5) 根据不同地震作用的需求谱与能力谱曲线的相对关系，求出对应的性能目标点（图 1.4.14）；

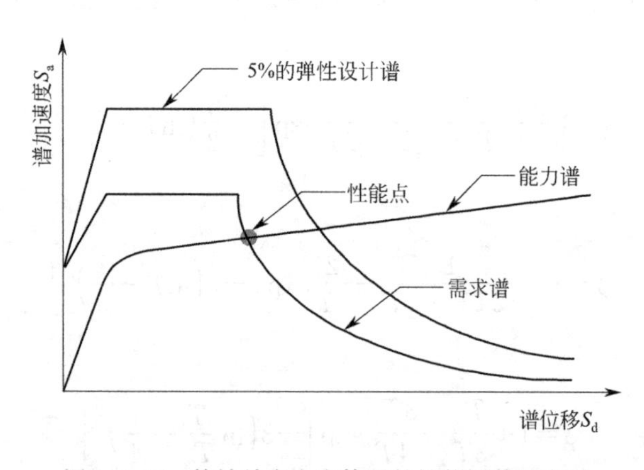

图 1.4.14 等效单自由度体系的性能评估示意图

(6) 提取性能目标点处的结构响应作为结构在对应地震作用下的性能评估依据。

静力弹塑性分析概念清晰，可直观地了解结构破坏过程、传力途径以及结构薄弱部位，性能评估结果不受地震波离散性影响，结果较稳定。但其建立在等效单自由度结构假定基础之上，近似认为结构地震反应由其基本振型控制，忽略了高阶振型的影响，对于扭转效应、高阶振型效应显著的复杂结构，需要进一步研究。另外，它对于地震波持时，以及结构的动力响应、阻尼、滞回特性、能量耗散等方面无法进行深入详细的分析。

1.4.15 动力弹塑性分析的步骤和优缺点是什么？

答复：动力弹塑性分析通过选定合适的地震动输入作为激励荷载，在结构弹塑性有限元分析模型基础上建立动力方程，然后采用数值分析方法对方程求解，计算地震激励过程中每一时刻结构的加速度、速度、位移等响应，了解结构构件损伤过程和损伤状态，实现对结构的性能评估。主要步骤如下：

（1）建立结构弹塑性分析模型（包含质量源、非线性滞回特性）；

（2）对结构施加重力荷载作为初始状态；

（3）选定地震波（满足频谱特性、持时、基底剪力等要求）；

（4）对结构进行动力弹塑性分析（包含动力方程求解方法、阻尼定义等）；

（5）读取每条地震波的分析结果；

（6）计算多条地震波分析结果的平均值或最大值，作为结构的地震反应依据，进行性能评估。

动力弹塑性分析直接通过动力方程求解结构的地震反应，给出结构弹塑性发展过程，获得结构屈服机制、薄弱环节和破坏集中部位，考虑了结构各种复杂非线性因素（包括材料非线性、几何非线性、边界条件非线性等），还可反映地面运动特性、持续时间等影响因素，是一种被广泛认可的精细弹塑性分析方法。其最大缺点是地震波不同带来的分析结果的不确定性，以及软件分析模型假定不同带来的分析结果的差异性。这些需要进一步研究及制定统一评价标准来解决。

1.4.16 影响弹塑性时程分析结果的因素有哪些？

答复：对于同一个结构分析（包含实际配筋），影响其弹塑性分析结果的因素包含地震波、弹塑性分析模型、动力方程求解算法、分析结果评判指标等。

弹塑性分析需要将结构划分为非线性分析单元，如梁柱塑性铰单元、梁柱纤维单元、剪力墙纤维单元、剪力墙分层壳单元、非线性支撑单元等。各类非线性分析单元，对应各类非线性本构及恢复力特性，如钢材与混凝土材料的一维（纤维单元）或二维（壳单元）本构、梁柱集中塑性铰的恢复力特性、构件（或材料）的剪切本构等。另外，非线性分析模型的单元细分程度、边界条件等因素也非常重要。

弹塑性分析模型建立后，影响分析结果的另一个重要因素是动力方程求解方法。目前常用的有隐式算法（Wilson-θ 法、Newmark-β 法等）及显式算法（中心差分法等）。另外，各种算法的步长、位移形函数、阻尼取值方法、计算假定以及几何非线性等也会对计算结果造成较大影响。

最后，各类评价指标，包括位移角、转角、应变、承载力、能量耗散、时程轨迹、楼层剪力等，其统计方法也是影响弹塑性分析结果的重要因素。

1.4.17 常用弹塑性分析软件有何异同？工程应用中如何选取？

答复：弹塑性分析软件的主要区别在结构弹塑性分析模型、计算方法、分析结果评判指标等方面。各类计算软件的计算特点如表 1.4.17 所示。

常见弹塑性分析软件计算特点 表 1.4.17

软件		Midas Building	Sausage	Perform 3D
塑性铰形式	梁、柱	塑性铰(弯矩-转角，多个恢复力模型可选)	纤维铰(本构可自定义)	塑性铰(弯矩-转角、弯矩-曲率，恢复力模型可自定义)、纤维铰(本构可自定义)
	墙(连梁)	纤维(自定义剪切本构)	分层壳	纤维(剪切铰)
	支撑	桁架单元	纤维单元	桁架单元
	楼板	刚性板、弹性板	弹塑性板单元	刚性板、弹性板
积分方式		隐式	显式	隐式
性能评价指标		转角、应变、位移	应变、损伤、位移	转角、应变、位移、强度

经多个计算模型对比发现，各软件结构弹塑性分析所得结果趋势基本一致，位移、剪力、损伤部位接近，总体分析结果可信。分析时应注意各软件弹塑性分析的一些关键细节处理，以免分析出现错误，如：P-Δ 效应、钢结构（支撑）的屈曲本构、楼板的简化处理、连梁（耗能梁段）的剪切本构等。另外，注意各软件的分析功能特点，对一些特殊构件（如钢板墙、减隔震器件等）应做好前处理。

各软件在结构弹塑性分析方面各有优势，可根据工程特点、可操作性等选择合适的软件。

1.4.18 地震动峰值加速度（PGA）和有效峰值加速度（EPA）的区别是什么？

答复：地震动峰值加速度（PGA）是指地面加速度时程中加速度绝对值的最大值。在实测地震动时程中，PGA 值常由一些脉冲型的高频尖峰所决定。研究表明，加速度时程中个别特别尖锐的峰值对反应谱的影响不显著，假设人为去掉地震动加速度时程中的少量尖峰，尽管 PGA 值降低较多，但对加速度反应谱的影响很小。PGA 并不是反映地震作用的理想抗震设计参数，一方面它主要是地震动高频成分的振幅，决定于地震震源断裂面的局部特性，不能很好地反映整个震源特性；另一方面其离散性较大，震级、震中距或场地条件的很小改变，都会使它发生明显变化。结构设计过程中，相对地震动本身，结构在地震作用下的动力响应往往更受关注。从结构响应的角度，基于地震加速度反应谱的地震动有效峰值加速度（EPA）对结构抗震设计的意义更为明确。

《抗规》第 5.1.2 条条文说明中提出用有效峰值加速度（EPA）代替峰值加速度（PGA），将地震加速度的有效峰值定义为地震影响系数最大值的 1/2.25。《区划图》附录 F.1 将地震加速度有效峰值定义为阻尼比为 5%的规准化加速度反应谱最大值的 1/2.5。即：

$$\mathrm{EPA}=\frac{\overline{S}_{\mathrm{a\,max}}}{\beta_{\max}} \tag{1.4.18}$$

式中：$\overline{S}_{\mathrm{a\,max}}$——地震波的规准化加速度反应谱（阻尼比为 5%）最大值；

$\beta_{\max}$——动力放大系数。

提出 EPA 的主要目的是避免 PGA 瞬时脉冲尖峰对地震动实际能量的判断产生干扰，目前各国规范对 EPA 的定义不统一，带有一定的主观性。地震波选取过程中对于按 PGA 确定的地震动加速度时程，按 EPA 调整时有时需要放大，有时则需要减小，因此应该合理判别两种方法对地震波的适用性，尽量组合使用，避免不合理选波造成低估地震动强度的可能性。

1.4.19 《区划图》的地震影响系数最大值与《抗规》有什么不同？

答复：《区划图》中地震动参数依靠两图一表，以Ⅱ类场地为基准而确定。具体到结构抗震计算时，需按以下两点进行改动：

(1) 反应谱的平台值 α_{max} 为地震加速度有效峰值的 2.5 倍，而现行《抗规》为 2.25 倍。如计算 6 度（0.05g）区Ⅱ类场地多遇地震的水平地震影响系数最大值时，《抗规》算法：$\alpha_{max}=0.05/3\times2.25=0.0375\approx0.04$，《区划图》算法：$\alpha_{max}=0.05/3\times2.5=0.0417$。

(2) α_{max} 由Ⅱ类场地地震动峰值加速度值、场地类别双参数进行调整，调整系数 F_a 参见《区划图》表 E.1。如计算 6 度区（0.05g）Ⅲ类场地 α_{max} 时，《抗规》算法：$\alpha_{max}=0.05/3\times2.25=0.0375\approx0.4$；《区划图》算法：查表 E.1 确定Ⅲ类场地土的 $F_a=1.3$，则 $\alpha_{max}=0.05/3\times2.5\times1.3=0.0542$。

二者不同抗震设防烈度、场地类别对应的水平地震影响系数最大值见表 1.4.19。

《抗规》与《区划图》多遇地震水平地震影响系数最大值　　表 1.4.19

抗震设防烈度	《抗规》	《区划图》				
		I_0	I_1	Ⅱ	Ⅲ	Ⅳ
6 度(0.05g)	0.04	0.030	0.033	0.042	0.054	0.052
7 度(0.10g)	0.08	0.062	0.068	0.083	0.104	0.100
7 度(0.15g)	0.12	0.094	0.104	0.125	0.144	0.138
8 度(0.20g)	0.16	0.127	0.142	0.167	0.167	0.167
8 度(0.30g)	0.24	0.213	0.238	0.250	0.250	0.238
9 度(0.40g)	0.32	0.300	0.333	0.333	0.333	0.300

1.4.20 增量动力分析方法的基本原理是什么？

答复：增量动力分析（IDA）方法是一个基于动力时程分析的参数分析方法，对给定的结构计算模型输入一条或多条地震动记录，每一条地震动都通过一系列比例系数“调幅”到不同的地震动强度；然后在“调幅”后的地震动记录作用下进行结构弹塑性时程分析，得到一系列结构弹塑性地震响应；选择地震动强度指标和所研究的结构工程需求参数对分析结果进行后处理，得到地震动强度指标 IM 与结构工程需求参数 EDP 之间的关系曲线，即 IDA 曲线。IDA 分析结果有多条 IDA 曲线，每一条 IDA 曲线上每一个点代表结构在某一调整后的地震动强度下，在某一地震波下的最大峰值反应，而每一条 IDA 曲线则代表一条地震波下的结构反应。最后按照一定的统计方法对多条 IDA 曲线进行统计分析，从概率意义上评价结构在不同风险地震作用下的性能，如可继续使用性能、防止倒塌性能、整体失稳性能等。

通过增量动力分析，可以获得结构以下几方面的信息：

(1) 可以对结构在潜在危险性水平地震动作用下的结构反应或者“需求”的变化范围有一个完全详细的描述，有助于更好地理解结构在遭遇罕遇地震或极罕遇地震时的性能。

(2) 能够反映随地面运动强度的增大，结构抗震性能的变化，如结构峰值反应的变化、强度和刚度退化的开始，以及其形式和幅值的变化等。

（3）采用特定结构、特定地震动记录的单记录IDA曲线，可以估计该结构体系抵抗动力作用的能力。

（4）通过对多记录IDA曲线族的统计分析，研究结构工程需求参数对于地震动记录的稳定性和变异性。

1.4.21 增量动力分析中如何选择地震动强度指标和结构性能参数？

答复：一个IDA分析结果需要以地震动强度指标与相应的结构工程需求参数在二维坐标系中表达。

（1）地震动强度指标

地震动强度指标综合反映了该地震波对结构的影响。地震对建筑结构的影响主要与地面振动的幅值、频谱特性和强震持时这三个因素有关。因此，合理的地震动强度指标应能反映上述的强震三要素以及结构地震响应指标或损伤指标。

目前结构抗震分析中采用的地震动强度指标主要有以下两类：

1）单一参数的地震动强度指标。如地面运动峰值加速度（PGA）、峰值速度（PGV）、峰值位移（PGD）以及谱加速度峰值（PSA）、谱速度峰值（PSV）、谱位移峰值（PSD）等。其中PGA、PGV和PGD反映了地震动峰值，我国抗震规范以及世界上大多数国家的抗震规范采用PGA作为地震动强度指标，日本则以PGV作为地震动强度指标；而PSA、PSV和PSD则反映了结构的地震反应，例如，可采用结构弹性基本周期对应的有阻尼的谱加速度值$S_a(T_1)$作为地震动强度指标。

单一的地震动强度指标无法综合反映各因素对结构地震反应的影响。但一些研究结果表明，与PGA相关的指标在短周期结构范围内比较适用；与PGV相关的指标在中周期结构范围内比较适用；与PGD相关的指标在长周期结构范围内比较适用。将$S_a(T_1)$作为地震动强度指标，可大大降低结构地震反应分析的离散性，但只适用于中、短周期的结构，对受高阶振型影响较大的长周期结构适用性较差。

2）复合型地震动强度指标。如能够较好地描述地震动强度与结构损伤指标并考虑强震持时的Park-Ang指标、Fajfar指标，以及Riddell提出的三参数地震动强度指标等。

（2）结构工程需求参数

结构工程需求参数或者称为结构状态变量，是用于表征结构在地震作用下的动力响应的参数，它应能够描述结构在地震作用下的动力响应，并且能够直接从相应的非线性分析结果中提取或者通过理论分析获得。常用的工程需求参数有结构最大基底剪力、节点转角、楼层最大延性比、楼层最大层间位移角、结构顶点位移、各种能够描述结构损伤的参数（如整体累积损伤耗能、整体Par-Ang指数）等。

对IDA法的研究表明，合理地选择地震动强度指标是一个关键问题。在地震动强度指标一定时，工程需求参数的偏差越小，需要选择的地震动记录就越少，计算工程需求参数对地震动强度指标中位值的非线性分析次数就越少。而选择一个合理的工程需求参数依赖于其用途和结构本身，有时甚至需要用两个或更多的工程需求参数来评估结构的不同反应特性。研究表明，如果对一个多层框架结构的非结构构件破坏状态进行评估，楼面峰值加速度是最好的选择；而对于框架结构的结构性破坏，最大层间位移角则是最佳选择，因为它与节点转动、楼层层间变形能力直接相关。

1.4.22 增量动力分析的步骤是什么?

答复: 对结构进行增量动力分析时，一般采用下述步骤：

(1) 建立可用于结构弹性和弹塑性分析的计算模型。结构分析模型应能反映结构质量和刚度的空间分布，使分析结果足以反映结构动力反应的主要特征。

(2) 选择代表结构所处场地的一系列地震动记录。研究表明，对于中、高层建筑结构，选取 10～20 条地震动记录，可以足够的精度评估结构的抗震能力。

(3) 选择地震动强度指标（如采用 PGA 等）和结构工程需求参数（如层间位移角 θ、损伤指数 D 等）。

(4) 用某条地震动记录对结构进行弹塑性时程分析，并在二维坐标系中［横轴表示工程需求参数（如层间位移角 θ 等），纵轴表示地震动强度指标（如峰值加速度 PGA 等）］标出地震动强度指标与工程需求参数对应的点。连接坐标原点与该点成一直线，直线的斜率被作为该地震动记录的弹性斜率。用同样的方法计算其他地震动记录作用下的弹性斜率，并将全部地震动记录的弹性斜率的中位值作为弹性斜率的参考值，记作 K_e。

(5) 取一条地震动记录进行第一次非线性动力时程分析，记录分析结果得到第一个点 (PGA_1，θ_1)，记为 P_1。对该条地震动记录进行调幅，再次进行非线性动力时程分析，得到第二个点 (PGA_2，θ_2)，记为 P_2。连接点 P_1 和 P_2，如果该线的斜率小于 $0.2K_e$（小于 $0.2K_e$ 时出现数值发散，此时可认为结构倒塌），则 θ_1 是这条地震动记录下该结构的整体层间侧移角限值。否则增大地震动记录幅值，进行非线性动力时程分析，直至 P_i、P_{i+1} 的连线斜率小于 $0.2K_e$，此时取 θ_i 作为该结构整体层间位移角限值。如果 θ_{i+1} 大于等于 0.02，则以位移能力 0.02 作为极限值。

(6) 重复以上步骤，对多条地震动记录进行计算，获得相应的 IDA 曲线。

(7) 对 IDA 分析结果进行后处理分析。对每条地震动记录获得的与地震动强度指标相关的工程需求参数点进行插值，得到相应的 IDA 曲线。定义并评估每条 IDA 曲线极限状态。按 16%、50%和 84%的比例归纳 IDA 曲线及其极限状态值。

(8) 用 IDA 数据结果评估结构的抗震性能。

1.5 结构概念设计、抗震性能化设计

1.5.1 为什么应控制框架柱、剪力墙的轴压比？计算剪力墙轴压比时为什么不考虑地震作用引起的轴力?

答复: 框架柱、剪力墙均属于压弯构件。根据压弯构件截面受力特性及力学平衡原理（图 1.5.1），对称配筋压弯构件达到承载能力极限状态时，受压区混凝土承受的压力等于竖向轴力，在混凝土强度等级确定的前提下，竖向轴力 N 大小即决定了压弯构件截面的受压区高度 x（式 1.5.1-2）。而压弯构件截面受压区高度直接关系到结构的破坏模式（大偏压还是小偏压破坏），另外，在混凝土极限压应变确定的前提下，相对受压区高度也决定了压弯构件横截面的转动能力 ($\psi=\varepsilon_{cu}/x_n$)，关系到结构构件的延性和耗能能力，因此需要控制框架柱、剪力墙的轴压比。

对于一字形剪力墙截面，由力的平衡可知：

$$x=\frac{N+P_{s}^{t}+P_{sw}^{t}-P_{s}^{c}}{b_{w}\alpha_{1}f_{c}} \tag{1.5.1-1}$$

式中：N——竖向轴力；

P_{s}^{t}——受拉区纵筋拉力；

P_{s}^{c}——受压区纵筋压力；

P_{sw}^{t}——分布钢筋拉力。

当为对称配筋，且不考虑分布钢筋作用时：

$$x=\frac{N}{b_{w}\alpha_{1}f_{c}} \tag{1.5.1-2}$$

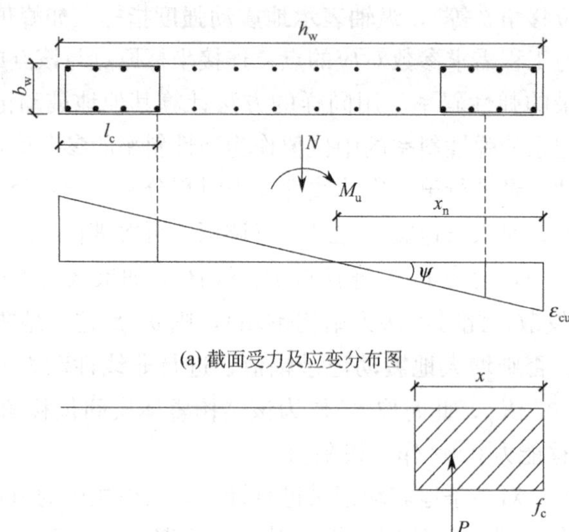

(a) 截面受力及应变分布图

(b) 混凝土应力分布图

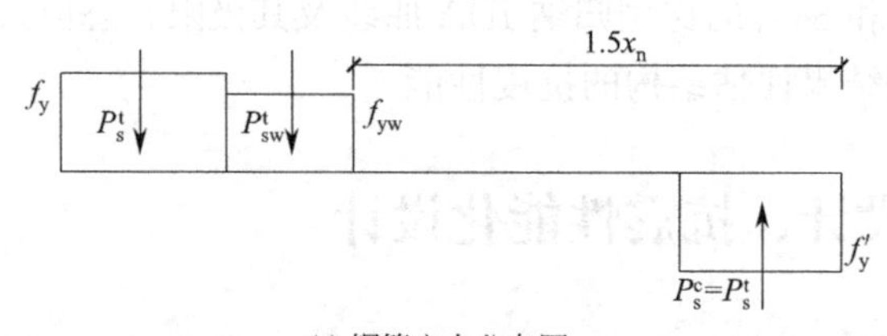

(c) 钢筋应力分布图

图 1.5.1　剪力墙截面受力简图

计算墙、柱的轴压比时，均考虑地震作用产生的轴力比较合理。但由于剪力墙结构中的剪力墙在结构平面上的布置较为复杂，水平地震作用引起的墙肢轴力也较复杂。为简化计算，《抗规》和《高规》均规定，计算剪力墙墙肢的轴压比时仅考虑重力荷载代表值产生的轴力。墙肢的轴压比限值也做了相应的调整，相比框架柱更加严格。

1.5.2　按最不利地震作用方向、双向地震作用分别对结构进行分析时，是否需要控制层间位移角？

答复： 按最不利地震作用方向分析时层间位移角需要控制，按双向地震作用分析时层间位移角则不需要控制。

风荷载、小震作用下结构层间位移角限值主要保证结构构件处于弹性阶段，同时保证填充墙、幕墙等非结构构件完好。层间位移角属于宏观层面的控制指标，欧、美、日等国家规范与我国规范相关要求存在一定差别，且我国规范对不同体系、不同高度结构的层间位移角限值规定也不一致。因此，按单向地震作用分析时结构层间位移角满足规范要求即可；双向地震作用、偶然偏心等主要考虑结构扭转效应带来的不利影响，此时要求结构构件满足一定的承载力要求即可。

地震可沿任意方向作用，不同方向加速度输入造成的结构反应也不同，结构在最不利地震作用方向变形能最大（个别文献定义为有效输入能量），代表结构意义上的抗震主轴方向，因此其层间位移角应满足规范限值要求。否则，对于构件截面承载力设计及结构变形控制均可能偏于不安全。

1.5.3 根据《建筑可靠性标准》第 3.2.1 条及条文说明，抗震设防分类为乙类的建筑，结构安全等级宜为一级，设计中是否严格执行？

答复：当结构安全等级为一级时，对于结构持久设计状况和短暂设计状况，结构重要性系数为 1.1，但在地震设计状况下，结构重要系数仍为 1.0。也就是说，对于低烈度区（7 度以下），结构构件配筋一般由持久设计状况或短暂设计状况控制，安全等级为一级时配筋有所增加，可有效提高结构的安全度。但对于抗震设防要求较高的地区（7 度及以上），结构抗侧力构件配筋一般由地震工况控制，此时主要结构构件（剪力墙、梁、柱等）配筋量不会随安全等级提高而改变，但次梁、楼板等非抗侧力构件的配筋可能会增加，对结构整体安全度影响有限。

准确解读结构安全等级概念，遵循安全、经济原则，避免无效或低效的材料浪费，建议乙类建筑的抗侧力构件安全等级定义为一级，非抗侧力构件（次梁、楼板等）安全等级可定义为二级。对于大型公共建筑（单体面积超过 2 万 m^2）等重要结构，安全等级仍定义为一级。

【说明】《建筑结构可靠性设计统一标准》GB 50068—2018 第 3.2.1 条条文说明，将“大型的公共建筑等重要结构”的安全等级定为一级，因此，对于单体面积超过 2 万 m^2 的乙类公建，仍然建议安全等级定为一级。

1.5.4 结构抗震性能化设计时，与小震、中震、大震相应的等效弹性模型计算参数应该如何取值？

答复：根据《高规》第 3.11.3 条及其条文说明，与小震、中震、大震相应的等效弹性模型计算参数可按表 1.5.4 取值。

结构等效弹性模型分析参数 **表 1.5.4**

项目	小震弹性	中震不屈服	中震弹性	大震不屈服
地震影响系数	多遇烈度	设防烈度	设防烈度	罕遇烈度
风荷载	起控制作用参与组合	不考虑	不考虑	不考虑
材料强度	设计值	标准值	设计值	极限值
承载力抗震调整系数	按规范	不考虑	按规范	不考虑
荷载分项系数	按规范	不考虑	按规范	不考虑

续表

项目	小震弹性	中震不屈服	中震弹性	大震不屈服
内力调整(抗震等级、剪重比、薄弱层、$0.2V_0$ 等)	按规范	不调整	不调整	不调整
偶然偏心	按规范	不考虑	不考虑	不考虑
双向地震作用	按规范	同小震	同小震	不考虑
阻尼比	按规范	小震+0.01	小震+0.01	小震+0.02
周期折减系数	《高规》第 4.3.17 条	小震+0.1	小震+0.1	1
中梁刚度放大系数	考虑	考虑	考虑	不考虑
连梁刚度折减系数	按规范	小震−0.1	小震−0.1	0.3

注：1. 中震、大震分析只进行承载力复核，与位移、刚度等指标无关。

2. 材料强度最小极限值：钢材取 1.35～1.5 倍钢材屈服强度（详见《钢标》表 4.4.1），钢筋取 1.25 倍钢筋屈服强度，混凝土取其立方体抗压强度的 88%。

1.5.5 结构刚重比与 *P-Δ* 效应是如何关联的？框架结构与剪力墙结构、框架-剪力墙结构的刚重比计算公式为何不同？混凝土结构与钢结构的刚重比限值为什么不一样？

答复：高层建筑结构在重力荷载作用下发生失稳的可能性很小，但在风或水平地震作用下，结构侧移后由重力荷载产生的 P-Δ 效应可能引起结构整体失稳倒塌。刚重比字面上是结构刚度与重力荷载的比值，但主要是控制二阶效应（以下简称重力 P-Δ 效应）的影响不能太大，进而控制结构整体稳定。

框架结构侧移模式呈剪切型，其第 i 层楼层整体屈曲临界荷载为：

$$\left(\sum_{j=i}^{n} G_j\right)_{cr} = D_i h_i \tag{1.5.5-1}$$

式中：D_i——第 i 楼层的等效弹性侧向刚度，可取该层剪力与层间位移的比值；

h_i——第 i 层的层高；

G_j——第 j 层的重力荷载设计值。

框架-剪力墙结构、剪力墙结构的侧移模式呈弯剪型或弯曲型，其临界荷载可用欧拉公式求得。将结构等效为质量、刚度均匀分布的等截面悬臂杆，得到临界荷载为：

$$\left(\sum_{j=i}^{n} G_j\right)_{cr} = 7.4\frac{EJ_d}{H^2} \tag{1.5.5-2}$$

式中：EJ_d——结构一个主轴方向的弹性等效侧向刚度；

H——悬臂杆的高度。

考虑 P-Δ 效应后，对于剪切型结构，结构的侧移可近似用下式表示：

$$\delta_i^* = \frac{1}{1-\sum_{i=1}^{n} G_i \Big/ \left(\sum_{j=i}^{n} G_j\right)_{cr}}\delta_i \tag{1.5.5-3}$$

对于弯剪型结构，结构的侧移可近似用下式表示：

$$\Delta^* = \frac{1}{1-\sum_{i=1}^{n} G_i \Big/ \left(\sum_{j=i}^{n} G_j\right)_{cr}}\Delta \tag{1.5.5-4}$$

式中：δ_i、Δ ——由结构一阶分析所得的剪切型、弯剪型结构的侧移；

δ_i^*、Δ^* ——考虑 $P\text{-}\Delta$ 效应后剪切型、弯剪型结构的侧移。

由式(1.5.5-1) 和式(1.5.5-3)，式(1.5.5-2) 和式(1.5.5-4) 可推导出考虑 $P\text{-}\Delta$ 效应的侧移与不考虑 $P\text{-}\Delta$ 效应的侧移关系如下：

剪切型结构：

$$\delta_i^* = \frac{1}{1-\dfrac{1}{D_i h_i \Big/ \sum\limits_{j=i}^{n} G_j}} \delta_i \tag{1.5.5-5}$$

弯剪型结构：

$$\Delta^* = \frac{1}{1-\dfrac{0.135}{EJ_{\mathrm{d}} \Big/ H^2 \sum\limits_{i=1}^{n} G_i}} \Delta \tag{1.5.5-6}$$

由式(1.5.5-5) 和式(1.5.5-6) 可知，结构的侧向刚度与重力荷载之比（$D_i h_i \Big/ \sum\limits_{j=i}^{n} G_j$）、（$EJ_{\mathrm{d}} \Big/ H^2 \sum\limits_{i=1}^{n} G_i$）是影响 $P\text{-}\Delta$ 效应的主要参数，$P\text{-}\Delta$ 效应随着结构刚重比的降低呈双曲线关系而增加。

结构 $P\text{-}\Delta$ 效应产生的位移增幅控制在 10%以内时，一般可不考虑二阶效应影响，此时结构刚重比应满足下列条件：

剪切型结构：

$$D_i \geqslant 10 \sum_{j=i}^{n} G_j \Big/ h_i \tag{1.5.5-7}$$

弯剪型结构：

$$EJ_{\mathrm{d}} \geqslant 1.4 H^2 \sum_{i=1}^{n} G_i \tag{1.5.5-8}$$

考虑到混凝土开裂后的刚度折减，《高规》对式(1.5.5-7)、式(1.5.5-8) 进行了从严要求，控制结构 $P\text{-}\Delta$ 效应产生的位移增幅在 5%以内时，得到的不同结构类型刚重比限值分别为：

剪切型结构：

$$D_i \geqslant 20 \sum_{j=i}^{n} G_j \Big/ h_i \tag{1.5.5-9}$$

弯剪型结构：

$$EJ_{\mathrm{d}} \geqslant 2.7 H^2 \sum_{i=1}^{n} G_i \tag{1.5.5-10}$$

而对于钢结构，由于其相比混凝土结构刚度退化不明显，刚重比可按式(1.5.5-9)、式(1.5.5-10) 进行控制。

$P\text{-}\Delta$ 效应随着结构刚重比的降低呈双曲线关系而增加，当结构 $P\text{-}\Delta$ 效应产生的位移增幅达到 20%以上时，刚度退化会导致结构 $P\text{-}\Delta$ 效应急剧增加，引发结构整体失稳倒塌。

因此，应严格控制结构 P-Δ 效应产生的附加位移（弯矩）不超过 20%。《高规》《高钢规》也都给出了相应限值要求。

1.5.6 性能化设计要求采用中震不屈服、大震不屈服等承载力验算时不考虑与抗震等级相关的调整系数，提高构件承载力的同时降低了构件延性，此时“强柱弱梁、强剪弱弯”的预期屈服机制可能已不存在，这样设计是否可行？

答复：《高规》3.11 节、《抗规》3.10 节和附录 M 介绍了建筑抗震性能化设计方法，为复杂结构设计提供了很好的思路，也解决了诸多技术难题。目前我国规范推荐的建筑抗震性能化的抗震设计思路主要基于等能量原理，即“高延性-低弹性承载力”或“高弹性承载力-低延性”的设计思路。

《抗规》附录 M 的条文说明指出：不同性能要求的位移及其延性要求，参见图 1.5.6。由图可见，对于非隔震、减震结构，采用性能目标 1 时，在罕遇地震时层间位移可按线性弹性计算，约为 $[\Delta u_e]$，震后基本不存在残余变形；采用性能目标 2 时，震时位移小于 $2[\Delta u_e]$，震后残余变形小于 $0.5[\Delta u_e]$；采用性能目标 3 时，考虑阻尼有所增加，震时位移约为 $(4\sim5)[\Delta u_e]$，按退化刚度估计震后残余变形约为 $[\Delta u_e]$；采用性能目标 4 时，考虑等效阻尼加大和刚度退化，震时位移约为 $(7\sim8)[\Delta u_e]$，震后残余变形约为 $2[\Delta u_e]$。

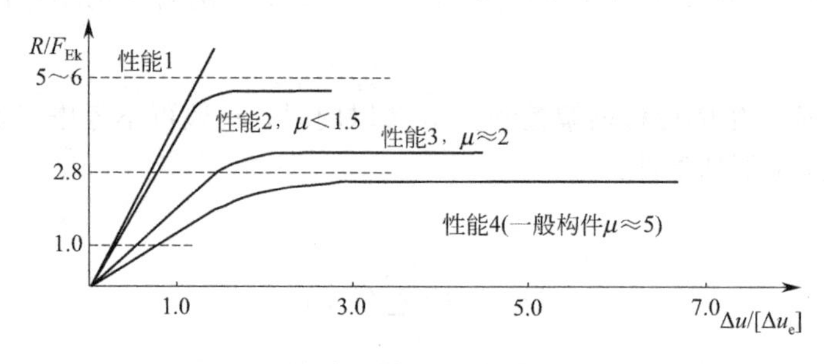

图 1.5.6 不同性能要求的位移和延性需求示意图

从抗震能力的等能量原理，当承载力提高一倍时，延性要求减少一半，故构造所对应的抗震等级大致可按降低一度的规定采用。延性的细部构造，对混凝土构件主要指箍筋、剪力墙边缘构件和轴压比等构造，不包括影响正截面承载力的纵向受力钢筋的构造要求；对钢结构构件主要指长细比、板件宽厚比、加劲肋等构造。《抗规》附表 M.1.1-32 对结构构件对应于不同性能要求的构造抗震等级做了规定，基本符合按“高弹性承载力-低延性”的思路。

承载力与变形能力是反映结构或构件抗震性能的重要指标，目前我国规范推荐的抗震性能化设计方法主要停留在承载力设计阶段，与其配套的变形能力设计方法尚未纳入，导致性能化方法在应用时可能与“二阶段、三水准”的传统设计思想矛盾，目前大多数项目是按传统设计方法与性能化设计方法进行包络设计（对于关键构件，承载力提高的同时抗震等级也随之提高），尚存在一系列问题。

《抗规》附录 M 的性能化抗震设计方法基于结构构件层面，而《高规》3.11 节结构抗震性能设计面向整体结构。首先，结构构件性能目标定义应着眼于整体结构屈服机制，应区分关键构件、一般构件和耗能构件；其次，构件屈服模式应能最大限度地发挥其延性，强剪弱弯、强节点弱构件的屈服形式尽量不要发生改变；最后，在结构屈服机制合理的前提下，“高承载力-低延性或高延性-低承载力”的性能化设计思想宜贯穿其中，避免一味地双重提高性能目标，不合理也不经济。

1.5.7 如何看待广东省《高层建筑混凝土结构技术规程》DBJ/T 15—92—2021 中一些与现行国家标准不一致的规定？

【如：采用与设防烈度对应的地震作用效应及其地震组合的内力设计值进行构件承载力计算；反应谱补充了 6～10s 周期段的谱值；层间位移角限值放松；柱轴压比适当放松，与剪力墙轴压比定义统一，不考虑地震作用组合；周期比，扭转位移比放松；抗震构造等级与结构高度、体系无关，只与抗震设防烈度有关；刚重比，采用重力荷载代表值，取组合值系数；修改周期折减系数定义；统一刚度比计算方式等】

答复：广东省《高层建筑混凝土结构技术规程》DBJ/T 15—92—2021 结合国内外主要抗震规范理念，并融合最新一系列研究成果，对国家现行规范一些有争议的问题提出不同看法，有理有据，既与国际接轨，又有中国特色。但对个别问题的看法显得过于锋芒，在缺乏大量工程实践及地震检验的前提下，值得深入探讨。

(1) 我国现行规范本质上也是中震设计，只是延性折减系数统一取 2.8 左右，可能对一些延性好的结构不很适用，如钢结构等。现行国家规范基于“小震设计＋补丁（抗震措施等）”的设计思路与结构弹性分析理论能更好吻合，但一系列分项系数、调整系数、放大系数略显庞杂，与直接基于中震的设计方法各有千秋。

(2) 我国现行规范加速度反应谱后半段被人为抬升，对于长周期结构设计、地震波选取、位移谱谱值取值等确实存在一些问题，超长周期结构部分也存在空缺，需要补充完善。

(3) 各国规范对层间位移角限值均有规定，但基于不同地震风险水准和控制目的（如主体结构安全性、非结构构件破坏、风振舒适度、P-Δ 效应等），限值各异。对于结构安全度而言，由于我国地震动参数区划图中基本地震动峰值加速度范围跨度大（$0.05g \sim 0.40g$），整体设防水准仍低于美日等发达国家，放松层间位移角限值对于低烈度区（特别是低风荷载区）房屋建筑的安全性可能带来不利影响。但是，现行规范层间位移角限值与结构安全度的关联度不高，如对于弯曲型（或弯剪型）变形模式的结构（如剪力墙结构、框架-剪力墙结构等），上部结构无害层间位移角占的比例比较大，层间位移角往往由上部控制，看似不合理。目前，行业内专家对于结构抗震设计按照有害层间位移角控制，抗风设计按照顶点位移角控制的呼声很高，具体限值有待进一步讨论。

(4) 轴压比与结构构件延性相关，控制轴压比实际上是变相控制结构构件截面相对受压区高度，进而控制压弯构件破坏模式（如大偏压、小偏压等）和延性。计算表明，矩形截面压弯构件发生大、小偏压破坏的临界相对受压区高度对应轴压比约为 0.5。而现行国家规范（《抗规》《高规》等）轴压比限值均高于 0.5，也就是说，框架柱不可避免地发生小偏压的脆性破坏。对于提高小偏压破坏柱子延性的措施，控制轴压比并不是最直接有效的手段。基于此，广东省《高层建筑混凝土结构技术规程》DBJ/T 15—92—2021 放松了框架柱轴压比限值。放松轴压比限值对于结构刚度、强柱弱梁屈服机制实现、框架柱延性指标等存在诸多影响，建议慎重处理。

(5) 当前结构分析软件功能强大，在分析精确、满足抗震设防目标的前提下，控制结构性能指标的各项比值（如位移比、刚度比、周期比、承载力比、刚重比等）都允许适度放松。

（6）我国现行规范抗震等级与结构高度、形式相关，变相导致了高度低的结构抗震性能低，防倒塌可靠度低，如三级及以下的框架结构就很难做到强柱弱梁等设计要求，很多专家建议取消抗震等级说法，统一按照一级或二级考虑抗震措施，让不同高度房屋具备相同的抗震性能水平。

（7）刚重比验算的主要目的就是控制结构的二阶效应，现行国家规范刚重比验算存在一系列假定，如结构弯曲刚度、竖向质量分布均匀，层剪力、侧向变形由低阶平动振型控制等。目前利用有限元进行结构屈曲分析，控制屈曲因子的算法已非常成熟。

（8）广东省《高层建筑混凝土结构技术规程》DBJ/T 15—92—2021 基于中震设计，主体结构、填充墙等已存在一定的刚度退化，因此周期折减系数与现行国家标准取值不同。

（9）楼层侧向刚度统一取楼层剪力与层间位移角之比，能较好反映结构楼层刚度分布特点，简化了刚度比计算方式，具有一定可取性。但楼层刚度与边界条件关系紧密，在边界复杂的嵌固部位等采用上述计算方法，可能引起一系列问题，需要慎重选用。

1.5.8 钢筋混凝土框架、框架-剪力墙、剪力墙结构的屈服机制是什么？

答复：屈服机制可简要描述为结构构件在地震作用下的屈服次序，关系到结构的破坏形态，是结构抗震措施的重要内容。

（1）框架结构

按现行规范进行结构抗震设计时，通过对结构模型进行弹性分析，采用反应谱法计算得到小震下结构构件的地震内力标准值，通过作用效应组合、地震内力调整（表 1.5.8-1）等措施提高结构承载力，让不同结构构件具有不同强度储备，进而形成屈服机制。

框架结构内力调整系数　　表 1.5.8-1

构件类型	部位	抗震等级	地震组合的内力调整系数	
			弯矩 M 的内力调整系数	剪力 V 的内力调整系数
框架梁	—	特一级	1.0	1.2×(一级 V)
		一级	1.0	梁端受弯承载力反算剪力×1.3+V_{Gb}
		二级	1.0	梁端受弯承载力反算剪力×1.2+V_{Gb}
		三级	1.0	梁端受弯承载力反算剪力×1.1+V_{Gb}
		四级	1.0	梁端受弯承载力反算剪力×1.0+V_{Gb}
框架柱	其他层框架柱柱端截面	特一级	1.2×(一级 M)	1.2×(一级 V)
		一级	梁受弯承载力×1.2	柱上下端受弯承载力反算剪力×1.2
		二级	1.5	1.3×1.5=1.95
		三级	1.3	1.2×1.3=1.56
		四级	1.2	1.1×1.2=1.32
	底层柱底截面	特一级	1.2×1.7=2.04	1.2×(一级 V)
		一级	1.7	柱上下端受弯承载力反算剪力×1.2
		二级	1.5	1.3×1.5=1.95
		三级	1.3	1.2×1.3=1.56
		四级	1.2	1.2×1.1=1.32
	角柱	以上值×1.1		

续表

构件类型	部位	抗震等级	地震组合的内力调整系数	
			弯矩 M 的内力调整系数	剪力 V 的内力调整系数
节点核心区	—	特一级、一级		左右梁端弯矩极限值反算剪力×1.15
		二级		左右梁端弯矩设计值反算剪力×1.35
		三级		左右梁端弯矩设计值反算剪力×1.2
		四级		左右梁端弯矩设计值反算剪力×1.0

由表 1.5.8-1 知，框架结构的内力调整是建立在强柱弱梁、强剪弱弯、强节点弱构件基础上的，其预期屈服机制为框架梁端弯曲塑性铰—底层框架柱柱底压弯塑性铰，抗震等级的提高是为了保证屈服机制的有效实现。

近年来也有学者对上述调整系数对框架结构屈服机制的影响作了研究，认为抗震等级为三级及以上时，可基本保证梁端塑性铰屈服机制的实现，而抗震等级为四级时，可能出现梁、柱混合铰屈服机制。因此，建议抗震等级为三、四级的框架结构，特别是存在薄弱层时，设计时对柱配筋适当加强，以免框架柱塑性铰集中出现在某一楼层，产生楼层整体屈服。

（2）框架-剪力墙（核心筒）结构

框架-剪力墙（核心筒）结构属于双重抗侧力结构体系，结构抗震冗余度相比框架结构高。剪力墙刚度大，但延性较框架差，一般作为第一道抗震防线，允许其先破坏后减小结构刚度，并耗散地震能量。框架部分则应承受由于剪力墙刚度退化后引起自身地震剪力（占比）的放大，因而需要对其地震剪力作适当调整。框架-剪力墙结构的内力调整系数如表 1.5.8-2 所示。

框架-剪力墙结构内力调整系数 **表 1.5.8-2**

构件类型	部位（规范条文）	抗震等级	地震组合的内力调整系数	
			弯矩 M 的内力调整系数	剪力 V 的内力调整系数
框架梁(二道防线内力调整)	全部部位(《高规》第 3.10.3、6.2.5 条)	特一级	1.0	1.2×(一级 V)
		9 度的一级	1.0	梁端极限受弯承载力反算剪力×1.1+V_{Gb}
		一级	1.0	1.3×1.0=1.3
		二级	1.0	1.2×1.0=1.2
		三级	1.0	1.1×1.0=1.1
		四级	1.0	1.0×1.0=1.0
框架柱(二道防线内力调整)	底层柱柱底截面(《高规》第 3.10.2、6.2.1、6.2.2、6.2.3 条)	特一级	1.2×(一级 M)	1.2×(一级 V)
		9 度的一级	1.0	柱上下端极限受弯承载力反算剪力×1.2
		一级	1.0	1.4×1.0=1.4
		二级	1.0	1.2×1.0=1.2
		三级	1.0	1.1×1.0=1.1
		四级	1.0	1.1×1.0=1.1

续表

构件类型	部位（规范条文）	抗震等级	地震组合的内力调整系数	
			弯矩 M 的内力调整系数	剪力 V 的内力调整系数
框架柱（二道防线内力调整）	其他层框架柱柱端截面（《高规》第 3.10.2、6.2.1、6.2.3 条）	特一级	1.2×（一级 M）	1.2×（一级 V）
		9 度的一级	梁极限受弯承载力×1.2	柱上下端极限受弯承载力反算剪力×1.2
		一级	1.4	1.4×1.4=1.96
		二级	1.2	1.2×1.2=1.44
		三级	1.1	1.1×1.1=1.21
		四级	1.1	1.1×1.1=1.21
剪力墙	底部加强部位（《高规》第 3.10.5、7.2.6 条）	特一级	1.1	1.9
		9 度的一级	1.0	按实际计算，《高规》式(7.2.6-2)：$V=1.1\dfrac{M_{\mathrm{wua}}}{M_{\mathrm{w}}}V_{\mathrm{w}}$
		一级	1.0	1.6
		二级	1.0	1.4
		三级	1.0	1.2
		四级	1.0	1.0
	其他部位（《高规》第 3.10.5、7.2.5、7.2.6 条）	特一级	1.3	1.4
		一级	1.2	1.3
		二级	1.0	1.0
		三级	1.0	1.0
		四级	1.0	1.0
连梁（刚度折减）	全部部位（《高规》第 3.10.5、7.2.11 条）	特一级	1.0	同一级
		9 度的一级	1.0	连梁端极限受弯承载力反算剪力×1.1+ V_{Gb}
		一级	1.0	1.3×1.0=1.3
		二级	1.0	1.2×1.0=1.2
		三级	1.0	1.1×1.0=1.1
		四级	1.0	1.0×1.0=1.0

由表 1.5.8-2 可知，框架-剪力墙结构的屈服顺序一般为：连梁—剪力墙底部加强部位—框架梁—框架柱底部，遵循剪力墙为第一道防线、框架为第二道防线的原则，屈服原则同样建立在强柱弱梁、强剪弱弯、强节点弱构件的基础上。

（3）剪力墙结构屈服机制

剪力墙结构刚度大、承载力大，连梁多，主要通过连梁率先屈服后耗散大部分地震能量，保护墙体安全，其内力调整系数如表 1.5.8-3 所示。

由表 1.5.8-3 可知，剪力墙结构屈服顺序一般为：连梁—剪力墙底部加强部位。弹塑性分析表明，大震情况下连梁塑性滞回耗能约占整体结构滞回耗能的 70%～80%，因此，应采取更有效措施保证连梁的延性和耗能能力。

剪力墙结构内力调整系数 **表 1.5.8-3**

构件类型	部位（规范条文）	抗震等级	地震组合的内力调整系数	
			弯矩 M 的内力调整系数	剪力 V 的内力调整系数
剪力墙	底部加强部位（《高规》第 3.10.5、7.2.6 条）	特一级	1.1	1.9
		9 度的一级	1.0	按实际计算，《高规》式(7.2.6-2)：$V=1.1\frac{M_{wua}}{M_w}V_w$
		一级	1.0	1.6
		二级	1.0	1.4
		三级	1.0	1.2
		四级	1.0	1.0
	其他部位（《高规》第 3.10.5、7.2.5、7.2.6 条）	特一级	1.3	1.4
		一级	1.2	1.3
		二级	1.0	1.0
		三级	1.0	1.0
		四级	1.0	1.0
连梁	全部部位（《高规》第 3.10.5、7.2.11 条）	特一级	1.0	同一级
		9 度的一级	1.0	连梁端极限受弯承载力反算剪力×1.1+V_{Gb}
		一级	1.0	1.3×1.0=1.3
		二级	1.0	1.2×1.0=1.2
		三级	1.0	1.1×1.0=1.1
		四级	1.0	1.0×1.0=1.0

1.5.9 现行设计规范如何进行两阶段三水准设计？

答复：《抗规》第 1.0.1 条规定：按本规范进行抗震设计的建筑，其基本的抗震设防目标是：当遭受低于本地区抗震设防烈度的多遇地震影响时，主体结构不受损坏或不需修理可继续使用；当遭受相当于本地区抗震设防烈度的设防地震影响时，可能发生损坏，但经一般性修理仍可继续使用；当遭受高于本地区抗震设防烈度的罕遇地震影响时，不致倒塌或发生危及生命的严重破坏。这个抗震设防目标简称为三水准设防，即“小震不坏，中震可修，大震不倒”。具体要求如下：

（1）三水准的地震作用，按三个不同的超越概率（或重现期）区分：

多遇烈度地震：50 年超越概率为 63.2%，重现期为 50 年；

设防烈度地震：50 年超越概率为 10%，重现期为 475 年；

预期的罕遇烈度地震：50 年超越概率为 2%～3%，重现期为 1642～2475 年。

（2）三水准设防对建筑结构性能的要求：

“小震不坏”要求建筑结构满足多遇烈度地震作用下的承载能力极限状态验算要求，以及结构弹性变形不超过规范规定的弹性变形限值；

“中震可修”要求建筑结构具有相当的延性（变形能力），不发生不可修复的脆性破坏；

“大震不倒”要求建筑结构具有足够的延性（变形能力），其弹塑性变形不超过规范规定的弹塑性变形限值。

（3）两阶段设计的内容：

第一阶段，对绝大多数结构进行多遇烈度地震作用下的结构和构件截面承载力验算和结构弹性变形验算，在实现“小震不坏”设防目标的同时，通过材料和荷载分项系数调整、抗震措施调整，保证结构具有足够的强度和延性储备，达到“中震可修、大震不倒”的设防目标。

第二阶段，对一些规范规定的结构进行罕遇烈度地震作用下的弹塑性变形验算。

对于使用功能或其他方面有专门要求的建筑，当采用抗震性能化方法设计时，可采用更具体或更高的抗震设防目标。

1.5.10 性能化设计时关键构件、普通竖向构件、耗能构件如何定义？“关键构件”的性能目标如何定义？

答复：《高规》第 3.11 节结构抗震性能设计中，对结构构件按照关键构件、普通竖向构件、耗能构件进行了区分。

“关键构件”是指该构件的失效可能引起结构的连续破坏或危及生命安全的严重破坏。这里的失效，是指丧失竖向或水平承载力，结构达到极限变形能力（即承载力达到极限状态后强度开始退化），而不是屈服。《高规》第 3.11.2 条条文说明中给出的关键构件定义可供参考（见表 1.5.10），但应根据实际工程情况选择，不能生搬硬套。

“耗能构件”是指该构件的失效不会引起整体结构倒塌，或引发严重的次生灾害，可允许其在地震作用下率先屈服，耗散地震能量，进而保护主体结构安全的构件，如连梁、框架梁、消能器等，虽允许其较早屈服，甚至大震时发生较严重损伤，但应保证其具备足够的变形和耗能能力（如连梁中设置抗剪型钢、交叉斜筋等），满足强剪弱弯、强节点弱构件的设计要求。

“普通竖向构件”是指除关键构件以外的竖向构件。

衡量结构（或构件）抗震性能的三大要素为刚度、强度和延性。因此，“关键构件”在截面尺寸（刚度）确定的前提下，应具备足够的强度或延性。现行《高规》性能化设计主要基于结构构件强度指标，而对延性指标没有强调，尚不完善。“关键构件”应根据其受力特点，以及在结构预期屈服机制中的角色，判定其承载力和延性需要达到的程度。

性能化设计方法原则上可遵循“高强度-低延性”的设计思路，但考虑到过高强度带来的经济性等问题，通过结构屈服耗能折减地震作用的设计方法目前仍是主流，因此，对结构进行抗震性能化设计时，“关键构件”并不是强度越高越好，其应该与结构预期的屈服机制协调。个别构件（如底部加强部位剪力墙）强度指标需要提高时，相应部位（如底部加强部位以上剪力墙）的强度指标也应提高，否则会出现墙体塑性铰出现在非底部加强区的情况。应该避免单纯提升强度（如伸臂桁架、腰桁架）而带来的刚度突变和屈服机制改变问题。

结合工程实际情况，现就《高规》第 3.11.2 条条文说明中的关键构件，根据其受力特点，分类判定其抗震性能目标，如表 1.5.10 所示。

结构“关键构件”性能需求　　表 1.5.10

关键结构构件	延性加强程度	强度加强程度
底部加强部位的重要剪力墙(如核心筒筒体外围墙等)	延性需求高	强度储备高于连梁、框架梁,低于非底部加强部位墙体、框架柱
底部加强部位的框架柱	延性需求高	强度储备需求高
水平转换构件及与其相连竖向支承构件	转换构件延性需求高,竖向构件同普通竖向构件	强度储备需求高
大跨连体结构的连接体及与其相连的竖向支承构件	刚性连接时延性需求高,柔性连接时延性需求较低	强度储备需求高
大悬挑结构的主要悬挑构件	延性需求较低	强度储备需求高
加强层伸臂	延性需求高	强度储备低于竖向承重构件, 高于耗能构件
周边环带结构的竖向支承构件	延性需求同普通竖向构件	强度储备需求高
长、短柱在同一楼层且数量相当时该层各个长、短柱	短柱延性需求较高,长柱同普通竖向构件	长柱强度储备需求高,短柱强度储备需求较高
扭转变形很大部位的竖向(斜向)构件	延性需求高	强度储备需求高
重要的斜撑构件(如承载型屈曲支撑)	延性需求较低	强度储备需求高

注:表中“高、低”为相比其他同类竖向或水平结构构件而言,“较高、较低”可理解为略高、略低。

2 混凝土结构

2.1 一般要求

2.1.1 耐久性环境类别为Ⅳ类和Ⅴ类的混凝土结构设计时应注意什么问题?

答复:Ⅳ类和Ⅴ类环境混凝土结构设计可参考《混凝土结构耐久性设计标准》GB/T 50476—2019,GB/T 50476—2019 第 3.2.3 条将配筋混凝土结构的Ⅳ类和Ⅴ类环境分别划分为三个环境作用等级,即Ⅳ-C(中度)、Ⅳ-D(严重)、Ⅳ-E(非常严重)和Ⅴ-C(中度)、Ⅴ-D(严重)、Ⅴ-E(非常严重)。不同环境作用等级对混凝土结构设计的影响主要反映在材料耐久性要求、裂缝控制、钢筋保护层厚度等方面。结合《水运工程混凝土结构设计规范》JTS 151—2011、《工业建筑防腐蚀设计标准》GB/T 50046—2018,对于设计使用年限为 50 年的混凝土结构,上述设计指标可简化,如表 2.1.1-1～表 2.1.1-3 所示,设计时可按此表执行。

混凝土材料的耐久性基本要求 **表 2.1.1-1**

环境类别	最低强度等级	最小胶凝材料用量(kg/ m^3)	最大水胶比	最大氯离子含量(%)	最大碱含量(kg/ m^3)
Ⅳ类	C45(预应力 C50)	320	0.40	0.08(预应力 0.06)	3.0
Ⅴ类	C50(预应力 C55)	340	0.36	0.06(预应力 0.06)	3.0

最大裂缝宽度限值 **表 2.1.1-2**

结构种类	Ⅳ类		Ⅴ类	
	裂缝控制等级	w_{lim}	裂缝控制等级	w_{lim}
钢筋混凝土结构	三级	0.15mm	二级	—
预应力混凝土结构	一级	—	一级	—

混凝土保护层最小厚度 **表 2.1.1-3**

混凝土保护层最小厚度	Ⅳ类	Ⅴ类
板、墙等面形构件	50mm(预应力 50mm)	50mm(预应力 50mm)
梁、柱等条形构件	55mm(预应力 75mm)	60mm(预应力 90mm)

注:后张法预应力混凝土构件的预应力钢筋保护层厚度为护套或孔道管外缘至混凝土表面的距离,除应符合表 2.1.1-3 的规定外,尚应不小于护套或孔道直径的 1/2。

执行上述表中的规定如有问题时，可根据环境作用等级详细分类按照《混凝土结构耐久性设计标准》GB/T 50476—2019 进行设计。

2.1.2 目前结构设计鼓励不设缝或少设缝，超长结构不设缝时可采取哪些技术措施？

答复： 当混凝土结构长度超过《混规》第 8.1.1 条规定的伸缩缝最大间距时，宜设伸缩缝。超长结构因混凝土收缩、徐变以及温度应力引起的裂缝问题比较普遍，设后浇带、设膨胀后浇带、加强构造配筋、掺抗裂纤维、用微膨胀混凝土、加预应力、温度应力计算、施工工艺控制、设诱导缝等，是目前工程中经常采用的措施。

（1）施工后浇带。施工后浇带的作用在于减小混凝土的收缩应力，提高建筑物对温度应力的耐受能力，并不直接减小温度应力。因此，后浇带应通过建筑物的整个横截面，将全部墙、梁和楼板分开，使两部分混凝土可以自由收缩。在后浇带处，板、墙钢筋宜采用搭接接头（图 2.1.2-1），梁主筋可不断开。后浇带应从结构受力较小的部位曲折通过，不宜在同一平面内通过，以免全部钢筋均在同一平面内搭接。一般情况下，后浇带可设在框架梁和楼板的 1/3 跨处，设在剪力墙洞口上方连梁跨中或内外墙连接处，如图 2.1.2-2 所示。

施工中每隔 30～40m 间距留后浇带，带宽 800～1000mm。一般 1 个月后采用强度等级比原混凝土高 5MPa 的无收缩混凝土浇灌密实。

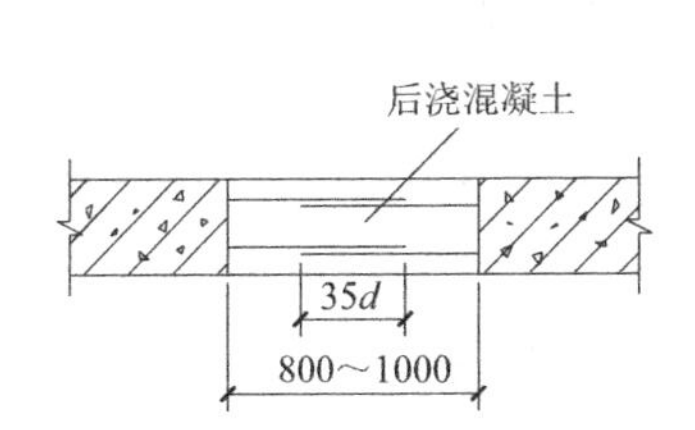

图 2.1.2-1 后浇带构造示意图

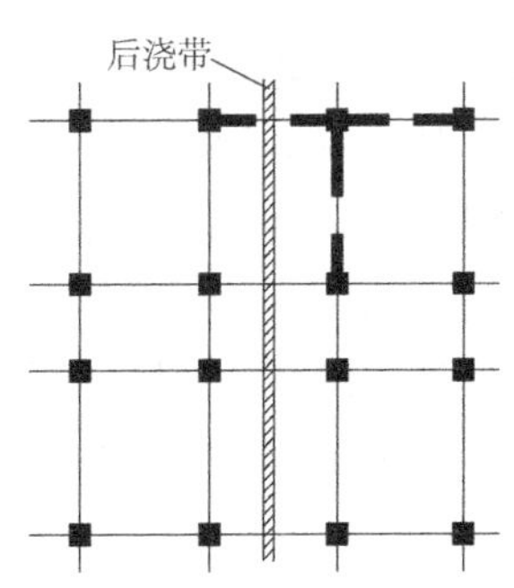

图 2.1.2-2 后浇带位置示意图

（2）采用补偿收缩混凝土。采用膨胀剂配制混凝土，利用膨胀剂的补偿收缩功能解决混凝土的收缩开裂。膨胀加强带之间的间距宜为 30～60m，加强带宽度宜为 2m。混凝土的收缩补偿效能与膨胀剂的掺量相关，膨胀剂应符合《混凝土膨胀剂》JC 476-98 的规定，限制膨胀率的设计取值为：梁板结构不小于 0.015%，墙体结构不小于 0.020%，后浇带、膨胀加强带等部位不小于 0.025%。

（3）采用纤维混凝土。在混凝土掺入各种纤维（如钢纤维、碳纤维、聚丙烯纤维等），可提高混凝土的抗裂能力。纤维混凝土的配合比设计应满足《纤维混凝土应用技术规程》JGJ/T 221—2010 的要求。

（4）加强构造配筋。对于地下室混凝土结构，为了控制温差和干缩引起的地下室钢筋混凝土墙的竖向裂缝，水平分布钢筋的配筋率不宜小于 0.5%，并采用变形钢筋，钢筋间距不宜大于 150mm。对于钢筋混凝土剪力墙结构，当剪力墙带有端柱时，由于柱的截面和配筋均比墙体大很多，一般在柱与墙体连接部位出现过大的应力集中而开裂。为分散应力，应在此处增加水平钢筋（直径 8～10mm，间距 200mm，长度 1000mm，其中插入柱内 200mm，墙内 800mm）。

对于钢筋混凝土楼盖结构，楼板宜增加分布钢筋的配筋率。楼板厚度大于等于 200mm 时，跨中上部应将支座钢筋的 1/2 拉通。屋面板应考虑温度影响加强配筋。梁（尤其是房屋外侧边梁）应加大腰筋直径，加密间距，并将腰筋按受拉钢筋要求进行锚固；梁每侧腰筋截面面积不小于扣除板厚度后的梁截面面积的 0.1%，腰筋间距不宜大于 200mm。

（5）控制混凝土强度等级。混凝土强度等级不宜过高，在满足承载力及防水要求的条件下，宜采用 C25～C35，不宜超过 C40。混凝土强度等级高，水泥用量多，混凝土硬化过程中水化热高，收缩大，易引起裂缝。水泥宜采用水化热低且凝结时间长的水泥种类，如硅酸盐水泥、矿渣硅酸盐水泥等，并掺入一定量的矿物掺合料（如粉煤灰、高磨细度矿渣粉等）代替部分水泥用量。

（6）配合比设计应控制胶凝材料用量。强度等级在 C60 以下时，最大胶凝材料用量不宜大于 550kg/m^3；强度等级为 C60、C65 时，胶凝材料用量不宜大于 560kg/m^3；强度等级为 C70、C75、C80 时，胶凝材料用量不宜大于 580kg/m^3；自密实混凝土胶凝材料用量不宜大于 600kg/m^3；混凝土最大水胶比不宜大于 0.45。

（7）采用预应力技术控制裂缝。为有效减少超长结构混凝土裂缝，大柱网公共建筑可考虑在楼盖结构与楼板中采用预应力技术，楼盖结构框架梁应采用有粘结预应力技术，也可在楼板内配置构造无粘结预应力筋，建立预压力以减小因温度变化引起的拉应力，对裂缝进行有效控制。采用无粘结预应力筋，可控制板内预应力 1～1.5MPa，梁内预应力 1.5～2.0MPa。

（8）对超长结构进行温度应力验算。温度应力验算时应考虑下部结构水平刚度对变形的约束作用、结构合拢后最大温升与温降及混凝土收缩带来的不利影响、混凝土结构的徐变对减少结构裂缝的有利因素、混凝土开裂对结构截面刚度的折减影响等。

（9）设计时应对混凝土结构施工提出要求。如大面积底板混凝土浇筑时采用分仓法施工，超长结构采用设置后浇带与加强带以减小混凝土收缩对超长结构裂缝的影响。当大体积混凝土置于岩石地基时，宜在混凝土垫层上设置滑动层，以减小岩石地基对大体积混凝土的约束。

（10）设置诱导缝，如图 2.1.2-3 所示。这是弱化截面的构造措施，引导混凝土裂缝在规定的位置产生。但需预先做好防渗、止水等措施，或采用建筑手法（线脚、饰条等）加以掩饰。

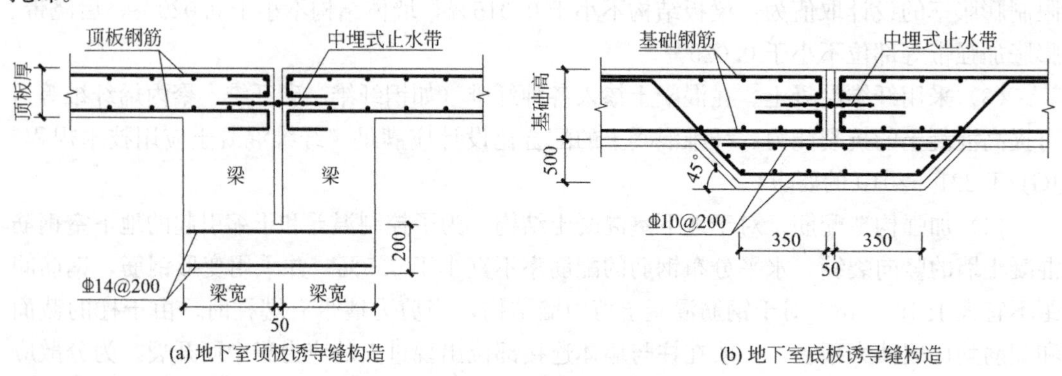

图 2.1.2-3　地下室诱导缝构造

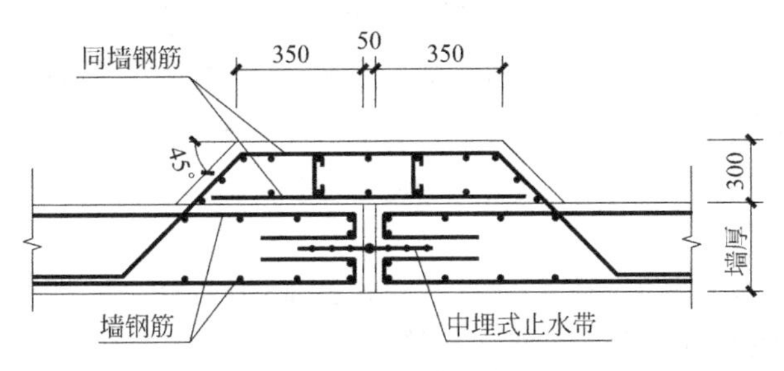

(c) 地下室外墙诱导缝构造

图 2.1.2-3 地下室诱导缝构造（续）

2.1.3 结构工程新材料各有何特点？工程应用时分别应注意什么？

答复：近年来，结构工程新材料不断涌现，如高性能混凝土、纤维增强混凝土、超高性能混凝土、纤维增强水泥基复合材料、铝合金、钢木复合材料等，现将各种材料的力学性能及工程应用简要介绍如下。

1. 高性能混凝土（High Performance Concrete，HPC）

高性能混凝土一般由水、水泥、粗骨料、细骨料、粉煤灰、硅粉、减水剂等组成，具有高强度、高耐久性、高流动性、高抗渗性等特性。使用高性能混凝土可减小结构构件截面尺寸，有效减轻构件和结构自重，对发展高耸结构、高层结构及大跨结构具有重要意义；可显著提高混凝土结构的耐久性，具有长期的综合经济性；其原料利用部分工业废料，符合节能环保政策。

目前我国一般将 C50 以上的混凝土称为高强度混凝土，C80 以上的混凝土称为超高强度混凝土。高强混凝土的脆性特性成为阻遏其工程应用的一个力学缺陷，现有的基于弹塑性理论的设计方法（要求材料具有高延性）和结构安全度理论（作用效应组合方法即分项系数等），成为高强混凝土和高强钢材工程应用的一个理论上的障碍。但钢筋混凝土结构的延性不取决于混凝土，而主要取决于钢筋的配筋率和延性。从结构方面有很多方法可以克服和改善高强混凝土的脆性，如约束混凝土、钢管混凝土、钢纤维混凝土等。

从解决工程实际问题来说，高性能混凝土的应用主要基于其高强度，并兼顾高弹性模量、高耐久性和高耐磨性。

2. 纤维增强混凝土（Fiber Reinforced Concrete，FRC）

混凝土材料的最大缺陷是其抗拉强度与其抗压强度不对等，抗拉强度远小于其抗压强度（1/17～1/8）。在混凝土中掺入各种纤维形成纤维增强混凝土，可显著提高混凝土的抗拉强度和受拉延性。与普通混凝土相比，纤维增强混凝土的抗拉强度、抗折强度、抗剪强度均有显著提高，但抗压强度提高有限。更重要的是纤维增强混凝土开裂后的变形性能明显改善，材料韧性明显提高，极限应变有所提高，受压破坏时基体裂而不碎，适合于抗冲击和抗爆工程。纤维增强混凝土还具有抗疲劳性，在耐久性、耐磨性、耐腐蚀性、耐冲刷性、抗冻融和抗渗性方面都有不同程度的提高。

1979 年美国学者研制出流动性砂浆渗透纤维混凝土（Slurry Infiltrated Fiber Concrete，SIFCON），抗压强度达到 238MPa，抗拉强度达到 38.5MPa（C50 混凝土抗拉强度平均值 3.2MPa），其受压韧性达到普通混凝土的 60 多倍，主要用于保险柜、现浇混凝土路面、防爆结构等。1986年，丹麦研制成功的一种中等含量钢纤维混凝土，其抗压强度达到220MPa，抗拉强度达到10MPa，粘结强度是普通混凝土的3.5倍左右。1991年东南大学采用基体抗压强度80MPa混凝土，掺入体积率为2%的钢纤维，得到了抗压强度超过100MPa的超高强混凝土。同年，湖南大学研究出了抗压强度在200MPa以上的钢纤维超高强混凝土。

纤维增强混凝土可以掺加一种纤维，也可以掺加两种或两种以上的纤维（混杂纤维混凝土）。纤维可以是钢纤维、合成纤维、植物纤维等。

3. 超高性能混凝土（Ultra High Performance Concrete，UHPC）

超高性能混凝土（UHPC）系抗压强度超过150MPa，具有超高韧性、超高耐久性的水泥基复合材料的统称。最具有代表性的超高性能混凝土为活性粉末混凝土（Reactive Powder Concrete，RPC）。

RPC由级配良好的石英砂作骨料，掺加水泥、硅灰、高效减水剂以及一定量的钢纤维（后来也有掺加其他纤维）等组成，因去除了大颗粒骨料，增加了组分的细度和活性，因而具有超高强度、超高韧性和高耐久性。

RPC的密度大、空隙率低，抗渗能力强，耐久性显著提高，同时流动性大，相比普通混凝土和现有高性能混凝土，在性能有了质的飞跃。以RPC200为例，其抗压强度达170～230MPa，是高强混凝土的2～4倍；抗拉强度可达50MPa，是高强混凝土的5倍；抗折强度达30～60MPa，是高强混凝土的6倍左右；断裂韧性是普通混凝土的250倍。

RPC分为RPC200和RPC800两个强度等级。RPC200的抗压强度达170～230MPa，需经90℃蒸汽养护；RPC800的抗压强度可达500～800MPa，需经高温高压养护。

RPC梁的抗弯强度与自重之比已接近钢梁，与高强钢绞线结合，加上本身所具有的良好的耐火性和耐腐蚀性，综合结构性能已可超过钢结构。美国、加拿大、瑞士、法国共同开发建设的连接加拿大魁北克和美国的RPC桁架步行桥，采用RPC200预制构件，构件尺寸与钢桥几乎相同，跨度达60m，结构非常轻盈。

另外，高密度纤维增强混凝土（Compact Reinforced Composites，CRC）也是一种超高性能混凝土。CRC由于添加了约20%体积率的硅粉，低水灰比（0.16～0.18），使用减水剂，故CRC材质非常密实。CRC中的骨料要求强度高、粒径小，一般应用石英砂或煅烧铝矾土。

在CRC中，短钢纤维掺量很高。纤维主要影响CRC材料的抗拉强度和延性（材料层面）。CRC中的短纤维能有效提高材料的抗拉强度和延性，但不能改进结构的延性。为此，CRC结构必须配置钢筋。与RC结构相比，在CRC结构中，配筋率可能非常高（10%～20%），构件空间钢筋密集分布。

CRC最主要的力学特性是其较高的直接抗拉强度。依据纤维掺量不同，CRC的最大抗拉强度范围为6～15MPa，初裂拉应力为6～7MPa。CRC的抗压强度可达到150～400MPa。CRC与变形钢筋之间的粘结强度可达到80MPa，钢筋的锚固长度在（5～10）d范围内。非常密实的基体和无毛细管现象，使其渗透性很低。这意味着，无需考虑钢筋锈蚀和冻融问题。因此，CRC构件的保护层厚度不超过10mm，即使其处于侵蚀性环境中。

CRC的一个商业应用是预制构件之间的连接节点（预制楼板之间的连接，框架梁、柱构件在节点处的连接)。它利用 CRC 材料的高粘结性能和高强度，可以解决装配式结构的渗漏问题。CRC 主要用于制作轻薄构件，如楼梯板、阳台板、桥面板等。这些构件主要利用 CRC 非常高的弯曲强度，使其满足建筑要求。CRC 可用于工业建筑的楼板，可使楼板厚度减小 20%～30%，钢筋网的用钢量减小 30%～40%。CRC 还可用于桥面板，因其厚度可以做薄。

4. 纤维增强水泥基复合材料（Engineered Cementitious Composites，ECC）

由于粗骨料与水泥砂浆界面是混凝土中的最薄弱环节，因此美国密歇根大学采用高性能纤维增强水泥砂浆，研制出一种纤维增强水泥基复合材料。其由水泥、粉煤灰、细砂(石英砂)、纤维（PVA 或 PE)、硅粉、减水剂等组成。

ECC 极大地改善了材料的拉伸延性，有类似于金属材料的拉伸强化现象，其极限拉伸应变可达 5%～6%，与钢材的塑性变形能力相近，是可以像金属一样变形的混凝土材料。由于高性能纤维使得裂缝分散极其细密，裂缝宽度仅 200μm，并不会因这些细小的裂缝而影响其承载能力，在很大的变形下，外观损伤很小。由于缺少粗骨料，ECC 的抗压强度类似于混凝土，抗压弹性模量较低，但受压变形能力比普通混凝土大很多。ECC 的耐火性和耐久性也被证明超过普通混凝土。

ECC 是一种具有高韧性的混凝土，具有很强的吸收能量的能力，因此 ECC 可以显著改善混凝土结构的抗震性能和抗剪性能，可用于抗震结构、抗冲击结构、结构裂缝控制和耐损伤工程结构。

ECC 可用于结构中受力复杂的部位，如梁-柱节点，采用 ECC 后，其节点抗震性能得到显著改善。由于 ECC 具有与钢材基本一致的变形能力，ECC 可用于混凝土结构中一些塑性变形较大的构件和部位，如在塑性铰区采用 ECC，可在很大的塑性变形阶段保持塑性铰的完整性，使塑性铰具有更稳定的塑性滞回耗能能力。日本首先将 ECC 用于高层建筑联肢剪力墙的连梁，利用其在大变形下和剪力作用下良好的耗能性能作为结构中耗能构件，减小大震下结构地震响应，提高结构的抗震性能，并可实现结构震后免修复。

5. 纤维增强复合材料

纤维增强复合材料是连续纤维以树脂为基体的复合材料，按纤维种类的不同又分为碳纤维增强复合材料（CFRP)、玻璃纤维增强复合材料（GFRP)、芳纶纤维增强复合材料（AFRP）以及玄武岩纤维复合材料（BFRP)。其最显著的特性：抗腐蚀能力强，即耐久性好；具有很高的材料抗拉强度，且自重小；弹性变形能力和抗疲劳能力强。GFRP 筋的强度较钢筋低，在潮湿和碱性环境下强度明显降低；但抗疲劳性能好，具有较高的电阻和较低的磁感应。CFRP 材料与钢材接触易发生电化学腐蚀；AFRP 材料在紫外线照射下容易老化；FRP 筋材价格较高，力学性能呈各向异性，横向抗剪强度比纵向抗拉强度低得多，造成锚固困难等。

碳纤维是一种力学性能优异的新材料，它的密度不到钢材的 1/4，碳纤维树脂复合材料的抗拉强度一般都在 3500MPa 以上，是钢材的 7～9 倍，抗拉弹性模量为 23000～43000MPa，亦高于钢。因此 CFRP 的比强度（即材料的强度与其密度之比）可达到 2000MPa/(g·cm^{-3}) 以上，而 A3 钢的比强度仅为 59MPa/(g·cm^{-3}) 左右，其比模量也比钢材高。碳纤维能满足现代建筑施工工业化发展的要求，因此被越来越广泛地应用于各种民用建筑、桥梁、公路、海洋、水工结构以及地下结构等领域中。

6. 铝合金及其组合件

(1) 铝合金。铝合金材料具有轻质、耐腐蚀、易维护和施工方便等优点，使得铝合金结构在土木工程中的应用得到迅速发展。铝合金结构广泛应用于国内外桥梁和大跨民用建筑中。目前我国已具备在工业建筑中应用铝合金结构的基础条件。

相对于钢桁架结构，铝合金桁架结构的自重可减少 20%～30%；在跨度上，目前钢桁架最大跨度约 100m，铝合金桁架最大跨度可达 300m。

在低温条件下，铝合金的拉伸性能提高、韧性改善、疲劳强度增加。工业建筑中的构筑物大部分为露天结构，如管廊、筒仓等，在低温地区如采用保温措施，将大大增加工程造价和维修费用；如采用铝合金材料建造，则可大大降低成本。铝合金的耐腐蚀性强，在有腐蚀物质的车间采用铝合金结构，依靠其表面致密的氧化膜来抵抗腐蚀，可大大降低后期的维修费用。铝合金屋盖对阳光有高反射率，可保证建筑物内部环境冬暖夏凉；铝合金面板易于锁边和咬合，增强建筑物的密封性，减低能耗。

(2) CFRP-铝合金组合构件。铝合金具有类似低碳钢的屈服特性，且延伸率可达到 15%以上。CFRP 纤维方向的强度是普通铝合金的 10～15 倍，弹性模量为其 2～3 倍，但 CFRP 基本为线弹性材料，延伸率仅 1.5%左右。这两种结构材料都具有质量轻、抗腐蚀性好的优点，通过组合能够更好地发挥它们共同的优势。同时，借助铝合金的机械连接方法可解决 CFRP 构件连接困难的问题，使 CFRP 的利用更为有效。

CFRP-铝合金组合构件与高、低强钢材组合构件具有类似的受力性能。在正常使用阶段，两种材料共同受力，随着受力增大，铝合金部分因先进入塑性变形阶段而使得结构的动力特性改变，并形成塑性滞回耗能能力，而 CFRP 部分仍保持弹性，可使结构在意外超载时具有可持续增大的承载能力，且意外超载后结构的变形可以恢复。同时，利用铝合金的塑性变形能力还可避免纯 CFRP 构件的脆性破坏。

7. 木结构及钢木复合材料结构

木材具有轻质高强的特点，其强度重量比不逊于钢材。质量轻则所受的地震力小；木结构相对较柔，周期长，则结构反应的加速度相对较小。因此，木结构具有良好的抗震性能。历次强震记录表明，木结构即使在地震中歪斜倒塌，对人产生的伤害也相对较小，且可以震后扶正再利用，因此地震造成的人员伤亡、财产损失远低于其他结构形式。木结构是我国传统建筑的主要结构形式之一。

钢木复合材料结构是指不同部位的结构构件采用钢、木两种材料，或是采用由钢、木为主导的两种不同形式结构的组合。在这种结构中，木构件或木结构起主导作用，并且是建筑主要表现形式，通常决定着建筑的整体结构形式和空间造型；钢构件或局部钢结构一般作为辅助结构穿插于木结构体系中，保证主体结构的稳定性，并常应用于节点设计中。通过不同材料构成的结构构件或结构形式组合，最大限度地发挥各种材料的属性，弥补各自的力学缺陷，从而实现结构能效的优化。

钢木复合材料除可建造建筑结构外，还可以用作建筑模板。

2.1.4 异形柱、短肢剪力墙和普通框架柱、剪力墙抗震性能有什么异同？

答复：异形柱是指截面几何形状为 L 形、T 形、十字形和 Z 形，且截面各肢的肢高与肢厚之比不大于 4 的柱（图 2.1.4-1）。与普通框架柱相比，异形柱的截面宽度较小，承压能力差，在地震作用下窄边极易受压破坏，抗震性能较差。因此，异形柱框架宜与剪力墙搭配使用，高层建筑不宜采用异形柱框架结构，8 度及以上地区高层建筑不应采用异形柱框架结构。异形柱框架结构宜采用简单、规则的平面布置，刚度和承载力分布应均匀，不应采用特别不规则的结构，不应采用复杂结构形式（多塔、连体和错层结构）；异形柱截面中心应与框架梁中心对齐，框架梁应双向拉通；应注意填充墙对异形柱框架结构的影响，其周期折减系数取值宜比框架结构适当减小；异形柱宜采用 L、T 形截面，角柱不应采用一字形异形柱。

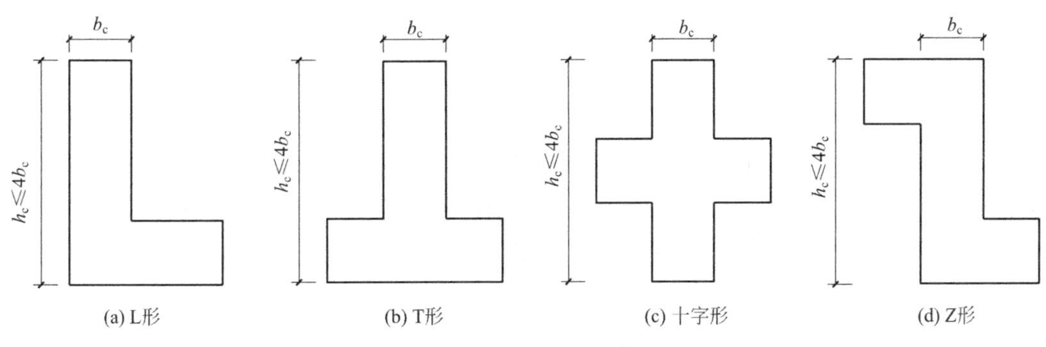

图 2.1.4-1　异形柱示意图

短肢剪力墙是指墙肢截面厚度不大于 300mm、各墙肢截面高度与厚度之比的最大值大于 4 但不大于 8 的剪力墙（图 2.1.4-2）。与普通剪力墙相比，短肢剪力墙沿建筑物高度可能有较多楼层墙肢出现反弯点，受力特点接近异形柱，又承担较大轴力与剪力，抗震性能较差。因此，《高规》第 7.1.8 条规定：

抗震设计时，高层建筑结构不应全部采用短肢剪力墙；B 级高度高层建筑以及抗震设防烈度为 9 度的 A 级高度高层建筑，不宜布置短肢剪力墙，不应采用具有较多短肢剪力墙的剪力墙结构。当采用具有较多短肢剪力墙（在规定的水平地震作用下，短肢剪力墙承担的底部倾覆力矩不小于结构底部总地震倾覆力矩的 30%）的剪力墙结构时，应符合下列要求：

在规定的水平地震作用下，短肢剪力墙承担的底部倾覆力矩不宜大于结构底部总地震倾覆力矩的 50%；

房屋适用高度应比剪力墙结构的最大适用高度适当降低，7 度和 8 度时分别不宜大于 100m 和 80m。

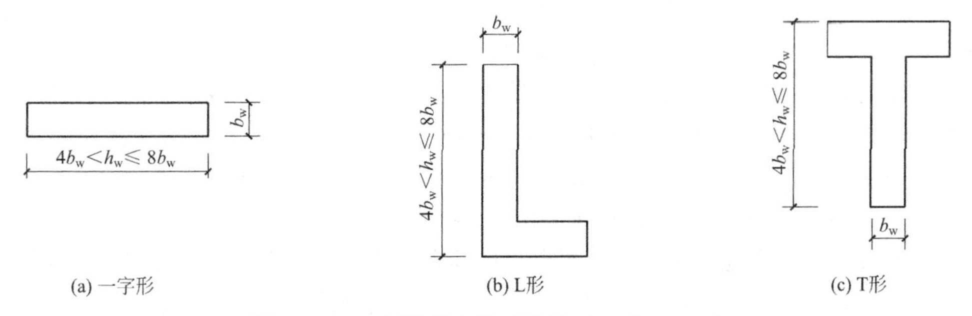

图 2.1.4-2　短肢剪力墙示意图（$b_w \leqslant 300$mm）

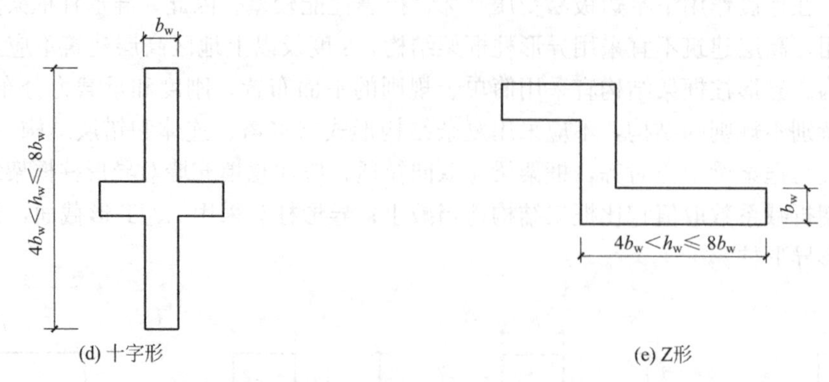

图 2.1.4-2 短肢剪力墙示意图（$b_w\leq$300mm）（续）

2.1.5 出屋面的楼电梯间、设备间等小房子，是否可采用砖混结构？

答复：与主体结构相比，出屋面的楼电梯间、配电房等小房子，其质量和刚度很小，在强震作用下易发生鞭梢效应，其地震内力和变形很大。因此，抗震设计的钢筋混凝土结构中，楼、电梯间及局部出屋顶的电梯机房、楼梯间、水箱间等小房间，应采用框架承重，不应采用砌体墙承重。

2.1.6 高层、超高层建筑结构中常用的轻质隔墙有哪些，其自重如何取值？

答复：高层、超高层建筑中应尽量采用轻质隔墙，以减小结构自重，降低地震作用。公共建筑的外围护墙一般为幕墙，内隔墙常采用轻质隔墙（卫生间、楼电梯间、井道除外）。常用轻质隔墙材料有砌块式（常用于混凝土结构和钢结构中）和板材式（常用于钢结构中）。轻质砌块隔墙有蒸压加气混凝土砌块、陶粒空心砌块及各种小型砌块等。常用的板材式隔墙有泰柏板、灰渣混凝土空心隔墙板、蒸压加气混凝土 ALC 条板、石膏空心条板、GRC 轻质隔墙条板、轻质条板等。

隔墙的重度具体参照厂家提供的产品参数。砌块式轻质隔墙重度一般为 5.5～8.0kN/m^3，一般为湿作业，在上机计算时一般需要考虑两面抹灰的重量。板材式隔墙重度一般为 1.0～1.5kN/m^3，一般为干作业，墙面比较平整，在上机计算时可不考虑两面抹灰的重量。

2.1.7 混凝土结构应满足哪些基本要求？

答复：一般的混凝土建筑结构应满足承载力、刚度和延性要求，对高层建筑混凝土结构尚应满足整体稳定和抗倾覆等要求。

（1）承载力要求。为了满足承载力要求，应对多、高层建筑的所有承重构件进行承载力计算，使其能够承受使用期间可能出现的各种作用而不产生破坏。

（2）刚度要求。为了保证多、高层建筑中的承重构件在风荷载或多遇地震作用下基本处于弹性受力状态，非承重构件基本完好，避免产生明显损伤，应进行弹性层间侧移验算。对于高度超过 150m 的高层建筑结构，尚应进行风荷载作用下的舒适度验算。上述验算实际上是对构件截面尺寸和结构侧向刚度的控制。

（3）延性要求。在地震区，除了要求结构具有足够的承载力和合适的侧向刚度外，还要求它具有良好的延性。一般结构的延性需求主要是通过抗震构造措施来保证，对于高层建筑结构，一般还需进行预估的罕遇地震作用下的弹塑性变形验算，以检验结构是否满足延性需求。

（4）整体稳定和抗倾覆要求。对于高层建筑结构，为了避免在风荷载或水平地震作用下，重力荷载产生的二阶效应过大，以引起结构的失稳倒塌，应进行整体稳定验算。当高层建筑的高宽比较大、风荷载或水平地震作用较大、地基刚度较弱时，则可能出现整体倾覆问题，这可通过控制高层建筑的高宽比及基础底面与地基之间零应力区的面积来避免，一般不必进行专门的抗倾覆验算。

（5）整体稳固性（鲁棒性）要求。混凝土结构在遭受偶然作用时如发生连续倒塌，将造成人员伤亡和财产损失，是对安全的最大威胁。因此，当发生爆炸、撞击、超过设防烈度的特大地震、人为错误等偶然事件时，混凝土结构应能保持必需的整体稳固性（鲁棒性），不出现与起因不相称的破坏后果，防止出现结构的连续倒塌。对于可能遭受偶然作用，且倒塌可能引起严重后果的重要结构，宜进行防连续倒塌设计。

2.1.8 地下室无梁楼盖设计应注意什么问题？

答复：无梁楼盖不应用作地下室顶板。当用在地下室其他楼层时，应设置暗梁，且暗梁纵筋在柱帽区域应采用机械连接（避免搭接），并对柱帽板厚给予适当加厚（柱帽弯矩不调幅，抗冲切截面以及抗冲切承载力的安全系数均应大于 1.2），柱帽范围设置一定配筋率的抗剪箍筋（暗梁）和拉筋（暗梁以外区域），建议做法见图 2.1.8。

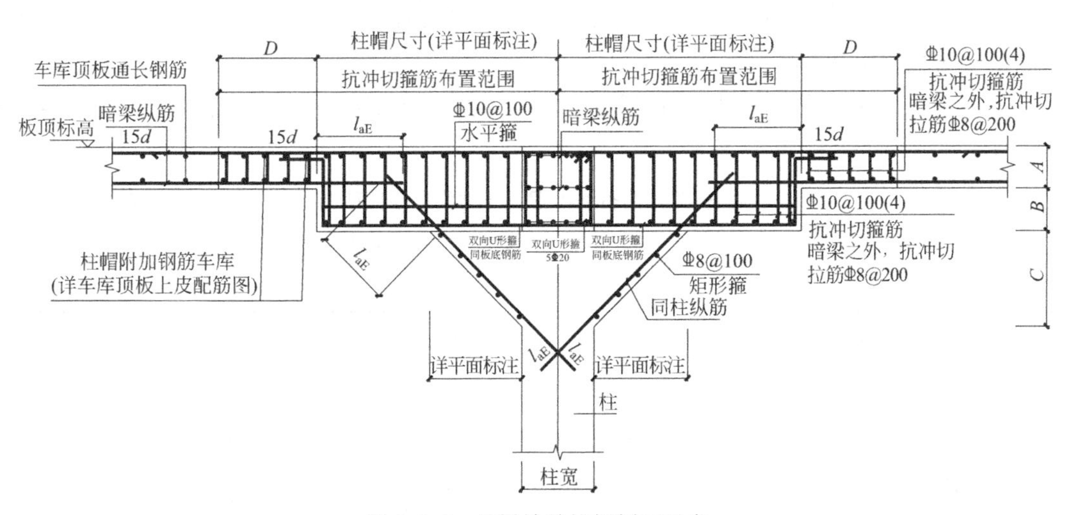

图 2.1.8 无梁楼盖柱帽剖面示意

相比梁板式楼盖传力途径（板→次梁→主梁→柱），无梁楼盖传力途径（板→柱）更短，效率更高。由于地下室结构设计往往竖向荷载起控制作用，理论上无梁楼盖形式最为合理。但是，地下车库顶板采用无梁楼盖出现了多起工程事故，设计时应尽量避免。无梁楼盖用于地下车库顶板设计可能存在以下问题：

（1）难以预估的荷载超限；

（2）局部的堆土、人工景观、活动机械等不均匀荷载引起不平衡弯矩产生附加剪力，降低柱帽的抗冲切承载力储备；

（3）复杂受力状态下的变厚度楼板，用弹性壳单元模拟可能不合适；

（4）支座区域出现裂缝后的冲切（弯冲）承载力计算尚无共识；

（5）冗余约束少，破坏形式为脆性破坏等。

另外，无梁楼盖用在嵌固端时，其面外刚度偏低，水平传力作用有限，且较大水平力作用下可能导致楼板竖向承载力降低（挠度较大后产生二阶效应）。

对于荷载可控的非地下室顶板，可以采用无梁楼盖；对于地面以上的板柱结构，可按《高规》等相关规范设计。

【说明】设置暗梁能有效提高无梁楼盖的整体性和冗余约束，楼板冲切（或弯冲）破坏后，连续配置的暗梁纵筋能起到悬链线拉结作用，避免强震时楼板脱落。另外，柱帽范围的箍筋和拉筋能有效提高柱帽的抗冲切承载力。

2.1.9 对混凝土结构进行作用效应分析时，如何选用结构的阻尼比？

答复： 阻尼比是结构设计的重要参数之一。结构的阻尼比受结构体系和材料性能、房屋高度、结构所处的受力状态（地震损伤程度）等因素影响。

（1）《高规》第 3.7.6 条建议，在《荷载规范》规定的 10 年一遇的风荷载标准值作用下，计算结构顶点的顺风向和横风向振动最大加速度时，阻尼比宜取 0.01～0.02。

（2）《抗规》第 5.1.5 条、《高规》第 4.3.8 条均规定，除专门规定外，建筑结构的阻尼比应取 0.05。

（3）《抗规》附录 C 第 C.0.6 条第 1 款规定，预应力混凝土结构自身的阻尼比可采用 0.03，并可按钢筋混凝土结构部分和预应力混凝土结构部分在整个结构总变形能所占的比例折算为等效阻尼比。

（4）地震作用效应分析时，钢筋混凝土结构及预应力混凝土结构的结构阻尼比取值见表 2.1.9。

地震作用效应分析时混凝土结构阻尼比取值 **表 2.1.9**

结构类型		混凝土结构	预应力混凝土结构	
			抗侧力结构采用预应力	仅次梁或梁板式结构采用预应力
阻尼比	多遇烈度地震	0.05	0.03	0.05
	设防烈度地震	0.06	0.04	0.06
	罕遇烈度地震	0.07	0.05	0.07

【说明】对于预应力混凝土结构，结构的总应变能为钢筋混凝土部分应变能和预应力混凝土部分应变能之和。多遇地震作用下，部分预应力混凝土结构的等效阻尼比，可按预应力混凝土结构部分在整个结构总应变能中所占的比例确定。

多遇地震作用下，全预应力混凝土结构的阻尼比为 0.03，钢筋混凝土结构的阻尼比为 0.05，部分预应力混凝土结构的阻尼比，依据预应力混凝土结构部分在整个结构总应变能中所占的比例，在 0.03～0.05 之间线性插值确定。对于仅楼板、次梁设置预应力筋的结构，在多遇地震下的阻尼比仍可取 0.05。对于设置预应力筋的框架可按钢筋混凝土结构和预应力混凝土结构两种不同阻尼比分别计算，包络设计。

当板柱-剪力墙结构的楼板设置预应力筋时，在多遇地震下的阻尼比可在 0.04～0.045 之间取值。

下部为混凝土结构、上部为钢结构的房屋，其阻尼比应采用下部混凝土结构和上部钢结构的综合阻尼比，即按钢筋混凝土结构部分和钢结构部分在整个结构总变形能所占的比例折算为等效阻尼比，或按《抗规》第10.2.8条第2款确定：当下部支承结构为混凝土结构时，阻尼比可取0.025～0.035。

2.1.10 为什么舒适度验算时阻尼比取值比抗震验算时小？

答复：阻尼比是描述结构动力特性的基本参数，由于阻尼机理复杂，影响因素众多，其准确值很难估计。结构材料、结构高度、激励方式等因素对阻尼比都有影响。一般情况下，阻尼比随着结构激励强度增大而增大，随着结构高度增加而减小。结构风振舒适度验算时，一般按10年一遇的风荷载标准值计算结构顶点的顺风向和横风向振动最大加速度，且结构高度越高对风荷载越敏感。另外，在不考虑填充墙、幕墙、地基与土相互作用等因素情况下，实测高层结构的阻尼比均小于0.05，而抗震设计允许结构进入塑性，阻尼比可取偏大值。综上，舒适度计算时结构阻尼比小于抗震设计，可取0.01～0.02。

2.1.11 砌体填充墙中设置钢筋混凝土构造柱的原则是什么？

答复：《砌体规范》第6.3.4条第2款规定，填充墙长度超过5m或墙长大于2倍层高时，墙体中部应加设构造柱；《抗规》第13.3.4条第4款规定，墙长超过8m或层高2倍时，宜设置钢筋混凝土构造柱。

两本规范对构造柱设置的原则不一致，《砌体规范》主要针对框架结构或框-剪结构的框架部分，其侧移模式一般呈剪切型，且层间位移角限值较严，结构侧向变形对填充墙的影响更加显著；《抗规》则针对所有钢筋混凝土结构中的砌体填充墙。

因此，对于钢结构、混凝土框架结构或框架-剪力墙结构，构造柱设置可按《砌体规范》执行，而对于剪力墙结构，钢筋混凝土构造柱的布置可按《抗规》执行；但外砌体填充墙、楼梯间砌体填充墙建议适当从严。另外，砌体填充墙与结构脱开时填充墙端部、悬挑梁端角部等部位宜设置钢筋混凝土构造柱。

2.1.12 各类钢筋混凝土结构房屋单位面积重力荷载（恒荷载+活荷载）标准值的取值范围如何确定？

答复：在结构初步设计阶段，常常需要初步估算地基基础类型和底面尺寸、竖向承重构件（柱、剪力墙等）选型和截面尺寸、结构底部总地震剪力等，而这些均是基于楼面单位面积重力荷载标准值来确定的。

目前国内高层建筑混凝土结构由恒荷载和楼面活荷载引起的单位面积重力荷载标准值约为13～19kN/m^2，设计时可参考下列数值确定：

钢筋混凝土框架结构　　13～15kN/m^2

钢筋混凝土框架-剪力墙结构　　14～16kN/m^2

钢筋混凝土剪力墙结构　　15～18kN/m^2

钢筋混凝土框架-核心筒结构　　15～18kN/m^2

建筑物高度较高（20层以上）、抗震设防烈度较高（8度及以上）、活荷载较大时可取上限值，反之可取下限值。

地下室楼面可取20kN/m^2。

混合结构（现浇混凝土楼板）　　16～19kN/m^2

混合结构（钢梁和组合楼板）　　15～17kN/m^2

2.1.13 混凝土结构计算时，混凝土重度应该如何取值？

答复：根据《荷载规范》，钢筋混凝土的重度为24.0～25.0kN/m^3。一般情况下，考虑混凝土的施工质量、外侧抹灰、保温层、涂料等因素，在结构计算时，适当放大混凝土重度来考虑这些附加的重量。不同结构类型的混凝土重度建议取值如下：

框架结构　　　　　　$26.0kN/m^3$
框架-剪力墙结构　　$26.5kN/m^3$
剪力墙结构　　　　　$26.5kN/m^3$
钢管混凝土结构　　　$25.0kN/m^3$

结构计算时，钢筋混凝土的重度也可以按照 $25.0kN/m^3$ 采用，对于结构构件的外侧抹灰、保温及涂料重量等可单独施加荷载。

2.1.14　对于特一级框架柱、剪力墙，规范未规定其轴压比限值，如何把控？

答复：限制框架柱和剪力墙的轴压比，主要目的是提高其延性。框架柱、剪力墙特一级抗震措施已将构件的地震内力进行了放大调整，如柱端弯矩、剪力增大系数较一级时提高 20%；底部加强部位的弯矩设计值应乘以 1.1 的增大系数，其他部位的弯矩设计值应乘以 1.3 的增大系数；底部加强部位的剪力设计值，应按考虑地震作用组合的剪力计算值的 1.9 倍采用，其他部位的剪力设计值，应按考虑地震作用组合的剪力计算值的 1.4 倍采用。此时框架柱、剪力墙承载力储备明显高于抗震等级为一级情况，在结构屈服机制中应属于最后屈服的竖向承重构件。根据“高承载力-低延性”的设计理念，其延性需求（抗震构造措施）可适当降低，因此，对特一级的框架柱、剪力墙，建议按一级框架柱、一级剪力墙确定其轴压比限值。

2.2　框架结构

2.2.1　钢筋混凝土框架柱是否需要控制长细比？

答复：控制受压（压弯）构件长细比的主要目的是控制压杆稳定性，防止受压构件在达到承载力极限状态前发生失稳破坏。单轴受压杆件欧拉临界荷载可表示为：

$$P_{cr}=\frac{\pi^2 EI}{l_0{}^2} \tag{2.2.1}$$

由上式可知，受压杆件的稳定承载力与其截面刚度（包括弹性模量）密切相关，由于钢材（以 Q355 为例）的弹性模量约为混凝土材料（以 C40 为例）的 6.3 倍，即钢结构杆件的欧拉临界荷载约为相同截面相同长度混凝土构件的 6.3 倍，但钢材的受压强度约为混凝土受压强度的 15.7 倍，为保证钢材的强度得到充分发挥，其稳定性相比混凝土构件有着更高的要求。另外，钢结构比混凝土结构变形能力强，发生大变形后的二阶效应更加显著，结构整体稳定问题也比混凝土结构突出，因此，规范仅对钢结构构件提出长细比限值要求，而对混凝土构件未有明确规定。

《混规》第 6.2.15 条规定，钢筋混凝土轴心受压构件承载力计算时需考虑稳定系数 φ，其值与受压构件的长细比密切相关。另外，《混规》第 6.2.17 条对偏心受压构件进行截面受压承载力计算时，通过 C_m-η_{ns} 法放大截面弯矩设计值以考虑构件的 P-δ 效应，而 η_{ns} 随着框架柱计算高度与截面高度比值的增加而增加。研究表明，如果框架柱轴压比、抗侧刚度、承载力等均能满足设计要求，一般不会发生失稳破坏。

工程上一般将钢筋混凝土框架柱分为短柱（$l_0/h\leqslant 8$）、长柱（$8<l_0/h\leqslant 30$）和细长

柱（$l_0/h>30$），细长柱的稳定问题较为突出。对于抗震等级为特一、一、二级的框架柱，宜尽量避免采用细长柱，或者通过降低细长柱轴压比等措施，保证其在中、大震作用下的稳定性。

2.2.2 设计中可采取哪些措施控制框架柱的轴压比？

答复： 柱的轴压比是指柱组合的轴向压力设计值与柱的全截面面积和混凝土轴心抗压强度设计值乘积之比值。《抗规》第 6.3.6 条规定，柱轴压比不宜超过本书表 2.2.8 规定的限值。

控制框架柱的轴压比，一方面是减小其轴压比设计值［$N/(bhf_c)$］，在轴力设计值 N 不变的条件下，一般采用增大柱截面面积或提高混凝土强度等级的方法，而在柱截面面积因某种原因不能增加的情况下，只能提高混凝土强度等级；另一方面是提高轴压比限值。此处重点说明如何提高轴压比限值。

（1）提高混凝土强度等级。《高规》表 6.4.2 注 2 规定：表内数值适用于混凝土强度等级不高于 C60 的柱。当混凝土强度等级为 C65～C70 时，轴压比限值应比表中数值降低 0.05；当混凝土强度等级为 C75～C80 时，轴压比限值应比表中数值降低 0.10。亦即柱的混凝土强度等级高于 C60 时，不能用提高混凝土强度等级的方法减小柱轴压比。

（2）《高规》表 6.4.2 注 4 规定：当沿柱全高采用井字复合箍，箍筋间距不大于 100mm、肢距不大于 200mm、直径不小于 12mm，或当沿柱全高采用复合螺旋箍，箍筋螺距不大于 100mm、肢距不大于 200mm、直径不小于 12mm，或当沿柱全高采用连续复合螺旋箍，螺距不大于 80mm、肢距不大于 200mm、直径不小于 10mm 时，轴压比限值均可增加 0.10。

（3）《高规》表 6.4.2 注 5 规定：当柱截面中部设置由附加纵向钢筋形成的芯柱（图 2.2.14-2），且附加纵向钢筋的截面面积不小于柱截面面积的 0.8%，柱轴压比限值可增加 0.05。当本项措施与注 4 的措施共同采用时，柱轴压比限值可增加 0.15，但箍筋的配箍特征值仍可按轴压比增加 0.10 的要求确定。

（4）经过上述（2）、（3）调整后，柱的轴压比限值不应大于 1.05。

（5）采用型钢混凝土柱。比较《高规》表 11.4.4（型钢混凝土柱的轴压比限值）与表 6.4.2（钢筋混凝土框架柱的轴压比限值），可知型钢混凝土柱的轴压比限值比钢筋混凝土柱提高 0.05（各抗震等级均相同）。一般情况下，当型钢含钢率为 4%～5%时，柱截面面积可减小 30%～40%。

例如，对于框架-核心筒结构，抗震等级为一级，柱截面 800mm×800mm，混凝土强度等级 C50，钢筋牌号为 HRB400，型钢牌号为 Q355。当轴压比按 0.70 控制时，若要求考虑地震作用组合的轴压力设计限值相等，当型钢按构造设置时，型钢含钢率为 4%，则型钢混凝土柱截面面积为 430067.49mm^2，同等轴压力设计值时，型钢混凝土柱比原钢筋混凝土柱截面减小幅度为（$800^2-430067.49$）/$800^2=32.8\%$。

2.2.3 抗震设计时，如何设计框架结构的楼梯间？

答复： 汶川地震中，钢筋混凝土框架结构的楼梯间及楼梯构件破坏严重，主要表现在：梯段板拉压破坏、梯梁剪扭破坏、与休息平台相接的框架柱剪切破坏、围护砌体填充墙开裂甚至倒塌等（图 2.2.3-1）。

现行规范对楼梯间结构构件设计做了明确规定：

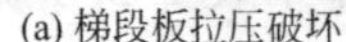
(a) 梯段板拉压破坏

(b) 梯梁剪扭破坏

(c) 框架柱剪切破坏

(d) 填充墙倒塌

图 2.2.3-1　楼梯结构破坏形态

《抗规》第 6.1.15 条规定，对于框架结构，楼梯构件与主体结构整浇时，应计入楼梯构件对地震作用及其效应的影响，应进行楼梯构件的抗震承载力验算；宜采取构造措施，减少楼梯构件对主体结构刚度的影响。

《高规》第 6.1.4 条规定，框架结构宜采用现浇钢筋混凝土楼梯，楼梯结构应有足够的抗倒塌能力。

《混规》第 3.6.1 条关于混凝土结构防连续倒塌设计的要求中提出，增强疏散通道结构构件的承载力和变形能力。

楼梯结构一般跨层布置，传力途径复杂，整浇的钢筋混凝土楼梯结构刚度较大，对整体框架结构地震作用和地震反应有着较大的影响，布置不当会造成结构平面不规则，故抗震设计时宜尽量弱化楼梯结构对主体结构的影响。

研究表明，造成楼梯结构及相邻主体结构破坏的主要原因是梯板的斜撑效应，为减小楼梯构件对主体结构的影响，国家标准图集 11G101-2 建议楼梯间梯段板下端设置滑动支座，即在梯段板下端梁板混凝土养护完成之后，在聚四氟乙烯板上表面铺塑料膜后浇筑梯段板，形成能发生水平滑动的支座［图 2.2.3-2（a）］。这种滑动支座使其沿梯段板方向产生了期望的水平位移，有效地卸掉了斜撑效应，但是出现了地震时梯段板下端翘起的问题。为此，中国建筑西北设计研究院建议在梯段板下端设置隔震橡胶支座［图 2.2.3-2（b）］，橡胶支座具有较大的刚度、承载力和自复位能力，能起到释放梯板斜撑效应，减轻梯柱地震剪力，防止楼梯结构先于主体结构倒塌的功能，且不影响楼梯功能，具有很好的推广价值。

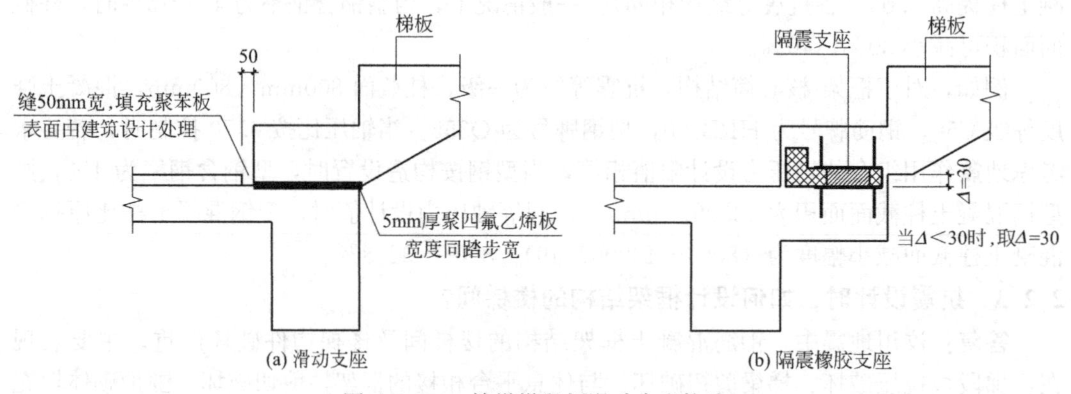

(a) 滑动支座　　(b) 隔震橡胶支座

图 2.2.3-2　楼梯梯段板滑动支座构造

2.2.4 框架类板式楼梯采用整浇做法是否存在问题?

答复:《抗规》第 6.1.15 条规定，对于框架结构，楼梯构件与主体结构整浇时，应计入楼梯构件对地震作用及其效应的影响，应进行楼梯构件的抗震承载力验算。

首先，将楼梯结构力学参数代入主体结构模型时计算较为困难。楼梯属一般错层结构，体系多样，建模过程复杂，分析单元局部坐标轴与主体结构坐标轴存在夹角，传统设计软件分析时均作了一些假定处理（如一些程序将梯板按斜梁处理，一些程序按壳单元处理），导致分析结果产生疑问。

其次，计算结果难以控制。精细的分析结果表明，楼梯间参与整体结构计算后，对主体结构刚度影响较大，可能会导致结构不规则。梯板的“剪刀撑”效应，对楼梯周边主体结构构件受力影响较大，造成与之相连的框架柱、框架梁内力突变；另外，在地震作用下整浇的楼梯结构构件承载力需求较大，而加大构件截面会造成刚度增加，内力进一步增大，形成恶性循环。

最后，大震弹塑性分析表明，框架结构中的整浇楼梯无论是否经过小震弹性设计，大震时都是首当其冲，率先破坏。因此，建议框架类的板式楼梯与主体结构之间做柔性连接，减少楼梯构件对主体结构刚度的影响。

算例: 设计一栋 4 层现浇钢筋混凝土框架结构。混凝土强度等级为 C25，开间方向（X 方向）柱距为 4.5m，总长度为 45m；Y 方向为 3 跨，总长度为 14.4m。各层的层高均为 3.6m，结构平面图如图 2.2.4 所示。沿 X 方向框架梁的截面尺寸为 250mm×500mm，沿 Y 方向框架梁长跨为 250mm×600mm，短跨为 250mm×400mm，框架柱的截面尺寸为 400mm×400mm，梯梁的截面尺寸为 200mm×400mm，梯柱的截面尺寸为 250mm×250mm。抗震设防烈度为 7 度（0.1g），设计风压 0.45kPa，场地的粗糙类别为 B 类，抗震等级为三级。模型中未考虑填充墙的作用。

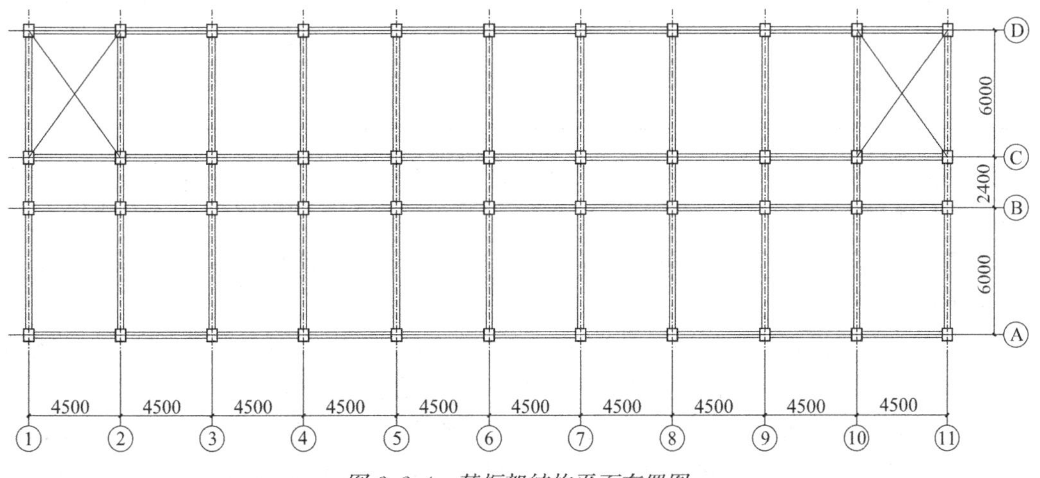

图 2.2.4 某框架结构平面布置图

为了对比研究设置楼梯间和不设置楼梯间整体框架结构在地震作用下的反应，分别建立了带楼梯间和不带楼梯间两个模型。楼梯类型为双跑板式，框架梁、柱用杆单元模拟，梯板和楼板用壳单元来模拟。对于不带楼梯的模型在楼梯原有位置设置楼板，按框架梁板直接考虑。

无楼梯和有楼梯模型的前三阶自振周期如表 2.2.4-1 所示。从表中可以看出，钢筋混凝土框架结构在考虑了楼梯间的作用后，由于楼梯间的刚度对整个框架结构总刚度的贡献，结构的基本自振周期会减小，由此可能增大结构的地震反应。有楼梯模型比无楼梯模型 X 方向的自振周期影响减小了 18.5%，Y 方向自振周期减小了 14.8%，扭转周期减小了 29.2%。

有、无楼梯模型自振周期对比　　表 2.2.4-1

振型		自振周期(s)		周期减小幅度(%)
阶数	方向	无楼梯	有楼梯	
一阶	Y 向	0.712	0.607	14.8
二阶	X 向	0.702	0.572	18.5
三阶	扭转	0.652	0.462	29.2

无楼梯和有楼梯模型的楼层剪力、层间位移和相对位移角如表 2.2.4-2 所示。从表中可以看出，楼梯的设置使得结构的楼层剪力明显增大，各层抗侧力构件的水平地震力均有所增大，增大幅度接近 20%；同时，在地震作用下，由于楼梯的设置使结构的层间位移和相对位移角增大，增大幅度约为 10%（此结果与楼梯形式、楼梯数量、布置位置等有关，某些有楼梯模型的位移小于无楼梯模型）。

有、无楼梯模型的楼层剪力、层间位移和相对位移角对比　　表 2.2.4-2

楼层	楼层剪力(kN)		有楼梯值/无楼梯值	层间位移(mm)及相对位移角				有楼梯值/无楼梯值
	无楼梯	有楼梯		无楼梯		有楼梯		
				位移	位移角	位移	位移角	
4	2011	2452	1.22	2.7	1/1333	2.9	1/1241	1.07
3	2650	3152	1.19	3.4	1/1059	3.8	1/947	1.12
2	3230	3747	1.16	4.1	1/878	4.5	1/800	1.10
1	3680	4232	1.15	4.9	1/857	5.4	1/778	1.10

2.2.5 框架类板式楼梯设计时，采用图标图集 16G101-2 第 41 页的滑动支座做法存在哪些问题？

答复：图标图集 16G101-2 第 41 页的滑动支座做法类似于滑板支座（图 2.2.5-1），存在一系列问题。

（1）不安全。滑板构造简单，赘余约束少，不满足现行各类规范要求。首先，将楼梯斜板简单放置在梯梁上（隔断层仅起隔离作用，自身无承载力和自复位功能），大震时若梯柱发生破坏，有脱落风险，不符合《高规》“楼梯间应具有足够的抗倒塌能力”的要求。其次，滑板将楼梯结构与主体结构隔离，可能导致楼梯结构变为单跨框架子结构，不满足《抗规》第 6.1.5 条要求。再次，地震作用下，楼梯结构与主体结构产生振动相位差，会造成梯板下端竖向振动，加速度过大时可能造成梯板损坏，且对人员逃生造成不利影响。最后，梯板与梯梁脱开后，楼梯间可能成为主体结构的子结构，鞭梢效应显著，这更增加了梯柱首先发生破坏的风险（图 2.2.5-2）。

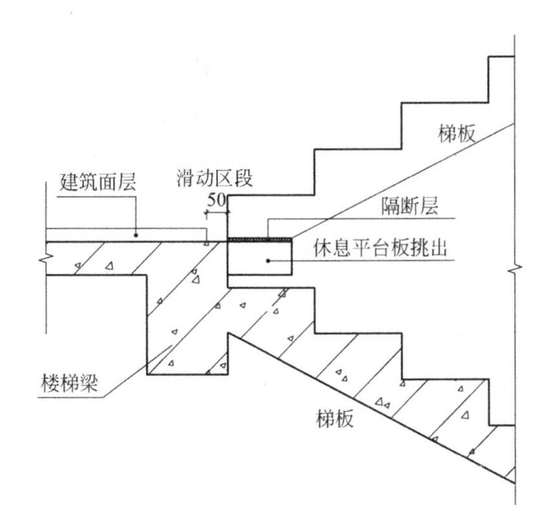

图 2.2.5-1 国标图集 16G101-2 中楼梯滑动支座的建议做法

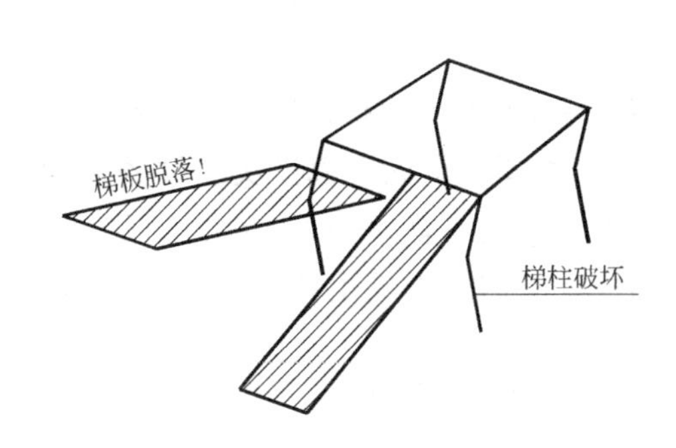

图 2.2.5-2 梯柱破坏引发梯板脱落示意

(2) 不美观。梯板下端与休息平台连接处，建筑面层需要预留 5cm 的“预变形区”，使得建筑面层不连续，影响建筑美感，且大多数项目装修铺装时未按要求设置柔性填充材料。

(3) 设计不方便、使用受限。图标图集 16G101-2 未交代梯板以外的楼梯构件抗震设计方法，往往被工程师忽略，导致梯柱、梯梁设计存在安全隐患。

(4) 施工不方便。隔震层厚度较小，且必须位于梯梁与梯板之间，施工定位要求较高，微小的误差可能导致梯板难以滑动。

2.2.6 框架类板式楼梯结构与主体结构柔性连接时，如何保证楼梯结构安全可靠?

答复：楼梯结构与主体结构采用柔性连接时，建议梯板与梯梁之间采用橡胶支座连接方式［图 2.2.3-2 (b)］，其主要优点如下：

(1) 更安全。一方面，橡胶支座小震作用下即可产生滑动，能有效释放梯板“剪刀撑”效应；另一方面，橡胶支座具有一定的刚度、承载力和自复位能力，其通过锚栓与主体结构和楼梯结构相连，能分担楼梯结构一部分地震剪力，防止梯板与主体结构分离，避免楼梯结构倒塌。

(2) 更美观。减震支座内部预留“变形区”，楼梯下端与休息平台连接处建筑面层可按常规连续设置。

(3) 设计方便。橡胶支座理论上能承受大震时整个楼梯结构的地震剪力，保证梯柱水平承载力失效时楼梯结构不倒塌，梯柱、梯梁按构造配筋即可，省去了楼梯结构的整体建模计算工作。

(4) 施工更方便。施工时，将隔震支座放入梯梁、梯板绑扎钢筋之间，定位后，整体现浇即可。

2.2.7 框架结构按抗震设计时，为什么不应采用部分由砌体墙承重之混合形式?

答复：《高规》第 6.1.6 条规定：框架结构按抗震设计时，不应采用部分由砌体墙承重之混合形式。

框架结构与砌体结构是两种性能差异较大的结构体系，二者的侧向刚度、变形能力、耗能能力等差异很大。将这两种结构体系在同一建筑中混合使用，将对建筑的抗震性能产生非常不利的影响，地震作用下易由于屈服机制混乱而造成严重破坏甚至倒塌。

当框架结构中的楼、电梯间采用砌体墙承重时，由于结构分析时不计入砌体墙的侧向刚度，故将低估框架结构房屋的地震反应。而地震时由于实际地震力大于计算地震力，且砌体墙的脆性使其首先破坏，将造成各个击破的局面，这是非常危险的。因此，抗震设计时不应采用框架与砌体墙混合承重体系。

2.2.8 抗震设计时，框架梁、柱的截面尺寸应满足哪些要求？

答复：框架梁、柱截面尺寸应根据承载力、刚度及延性等要求确定。初步设计时，通常由经验或估算先选定截面尺寸；而后进行承载力、变形等验算，检查所选尺寸是否合适。

1. 框架梁截面尺寸

《高规》第6.3.1条对框架梁的截面尺寸做了规定。框架结构中框架梁的截面高度 h_b 可根据梁的计算跨度 l_b、活荷载大小等，按 $h_b=(1/18\sim1/10)\,l_b$ 确定。为了防止梁发生剪切脆性破坏，h_b 不宜大于1/4梁净跨。主梁截面宽度可取 $b_b=(1/3\sim1/2)\,h_b$，且不宜小于200mm。为了保证梁的侧向稳定性，梁截面的高宽比（h_b/b_b）不宜大于4。

为了降低楼层高度，可将梁设计成宽度较大而高度较小的扁梁，扁梁的截面高度可按（1/18～1/15）l_b 估算。扁梁的截面宽度 b（肋宽）与其高度 h 的比值 b/h 不宜超过3。

设计中，如果梁上作用的荷载较大，可选择较大的高跨比 h_b/l_b。当梁高较小或采用扁梁时，除应验算其承载力和受剪截面要求外，尚应验算竖向荷载作用下梁的挠度和裂缝宽度，以满足其正常使用要求。在挠度计算时，对现浇混凝土梁板结构，宜考虑梁受压翼缘的有利影响，并可将梁的合理起拱值从其计算所得挠度中扣除。

当梁跨度较大时，为了节省材料和增加建筑竖向空间，可将梁设计成加腋形式（图2.2.8）。

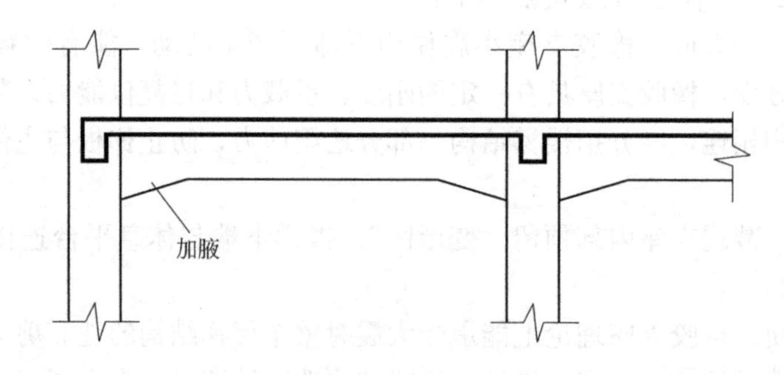

图2.2.8 加腋梁示意

2. 框架柱截面尺寸

（1）最小截面要求。《高规》第6.4.1条对柱的截面尺寸做了规定。为了保证抗震安全，矩形截面柱的边长，非抗震设计时不宜小于250mm，抗震设计时，四级不宜小于300mm，一、二、三级时不宜小于400mm；圆柱直径，非抗震和四级抗震设计时不宜小于350mm，一、二、三级时不宜小于450mm。为了防止柱产生剪切破坏，柱的剪跨比宜大于2。为保证柱截面的稳定性，柱截面的高宽比不宜大于3。

（2）轴压比要求。柱的轴压比是指柱组合的轴压力设计值与柱的全截面面积和混凝土轴心抗压强度设计值乘积之比值。轴压比较小时，在水平地震作用下，柱将发生大偏心受压的弯曲型破坏，柱具有较好的位移延性；轴压比较大时，柱可能发生小偏心受压的脆性破坏，柱几乎没有位移延性。因此，《抗规》规定柱轴压比不宜超过本书表2.2.8的限值；建造于Ⅳ类场地且较高的高层建筑，柱轴压比限值应适当减小。

柱轴压比限值 **表2.2.8**

结构类型	抗震等级			
	一	二	三	四
框架结构	0.65	0.75	0.85	0.90
板柱-抗震墙、框架-剪力墙、框架-核心筒、筒中筒结构及筒体	0.75	0.85	0.90	0.95
部分框支抗震墙	0.6	0.7	—	

（3）剪压比要求。为了防止框架梁、柱截面尺寸过小，发生剪切破坏，《高规》规定，框架梁、柱的受剪截面应符合下列要求。

对持久、短暂设计状况：

$$V \leqslant 0.25\beta_c f_c b h_0 \tag{2.2.8-1}$$

对地震设计状况：

1）跨高比大于2.5的梁及剪跨比大于2的柱：

$$V \leqslant (0.20\beta_c f_c b h_0)/\gamma_{RE} \tag{2.2.8-2}$$

2）跨高比不大于2.5的梁及剪跨比不大于2的柱：

$$V \leqslant (0.15\beta_c f_c b h_0)/\gamma_{RE} \tag{2.2.8-3}$$

式中：f_c——混凝土轴心抗压强度设计值；

β_c——混凝土强度影响系数，当混凝土强度等级不超过C50时，β_c取1.0；混凝土强度等级为C80时，β_c取0.8，其间按线性内插法取用；

γ_{RE}——承载力抗震调整系数；

b——梁或柱截面宽度；

h_0——梁或柱截面有效高度。

剪跨比λ按下式计算：

$$\lambda = M^c / V^c h_0 \tag{2.2.8-4}$$

式中：λ——剪跨比，应按柱端截面组合的弯矩计算值M^c、对应的截面组合剪力计算值V^c及截面有效高度h_0确定，并取上、下端计算结果的较大值；反弯点位于柱高中部的框架柱可按柱净高与2倍柱截面高度之比计算。

2.2.9 框架结构计算是否考虑梁柱节点区的刚域影响？

答复：结构弹性分析时宜考虑节点刚域影响，并建议对现行规范的柱端刚域计算考虑梁宽修正，配筋设计时梁端截面弯矩可取刚域端截面的弯矩计算值。弹塑性分析时，对于不可忽略的节点区剪切变形或受剪承载力失效，可单独建立节点单元进行模拟。

结构弹性分析中考虑梁、柱刚域影响，这是对杆系刚架模型的局部修正，反映了结构的实际受力状态。考虑刚域后，结构整体刚度有所增大，自振周期和层间位移有所减小。现行规范计算柱端刚域长度时，未考虑梁宽的影响，可能会高估梁对柱的约束作用，因此柱端刚域长度计算时应根据梁宽进行修正。

试算结果表明，考虑梁端刚域对分析结果影响明显，而柱端刚域对分析结果影响较小。考虑刚域后，结构刚度分布发生改变，与不考虑刚域模型相比，梁、柱配筋有增有减，总体趋势为柱端弯矩、柱剪力、梁剪力有所增加，但由于梁端弯矩可取刚域端截面的弯矩计算值，梁纵筋配筋有所减小。

相关规范规定如下：

(1)《混规》第 5.2.2 条第 3 款规定：梁、柱等杆件的计算跨度或计算高度可按其两端支承长度的中心距或净距确定，并应根据支承节点的连接刚度或支承反力的位置加以修正。

(2)《混规》第 5.2.2 条文说明指出：当钢筋混凝土梁柱构件截面尺寸相对较大时，梁柱交汇点会形成相对的刚性节点区域。刚域尺寸的合理确定，会在一定程度上影响结构整体分析的精度。

(3)《高规》第 5.3.4 条规定：在结构整体计算中，宜考虑框架或壁式框架梁、柱节点区的刚域影响，梁端截面弯矩可取刚域端截面的弯矩计算值。

2.2.10 钢支撑-混凝土框架结构设计原则是什么？

答复：钢支撑-混凝土框架结构房屋中的支撑采用钢支撑或屈曲约束支撑，钢支撑承担较大的水平力，但不及框架-剪力墙结构中剪力墙承担的比例大，故其适用高度不宜超过框架结构和框架-剪力墙结构二者最大适用高度的平均值。抗震设防烈度为 6～8 度且房屋高度超过钢筋混凝土框架结构最大适用高度时，可采用钢支撑-混凝土框架组成抗侧力体系的结构。《抗规》附录 G 对抗震设计方法做了规定，其抗震设计要点可简单地归纳为表 2.2.10。

钢支撑-混凝土框架结构抗震设计要点　　表 2.2.10

序号	项目	控制指标
1	倾覆力矩百分比	底层钢支撑框架按刚度分配的地震倾覆力矩应大于结构总地震倾覆力矩的 50%
2	最大适用高度/位移角限值	取框架结构和框架-剪力墙结构二者的平均值
3	分析方法/阻尼比	1)结构的阻尼比不应大于 0.045，也可按混凝土框架部分和钢支撑部分在结构总变形能所占的比例折算为等效阻尼比。 2)钢支撑框架部分的斜杆，可按端部铰接杆计算。当支撑斜杆的轴线偏离混凝土柱轴线超过柱宽 1/4 时，应考虑附加弯矩。 3)混凝土框架部分承担的地震作用，应按框架结构和钢支撑-框架结构两种模型计算，并宜取二者的较大值
4	抗震等级	钢筋混凝土框架部分按框架结构确定，钢支撑框架部分应比其他框架提高一个等级

续表

序号	项目	控制指标
5	支撑布置要点	1)钢支撑框架应在结构的两个主轴方向同时设置。 2)钢支撑宜上下连续布置,当受建筑方案影响无法连续布置时,宜在邻跨延续布置。 3)钢支撑宜采用交叉支撑,也可采用人字形支撑或V形支撑;采用单支撑时,两方向的斜杆应基本对称布置。 4)钢支撑在平面内的布置应避免导致扭转效应;钢支撑之间无大洞口的楼、屋盖的长宽比,宜符合《抗规》抗震墙间距的要求;楼梯间宜布置钢支撑

2.2.11 抗震设计的混凝土框架结构中的次梁、悬挑梁是否需要考虑延性构造措施?

答复：框架梁、柱是框架结构中的抗侧力构件，其延性好坏影响框架结构的抗震性能，抗震设计时应要求其具备足够的延性和耗能能力，因此应采取抗震构造措施，保证梁、柱等预估塑性铰区在屈服后的延性和耗能能力。

框架结构中的次梁是楼盖结构的组成部分，主要承受竖向荷载并传递给框架梁，其控制截面的纵向受力钢筋以及箍筋按竖向荷载产生的弯矩和剪力确定。在水平地震作用下，次梁随楼盖结构平移，基本不产生地震剪力和弯矩，故不需要采取抗震构造措施。

悬挑梁为静定结构，冗余度低，地震作用下无论抗剪、抗弯均不允许进入塑性，因此需要加强其截面承载力。考虑到悬挑部位的重要性、竖向地震作用影响以及悬挑端部封边梁对悬挑梁产生附加扭矩等因素，建议悬挑梁设计时纵筋适当加强、箍筋在悬挑根部加密，但箍筋直径、加密区间距可相比框架梁适当放松，可按抗震等级降低一级的构造措施处理（四级时不再降低）。当悬挑部位存在竖向承重构件时，应按照《高规》第10.6.4条规定，提高悬挑部位关键结构构件抗震等级和承载力要求，此时悬挑梁等重要构件应严格执行抗震设计要求，箍筋应全长加密。

2.2.12 框架结构中填充墙的布置应注意什么问题?

答复：框架结构如采用砌体填充墙，由于其侧向刚度较大，如在结构平面上布置不当时，可能形成较大的刚度偏心，引发整体结构扭转；如在结构竖向布置不当时，可能造成结构竖向刚度变化过大，引起软弱层，或形成短柱。因此，结构设计时应特别注意砌体填充墙对框架结构产生的不利影响。《高规》第6.1.3条规定：框架结构的填充墙及隔墙宜选用轻质墙体。抗震设计时，框架结构如采用砌体填充墙，其布置应符合下列要求：避免形成上、下层刚度变化过大；避免形成短柱；减少因抗侧刚度偏心而造成的结构扭转。

框架结构如采用钢筋混凝土填充墙，宜优先采用外挂装配式墙板，或对钢筋混凝土填充墙开竖缝、水平缝，采用钢筋混凝土薄板加壁柱等减小其侧向刚度。应注意钢筋混凝土填充墙在平面及竖向布置的均匀性，避免不合理设置造成结构竖向刚度突变及过大的扭转。填充墙与框架柱（剪力墙）、梁间的缝、控制缝等，应根据设置部位、使用要求选择填缝材料，如玻璃棉毡、矿棉毡、低密度聚苯乙烯泡沫（EPS）、挤塑聚苯乙烯泡沫（XPS）或聚氨酯发泡填充材料等，并采用硅酮胶或其他弹性密封材料处理。

目前，填充墙对主体结构的影响主要通过周期折减系数近似考虑，结构周期折减后，地震作用增大，但构件配筋和位移计算时并未考虑填充墙的刚度贡献，导致地震作用下结构配筋与位移增大。因此，填充墙布置时尽量与主体结构柔性连接（图 2.2.12），弱化其对主体结构的影响。

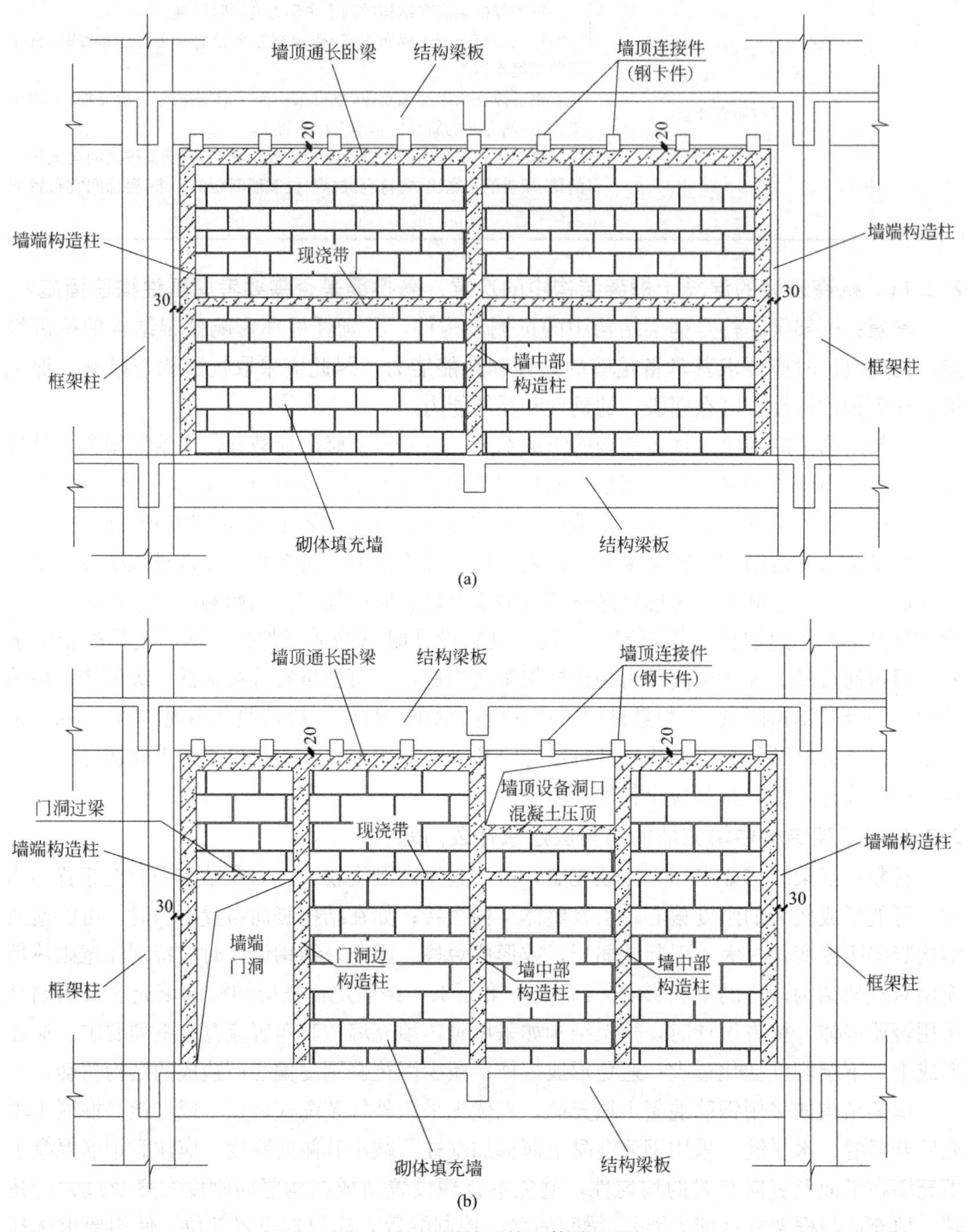

图 2.2.12　柔性连接砌体填充墙

2.2.13　同样层数和高度的多层建筑，采用框架结构体系是否比砌体结构更加安全？新时期砌体结构的优势有哪些？

答复： 对于同样层数和高度的多层建筑，采用框架结构体系不一定比砌体结构更加安全。对于按《抗规》要求设置圈梁、构造柱的多层砌体结构，其延性好，再加上砌体结构固有的空间整体性（纵、横墙多）好等优点，其抗倒塌能力一般优于框架结构，汶川地震的震害资料也证明了此结论。而框架结构主要依靠梁、柱抵抗侧向地震作用，与同样平面尺寸及高度的砌体结构相比，其侧向刚度和水平承载力较低，空间整体性较差，故抗震性能相对较差。

砌体结构在我国有着悠久的历史，是最古老的结构形式之一。即使是在科学技术发达的今天，砌体结构仍然是一种应用广泛的结构形式，体现了砌体结构较强的生命力。自20世纪末起，我国墙体材料改革逐步深入，这对传统砌体结构提出了挑战，但同时给新型砌体结构体系的发展带来了机遇。

对于多层建筑，相对于框架结构，采用砌体结构具有造价较低、抗倒塌能力强等优势，设计中宜因地制宜，根据实际情况选择合理的结构形式。

2.2.14 怎样根据剪跨比判断柱受力类型？设计中短柱应采取什么措施？

答复： 框架柱的柱端截面一般存在弯矩 M、剪力 V 和轴力 N，受力较为复杂。通常根据柱的剪跨比 $\lambda=M/(Vh_0)$（其中 h_0 为与弯矩 M 平行方向的柱截面有效高度）将柱分为长柱、短柱和极短柱（图 2.2.14-1）。当 $\lambda>2$（如假定柱反弯点在 1/2 柱高度 H 处，则 $H/h_0>4$）时称为长柱，一般发生弯曲破坏，延性较好；当 $\lambda\leqslant1.5$ 时称为极短柱，会发生剪切破坏；当 $1.5<\lambda\leqslant2$ 时称为短柱，可能发生剪切破坏，抗震性能较差。

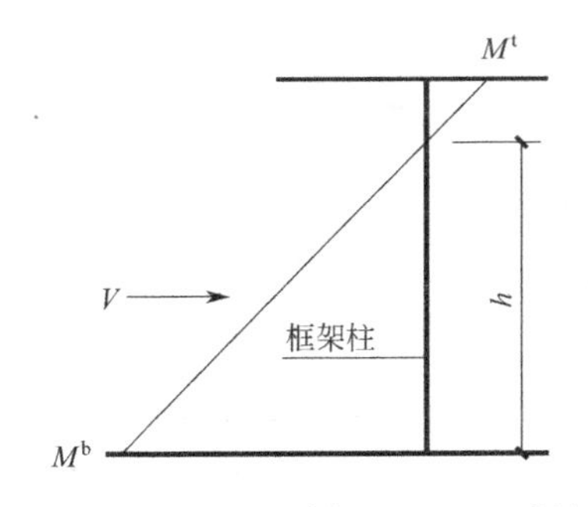

图 2.2.14-1 框架柱剪跨比示意图

高层建筑中的框架结构、框架-剪力墙结构、框架-核心筒结构中，由于层高小而柱截面尺寸大等原因，某些工程中常出现短柱。如果同一楼层所有柱均为短柱，各柱之间侧向刚度相差不大，则可按有关规定进行内力分析和截面设计，并采取针对性的抗震构造措施，结构安全是可以保证的。应避免同一楼层中出现少数短柱，因为这少数短柱的侧向刚度远大于一般柱的侧向刚度，在水平地震作用下吸收较大的水平剪力（尤其是框架结构中的短柱），一旦实际的地震作用超过设防烈度对应的地震作用，可能使少数短柱遭受严重破坏。

框架-剪力墙结构和框架-核心筒结构由于剪力墙或核心筒为主要的抗侧力构件，故其中的短柱危害较小；而框架结构中的短柱危害较大，应区别对待。

抗震设计的框架短柱应符合下列要求：

（1）应控制柱的剪压比，其受剪截面应符合：

$$V\leqslant(0.15\beta_c f_c bh_0)/\gamma_{RE} \tag{2.2.14-1}$$

式中：V——柱计算截面的剪力设计值；

β_c——混凝土强度影响系数，当混凝土强度等级不大于 C50 时取 1.0；当混凝土强度等级为 C80 时取 0.8；当混凝土强度等级在 C50 和 C80 之间时可按线性内插取用；

b——矩形截面的宽度；

h_0——梁、柱截面计算方向有效高度。

(2) 根据《抗规》表 6.3.6 注 2 规定，柱的轴压比，当剪跨比 λ 不大于 2、但不小于 1.5 时，应比本书表 2.2.8 的数值减小 0.05；剪跨比 λ 小于 1.5 时应专门研究并采取特殊措施，可采用型钢混凝土柱或芯柱（图 2.2.14-2）。

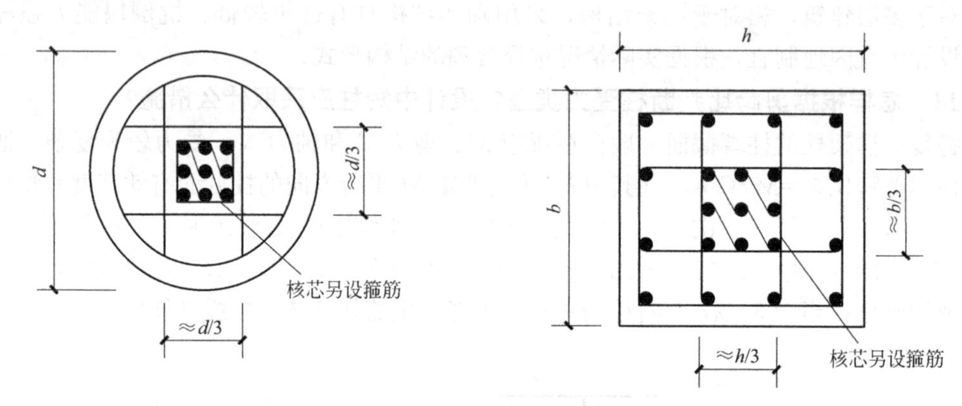

图 2.2.14-2 芯柱尺寸示意图

试验研究和工程经验均表明，在矩形或圆形截面柱内设置矩形芯柱，不仅可以提高柱的受压承载力，还可以提高柱的变形能力。在压、弯、剪共同作用下，当柱出现弯、剪裂缝，在大变形情况下芯柱可以有效地减小柱的压缩变形，保持柱的外形和截面承载力，特别对于承受高轴压力的短柱，更有利于提高柱的变形能力，延缓结构倒塌。为便于梁纵筋通过柱截面，芯柱边长不宜小于柱边长或直径的 1/3，且不宜小于 250mm。

(3)《高规》第 6.4.4 条第 4 款规定，一级抗震等级且剪跨比不大于 2 的柱，其单侧纵向受拉钢筋的配筋率不宜大于 1.2%。

(4)《高规》第 6.4.6 条第 4 款规定，剪跨比不大于 2 的柱和因填充墙等形成的柱净高与截面高度之比不大于 4 的柱，箍筋沿柱全高范围内加密。

(5)《高规》第 6.4.7 条第 1 款规定，柱箍筋加密区箍筋的体积配箍率，应符合下式要求：

$$\rho_v \geqslant \lambda_v f_c / f_{yv} \tag{2.2.14-2}$$

式中：ρ_v——柱箍筋的体积配箍率；

λ_v——柱最小配箍特征值，宜按《高规》表 6.4.7 采用；

f_c——混凝土轴心抗压强度设计值，当柱混凝土强度等级低于 C35 时，应按 C35 计算；

f_{yv}——柱箍筋或拉筋的抗拉强度设计值。

《高规》第 6.4.7 条第 3 款规定，剪跨比不大于 2 的柱宜采用复合螺旋箍或井字复合箍，其体积配箍率不应小于 1.2%；设防烈度为 9 度时，不应小于 1.5%。

(6) 框架柱剪跨比小于 1.5 时（极短柱），宜配置型钢，轴压比应比《抗规》表 6.3.6 轴压比值降低 0.10，箍筋构造措施要求不低于短柱（$1.5<\lambda<2.0$），且框架柱应满足大震抗剪不屈服的性能目标要求。

框架柱剪跨比小于 1.0 时，柱内应配置型钢，并应满足大震抗剪弹性的性能目标要求。当型钢仅用来抗剪时（此时轴压比计算不考虑型钢），含钢率不低于 2%。

框架-剪力墙结构和框架-核心筒结构的框架柱，可参照框架结构实施。

2.3 剪力墙结构

2.3.1 剪力墙按墙肢截面高度与厚度之比可划分为几类？在剪力墙结构房屋中各类剪力墙的应用有何限制？

答复：剪力墙按墙肢截面高度与厚度之比（h_w/b_w）可分为：一般剪力墙、短肢剪力墙、超短肢剪力墙和柱形墙肢，其截面高宽比范围如表 2.3.1 所示。

各类剪力墙的截面高宽比范围　　　　表 2.3.1

分类	一般剪力墙	短肢剪力墙($b_w \leqslant 300$mm)	超短肢剪力墙	柱形墙肢
截面高宽比	$h_w/b_w>8$	$4<h_w/b_w\leqslant 8$	$3<h_w/b_w\leqslant 4$	$h_w/b_w\leqslant 3$

结构设计中，应优先采用具有有效翼缘墙（翼墙长度不小于 3 倍墙厚度）的一般剪力墙，因为翼墙可以增大与其相连剪力墙的截面刚度、截面压弯承载力和稳定性能。剪力墙截面高度不宜大于 8m，一方面，墙段长度过长、刚度过大，可能导致单个墙肢分担的楼层剪力占比过大，造成内力集中，形成危险区域；另一方面，墙段长度过长时，横截面产生相同曲率所需的受拉区应变越大（图 2.3.1），受弯后产生的裂缝会较大，墙体配筋容易拉断。

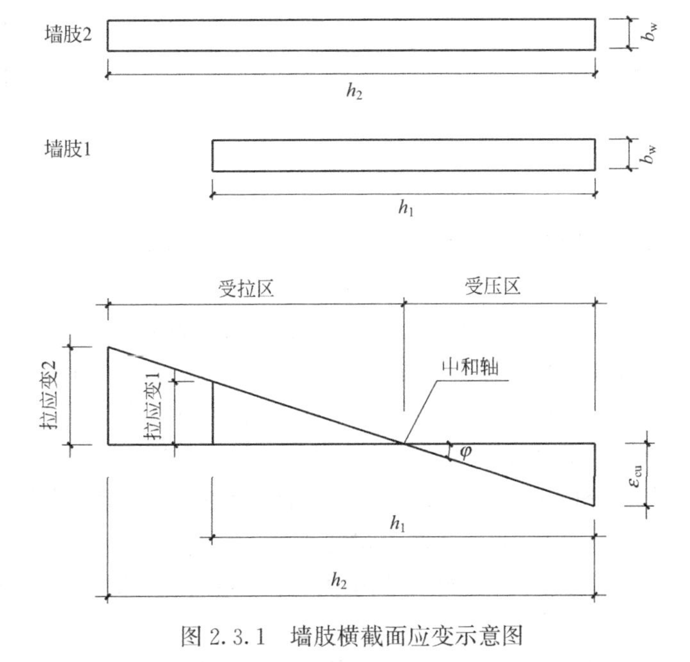

图 2.3.1　墙肢横截面应变示意图

由于短肢剪力墙的抗震性能较差，结构布置时应尽量采取截面厚度大于 300mm、加设翼缘等措施提高其抗震性能。另外，《高规》第 7.1.8 条规定，抗震设计时，高层建筑结构不应全部采用短肢剪力墙；当采用具有较多短肢剪力墙（指在规定的水平地震作用下，短肢剪力墙承担的底部倾覆力矩不小于结构底部总地震倾覆力矩的 30%的剪力墙结构）的剪力墙结构时，应符合有关规定（见《高规》第 7.1.8 条）。短肢剪力墙设计应符合《高规》第 7.2.2 条相关规定。

超短肢剪力墙和柱形墙肢，由于其截面高度与厚度之比不大于 4，故宜按框架柱进行截面设计（《高规》第 7.1.7 条）。超短肢剪力墙截面厚度不宜小于 300mm，内力分析时，可采用柱单元、墙元（适当加密网格划分）分析结果的包络值。框架柱截面宽度不宜小于 400mm，内力分析时可采用柱单元分析结果。

2.3.2　在剪力墙结构内力和位移计算中，如何选取剪力墙洞口连梁的计算模型？

答复：对于一般连梁（跨高比 $l_n/h<5$），宜采用墙（壳）元模型计算［图 2.3.2（a）］；对于弱连梁（$l_n/h\geqslant5$），宜采用梁单元（杆单元）模型计算［图 2.3.2（b）］。

实际工程中，为了减少设计工作量且便于调整优化，对于所有跨高比的连梁，均可按梁单元建模，然后根据需要改变连梁的单元属性为壳单元，目前常规设计软件均具有上述功能。

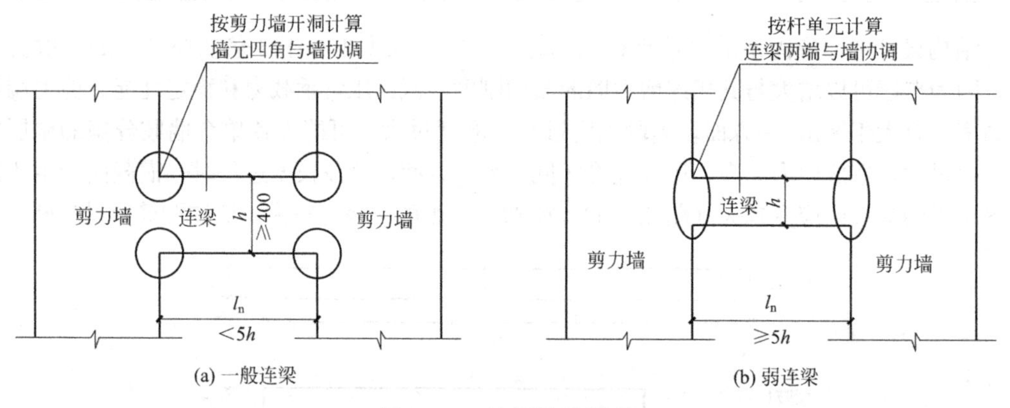

(a) 一般连梁　　(b) 弱连梁

图 2.3.2　连梁计算模型

2.3.3　钢筋混凝土剪力墙结构进行内力分析和计算时应注意什么？

答复：钢筋混凝土剪力墙结构进行内力和位移计算时，可采用空间有限元计算模型，其中梁和柱均采用空间杆单元，剪力墙可采用单元内部细分的空间墙元；为了考虑楼板的变形，用空间板壳单元来模拟楼板。这种计算模型在每个节点上均有六个自由度，可以对剪力墙结构进行更细致、更精确的结构分析，可以考虑空间扭转变形，也可以考虑楼板变形。计算时应注意选择合适的单元模型，并进行单元划分。对于具有不规则洞口布置的错洞墙，在进行结构整体分析之后，宜按弹性平面有限元法进行局部应力补充分析，并依据《混规》第 3.3.3 条按等代内力的方法进行配筋计算。

《高规》第 5.2.1 条规定，高层建筑结构地震作用效应计算时，可对剪力墙连梁刚度予以折减，折减系数不宜小于 0.5。

《高规》第 7.2.4 条规定，抗震设计的双肢剪力墙，其墙肢不宜出现小偏心受拉；当任一墙肢为偏心受拉时，另一墙肢的弯矩设计值及剪力设计值应乘以增大系数 1.25。如图 2.3.3-1、图 2.3.3-2 所示，如果双肢剪力墙中一个墙肢出现小偏心受拉，该墙肢会出现水平通缝而失去受剪承载力，则由荷载产生的剪力将全部转移到另一个墙肢而导致其受剪承载力不足，因此应避免墙肢出现小偏心受拉。在一个墙肢出现大偏心受拉时，因该墙肢的水平裂缝较宽，它承受的部分剪力也会向另一墙肢转移，这时应将另一墙肢的剪力设计值增大，以提高其受剪承载力。

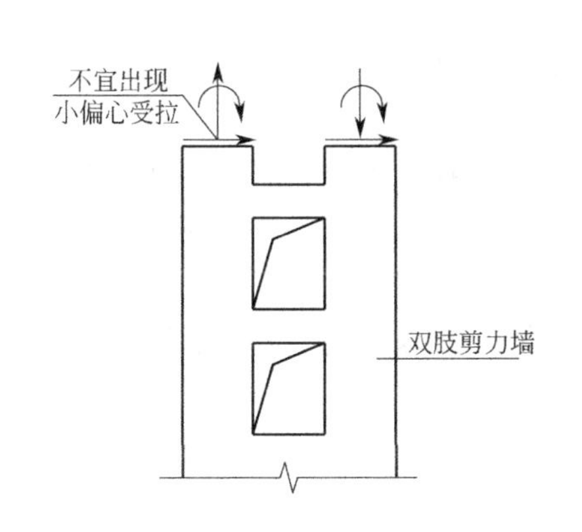

图 2.3.3-1 双肢剪力墙示意

图 2.3.3-2 双肢剪力墙偏拉时内力调整

《高规》第 7.2.5 条规定，一级剪力墙的底部加强部位以上部位，墙肢的组合弯矩设计值和组合剪力设计值应乘以增大系数，弯矩增大系数可取为 1.2 [图 2.3.3-3 (a)]，剪力增大系数可取为 1.3 [图 2.3.3-3 (b)]。该规定是为了保证剪力墙塑性铰区发生在底部加强部位。

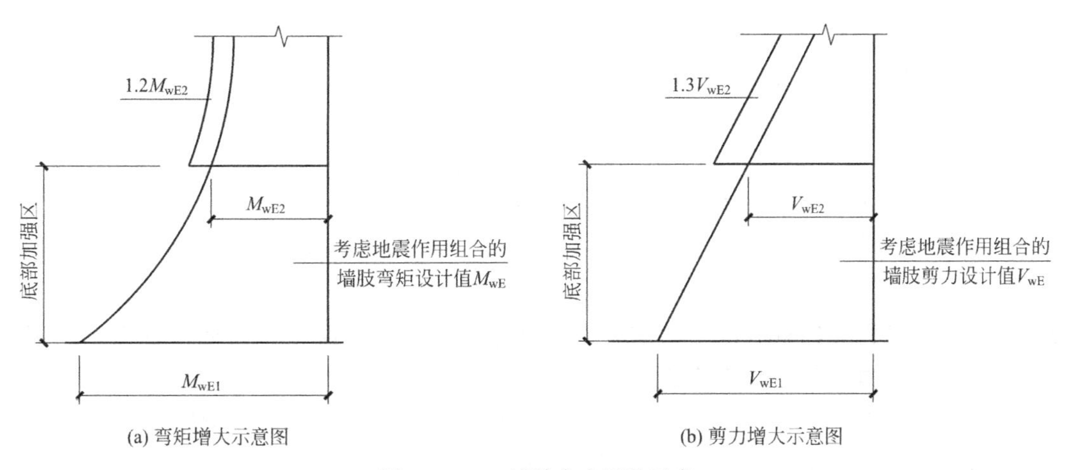

(a) 弯矩增大示意图　　(b) 剪力增大示意图

图 2.3.3-3 墙肢内力调整示意

《高规》第 7.2.6 条规定，底部加强部位剪力墙截面的剪力设计值，一、二、三级时应按式（2.3.3-1）调整，9 度一级剪力墙应按式（2.3.3-2）调整；二、三级的其他部位及四级时可不调整。

$$V=\eta_{vw}V_w \tag{2.3.3-1}$$

$$V=1.1\frac{M_{wua}}{M_w}V_w \tag{2.3.3-2}$$

式中：V——底部加强部位剪力墙截面剪力设计值；

V_w——底部加强部位剪力墙截面考虑地震作用组合的剪力计算值；

M_{wua}——剪力墙正截面抗震受弯承载力，应考虑承载力抗震调整系数 γ_{RE}、采用实配纵筋面积、材料强度标准值和组合的轴力设计值等计算，有翼墙时应计入墙两侧各一倍翼墙厚度范围内的纵向钢筋；

M_w——底部加强部位剪力墙底截面组合的弯矩计算值；

η_{vw}——剪力增大系数，一级为 1.6，二级为 1.4，三级为 1.2。

《高规》第 7.2.2 条第 3 款规定，抗震设计时，短肢剪力墙的底部加强部位应按《高规》第 7.2.6 条调整剪力设计值，其他各层一、二、三级时短肢剪力墙的剪力设计值应分别乘以增大系数 1.4、1.2 和 1.1。

2.3.4 剪力墙（不含框支、大底盘等）底部加强区范围确定时，“墙体总高度”如何计算？

答复： 墙体总高度指地下室顶板至大屋面高度。

底部加强部位实质上是剪力墙预期的塑性铰部位。大量剪力墙试验结果表明，剪力墙塑性铰区范围一般不超过 1.0h_w（h_w 为剪力墙截面高度），与剪力墙高度相关性不大。剪力墙截面高度一般不超过 8m，因此，两层的底部加强部位基本满足塑性铰区要求。（比如，框架梁的加密区范围，其实也与跨度无关，而是与梁截面高度相关）。

1/10 墙体总高度，是对比较高的剪力墙类结构的一种补充，是一种更安全的构造措施，反映了结构的重要性（高度）。至于出屋面部分的墙体，一般不计入房屋高度，也与结构重要性无关。

【说明】这里的试验结果，指发生弯曲破坏（压弯破坏）的剪力墙。

《抗规》第 6.1.10 条规定，抗震墙底部加强部位的范围，应符合下列规定：

1）底部加强部位的高度，应从地下室顶板算起。

2）房屋高度大于 24m 时，底部加强部位的高度可取底部两层和墙体总高度的 1/10 二者的较大值；房屋高度不大于 24m 时，底部加强部位可取底部一层。

3）当结构计算嵌固端位于地下一层底板或以下时，底部加强部位尚宜向下延伸到计算嵌固端。

2.3.5 高层剪力墙结构底部（多层）裙楼为框架结构时，结构体系如何定义？框架、剪力墙抗震等级如何定义？

答复： 当裙楼与主楼之间不设缝，且底层框架部分承受的地震倾覆力矩不大于结构总倾覆力矩的 10%时［图 2.3.5（a）］，结构整体应按剪力墙结构设计，但框架部分仍需按框架-剪力墙结构的框架设计（二道防线调整等）。框架部分抗震等级可按裙楼高度对应的框架结构定义，且主楼相关范围的裙楼抗震等级不应低于主楼（《高规》第 3.9.6 条）。

当底层框架部分承受的地震倾覆力矩大于结构总倾覆力矩的 10%时［图 2.3.5（b）］，下部楼层（裙楼高度范围）属于框架-剪力墙结构，此时裙楼宜按框架-剪力墙结构要求布置剪力墙。裙楼部分的框架、剪力墙抗震等级可按裙楼高度对应的框架-剪力墙结构定义，且主楼相关范围的裙楼抗震等级不应低于主楼。主楼剪力墙的抗震等级在裙楼高度范围内可按框架-剪力墙结构的剪力墙定义，在上部楼层可按剪力墙结构定义，结构高度均按主楼高度计算。

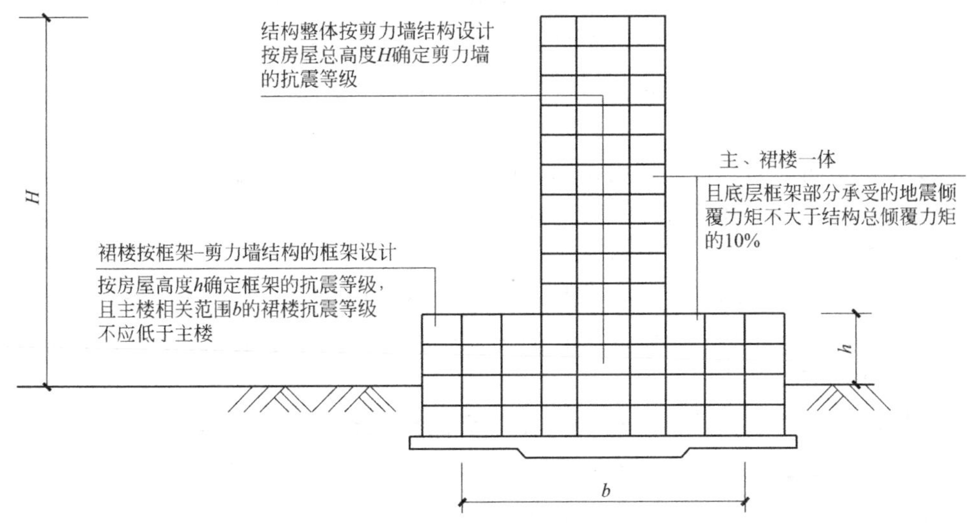

(a) 底层框架部分承受的地震倾覆力矩不大于结构总倾覆力矩的10%时

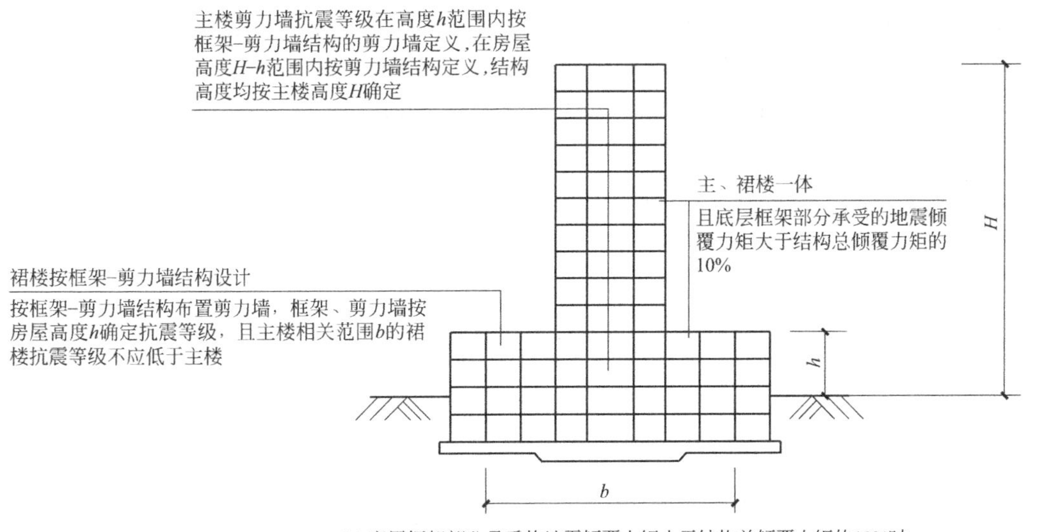

(b) 底层框架部分承受的地震倾覆力矩大于结构总倾覆力矩的10%时

注：图中 H 为主楼高度；h 为裙楼高度。

图 2.3.5 剪力墙结构带裙房时的抗震等级示意

当属于体型收进结构时，根据《高规》第 10.6.5 条第 2 款的规定，裙楼顶层部位上、下各 2 层主楼周边剪力墙的抗震等级宜提高一级采用。

2.3.6 剪力墙结构的侧向刚度、位移控制指标是否可按连梁刚度不折减的模型计算，为什么？

答复：剪力墙结构的侧向刚度、位移控制指标可按连梁刚度不折减建立结构计算模型计算。《抗规》第 6.2.13 条第 2 款规定："抗震墙地震内力计算时，连梁的刚度可折减，折减系数不宜小于 0.5。"《抗规》第 6.2.13 条文说明指出："计算地震内力时，抗震墙连梁刚度可折减；计算位移时，连梁刚度可不折减。”《高规》第 5.2.1 条规定：“高层建筑结构地震作用效应计算时，可对剪力墙连梁刚度予以折减，折减系数不宜小于 0.5。”

连梁剪跨比小、刚度大，地震作用下承载力需求高，配筋设计困难。剪力墙、框架-剪力墙等结构的屈服机制允许连梁率先开裂、屈服，从而耗散地震能量。因此，连梁刚度可适当折减，降低刚度而把内力转移到墙体上，但不能影响其承受竖向荷载的能力。一般情况下，连梁跨度不大（跨高比<5），承受的竖向荷载值不大，因此，高烈度区（8 度及以上）连梁的刚度折减系数可取到 0.5，较低烈度区可取较大值（如 6 度 0.7，7 度 0.6）。

连梁刚度折减表面上降低了连梁乃至整体结构刚度，实际上是考虑连梁破坏后内力重分布影响，是基于承载力层面的调整。虽然刚度折减使得连梁配筋减小，但考虑到设计时的荷载分项系数、材料分项系数、楼板作用、腰筋等有利因素，连梁基本上能够实现小震不坏（不屈服）的设计目标。因此，在小震作用下的剪力墙结构位移指标计算时，可以不考虑连梁刚度折减系数。

2.3.7 结构底部几层层高较高，若剪力墙截面厚度按照不宜小于层高或无支长度的 1/16（或 1/20）控制，墙体厚度会远远大于实际的刚度需要，该如何设计？

答复：控制剪力墙截面最小厚度主要是基于剪力墙平面外稳定性的考虑。

1. 剪力墙截面厚度除应满足其截面承载力要求外，还应满足稳定要求。剪力墙结构房屋中的楼板是“计算墙肢”的上、下支承边，与“计算墙肢”正交的墙肢（翼缘墙）是其两侧支承边，故“计算墙肢”可视为竖向两边（一字形截面墙肢）、三边（T 形截面墙肢）、四边（I 形截面墙肢）支承板，如图 2.3.7-1 所示。

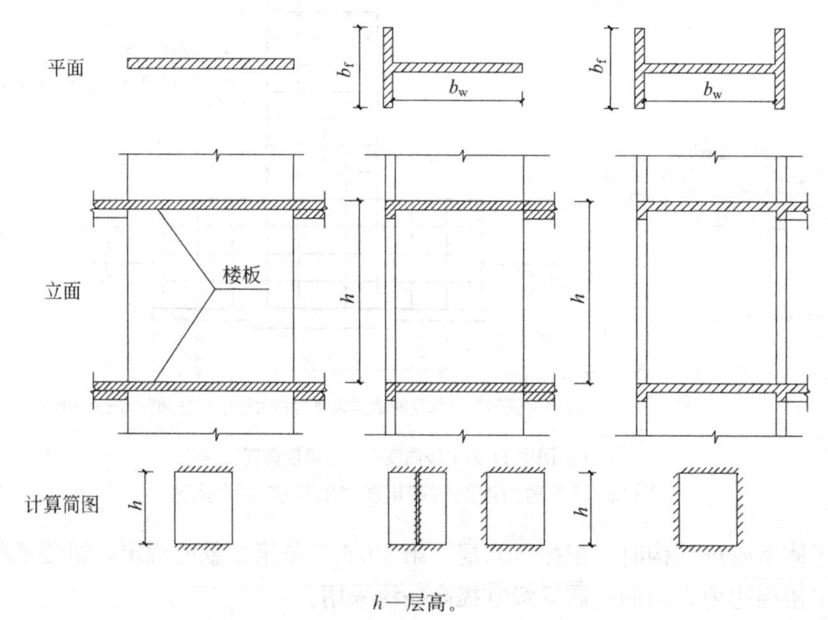

图 2.3.7-1 墙肢稳定计算简图

剪力墙截面最小厚度由楼层高度和无支长度两者中的较小值控制（《抗规》第 6.4.1 条），见表 2.3.7，表中 H 为层高或剪力墙无支长度中的较小者，其中无支长度的定义如图 2.3.7-2 所示。

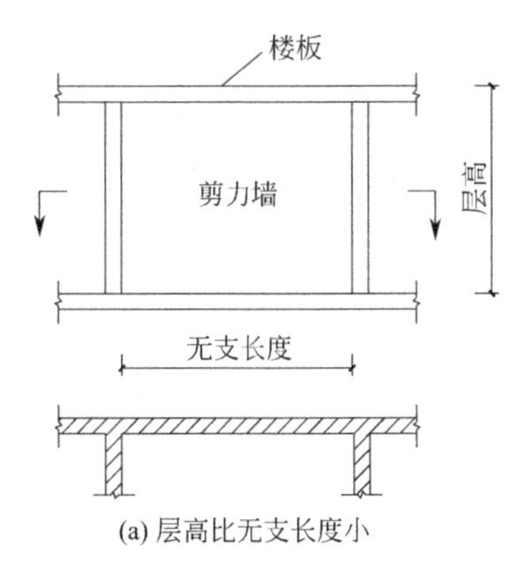

(a) 层高比无支长度小

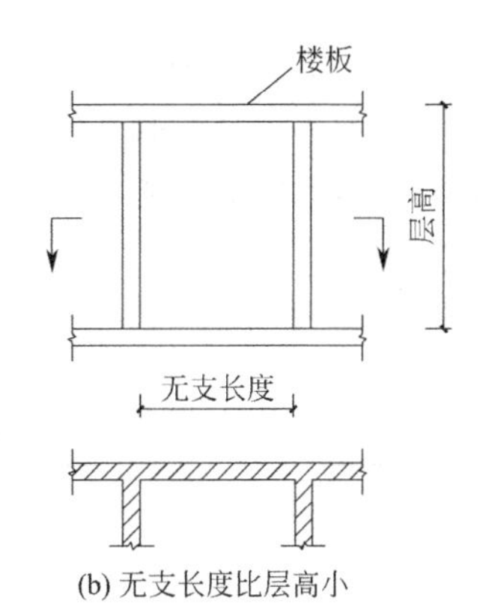

(b) 无支长度比层高小

图 2.3.7-2 剪力墙的无支长度

剪力墙截面最小厚度 **表 2.3.7**

<table>
<tr><td rowspan="3">部位</td><td colspan="3">抗震等级</td><td rowspan="3">非抗震</td></tr>
<tr><td colspan="2">一、二级</td><td rowspan="2">三、四级</td></tr>
<tr><td>一般剪力墙</td><td>一字形截面剪力墙</td></tr>
<tr><td>底部加强部位</td><td>$H/16$,200mm</td><td>$H/12$,220mm</td><td>$H/20$,160mm</td><td rowspan="2">$H/25$,160mm</td></tr>
<tr><td>其他部位</td><td>$H/20$,160mm</td><td>$H/16$,180mm</td><td>$H/25$,160mm</td></tr>
<tr><td>错层结构错层处</td><td colspan="3">250mm</td><td>200mm</td></tr>
</table>

2. 表 2.3.7 所规定的剪力墙截面最小厚度，未考虑竖向荷载对墙肢稳定性影响，是不需进行墙体稳定验算的最小厚度。当剪力墙截面厚度小于表列数值时，应按《高规》附录 D 进行墙肢稳定验算。

剪力墙墙肢应满足下式的稳定要求：

$$q \leqslant \frac{E_c t^3}{10 l_0^2} \quad (2.3.7\text{-}1)$$

式中：q ——作用于墙顶组合的等效竖向均布荷载设计值；

E_c——剪力墙混凝土的弹性模量；

t ——剪力墙墙肢截面厚度；

l_0——剪力墙墙肢计算长度。

剪力墙墙肢计算长度 l_0 应按下式计算：

$$l_0 = \beta h \quad (2.3.7\text{-}2)$$

式中：β ——墙肢计算长度系数；

h ——墙肢所在楼层的层高。

墙肢计算长度系数 β 应根据墙肢的支承条件按下列规定采用：

(1) 单片独立墙肢按两边支承板计算，取 β 等于 1.0。

(2) T 形、L 形、槽形和工字形剪力墙的翼缘（图 2.3.7-3），采用三边支承板按下式计算：

$$\beta = \frac{1}{\sqrt{1 + \left(\frac{h}{2b_f}\right)^2}} \quad (2.3.7\text{-}3)$$

当按式（2.3.7-3）所得的计算值小于 0.25 时，取 0.25。式中 b_f 表示 T 形、L 形、槽形、工字形剪力墙的单侧翼缘截面高度，取图 2.3.7-3 中各 b_{fi} 的较大值或最大值。

（3）T 形剪力墙的腹板（图 2.3.7-3）也按三边支承板计算，但应将公式（2.3.7-3）中的 b_f 代以 b_w。

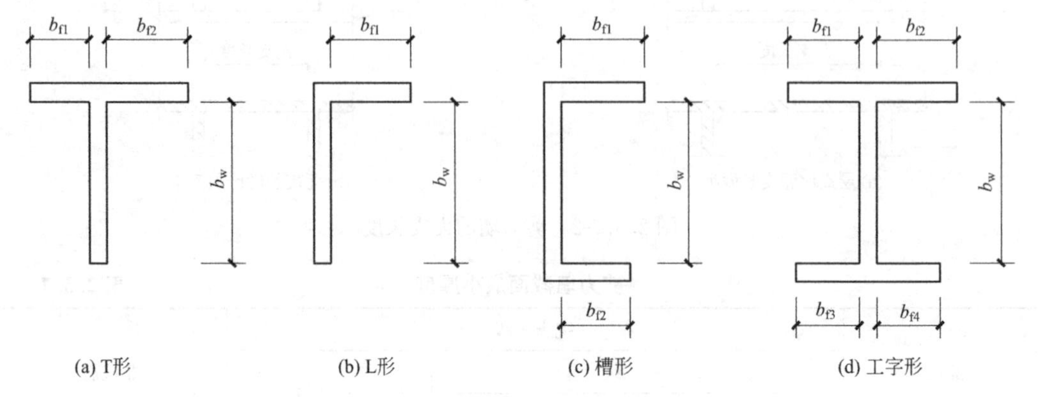

图 2.3.7-3　剪力墙腹板与翼缘截面高度示意

（4）槽形和工字形剪力墙的腹板（图 2.3.7-3），采用四边支承板按下式计算：

$$\beta=\frac{1}{\sqrt{1+\left(\frac{3h}{2b_w}\right)^2}} \tag{2.3.7-4}$$

当按式（2.3.7-4）所得的计算值小于 0.2 时，取 0.2。式中 b_w 表示槽形、工字形剪力墙的腹板截面高度。

当 T 形、L 形、槽形和工字形剪力墙的翼缘截面高度或 T 形、L 形剪力墙的截面腹板高度与翼缘截面厚度之和小于截面厚度的 2 倍和 800mm 时，尚宜按下式验算剪力墙的整体稳定：

$$N\leqslant\frac{1.2E_cI}{h^2} \tag{2.3.7-5}$$

式中：N ——作用于墙顶组合的竖向荷载设计值；

I ——剪力墙整体截面的惯性矩，取两个方向的较小值。

综上所述，当设计中拟采用的剪力墙截面厚度小于《抗规》所规定的最小截面厚度时，应按《高规》附录 D 进行墙肢稳定验算；若稳定验算满足要求，则可采用小于规范或规程规定的剪力墙截面厚度。

2.3.8　《抗规》第 6.1.9 条第 2 款规定：较长的抗震墙宜设置跨高比大于 6 的连梁形成洞口；《高规》第 7.1.3 条规定：跨高比不小于 5 的连梁宜按框架梁设计。二者是否矛盾?

答复：《抗规》第 6.1.9 条第 2 款的规定，目的是将较长的抗震墙通过设置洞口转化为较短的抗震墙，防止长墙肢刚度过大，内力集中引起过早破坏；同时也使连梁以弯曲变形为主，这个跨高比大于 6 的梁仍为连梁，其受力性能与框架梁相同，故可按框架梁设计（构造措施按照框架梁执行），与《高规》第 7.1.3 条并不矛盾。

《混规》第 11.7.9 条规定，对于跨高比大于 2.5 的连梁，其受剪截面应符合下式要求：

$$V_{wb} \leqslant \frac{1}{\gamma_{RE}}(0.20\beta_c f_c bh_0) \quad (2.3.8\text{-}1)$$

连梁的斜截面受剪承载力应符合下列要求：

$$V_{wb} \leqslant \frac{1}{\gamma_{RE}}\left(0.42 f_t bh_0 + \frac{A_{sv}}{s} f_{yv} h_0\right) \quad (2.3.8\text{-}2)$$

式中：V_{wb}——剪力墙洞口之间连梁考虑地震组合的剪力设计值；

其余符号意义见《混规》相关说明。

《混规》第 11.3.3、11.3.4 条规定，对于跨高比大于 2.5 的框架梁，其受剪截面应符合下式要求：

$$V_b \leqslant \frac{1}{\gamma_{RE}}(0.20\beta_c f_c bh_0) \quad (2.3.8\text{-}3)$$

框架梁的斜截面受剪承载力应符合下列要求：

$$V_b \leqslant \frac{1}{\gamma_{RE}}\left(0.6\alpha_{cv} f_t bh_0 + \frac{A_{sv}}{s} f_{yv} h_0\right) \quad (2.3.8\text{-}4)$$

式中：α_{cv}——截面混凝土受剪承载力系数，对于与楼板整体浇筑的框架梁，取 0.7；

V_b——框架梁考虑地震组合的剪力设计值；

其余符号意义见《混规》相关说明。

由上述可见，当梁跨高比大于 2.5 时，无论是按照连梁还是框架梁设计，其受剪截面应满足的条件以及截面受剪承载力计算方法均相同，只是构造要求略有不同（如纵筋最小配筋率、腰筋构造、箍筋加密范围等），二者均可定义为连梁（地震作用效应计算时刚度可折减，跨高比大时可取较大的折减系数）。

2.3.9 剪力墙结构中的连梁类型如何划分？连梁经济合理的跨高比范围是多少？

答复：连梁对于联肢剪力墙的刚度、承载力和延性均有十分重要的影响，它又是实现剪力墙结构二道抗震防线的重要构件。连梁两端承受反向弯曲作用，截面厚度较小，跨高比一般较小，是一种对剪切变形十分敏感且容易出现斜裂缝和剪切破坏的构件。试验研究表明，连梁的净跨度 l_n 与截面高度 h_b 之比 $l_n/h_b \geqslant 5$ 时，其受力性能类似于框架梁；$2.5 < l_n/h_b < 5$ 时，连梁以弯曲变形为主；$l_n/h_b \leqslant 2.5$ 时，连梁破坏为剪切破坏（剪切滑移破坏、剪切斜拉破坏），其中弯曲破坏和剪切滑移破坏有一定的延性，剪切斜拉破坏几乎没有延性。

连梁可依据其跨高比划分为深连梁、强连梁、弱连梁和一般连梁（表 2.3.9）。结构分析时弱连梁的刚度可不折减（也可选择较大的折减系数），纵筋和箍筋加密区设置同框架梁，混凝土强度等级、腰筋布置等与剪力墙相同。一般情况下，连梁截面高度不宜小于 400mm，当小于 400mm 应判定为弱连梁。

连梁类型划分 **表 2.3.9**

类别	深连梁	强连梁	一般连梁	弱连梁
跨高比 l_n/h_b	$l_n/h_b \leqslant 1.5$	$1.5 < l_n/h_b \leqslant 2.5$	$2.5 < l_n/h_b < 5$	$l_n/h_b \geqslant 5$

一般而言，剪力墙结构侧向刚度较大而延性较差，设计中可通过调整连梁跨高比改善

其抗震性能。当连梁 l_n/h_b 不小于 5 时，连梁刚度较小，将使多肢剪力墙变为壁式框架或接近于排架（弱连梁连接的独立墙肢），结构的侧向刚度变小，连梁的耗能能力降低，对结构抗震不利。同时，大跨高比连梁易使得剪力墙墙肢配筋过大，结构设计的经济性也差，因此一般不推荐使用弱连梁。当连梁 l_n/h_b 小于 1.5 时，连梁刚度过大，其耗能能力很小，在强烈地震作用下，连梁破坏后极易导致墙肢破坏，设计时也应予以避免。

根据工程经验，连梁经济合理的跨高比宜在 2.5～5 之间，剪力墙结构中的连梁宜采用较大数值的跨高比，框架-剪力墙结构中的连梁宜采用较小数值的跨高比。连梁的抗震等级、混凝土强度等级与剪力墙相同。

2.3.10 钢筋混凝土连梁设计的特殊要求是什么？连梁截面超筋后如何处理？

答复：在风荷载和多遇地震作用下，连梁起着联系墙肢、增大剪力墙结构侧向刚度的作用，应能承受相应的弯矩和剪力，不宜出现裂缝；在设防烈度地震作用下，连梁应首先出现弯曲屈服，耗散地震能量；在预期的罕遇地震作用下，允许连梁产生剪切破坏。因此，连梁设计成为剪力墙设计的重要环节，应当了解连梁的性能和特点，从概念、计算和构造等方面对连梁进行设计。

剪力墙结构设计中，连梁超筋是一种常见现象，其实质是连梁截面剪力过大，不满足剪压比验算要求。工程设计中，连梁超筋一般采用如下措施（《高规》第 7.2.26 条）。

1. 减小连梁截面高度或采取其他减小连梁截面刚度的措施（如跨高比较小的连梁可采用双连梁等），如此可减小连梁地震内力，同时增大剪力墙墙肢的地震内力。

2. 增加连梁宽度，提高混凝土强度等级，提高连梁抗剪承载力。

3. 抗震设计剪力墙连梁的弯矩可塑性调幅，以降低连梁的弯矩设计值。根据剪力墙结构内力和位移计算方法的不同，有两种方法：

（1）剪力墙结构内力和位移计算时，连梁截面刚度取弹性刚度（刚度不折减），此时将计算得到的连梁组合的弯矩设计值乘以调整系数，直接降低连梁组合的弯矩设计值。

由于要求连梁在风荷载和多遇地震作用下不能出现裂缝，更不能屈服，故调整后的连梁内力不能低于风荷载和多遇地震作用下的内力。亦即，当设防烈度为 8 度和 9 度，而风荷载又不大时，连梁弯矩调整幅度可大一些；设防烈度为 6 度和 7 度，或风荷载较大时，连梁弯矩调整幅度可小一些。因此建议：按连梁弹性刚度计算所得的连梁组合的弯矩设计值直接进行调整，调整系数分别不宜小于 0.6（8、9 度）和 0.8（6、7 度）。在一些由风荷载控制设计的剪力墙结构中，连梁弯矩不宜折减。

（2）剪力墙结构内力和位移计算时，连梁截面刚度已经进行了折减（折减系数不宜小于 0.5），此时其弯矩值不宜再调整，或限制再调整范围。

应当注意，采用对连梁弯矩调整的方法，考虑连梁的塑性内力重分布，降低了连梁的计算内力，同时应增大墙肢的地震效应设计值。

考虑连梁端部的塑性内力重分布，对跨高比较大的连梁效果比较好，而对跨高比较小的连梁效果比较差。

4. 当连梁破坏对承受竖向荷载无明显影响时，可考虑在大震作用下连梁不参加工作，按独立墙肢的计算简图进行第二次多遇地震作用下的内力分析，墙肢截面按两次计算的较大值计算配筋。应当注意，对剪力墙按独立墙肢的计算简图进行第二次多遇地震作用下的内力分析，其前提是连梁的破坏对承受竖向荷载无明显影响，亦即连梁不作为楼面次梁或主梁的支承梁，且认为连梁对剪力墙的约束作用完全失效。

5. 对于跨高比不大于 2.5 的连梁，可根据《混规》第 11.7.10 条配置斜向交叉钢筋，改善其截面限制条件及斜截面受剪承载力。

6. 在连梁中设置型钢或钢板。

7. 将连梁替换为钢连梁（耗能连梁等）。

2.4 框架-剪力墙（核心筒）结构（板柱-剪力墙结构）

2.4.1 框架-剪力墙（核心筒）结构框架部分二道防线调整的原则是什么（是否设置调整系数上限，框架梁是否需要调整）？

答复：《高规》第 8.1.4 条规定，抗震设计时，框架-剪力墙结构对应于地震作用标准值的各层框架总剪力应按 $0.2V_0$ 和 $1.5V_{f,max}$ 二者的较小值采用，框架-核心筒结构也有类似规定。主要基于框架-剪力墙（核心筒）结构双重抗侧力体系多道防线的抗震概念设计要求。墙体一般为第一道防线，设防地震、罕遇地震下先于框架破坏，由于塑性内力重分布，框架部分按侧向刚度分配的剪力会比多遇地震加大，为保证作为第二道防线的框架具有一定的抗侧力能力，需要对框架承担的剪力予以适当调整。

抗震设计时，框架-剪力墙结构对应于地震作用标准值的各层框架总剪力 V_f 应按下列方法调整。

（1）满足式（2.4.1）要求的楼层，其框架总剪力不必调整；不满足式（2.4.1）要求的楼层，其框架总剪力应按 $0.2V_0$ 和 $1.5V_{f,max}$ 二者的较小值采用。

$$V_f \geqslant 0.2V_0 \tag{2.4.1}$$

式中：V_0——对框架柱数量从下至上基本不变的结构，应取对应于地震作用标准值的结构底层总剪力；对框架柱数量从下至上分段有规律变化的结构，应取每段底层结构对应于地震作用标准值的总剪力；

V_f——对应于地震作用标准值且未经调整的各层（或某一段内各层）框架承担的地震总剪力；

$V_{f,max}$——对框架柱数量从下至上基本不变的结构，应取对应于地震作用标准值且未经调整的各层框架承担的地震总剪力中的最大值；对框架柱数量从下至上分段有规律变化的结构，应取每段中对应于地震作用标准值且未经调整的各层框架承担的地震总剪力中的最大值。

（2）各层框架所承担的地震总剪力按上述（1）调整后，应按调整前、后总剪力的比值调整每根框架柱和与之相连框架梁的剪力及端部弯矩标准值，框架柱的轴力标准值可不予调整。

（3）按振型分解反应谱法计算地震作用时，上述（1）所规定的调整可在振型组合之后、并在满足楼层最小地震剪力系数的前提下进行。

在框架-剪力墙结构方案合理，确定可实施的前提下，框架部分剪力调整是双重抗侧力结构体系抗震二道防线的保障。因此，对于竖向承重构件的框架柱，其剪力调整应该严格按照规范执行，不设上限。框架剪力调整与其自身刚度和墙体刚度的比例有关，为保证二道防线的有效性，框架部分应具备一定的刚度，《高规》第 8.1.3 条也对框架-剪力墙结构的设计方法做出规定，一般要求框架部分承担的倾覆力矩宜大于 10%，而现行规范的倾覆力矩比可近似看作以层高为权重的楼层剪力加权平均值的比值（缘由参见本书 7.2.10 问）。《高规》第 8.1.4 要求框架总剪力应按 $0.2V_0$ 和 $1.5V_{fmax}$ 的较小值采用，以 $0.2V_0$ 为例，如果框架部分承担的楼层剪力平均占比约 10%的话，二道防线调整系数约为 2。基于此，要求调整系数不宜大于 3（此时已大于中震对应弹性内力），如果大于 3，建议调整结构方案。

框架剪力二道防线调整时，框架梁是否需要调整取决于框架-剪力墙结构的屈服机制，理想破坏次序为：连梁→框架梁→剪力墙→框架柱，为发挥框架梁的塑性耗能性能，一般允许其在中、大震时进入塑性，因此框架梁一般不需要调整。如果框架部分基于“轴力计算方式”承担的倾覆力矩明显大于“按规范计算方式”承担的倾覆力矩时（框架与墙（筒）体的连系梁刚度较大时），此时连接框架柱与剪力墙的框架梁可能起到传递柱拉、压力，提高结构抗倾覆的作用，建议框架梁适当调整（可设置调整上限，如 2.0）。也就是说，二道防线不仅是剪力二道防线，也是抗倾覆二道防线。

二道防线机理非常复杂，通过弹塑性分析等验证调整系数精确性可能更加直接，但不同地震波、不同结构分析结果偏差较大，难以有定性的指标。因此，目前只能从弹性分析角度，在概念上加以量化。这也是较可行的反映双重抗侧力体系内力重分布的一个办法。

2.4.2 剪力墙结构内部有个别框架柱，或下部与少量裙楼框架连接，此时框架部分是否需要进行二道防线调整？

答复： 框架-剪力墙（核心筒）结构的框架部分承担地震倾覆力矩小于 10%时，剪力墙承担了绝大部分地震剪力，框架柱从侧向刚度角度考虑根本起不到二道防线的作用。二道防线构件应该与第一道防线构件的刚度匹配，因此，对于框架占比很小时的剪力调整不是基于“二道防线”，而是基于自保。在中、大震时如果连梁、剪力墙先坏，内力重分布后框架内力可能增加，剪力墙与框架分担内力比发生变化，从框架-剪力墙结构中框架柱需要最后屈服的屈服机制来看，框架部分需要剪力调整。另外，由于少量框架柱与剪力墙协同工作，自身分配剪力很小，其截面配筋可能是构造配筋，适当加强也在情理之中（此时一般由 $1.5V_{fmax}$ 控制，调整系数也不会很大）。

2.4.3 框架-核心筒结构和框架-剪力墙结构的抗侧力机理有什么不同？同等情况下框架-核心筒结构抗震等级要求为什么较高？

答复： 在结构受力性能以及抗侧力机理方面，框架-核心筒结构与框架-剪力墙结构基本上是一致的。由剪力墙组成的核心筒（空间受力）的抗侧能力远大于分散的剪力墙（平面受力），结构形式更加高效，也意味着核心筒（相比相同面积占比的剪力墙）一般承受更大地震作用，而框架-核心筒的框架部分可能形成稀柱框架。在中、大震作用下，结构部分区域（连梁、剪力墙底部加强部位等）进入塑性阶段，核心筒的空间受力性能受到削弱，结构刚度退化程度较框架-剪力墙结构更加凸显，需要更有效的抗震措施加强结构构件的变形及耗能能力，并保证二道防线安全可靠，因此同等情况下框架-核心筒结构抗震等级要求较高（表 2.4.3）。

当框架-核心筒结构的高度不超过 60m 时，其核心筒的空间作用已不明显，总体上更接近于框架-剪力墙结构，故其抗震等级允许按框架-剪力墙结构采用（《高规》表 3.9.3 注 3），可按框架-剪力墙结构设计（《高规》第 9.1.2 条）。当核心筒由于门洞、设备洞等对其整体空间性能削弱较大，无法形成真正意义上的整体结构筒时，应按框架-剪力墙结构设计。

A级高度高层建筑结构抗震等级 **表 2.4.3**

结构类型		烈度						
		6度		7度		8度		9度
框架-剪力墙	高度(m)	≤60	＞60	≤60	＞60	≤60	＞60	≤50
	框架	四	三	三	二	二	一	一
	剪力墙	三		二		一		一
框架-核心筒	高度(m)	≤80	＞80	≤80	＞80	≤80	＞80	≤80
	框架	三		二		一		一
	核心筒	二		二		一		一

2.4.4 如何理解和实施《高规》第 8.1.4 条关于框架-剪力墙结构二道防线调整时，对框架柱数量从下至上分段有规律变化的结构，结构底层剪力 V_0 可取每段底层结构对应于地震作用标准值的总剪力的规定？

答复：二道防线调整的原因规范已明确，但现行规范基于基底剪力 V_0 而不是本层剪力 V_i 进行全楼调整一直存在争议。

首先来看典型的框架-剪力墙结构剪力分配图（图 2.4.4）。水平力作用下剪力墙的变形为弯曲型，框架的变形为剪切型。由图 2.4.4 可见，框架-剪力墙结构的底部剪力墙需要承担大部分地震剪力，框架承担很小的地震剪力，而结构顶部区域框架则承担很大地震剪力，而剪力墙的内力可能反向于地震作用方向。因此二道防线调整时，底部楼层的放大系数往往较大，中上部楼层较小。

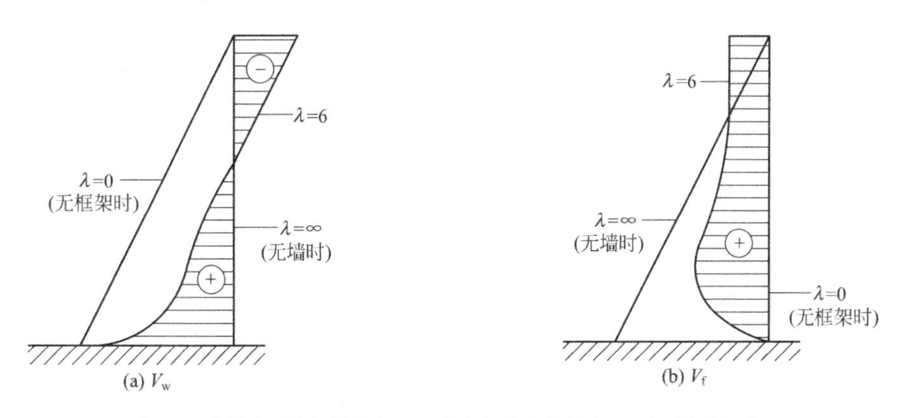

注：V_w 为剪力墙分担的剪力；V_f 为框架分担的剪力；λ 为刚度特征值，无量纲参数，与框架和剪力墙的刚度比有直接关系。

图 2.4.4 典型框架-剪力墙结构剪力分配图

抗震设计时，一般要求中上部墙体在地震作用下不发生严重损坏（不主张剪力墙先坏），且框架部分自身承担地震剪力较大，因此中上部楼层框架是否需要进行剪力调整存在争议。鉴于高层结构高阶振型效应显著，中部墙体也可能在地震作用下发生较大损伤，且顶部楼层框架承担的剪力本身较大（可能是第一道防线），理论上也需要加强等原因，现行规范规定框架-剪力墙结构需要全楼剪力调整。如果基于 $0.2V_i$ 调整，则中上部较多楼层可能不需要调整，所以基于 $0.2V_0$ 调整显然是更可靠也偏保守的结果。

上述剪力分配原则是基于剪力墙、框架刚度自下而上分布均匀，如果框架柱从下至上有规律地减小，则框架部分按弹性刚度分配的剪力（层剪力占比）也将逐渐减小，仍然采用基底剪力 $0.2V_0$ 进行二道防线调整则显得更加保守，因此规范给出了可分段调整的原则，做到安全、经济的同时，也更加合理。

当框架与剪力墙刚度比自下而上有规律变化（或逐渐降低）时，如果二者刚度比在某层（相对下一层）减小20%以上（或宏观上数量减小20%），二道防线调整可分段实施。

2.4.5 框架-核心筒结构中的筒体强度较弱（高宽比较大）时，需要在核心筒外加设剪力墙（或一个方向需要加设剪力墙），此时结构体系、抗震措施如何定义？

答复：《高规》第9.2.1条规定，核心筒宜贯通建筑物全高。核心筒的宽度不宜小于筒体总高的1/12，当筒体结构设置角筒、剪力墙或增强结构整体刚度的构件时，核心筒的宽度可适当减小。

当核心筒的高宽比较大时，基于刚度及抗扭设计需求考虑，可在核心筒外加设部分剪力墙。加设部分剪力墙后，如果筒体墙承担的底部倾覆力矩不小于全部剪力墙（包括原核心筒墙体和外加剪力墙）底部倾覆力矩的80%时，此种结构体系仍属框架-核心筒结构，可按框架-核心筒结构的相关规定采取抗震措施；小于80%时，此种结构体系的性能接近于框架-剪力墙结构，可按框架-剪力墙结构的相关规定采取抗震措施。

2.4.6 框架-剪力墙结构中框架部分分配的地震倾覆力矩的计算方法可否采用轴力法？

答复：《抗规》第6.1.3条条文说明中，对框架-剪力墙结构中框架部分分配的地震倾覆力矩的计算方法提出建议（等于柱的层间地震剪力与层高乘积之和），一些设计软件中给出了力学方法（轴力法）。

在框架-剪力墙结构中，如果框架与剪力墙之间无连梁或忽略连梁的约束作用（弱连梁），则可假定总框架与总剪力墙之间的连梁只有水平轴力（称为框架-剪力墙铰接体系），其相互作用计算简图如图2.4.6-1（a）所示，取出其中的总框架为隔离体如图2.4.6-1（b）所示。将各层楼面处的水平力对总框架下端取矩可得：

$$M_c=\sum_{i=1}^{n}\left((F_i+N_i)\sum_{j=1}^{i}h_j\right)=\sum_{i=1}^{n}\left(h_i\sum_{j=1}^{i}(F_j+N_j)\right)=\sum_{i=1}^{n}\left(\sum_{j=1}^{m}V_{ij}h_i\right) \quad (2.4.6\text{-}1)$$

式中：M_c——框架-剪力墙结构在规定的侧向力作用下框架部分分配的地震倾覆力矩；

m——结构中第 i 层框架柱的总根数；

n——结构层数；

V_{ij}——结构中第 i 层第 j 根框架柱的计算地震剪力；

h_i——第 i 层层高。

式（2.4.6-1）与《抗规》第6.1.3条的条文说明建议的公式相同，可见此式假定总框架与总剪力墙之间的连梁只有水平轴力，未考虑连梁中尚存在的弯矩和剪力。

如假定总框架与总剪力墙之间的连梁刚接（称为框架-剪力墙刚接体系），其相互作用计算简图如图2.4.6-2（a）所示，取出其中的总框架为隔离体如图2.4.6-2（b）所示。将结构底层所有框架柱下端的轴力、弯矩对框架-剪力墙结构轴向刚度中心（图中 G_0 点）取矩可得：

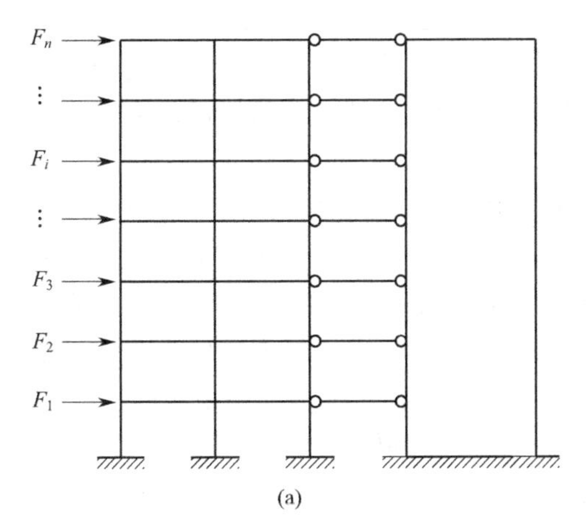

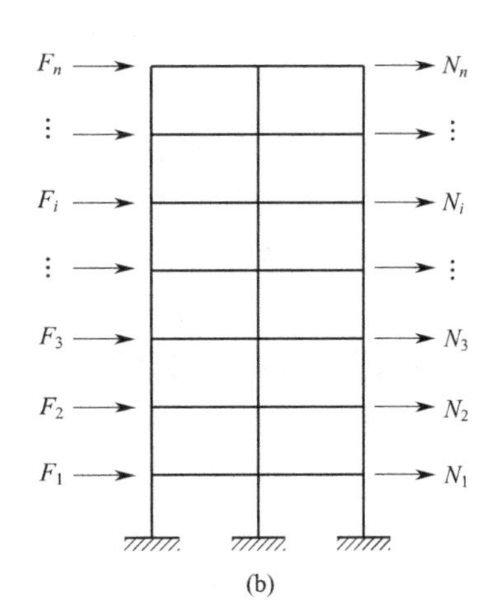

图 2.4.6-1 框架-剪力墙铰接体系

$$M_{\mathrm{c}}=\sum_{j=1}^{m} M_{\mathrm{c}j}+\sum_{j=1}^{m} N_{\mathrm{c}j} x_{j} \tag{2.4.6-2}$$

式中：$M_{\mathrm{c}j}$——图 2.4.6-2（b）所示结构底层第 j 根框架柱柱底弯矩反力；

$N_{\mathrm{c}j}$——图 2.4.6-2（b）所示结构底层第 j 根框架柱轴反力；

x_j——图 2.4.6-2（b）所示结构底层第 j 根框架柱相对于结构轴向刚度中心的位置变量；

m——结构底层框架柱的总根数。

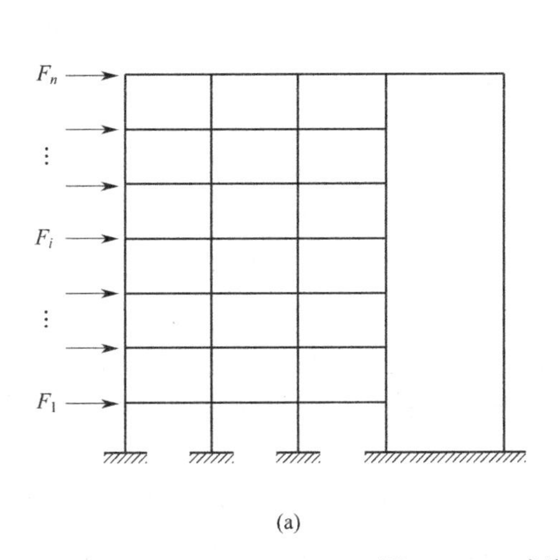

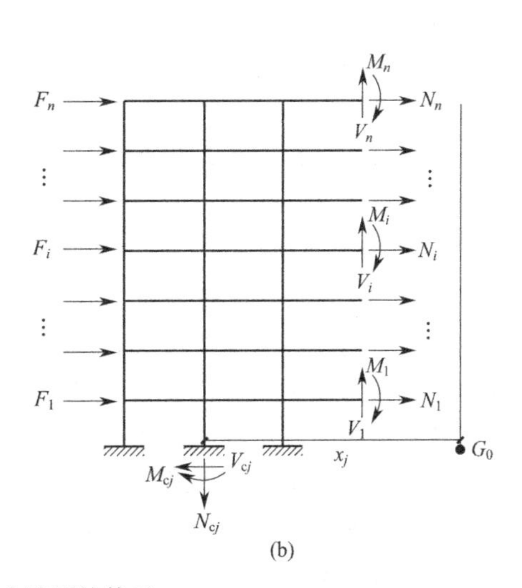

图 2.4.6-2 框架-剪力墙刚接体系

结合式（2.4.6-1）的定义，在规定的水平力作用下，对图 2.4.6-2（b）所示计算简图求框架倾覆力矩可得：

$$M_{\mathrm{c}}=\sum_{i=1}^{n}\left[(F_{i}+N_{i})\sum_{j=1}^{i} h_{j}-V_{i}(x_{\mathrm{cw}i}-x_{\mathrm{G}_{0}})+M_{i}\right]=\sum_{i=1}^{n}(\sum_{j=1}^{m} V_{ij} h_{i})-\sum_{i=1}^{n} V_{i} x_{\mathrm{cw0}}+\sum_{i=1}^{n} M_{i} \tag{2.4.6-3}$$

式中：M_i——图 2.4.6-2（b）所示结构第 i 层连梁靠墙端的弯矩值（顺时针转动为正）；

当第 i 层有多根连梁时为该层各连梁靠墙端的弯矩值之和；

N_i——图 2.4.6-2（b）所示结构第 i 层连梁靠墙端的轴力值（与当前规定水平力同向为正）；当第 i 层有多根连梁时为该层各连梁靠墙端的轴力值之和；

V_i——梁靠墙端的剪力值；

x_{cw0}——梁靠墙端至框架-剪力墙结构轴向刚度中心在计算方向的投影距离。

综上所述，式（2.4.6-3）相比式（2.4.6-1）多出两项，分别为剪力墙（连梁）对框架的剪力耦合项和弯矩耦合项。当总框架与总剪力墙之间只存在水平耦合作用、不存在弯剪耦合（或仅存在弯剪弱耦合）时，可用式（2.4.6-1）确定总框架的倾覆力矩。如果总框架与总剪力墙之间存在弯剪强耦合（如框支-剪力墙结构、设置伸臂桁架的框架-核心筒结构等），宜采用式（2.4.6-3）（力学方法）确定总框架的倾覆力矩。

2.4.7 对于框架-剪力墙结构房屋，如何根据其中的剪力墙数量确定其最大适用高度、构造措施和设计方法？

答复：在实际工程中，由于使用功能及建筑布置要求不同，框架-剪力墙结构中的钢筋混凝土剪力墙数量会有较大变化，由此引起结构受力及变形形态发生改变。在结构抗震设计中，剪力墙数量用结构底层框架部分承受的地震倾覆力矩与结构总地震倾覆力矩的比值来反映，该比值大，说明剪力墙数量偏少。因此，框架-剪力墙结构在规定的水平力作用下，应根据结构底层框架部分承受的地震倾覆力矩与结构总地震倾覆力矩的比值，按下述规定确定相应的设计方法（表 2.4.7）。

（1）当框架部分承担的倾覆力矩不大于结构总倾覆力矩的 10%时，表明结构中框架承担的地震作用较小，绝大部分地震作用由剪力墙承担，其工作性能接近于纯剪力墙结构。此时结构中的剪力墙抗震等级可按剪力墙结构的规定执行；其最大适用高度可按剪力墙结构的要求执行；其中的框架部分应按框架-剪力墙结构的框架进行设计，并应对框架部分承受的剪力进行调整，其侧向位移控制指标按剪力墙结构采用。

（2）当框架部分承受的地震倾覆力矩大于结构总地震倾覆力矩的 10%但不大于 50%时，属于一般框架-剪力墙结构，按框架-剪力墙结构的有关规定进行设计。

（3）当框架部分承受的倾覆力矩大于结构总倾覆力矩的 50%但不大于 80%时，表明结构中剪力墙的数量偏少，框架承担较大的地震作用。此时框架部分的抗震等级和轴压比宜按框架结构的规定执行，剪力墙部分的抗震等级和轴压比按框架-剪力墙结构的规定采用；其最大适用高度不宜再按框架-剪力墙结构的要求执行，但可比框架结构的要求适当提高，提高的幅度可视剪力墙承担的地震倾覆力矩来确定。

（4）当框架部分承受的倾覆力矩大于结构总倾覆力矩的 80%时，表明结构中剪力墙的数量极少（简称“少墙框架结构”）。此时框架部分的抗震等级和轴压比限值应按框架结构的规定执行，剪力墙部分的抗震等级和轴压比限值按框架-剪力墙结构的规定采用；其最大适用高度宜按框架结构采用。对于这种少墙框架-剪力墙结构，由于其抗震性能较差，不宜采用，以避免剪力墙受力过大、过早破坏。不可避免时，宜采取将此种剪力墙减薄、开竖缝、开结构洞、配置少量单排钢筋等措施，减小剪力墙的作用。

在上述第（3）、（4）种规定的情况下，为避免剪力墙过早破坏，其位移相关控制指标应按框架-剪力墙结构采用。对于第（4）种规定的情况，如果最大层间侧移角不能满足框架-剪力墙结构的限值要求，可按结构抗震性能设计方法进行分析和论证。

框架-剪力墙结构的分类及设计方法 表 2.4.7

框架部分倾覆力矩比例	设计方法	最大适用高度	框架		剪力墙	弹性层间侧移角限值
			抗震等级	轴压比限值		
≤10%	按剪力墙结构设计，框架部分按框架-剪力墙结构的框架设计	按剪力墙结构确定	按框架-剪力墙结构中的框架确定	按框架-剪力墙结构中的框架确定	按剪力墙结构设计	1/1000
>10%，≤50%	按框架-剪力墙结构设计	按框架-剪力墙结构确定	按框架-剪力墙结构中的框架确定	按框架-剪力墙结构中的框架确定	按框架-剪力墙结构设计	1/800
>50%，≤80%		比框架结构适当增加	宜按框架结构确定	宜按框架结构确定		
>80%		宜按框架结构确定	应按框架结构确定	应按框架结构确定		

【说明】一般情况下，框架-剪力墙结构中框架与剪力墙在结构中所发挥的作用通过它们在底层所承担的倾覆力矩比来判断。对于竖向规则的框架-剪力墙结构，框架底层承担的倾覆力矩比在20%～40%时，结构受力呈典型的双重抗侧力特征，且经济性最佳。

2.4.8 少墙框架结构的设计原则是什么？

答复：少墙框架结构主要用来解决纯框架结构刚度（层间位移角）不足、适用高度超出框架结构高度限值，或位移比等指标不满足规范要求等情况。对于上述指标略超规范限值，或受建筑功能限制难以布置较多墙体的结构，体现出相比框架和框架-剪力墙结构较大的优势。由于剪力墙刚度大而布置数量少，地震作用下承受较大剪力，可能很快破坏并退出工作，抗震性能较差，不宜采用。但此处的“抗震性能较差，不宜采用”是与一般的框架-剪力墙结构比较，亦即“少墙框架结构”的抗震性能比“一般的框架-剪力墙结构”差，而按规范要求经过合理设计后，其抗震性能比纯框架结构有明显提高。

少墙框架设计原则可根据表 2.4.7 中框架部分倾覆力矩比例大于 50%的要求进行设计。

少墙框架主要设计难点是剪力墙超筋严重。因此设计中宜尽量降低墙体刚度（开竖缝、开结构洞、控制截面高度并增加厚度等），降低墙体配筋量。如果框架部分层间位移角满足 1/550 要求，且框架部分地震剪力值采用框架结构与框架-剪力墙结构模型二者计算结果的包络值进行设计时，可通过施工措施使剪力墙不承受竖向荷载（仅抗风、抗震），计算时通过更改施工次序调整剪力墙配筋，同时，可对剪力墙适当考虑刚度折减（折减系数不小于 0.7）。

如果条件允许，剪力墙可采用屈曲约束支撑、钢材类位移型阻尼器等减震器件替代，但设计方法应满足减震结构设计的相关要求。

2.4.9 板柱-剪力墙结构的适用范围和受力特点是什么？其结构布置有哪些要求？

答复：板柱结构是指钢筋混凝土无梁楼盖与柱组成的结构。这种结构因无梁，故可以减小层高，在城市规划限制房屋总高度的情况下能增加层数和使用空间，获得更好的经济效益。

（1）板柱-剪力墙结构的适用范围

板柱结构抗侧刚度较弱，在板柱结构中设置剪力墙，形成板柱-剪力墙结构。这种结构中的剪力墙承担大部分水平荷载，板柱框架仅承担很小一部分水平荷载，故可用于设防烈度不超过 9 度且房屋高度受限制的高层建筑，适用于商场、图书馆的阅览室和书库、仓储楼、饭店、公寓、写字楼及综合楼等房屋，其最大适用高度如表 2.4.9-1 所示。

板柱-剪力墙结构的最大适用高度 **表 2.4.9-1**

类别	非抗震设计	抗震设防烈度			
		6 度	7 度	8 度	
				0.20g	0.30g
适用高度(m)	110	80	70	55	40

注：表中 g 表示重力加速度。

（2）板柱-剪力墙结构的受力特点

板柱-剪力墙结构的水平构件以板为主，仅在房屋的周边设置梁柱框架，竖向构件为柱、剪力墙或核心筒。由于板柱-框架侧向刚度较小，楼板对柱的约束较弱，故水平地震作用下板柱-剪力墙结构的侧向变形控制必须由剪力墙或核心筒来保证。

在竖向荷载作用下，作用于无梁楼盖区格板上的面荷载直接由楼板传递给框架柱或剪力墙，传力途径简洁高效，设置柱帽的板柱结构在竖向荷载作用下能产生压力拱效果，其竖向承载性能优于一般梁柱体系。

在水平地震作用下，板柱-剪力墙结构的侧向变形特征与框架-剪力墙结构相似，属于弯剪型，接近于弯曲型（主要由剪力墙或核心筒抵抗侧向力）。板柱连接节点的抗震性能不如梁柱连接节点，地震作用产生的柱端弯矩由板柱节点传递，在柱周边板内产生较大的附加剪力，与竖向荷载产生的剪力一起，有可能使柱周边的板产生冲切破坏，从而使楼板脱落，造成连续倒塌。

因此，板柱结构的抗震性能较差，不宜作为高层建筑的抗震结构。

（3）板柱-剪力墙结构的结构布置要求（《高规》第 8.1.9 条）

由于板柱-剪力墙结构中的板柱框架比梁柱框架更弱，因此高层板柱-剪力墙结构应布置成双向抗侧力体系，两主轴方向均应设置剪力墙，并应避免结构刚度偏心。抗震设计时，房屋的周边应设置框架梁，房屋的顶层及地下室顶板宜采用梁板结构。当楼板有较大开洞（如楼、电梯间等）时，洞口周边宜设置框架梁或边梁。无梁板可根据承载力和变形要求采用无柱帽（柱托）板或有柱帽（柱托）板形式。柱托板的长度和厚度应按计算确定，且每方向长度不宜小于板跨度的 1/6，其厚度不宜小于板厚度的 1/4。7 度时宜采用有柱托板，8 度时应采用有柱托板，此时托板每方向长度尚不宜小于同方向柱截面宽度和 4 倍板厚之和，托板总厚度尚不应小于柱纵向钢筋直径的 16 倍。当无柱托板且无梁板抗冲切承载力不足时，可采用型钢剪力架（件），此时板的厚度并不应小于 200mm。

双向无梁板厚度与长跨之比，不宜小于表 2.4.9-2 的规定。

双向无梁板厚度与长跨的最小比值 表 2.4.9-2

非预应力混凝土楼板		预应力混凝土楼板	
无柱托板	有柱托板	无柱托板	有柱托板
1/30	1/35	1/40	1/45

2.4.10 如何设计框架-剪力墙结构中的连梁（连接剪力墙与框架柱的梁）?

答复：工程经验表明，连梁经济合理的跨高比宜在 2.5～5 之间。对于一端与剪力墙相连（梁与剪力墙在同一平面内）、另一端与框架柱相连的连梁（框架-剪力墙结构中内嵌剪力墙的框架梁除外），由于框架-剪力墙结构中的总框架与总剪力墙之间依靠总连梁传递剪力和弯矩，连梁刚度和承载力需求较大，故框架-剪力墙结构中的连梁宜采用跨高比较小的连梁，连梁的混凝土强度等级、抗震等级等宜与剪力墙相同［图 2.4.10 (a)］。当由于结构功能需求，连梁的跨高比大于 5 时，连梁的混凝土强度等级可与框架梁相同［图 2.4.10 (b)］。

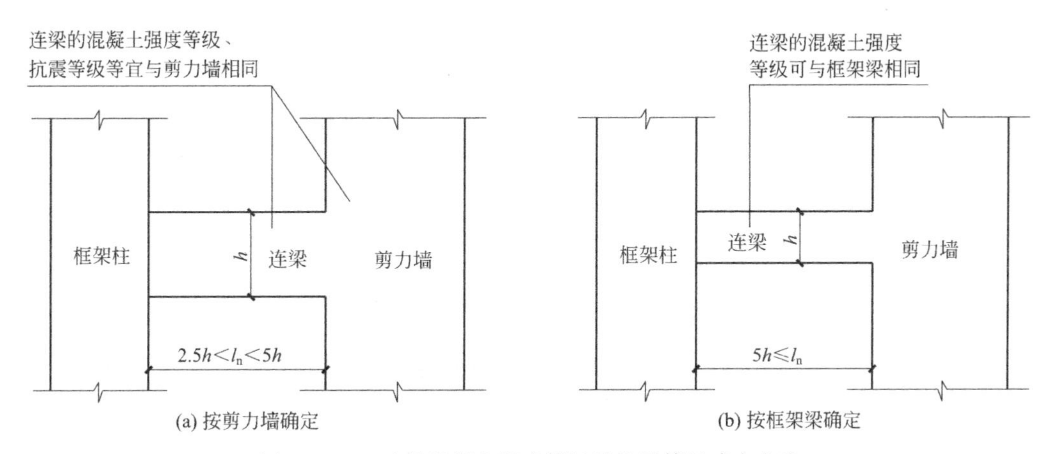

图 2.4.10 连梁混凝土强度等级及抗震等级确定方法

当梁的跨高比不大于 5，宜按连梁设计；当梁的跨高比大于 5，或竖向荷载下的弯矩对梁截面承载力影响较大时，应按框架梁设计（梁截面刚度不折减，梁的混凝土强度等级、纵筋和箍筋布置与框架梁相同）。

2.4.11 如何处理剪力墙或核心筒墙肢与其平面外相交的楼面梁支承端计算模型?

答复：在框架-剪力墙（核心筒）结构中，钢筋混凝土楼面梁通常支承在剪力墙上。剪力墙平面内刚度和承载力大，当楼面梁与剪力墙在同一平面内时，剪力墙对楼面梁能实现有效嵌固，梁端与剪力墙的连接可按刚接计算，此时墙体配筋基本能满足“强墙弱梁”的要求。

剪力墙平面外刚度和承载力较小，当楼面梁与剪力墙平面垂直时，会使墙肢平面外产生弯矩，因此应采取措施保证剪力墙平面外的安全。一方面应增强墙体平面外刚度和承载力（增设暗柱、扶壁柱并增强配筋要求），另一方面应尽量减小梁端刚度（设宽扁梁、变截面梁等），减小墙体平面外弯矩（弯矩一般按照刚度分配）。此外，可对梁端支座截面进行弯矩调幅，实现梁端铰接或半刚接设计，减小梁端截面配筋从而减小其极限受弯承载力，进而减小墙体平面外受弯承载力需求（墙梁节点处弯矩平衡原理）。

对于有抗震需求的梁，其构造措施应满足抗震框架梁的要求，同时应满足：

（1）当剪力墙厚度不小于梁截面高度的1/2且不小于300mm时（宜满足$0.4l_{abE}$梁端纵筋水平锚固长度要求），此时剪力墙面外具备一定的刚度，也具备一定强度储备，梁端可按刚接计算（不需要调幅）。筒体墙在梁支座处应设暗柱（图2.4.11），暗柱宽度不小于梁宽+2倍墙厚（梁在墙端搭接时为梁宽+1倍墙厚），暗柱的受弯承载力应能平衡梁端的弯矩设计值，并满足相应抗震等级对应的强柱系数调幅（即$M_c > \eta_c M_b$），最小配筋率应满足《高规》表7.1.6（本书表2.4.11）的规定，暗柱内箍筋应满足强剪弱弯的承载力设计要求。

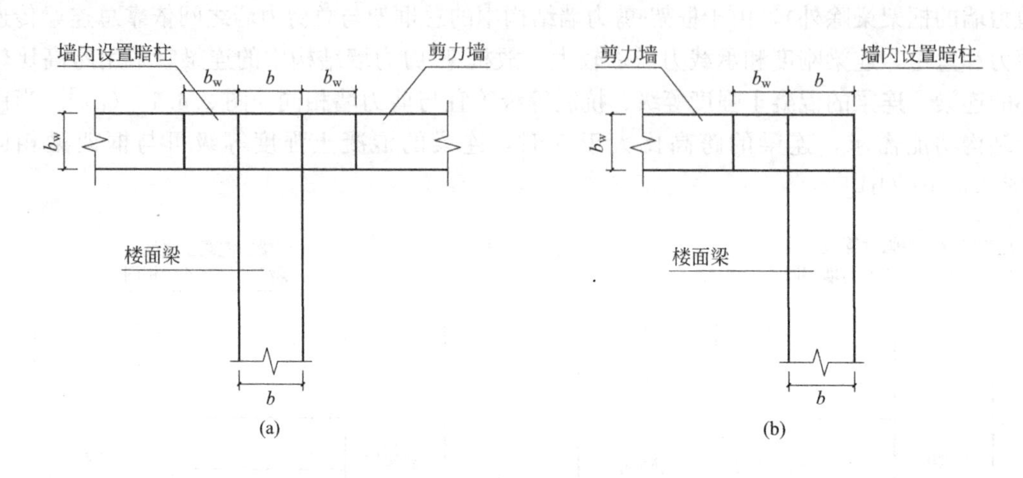

图2.4.11　剪力墙面外连接楼面梁时暗柱示意

暗柱、扶壁柱纵向钢筋的构造配筋率　　表2.4.11

设计状况	抗震设计				非抗震设计
	一级	二级	三级	四级	
配筋率(%)	0.9	0.7	0.6	0.5	0.5

注：采用400MPa级钢筋时，表中数值宜增加0.05。

（2）当不满足（1）中的条件时，内力分析中与筒体墙（剪力墙）相连的梁端可根据墙体厚度情况按半刚接或铰接处理，此时梁跨中截面以及另一端梁支座截面的配筋应按与墙体相连的梁端刚接、半刚接或铰接包络设计；与筒体墙（剪力墙）相连的梁端支座配筋应满足不小于正常使用情况下（不考虑地震作用，不考虑弯矩调幅，荷载标准组合）按刚接计算的配筋需求，且不小于框架梁最小配筋率。墙内设暗柱的要求同（1），梁端尽量选用细直径钢筋，如墙体截面厚度不满足纵筋水平锚固长度要求，则需要增大截面或设置扶壁柱。

对于次梁，当梁截面高度小于2倍墙厚且不大于400mm时，梁端可按铰接处理，墙内可不设暗柱或扶壁柱。

2.4.12　框架-剪力墙结构中，带端柱剪力墙的计算模型如何选取？构造措施按墙还是按柱实施？

答复：对带端柱的剪力墙，边框柱在剪力墙平面内是墙体的组成部分，不应按框架柱考虑；在剪力墙平面外的边框柱属于框架柱，其与剪力墙平面外的框架梁共同组成抗侧力结构，抵抗另一方向的水平荷载。

程序分析时，端柱可按框架柱单元（杆单元）建模，杆单元节点与墙体壳单元端部节点耦合，可近似考虑端柱与剪力墙的协同工作，一般情况下（墙肢截面高度较大时），按图 2.4.12 所示两种模型计算的剪力墙面内刚度误差在工程允许精度范围内。

设计时，在剪力墙平面内，可先将端柱与剪力墙的单工况荷载在组合墙体中性轴进行叠加，得到组合截面内力，再进行荷载组合，然后进行组合截面配筋设计。在剪力墙平面外，端柱仍可按框架柱进行单独分析与设计。边框柱在剪力墙平面内按剪力墙（边框柱为T形截面或工字形截面的边缘构件）截面承载力计算方法确定纵向受力钢筋，平面外按柱截面承载力计算方法确定纵向受力钢筋，最终配筋为二者叠加结果，并应满足剪力墙边缘构件、框架柱二者的最不利构造要求。

应该注意，统计框架与剪力墙分担的剪力、倾覆力矩比例时，可将框架柱面外的剪力和倾覆力矩统计到框架部分。

目前常用设计软件都已具备上述功能，如 YJK 软件中的“墙柱配筋设计考虑端柱”选项。

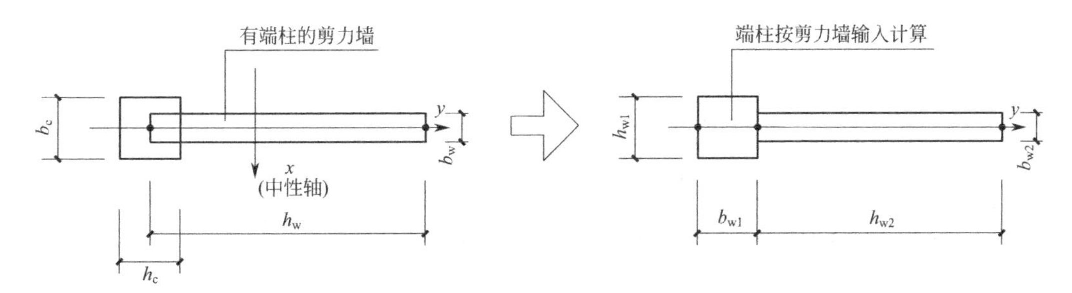

图 2.4.12 带端柱的剪力墙计算模型

2.5 人防结构

2.5.1 如果人防地下室不在最底层，设计中应注意什么问题?

答复：《人防规范》第 4.8.12 条规定：对多层地下室结构，当防空地下室未设在最下层时，宜在临战时对防空地下室以下各层采取临战封堵转换措施，确保空气冲击波不进入防空地下室以下各层。此时防空地下室顶板和防空地下室及其以下各层的内墙、外墙、柱以及最下层底板均应考虑核武器爆炸动荷载作用，防空地下室底板可不考虑核武器爆炸动荷载作用，按平时使用荷载计算，但该底板混凝土折算厚度应不小于 200mm，配筋应符合本规范第 4.11 节规定的构造要求。如图 2.5.1 所示方案存在以下问题：

（1）考虑人防荷载的区域以及竖向构件数量增多，经济性差；

（2）此方案对穿过人防层顶板，并下穿至人防层底板以下的所有洞口，都要进行战时封堵，确保冲击波不进入人防层以下，设计时容易出现遗漏；

（3）构造措施复杂，防空地下室底板除满足规范要求外，尚应满足地漏等板厚要求。

综上，人防地下室不在底层时存在较多设计与验收风险，建议与建筑专业沟通，尽量避免采用此种方案。

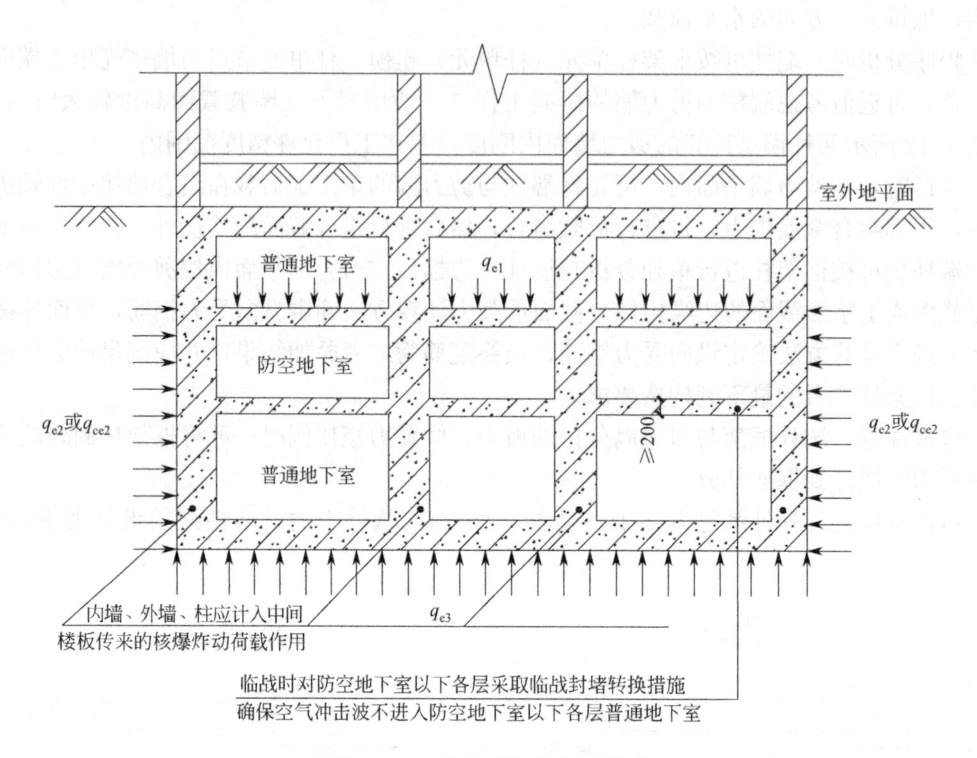

图 2.5.1 防空地下室剖面示意

2.5.2 全埋式防空地下室顶板标高能否高于室外地坪标高?

答复:《人防规范》第 3.2.4 条规定，战时室内有人员停留的顶板底面不高于室外地平面（即全埋式）的防空地下室，其外墙顶部应采用钢筋混凝土。乙类防空地下室外墙顶部的最小防护距离 t_S（图 2.5.2-1）不应小于 250mm；甲类防空地下室外墙顶部的最小防护距离 t_S 不应小于《人防规范》表 3.2.2-1 的最小防护厚度值。

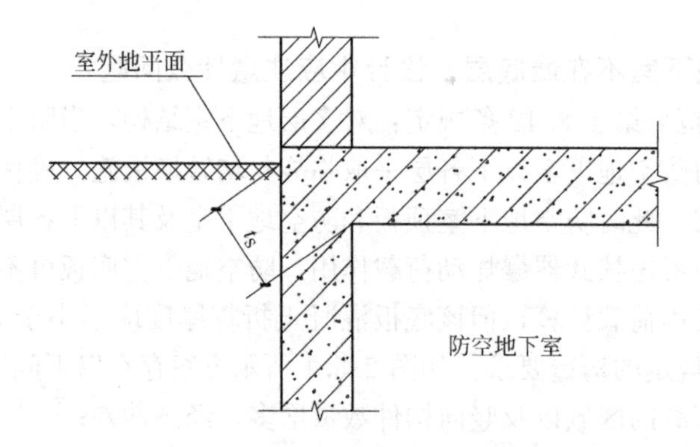

图 2.5.2-1 甲类防空地下室外墙顶部最小防护距离 t_S 示意

当上部建筑为砌体结构的甲类防空地下室，其顶板底面可高出室外地面。人防地下室顶板标高可结合坡地建筑结构嵌固放坡要求来解决全埋地下室问题，如图 2.5.2-2 所示，按 1∶3 放坡，可认为此地下室满足全埋要求。

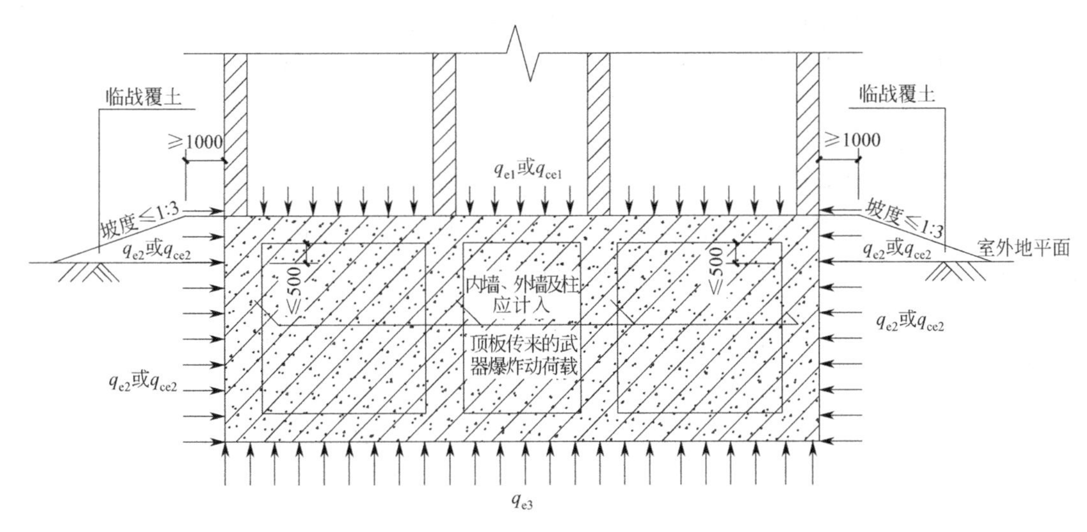

图 2.5.2-2 防空地下室顶板底面高出室外地面时放坡做法

2.5.3 如何理解《人防规范》表 3.3.3 注释 2 中规定，毗邻出地面段的地面建筑外墙为钢筋混凝土剪力墙结构时，可不考虑其倒塌影响？

答复：人防出入口及通风井应设置在地面建筑物倒塌范围以外，无条件的设置在倒塌范围以内时，应采取防倒塌措施，人防主出入口不应设置在地面建筑物内。

当出地面段的地面建筑外墙为钢筋混凝土剪力墙结构时，由于外墙仍存在砌筑填充墙等倒塌可能，因此，具体设计时一般应满足下列要求：

（1）剪力墙结构山墙即使全部为剪力墙，无卫生间窗洞等，一般仍建议设置防倒塌棚架；

（2）主要出入口不得设置在裙房或者主体投影范围内；

（3）防倒塌棚架宜执行人防国标图集 07FG02 系列的构造要求；

（4）不应设置钢筋混凝土女儿墙，棚架柱与轻质填充墙不应设置拉结筋。

另外，战时主要出入口出地面部分未经人防办审批同意不得掩埋，地面建筑物或者构筑物原则上应一次施工到位，不预留平战转换。

2.5.4 防护密闭门的门框横梁、门框柱采用何种计算模型？

答复：《防空地下室结构设计（2007 年合订本）》中的《钢筋混凝土门框墙》07FG04 适用于防空地下室室内净高不大于 3.6m 时，超出此范围的门框柱、门框梁配筋往往需要另行计算。

门框梁一般按两侧支撑于人防墙（或门框柱）的力学模型近似计算［图 2.5.4（a)］。横梁主要承受的等效静荷载包括：

（1）门扇上部临空墙传来的（梯形）等效人防效静荷载 q_1；

（2）门扇传给上下门框的等效静荷载标准值 q_2，可按《人防规范》第 4.8.7 条计算；

（3）门洞左侧悬臂墙传来的等效人防静荷载 q_3；

（4）直接作用于梁上的人防等效静荷载 q_4。

门框柱一般按两侧支撑于上下层楼板的力学模型近似计算［图 2.5.4（b)］。门框柱主要承受的等效静荷载包括：

（1）门扇上部临空墙传来的（三角形）等效人防效静荷载 q_1'；

（2）门扇传给左右门框的等效静荷载标准值 q_2'，可按《人防规范》第4.8.7条计算；

（3）门框柱右侧临空墙传来的等效人防静荷载 q_3'；

（4）直接作用于柱上的人防等效静荷载 q_4'；

（5）门框横梁传来的集中荷载 P（取门框横梁总荷载的1/2）。

保守起见，门框梁两端支座可按铰接计算，门框柱下部可按刚接（一般嵌固于基础）、上部可按铰接计算，纵筋一般采用拉通对称布置。

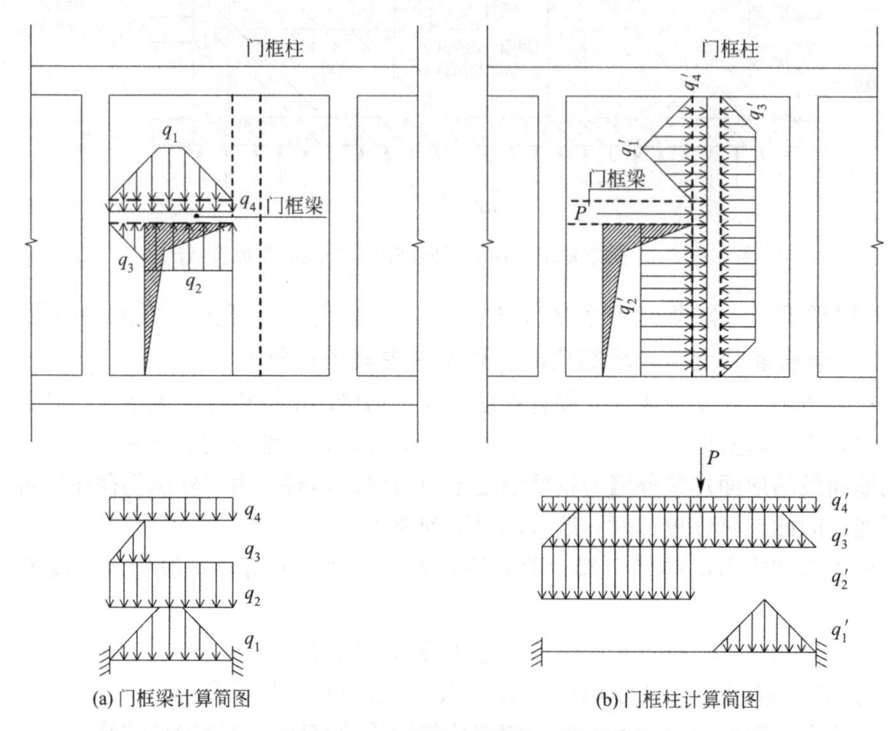

图2.5.4 门框梁、门框柱计算简图

2.5.5 结构专业人防设计施工图审查有哪些常见问题？

（1）结构专业选用人防门图集时，应注意混凝土强度等级大于等于C40时，人防构造要求的最小配筋率大于人防国标图集07FG04中所给出的配筋，需加大直径或者增加根数使之满足；

（2）结构专业选用防倒塌棚架图集时，需要注意棚架与主体之间设缝宽度应调整为100mm；

（3）按照人防国标图集07FG04要求，密闭门门框墙荷载类型按A型选用，无需增设边柱；

（4）人防墙的水平施工缝应高出底板表面不小于500mm，并设置止水钢板；

（5）所有人防顶板均采用抗渗混凝土（包括上部建筑投影范围内的人防顶板）；

（6）安装钢筋混凝土人防墙体模板、战时封堵处的钢筋混凝土梁模板时，严禁采用带套管、混凝土预制件的穿墙对拉螺栓，应采用一次性螺栓，避免在墙体和梁上造成孔洞。

2.6 结构加固设计

2.6.1 既有建筑的后续使用年限、抗震设计标准如何定义？

答复：既有建筑的后续使用年限应满足以下几点：

1. 原则上不低于30年。

2. 不低于新建时的预期使用年限。如某项目2005年设计完成，设计使用年限为50年，则服务期满为2055年，假如改造时间为2020年，则后续使用年限不低于2055－2020＝35年，并宜按后续使用年限40年进行设计。

3. 如果建筑整体不改变使用功能、不增加荷载，仅需要局部改造，且对结构整体力学特性影响有限，可维持原有使用年限。如某项目1995年设计完成，设计使用年限为50年，则服务期满为2045年，假如改造时间为2020年，则后续使用年限不低于2045－2020＝25年。

既有建筑改造加固的规范执行依据，应满足以下几点：

（1）后续使用年限为30年时，不低于改造设计日期往前推算20（50-30）年的设计标准。如某项目1985年设计完成，设计使用年限为50年，则服务期满为2035年，假如改造时间为2020年，则后续使用年限理论上不低于2035－2020＝15年，但由于低于30年，应按后续使用年限30年的标准进行设计。则应采用2020－20＝2000年执行的规范（89规范）进行设计。

（2）后续使用年限超过30年时，不低于原设计标准。如某项目2008年设计完成（执行01规范），设计使用年限为50年，则服务期满为2058年，假如改造时间为2020年，则后续使用年限理论上不低于2058－2020＝38年，超过30年，则应按原标准（01规范）进行设计。

（3）如果后续使用年限定义为40年或以上时，宜按现行标准进行设计。

（4）如果是建筑结构局部改造，且后续使用年限低于30年，那么局部改造部分按后续使用年限30年进行设计。

2.6.2 对于后续使用年限为30年、40年的既有建筑，活荷载、地震作用能否打折？

答复：现行规范结构活荷载、地震作用均按50年设计基准期取值，原则上设计使用年限不是50年的建筑均可调整。一般情况下，风荷载、雪荷载可按后续使用年限（不小于30年）的重现期取值，而楼面活荷载宜按现行规范取值（使用功能未改变时也可按本书2.6.1问答复中对应规范取值）。后续使用年限为30年、40年对应的地震影响系数最大值与50年对应的地震影响系数最大值的比值分别为0.75、0.88，但这是建立在按现行规范（如《抗规》）设计的基础之上。另外，结构构件配筋结果不能低于按本书2.6.1问答复中对应规范的设计结果。

2.6.3 结构加固施工时，什么情况下需要卸荷？如何卸荷？

答复：当原结构的工作应力、应变值较高时，新加部分初始应力、应变为零，二者受力不协调，存在应力、应变滞后现象，往往会出现原结构与后加部分先后破坏的各个击破现象，致使加固效果很不理想或根本不起作用。通过卸荷使应力、应变滞后现象得以减少或消失，破坏时新旧两部分就可同时进入各自的极限状态，结构总的承载力可显著提高。

卸荷加固承载力的计算，原则上仍按二次受力进行，但当卸荷达到一定程度，可近似简化为按一次受力组合结构计算。

卸荷分为直接卸荷和间接卸荷。直接卸荷是全部或部分直接搬走作用于原结构上的可卸荷载；间接卸荷是用反向力施加于原结构（如千斤顶反向顶升），以抵消或降低原有作用效应。直接卸荷直观、准确，但可卸荷载量有限，一般只限于活荷载；间接卸荷量值可人为控制，甚至可以使作用效应出现负值，可根据实际工程需要选择合适卸荷手段。

2.6.4 混凝土结构常用加固方法各有什么特点?

答复：混凝土结构常用加固方法及特点如表2.6.4所示。

混凝土结构常用加固方法及特点 **表2.6.4**

加固方法	适用构件	所针对的加固需求	技术要点	优点	缺点
增大截面法	梁、柱、板、墙	提高构件承载力或刚度	增大原构件截面面积并增配钢筋，以提高其承载力和刚度	构件承载力和刚度提高幅度大；造价相对低；加固效果受施工水平的影响相对小；耐久性好	湿作业多；工序多，工期长；可能影响使用空间
外包型钢法	梁、柱	提高构件承载力或刚度	对钢筋混凝土梁、柱外包型钢及钢缀板焊成的构架，以达到共同受力	干作业；构件承载力提高幅度大，刚度有提高；施工速度快；加固效果受施工水平的影响相对小	造价相对高
粘贴钢板法	梁、柱、板、墙	提高构件承载力	在钢筋混凝土结构构件表面粘贴钢板形成整体	干作业；可在一定程度上提高构件承载力；施工速度快；加固效果受施工水平的影响相对小	造价相对高，正截面受弯承载力的提高幅度不应超过40%
粘贴纤维复合材料加固法	梁、柱、板、墙	提高构件承载力	在钢筋混凝土结构构件表面粘贴碳纤维等材料形成整体	干作业；可在一定程度上提高构件承载力；施工速度快；加固效果受施工水平的影响相对大	造价相对高；正截面受弯承载力的提高幅度不应超过40%
预张紧钢丝绳网片-聚合物砂浆面层加固法	梁、柱、板、墙	提高构件承载力	在原构件表面加钢丝绳网片-聚合物砂浆等形成整体	接近干作业；可在一定程度上提高构件承载力；施工速度快；加固效果受施工水平的影响相对小	造价相对高，受弯承载力的提高幅度有限
绕丝加固法	柱	提高构件极限承载力、延性	通过缠绕退火钢丝使被加固的受压构件混凝土受到约束作用，从而提高其极限承载力和延性	接近干作业；可提高柱延性	适用范围小
体外预应力法	梁、板	提高构件竖向承载力，控制挠度	在原构件体外采用高强钢或型钢并施加预应力，改变构件受力模式	干作业；可大幅度提高构件竖向承载力；可有效控制挠度	需进行张拉，对施工技术要求较高

2.6.5 加固材料中含有合成树脂或其他聚合物成分时，结构加固后的使用年限宜按30年考虑。对于后续使用年限大于30年的建筑如何考虑?

答复：《混凝土结构加固设计规范》GB 50367—2013第3.1.7条规定，当结构的加固材料中含有合成树脂或其他聚合物成分时，其结构加固后的使用年限宜按 30 年考虑。对于后续使用年限大于 30 年的建筑，可采用以下几点措施：

（1）采用能通过耐湿热老化能力和耐长期应力作用（4MPa 剪应力 210d）能力检验的胶粘剂；

（2）不用胶粘，改用干式外包角钢的组合构件；

（3）采用无粘结预应力钢绞线的外加预应力加固法；

（4）采用增大截面加固法；

（5）改变结构体系，或采用隔震、消能减震措施。

2.7 预应力混凝土结构

2.7.1 预应力混凝土结构技术主要分为哪些类型？

答复：预应力混凝土结构技术按照预加应力方法、粘结方式、预应力度大小等分类见表 2.7.1。

预应力混凝土结构技术分类 表 2.7.1

预加应力方法	先张法	在台座或钢模上先张拉钢筋并用临时夹具固定，再浇筑混凝土。待混凝土达到一定强度后放松预应力筋，使混凝土产生预压力
	后张法	先制作构件或结构，待混凝土达到一定强度后再张拉，使混凝土产生预压力
粘结方式	无粘结	指预应力钢绞线伸缩变形自由、不与周围混凝土产生粘结的预应力混凝土，无粘结预应力钢绞线全长涂有油脂，外套塑料管保护
	有粘结	指预应力钢绞线完全被周围混凝土或水泥浆体粘结、握裹的预应力混凝土。先张预应力混凝土和预设孔道穿筋并灌浆的后张预应力混凝土均属于此类
	缓粘结	指在施工阶段预应力筋可伸缩自由变形、不与周围缓凝粘合剂产生粘结，而在施工完成后的预定时期内预应力筋通过固化的缓凝粘结剂与周围混凝土产生粘结作用，预应力筋与周围混凝土形成一体，共同工作，达到有粘效果
预应力度大小	全预应力结构	在全部使用荷载下受拉边缘不允许出现拉应力的预应力混凝土。适用于要求混凝土不开裂的结构
	部分预应力结构	在全部使用荷载下受拉边缘允许出现一定的拉应力或裂缝的预应力混凝土

2.7.2 无粘结、有粘结、缓粘结预应力技术各有什么特点？

答复：三种不同粘结方式预应力技术特点如表 2.7.2 所示。

不同粘结方式预应力技术特点 表 2.7.2

粘接方式	设计特点	施工方便性	抗震性能	适用性
无粘结	①正截面承载力计算时，预应力筋的应力设计值见《混规》第 10.1.14 条； ②裂缝宽度计算时，ρ_{te} 和 d_{eq} 不考虑预应力筋； ③预应力损失计算时，摩擦系数取值小于有粘结	施工工艺较简单	预应力筋与周围混凝土无粘结，在锚具失效或筋长方向有截断的情况下预应力将完全丧失，抗震性能差	承重结构的受拉杆件及抗震等级为一级的框架中不应使用无粘结预应力筋，在其他重要结构中不宜使用无粘结。 造价较低

续表

粘接方式	设计特点	施工方便性	抗震性能	适用性
有粘结	①正截面承载力计算时，预应力筋取抗拉强度设计值； ②裂缝宽度计算时，ρ_{te} 和 d_{eq} 考虑预应力筋	需穿波纹管，需灌浆，冬季需养护，工序较长；波纹管易破损漏浆，灌浆不易密实	预应力筋与混凝土有效粘结，协同工作，抗震性能好	9 度时需要专项论证。 造价适中
缓粘结	①正截面承载力计算时，预应力筋取抗拉强度设计值； ②裂缝宽度计算时，ρ_{te} 和 d_{eq} 考虑预应力筋； ③预应力损失计算时，摩擦系数取值与无粘结相当	施工工艺简单，施工质量易保障	预应力筋与混凝土有效粘结，协同工作，抗震性能好	9 度时需要专项论证。 造价较有粘结高

2.7.3 大跨度梁采用预应力混凝土梁和型钢混凝土梁哪种更有优势？

答复：同等边界和荷载条件下，对相同截面尺寸和跨度的梁：

在承载力方面，由于型钢混凝土梁截面配钢（筋）率上限值相比预应力混凝土梁（配筋率一般按普通钢筋抗拉强度设计值换算）有所增加，其抗弯承载力大于预应力混凝土梁；另外，型钢混凝土梁的型钢腹板参与抗剪计算，抗剪承载力一般也大于预应力混凝土梁。

在控制挠度方面，型钢混凝土梁刚度计算时考虑型钢作用，由于型钢配钢率较大，弹性模量约为混凝土的 7 倍，可大幅度提高梁的抗弯刚度。减小跨中挠度。预应力混凝土梁由于预应力筋对受拉区混凝土的预压作用，使得更多受压区混凝土参与梁的抗弯刚度计算，提高梁的刚度。另外，预应力筋张拉反拱作用能有效降低梁的等效弯矩作用，进而减小跨中挠度，其效率比型钢混凝土梁更高。

在裂缝控制方面，型钢混凝土梁由于配钢（筋）率较大，相同荷载条件下，受拉区型钢和钢筋拉应力则会减小，进而减小梁受拉区混凝土拉应变和裂缝宽度；预应力混凝土梁直接给预拉区的混凝土施加压应力，进而减小混凝土拉应变和裂缝宽度。相比而言，预应力混凝土梁对于减小梁的裂缝宽度更加直接有效。

在构造和施工方面，型钢混凝土梁中型钢与钢筋混合配制，施工吊装、节点连接、混凝土浇捣受到一定影响，另外，梁端如果刚接，需要在柱中同样埋入型钢。预应力混凝土施工时预应力筋需要焊接定位支架、铺放波纹管、预应力穿束，待混凝土强度达标时进行张拉、灌浆和封锚，需要张拉锚固设备，张拉端施工时应预留张拉空间。二者施工工艺均较普通混凝土梁复杂，相比而言，缓粘结预应力混凝土梁在施工工序、施工质量方面更具优势。

在抗震性能方面，型钢混凝土梁优于预应力混凝土梁。

在造价方面，型钢混凝土梁材料费、施工措施费稍高，加之与型钢混凝土梁连接的柱内也需配置型钢，综合造价偏高。

综上，当大跨度混凝土梁设计的主要目标为减轻自重、控制挠度和裂缝时，相比而言，预应力混凝土梁更具优势。对于承载力需求大、抗震要求高的大跨度混凝土梁，如转换梁或 9 度区的框架梁等，建议采用型钢混凝土梁。另外，对于框架柱本身采用型钢混凝土柱的结构，框架梁宜采用型钢混凝土梁。

2.7.4 高强预应力柔性拉索设计中应注意什么问题？

答复：拉索强度高，为纯受拉的非线性二力杆单元（柔性索无受压刚度），建筑结构中常作为柔性（或半刚性）屋盖主受力构件，对风荷载较敏感，制作安装工艺要求较高，失效后往往对结构影响较大，设计中应注意以下几点：

（1）拉索施加预拉力后才会有刚度，因此，弹性动力分析（如模态分析）必须在初始预应力状态确定（定义拉索的预应力）的基础上进行。

（2）拉索作为结构体系的受力单元，在最不利荷载组合作用下，不得因个别索的松弛而导致结构失效。

（3）索结构应分别进行初始预拉力及荷载作用下的计算分析，计算中均应考虑几何非线性影响。

（4）拉索的抗拉强度设计值一般取拉索最小破断索力的 1/2。

（5）索结构节点应满足其承载力设计值不小于拉索内力设计值 1.25～1.5 倍的要求。

（6）锚具及其组装件的极限承载力不应低于索体的最小破断拉力，钢拉杆接头的极限承载力不应低于杆体的最小破断拉力。

（7）施工过程中应与施工单位密切配合，制定张拉方案，有必要时应配合施工组织进行施工模拟验算。

3 钢结构

3.1 钢结构基本理论

3.1.1 结构弹性（特征值）屈曲分析的理论基础是什么？

答复：外荷载作用下结构产生一定的变形，结构刚度随之发生改变，此时结构的静力平衡方程可由下式表示：

$$\{\boldsymbol{p}\}=\{[\boldsymbol{k}_{e}]+[\boldsymbol{k}_{g}]\}\{\boldsymbol{u}\} \tag{3.1.1-1}$$

式中：$\{\boldsymbol{p}\}$——外荷载矩阵；

$\{\boldsymbol{u}\}$——结构节点位移矩阵；

$[\boldsymbol{k}_{e}]$——结构弹性刚度矩阵；

$[\boldsymbol{k}_{g}]$——结构几何刚度矩阵。

将上式写成增量形式，并假定结构弹性刚度和几何刚度保持不变，即

$$\{\boldsymbol{\Delta p}\}=\{[\boldsymbol{k}_{e}]+\lambda_{g}[\boldsymbol{k}_{g0}]\}\{\boldsymbol{\Delta u}\} \tag{3.1.1-2}$$

式中：$[\boldsymbol{k}_{g0}]$——结构初始几何刚度矩阵；

λ_{g}——屈曲特征值（屈曲因子）。

当$\{\boldsymbol{\Delta p}\}=\{0\}$（外力不增加），$\{\boldsymbol{\Delta u}\}\neq\{0\}$（位移增大）时，即结构处于失稳状态。上式成立的条件为刚度矩阵形成的系数行列式为0，即

$$|[\boldsymbol{k}_{e}]+\lambda_{g}[\boldsymbol{k}_{g0}]|=0 \tag{3.1.1-3}$$

求解上述方程组即可得到结构在该荷载模式下的屈曲特征值λ_{g}和屈曲模态。

以上分析过程可看出，弹性屈曲分析存在诸多限制条件，如基于线弹性假定，不考虑材料非线性；基于小变形理论，不考虑几何非线性；屈曲荷载是关于λ_{g}的线性函数；不支持位移荷载等。因此，若要得到更准确的稳定分析结果，需要采用考虑材料非线性和几何非线性的直接分析方法或弹塑性全过程分析方法进行计算。

3.1.2 一阶弹性分析到二阶弹性分析再到直接分析法，进步表现在什么地方？

答复：一阶弹性分析法建立在3个假定基础之上：1）结构材料本构为线弹性；2）小位移假定；3）不考虑结构受力后产生的变形对结构的影响。另外，一阶弹性分析还忽略了结构的整体几何缺陷和构件初始缺陷。基于以上假定，一阶弹性分析不适用于大变形结构或需要进行弹塑性分析的结构。一阶弹性分析通过引入计算长度系数、调整受压构件稳定系数取值等措施近似考虑结构整体初始缺陷、构件初始缺陷以及P-Δ、P-δ效应的影响，计算过程存在诸多问题，如计算长度系数难以确定，对粗短型压杆计算结果失真等。

二阶弹性分析通过考虑结构整体初始缺陷和 $P\text{-}\Delta$ 效应，解决了计算长度系数取值的难题，但一阶弹性分析面临的其他问题仍然存在。

直接分析法采用大位移有限元分析方法，二阶效应、初始几何缺陷、残余应力、材料与几何非线性、节点连接刚度等均可考虑，可直接分析求得结构的极限荷载，将稳定设计与强度设计协调统一。在此基础上考虑 2.0 左右的安全系数，可用来指导具体结构设计。

三种分析方法对比见表 3.1.2。

结构受力分析方法对比表　　表 3.1.2

分析方法	影响因素			
	结构整体缺陷	构件整体缺陷、残余应力	几何非线性	材料非线性
一阶弹性分析	不考虑，或通过计算长度系数、稳定系数等近似考虑			不考虑
二阶弹性分析	考虑	不考虑，或通过稳定系数近似考虑	考虑	不考虑
直接分析法	考虑	考虑	考虑	可考虑

3.1.3 采用二阶弹性分析的结构，受压构件容许长细比验算时，计算长度系数 μ 可否取 1.0？

答复：不可以。

《钢标》第 5.4.1 条规定，采用考虑 $P\text{-}\Delta$ 效应的二阶弹性分析并考虑结构的整体初始缺陷，计算构件轴心受压稳定承载力时，构件计算长度系数 μ 可取 1.0。

受压构件的长细比限值是构造要求，是基于运输、安装、破坏模式等需求，并考虑重要程度，保证结构构件具有一定的刚度、稳定性、延性等。如《抗规》第 8.3.1、8.4.1 条分别对钢框架柱、中心支撑的长细比做出规定，其限值与抗震等级直接相关。研究表明，受压（压弯）构件耗散地震能量的能力，和长细比、轴压比及构件宽厚比都有关系，较小的长细比能保证结构构件在地震作用下充分发展塑性而不失稳。

二阶弹性分析中受压构件计算长度系数取 1.0，主要基于承载力验算考虑，二者出发点不同，不可等同。

3.1.4 梁与柱刚性连接的极限承载力（M_u^j）是否应大于梁的全塑性受弯承载力（M_p）？《钢结构设计手册》（第四版）也给出了基于梁端设计承载力（M）的验算方法，设计时如何选择？

答复：抗震设计时，梁与柱刚性连接（焊缝、螺栓）的极限承载力（M_u^j）应大于梁的全塑性受弯承载力（M_p），以实现“强连接、弱构件”的设计理念。《高钢规》第 8.2.1 条规定，梁与柱的刚性连接应按下列公式验算：

$$M_u^j \geqslant \alpha M_p \tag{3.1.4-1}$$

式中：M_u^j——梁与柱连接的极限受弯承载力；

M_p——梁的全塑性受弯承载力；

α——连接系数。

《钢结构设计手册》（第四版）第 13 章（第 1048 页）给出的连接设计方法，有简化设计法、全截面精确设计法和极限承载力法三种，前两种方法均没有考虑抗震极限承载力验算，属于弹性设计（式 3.1.4-2），后一种算法摘引自《钢标》第 17.2.9 条，其与《高钢规》第 8.2.1 条设计理念相一致。

$$M^{j} \geqslant M \tag{3.1.4-2}$$

式中：M^{j}——连接的受弯承载力设计值；

M——梁端弯矩设计值。

式（3.1.4-1）针对框架梁在地震作用下可能产生塑性铰的情况，适用于有抗震需求的连接计算；式（3.1.4-2）可用于非抗震设计要求或地震组合不起控制作用的连接计算。

3.1.5 梁柱采用栓焊刚性连接时，螺栓的受弯承载力是否应大于腹板的极限受弯承载力？

答复：《高钢规》第 8.2.4 条给出了梁端连接的极限受弯承载力的计算方法，包括翼缘、腹板连接的极限受弯承载力，即

$$M_{u}^{j} = M_{uf}^{j} + M_{uw}^{j} \tag{3.1.5-1}$$

设计时需要注意以下两个问题：

（1）翼缘连接极限受弯承载力没有考虑加强型连接（加腋、盖板连接）的承载力贡献，其表达式为：

$$M_{uf}^{j} = A_{f}(h_{b} - t_{fb}) f_{ub} \tag{3.1.5-2}$$

（2）腹板连接极限受弯承载力按焊接截面推算而来，即：

$$M_{uw}^{j} = m W_{wpe} f_{yw} \tag{3.1.5-3}$$

式中：M_{uf}^{j}——翼缘连接极限受弯承载力；

A_{f}——翼缘面积；

h_{b}——梁截面高度；

t_{fb}——梁翼缘的厚度；

f_{ub}——梁翼缘钢材抗拉强度最小值；

M_{uw}^{j}——腹板连接极限受弯承载力；

W_{wpe}——梁腹板有效截面的塑性截面模量；

f_{yw}——梁腹板钢材的屈服强度；

m——梁腹板连接的受弯承载力系数。

《高钢规》第 8.2.5 条第 2 款针对腹板栓接计算时，要求承受弯矩区的螺栓所承载的水平向剪力依据腹板连接的极限受弯承载力（按焊接截面所得）计算（式 3.1.5-4），显得偏于严格，导致螺栓数目偏多，可操作性差。

$$\alpha V_{um}^{j} \leqslant N_{u}^{b} \tag{3.1.5-4}$$

式中：V_{um}^{j}——弯矩 M_{uw}^{j} 引起的承受弯矩区的水平剪力；

N_{u}^{b}——螺栓连接的极限受剪承载力；

α——连接系数。

如果梁与柱采用加强型或骨式连接，翼缘加腋或加盖板得到加强（或梁截面得到削弱），连接（焊缝）的极限承载力相对加强。此时连接的极限承载力较容易满足式（3.1.4-1），则腹板螺栓的极限抗弯承载力大于腹板极限受弯承载力的条件不需要单独满足，即用来计算 V_{um}^{j} 的 M_{uw}^{j} 可用下式计算：

$$M_{uw}^{j} \geqslant M_{u}^{j} - M_{uf}^{j}{}' \quad (3.1.5\text{-}5)$$

式中：$M_{uf}^{j}{}'$——考虑盖板或加腋加强后的梁翼缘连接的极限抗弯承载力。

如果梁与柱采用非加强型的普通连接方式，则腹板螺栓宜进行单独的极限受弯承载力验算，保证式（3.1.4-1）成立。

无论采用何种算法，梁柱刚接时螺栓布置均应满足相关构造措施。

3.1.6 梁柱采用栓焊刚性连接时，翼缘是否需要采用加强型连接？

答复：《高钢规》第 8.1.2 条第 2 款规定，梁与柱的连接宜采用翼缘焊接和腹板高强度螺栓连接的形式，也可采用全焊接连接。一、二级时梁与柱宜采用加强型连接或骨式连接。

梁与柱的刚性连接应按照式（3.1.4-1）验算连接强度是否满足要求，《高钢规》表 8.1.3 给出了梁柱连接对应的连接系数，其中梁柱连接部分见本书表 3.1.6-1。

梁柱连接的连接系数 **表 3.1.6-1**

母材牌号	梁柱连接	
	母材破坏	高强螺栓破坏
Q235	1.40	1.45
Q355	1.35	1.40
Q355GJ	1.25	1.30

式（3.1.4-1）中，梁与柱连接的极限受弯承载力验算时，翼缘强度取母材极限抗拉强度 f_{ub}，而梁的全塑性受弯承载力验算时取母材的抗拉屈服强度 f_y，对于 Q235、Q355、Q355GJ 钢材，f_{ub}/f_y 见表 3.1.6-2。

钢材极限强度与屈服强度比 **表 3.1.6-2**

母材牌号	钢材厚度或直径		
	≤16mm	>16mm，≤40(50)mm	>40(50)mm，≤100[63]mm
Q235	1.57	1.64	1.72
Q355	1.36	1.40	1.45
Q355GJ	—	1.42	1.46

注：( ) 中数值对应于 Q355GJ，[ ] 中数值对应于 Q355。

由表 3.1.6-2 可知，常用钢材极限强度与屈服强度比均大于焊接连接时的连接系数要求。但是，式（3.1.5-3）中腹板连接的极限受弯承载力计算取腹板钢材的屈服强度 f_{yw}（未取极限强度 f_u），且 W_{wpe} 计算时考虑过焊孔高度影响。计算表明，腹板极限抗弯承载力占梁柱连接所需的极限受弯承载力的比值约为 10%，综合考虑后，由于 Q355 钢材的 f_u/f_y 较低，很难满足式（3.1.4-1）的连接要求。

综上，对于采用 Q355 的钢梁与柱栓焊连接时，翼缘一般需要采用加强型连接（或骨式连接）。而钢材牌号为 Q235 或 Q355GJ 时，除抗震等级一级、二级外，一般不需要加强。

3.1.7 《钢标》第 3.5.1 条对压弯和受弯构件的截面板件宽厚比给出了 S1～S5 的 5 个等级，意义是什么？

答复：板件宽厚比从侧面反映了构件截面的塑性转动（塑性发展）能力。一般构件破坏模态分为：

（1）屈曲破坏（边缘纤维达屈服应力前，腹板可能发生局部屈曲），此时构件宽厚比偏大（如 S5 级），设计时强度不能充分发挥，且属于脆性破坏。其弯矩-曲率关系如

图 3.1.7 的曲线 5 所示。

（2）屈曲与屈服界限破坏（构件外边缘纤维刚达到屈服，便产生局部屈曲破坏），即 S4 级。设计时不能考虑塑性发展系数，可用于次梁等不考虑塑性耗能的非抗震构件。其弯矩-曲率关系如图 3.1.7 的曲线 4 所示。

（3）屈服破坏后具有一定的塑性开展能力，可达到翼缘范围全部进入塑性，但腹板范围塑性开展能力有限，无法进入全截面屈服，并形成全截面塑性铰转动，即 S3 级。其弯矩-曲率关系如图 3.1.7 的曲线 3 所示。

（4）构件可达到全截面屈服，完全进入塑性，但塑性铰转动能力有限（曲率延性比可达到 2～3），其极限塑性转角是全截面屈服转角的 2～3 倍，即 S2 级。其弯矩-曲率关系如图 3.1.7 的曲线 2 所示。

（5）构件可达到全截面屈服，完全进入塑性，且塑性铰转动能力很强，其极限塑性转角是全截面屈服转角的 8～15 倍，即 S1 级。其弯矩-曲率关系如图 3.1.7 的曲线 1 所示。

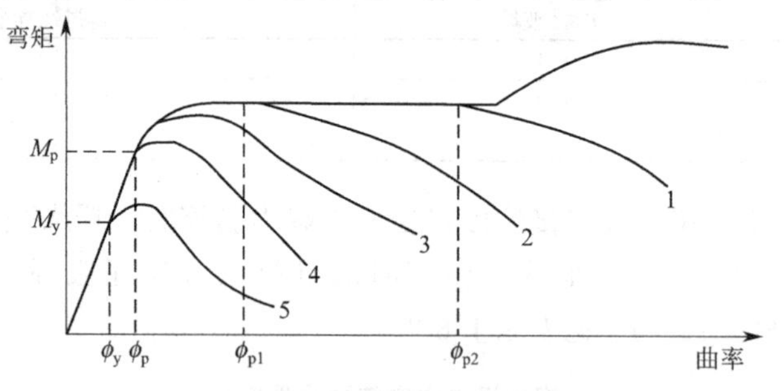

图 3.1.7　截面的分类及其转动能力

板件临界应力达到屈服应力时的临界宽厚比$(b_1/t)_y$或径厚比$(D/t)_y$，S1、S2、S3、S4、S5 等级分别对应临界宽厚比（径厚比）的 0.5、0.6、0.7、0.8、1.1 倍。H 形截面不同板件宽厚比等级下的受力状态见表 3.1.7。

H 形截面转动能力　　**表 3.1.7**

截面等级		S1（一级塑性截面）	S2（二级塑性截面）	S3（弹塑性截面）	S4（弹性截面）	S5（薄壁截面）
t, t_w, H	应力分布	f_y, $H/2$, $H/2$, f_y	f_y, $H/2$, $H/2$, f_y	f_y, h_1, t, $h_1+h_2 \leqslant H/4$, t, h_2, f_y	f_y, f_y	$\sigma<f_y$
	承载力	$M=M_p$	$M=M_p$	$M_y<M<M_p$	$M=M_y$	$M<M_y$
	转动能力	$\phi_{p2}=(8\sim15)\phi_p$	$\phi_{p1}=(2\sim3)\phi_p$	$\phi_p<\phi<\phi_{p2}$	$\phi \geqslant \phi_y$	—
	说明	也可称为塑性转动截面	由于局部屈曲，塑性铰转动能力有限	—	因局部屈曲而不能发展塑性	腹板可能发生局部屈曲

3.1.8 《钢标》中规定的板件宽厚比等级在工程中如何应用?

答复: S5 级延性较差,较重要或较高烈度区的钢结构尽量不用。

S4 级一般用于无塑性开展需求的吊车梁等,设计时不能考虑塑性发展系数。

S3 级相当于《抗规》抗震等级为四级的抗震构件性能要求。

S2 级相当于《抗规》抗震等级为二~三级的抗震构件性能要求。

S1 级相当于《抗规》抗震等级为一级(或略严于一级)的抗震构件性能要求。

宽厚比等级的区分,主要对应于《钢标》第 17 章的抗震性能化设计中的构件延性等级,而构件延性等级又对应承载力性能等级(反映高延性-低承载力,低延性-高承载力的性能化设计思想),此处应与《抗规》的抗震等级稍作区分(类似于混凝土结构性能化设计思路,可弱化抗震等级概念)。

因此,抗震设计时,一般的结构抗震(抗侧力)构件可按现行《抗规》《高钢规》相关要求控制截面宽厚比(高厚比)。如果设计过程中需要进行性能化设计时(提高设防目标或优化结构延性与强度指标),可按宽厚比等级细化结构构件延性性能,同时进行构件相匹配的承载力设计。

3.1.9 在强度均满足要求的前提下,提高钢材牌号导致构件长细比或板件宽厚比不满足规范要求,是否可行?

答复: 现行规范在计算构件长细比、板件宽厚比时,往往需乘以钢号修正系数,导致牌号越高的钢材反而不易满足要求。构件长细比、板件宽厚比的控制,主要从结构刚度需求、破坏模式(屈曲还是屈服)、屈服后延性指标等角度考虑。钢材牌号提高后,屈服强度提高,而屈曲强度(由刚度控制)未变,极限承载力状态下可能导致屈曲与屈服失效模式发生改变(可能由屈服延性破坏变为屈曲脆性破坏),或导致结构塑性耗能(转动)能力降低。

对于无抗震要求(或抗震需求低)的空间网格类钢屋盖结构(网架、桁架等),构件长细比控制主要从运输、安装、正常使用情况下的刚度需求考虑,在计算时可不考虑钢号修正系数。因此在已满足设计要求的前提下,采用高牌号钢材替换低牌号钢材可行,只是材料强度有过度剩余。

对于有抗震要求的轴压、压弯、受弯类构件,一般尽量避免结构构件屈服前发生屈曲破坏,而长细比和宽厚比限值则用来控制结构的整体和局部屈曲,因此必须满足《钢标》第 17.3 节的"基本抗震措施"要求,否则钢材牌号提高将会影响结构基本抗震性能,不满足设计要求。在满足《钢标》第 17.3 节相关要求的前提下,如钢材牌号提高导致长细比、宽厚比不满足《抗规》《高钢规》等相关要求,可用高强度-低延性的设计思路,采用《钢标》第 17 章性能化设计方法进行设计,判断结构构件是否满足强度和延性需求。

特殊情况下(如柱子的轴压力非常小),可通过屈曲分析进一步降低钢结构构件的抗震构造要求。

3.1.10 次梁按组合梁设计时应验算哪些指标?抗剪栓钉应如何布置?

答复: 组合梁设计的内容包括受弯承载力计算、受剪承载力计算、抗剪连接件的数量和布置、混凝土翼缘板及其托板纵向界面受剪承载力计算、变形验算、负弯矩区段内混凝土翼缘板的最大裂缝宽度验算以及构造要求等。

钢梁与混凝土楼板的组合作用是靠剪切连接件实现的，剪切连接件的作用是抵抗水平剪力和竖向掀起力。在受弯承载力计算时，应区分完全抗剪连接组合梁和部分抗剪连接组合梁的计算不同；受剪承载力计算时，截面全部剪力由钢梁腹板承受。

假设次梁跨度分别为 4m、6m、8m、10m，次梁选用 Q355B 钢材，钢筋桁架支承板板厚 110mm（此时钢次梁的间距一般为 2.0～3.0m），混凝土强度等级为 C30，圆柱头抗剪栓钉为直径 19mm。

单个圆柱头焊钉的抗剪承载力设计值（按《钢标》计算）：

$$N_c^v=0.43A_s\sqrt{E_c f_c}\leqslant 0.7A_s f_u=79.3\text{kN} \tag{3.1.10-1}$$

式中：A_s——圆柱头焊钉钉杆截面面积；

E_c——混凝土弹性模量；

f_u——圆柱头焊钉极限抗拉强度设计值。

每个剪跨区段内钢梁与混凝土翼板交界面的纵向剪力 V_s 取值（此处一般由 Af 控制）：

$$V_s=\min(Af, b_e h_{c1} f_c) \tag{3.1.10-2}$$

式中：b_e——混凝土翼板的有效宽度；

h_{c1}——混凝土翼板厚度。

当按完全抗剪连接设计时，栓钉布置需求如表 3.1.10 所示。

栓钉布置 **表 3.1.10**

次梁跨度(m)	钢梁截面(mm)	V_s(kN)	栓钉个数（一个区段）	栓钉排列(mm)
4	HN200×100×5.5×8	813	11	单列@150
	HN251×125×6×9	1127	15	单列@120
6	HN251×125×6×9	1127	15	单列@200
	HN300×150×6.5×9	1427	18	单列@150
8	HN350×175×7×11	1919	25	两列@250
	HN400×200×8×13	2543	33	两列@200
10	HN450×200×9×14	2911	37	两列@250
	HN500×200×10×16	3425	44	两列@200

3.1.11 耐候钢、低屈服点钢等特殊钢材的力学性能及工程应用情况如何？

答复：近年来，钢结构用钢材向高强度、高性能方面发展，高强度等级钢材和超厚板钢材、低屈强比钢和极低强度钢、高效焊接钢以及耐火耐候钢的力学性能及工程应用情况如下。

（1）高强度等级钢材和超厚板钢材

随着建筑结构的高层化和大跨距的发展，高强度和大厚度钢板成为高性能钢材的首先发展目标。国外目前主要使用 490MPa 级和 590MPa 级钢材，780MPa 级钢材也正在积极推广使用。厚度超过 40mm 时也能保证钢材力学性能，并具有良好焊接性能的建筑用特厚钢板和特厚 H 型钢也已研制成功，钢板厚度达 90～100mm，H 型钢翼缘厚度达 70～

90mm。国外高强高性能钢材的性能见表 3.1.11-1。

建筑用高强度钢的力学性能 **表 3.1.11-1**

强度级别	板厚(mm)	f_s(MPa)	f_b(MPa)	屈强比	δ(%)
590MPa	19～100	440～540	590～740	≤0.80	≥20
780MPa	25～100	≥620	780～930	≤0.85	≥16

我国现行标准《低合金高强度结构钢》GB/T 1591—2018 有 4 个强度等级，包括热轧钢 Q355、Q390、Q420、Q460，正火及正火轧制钢 Q355N、Q390N、Q420N、Q460N，热机械轧制钢 Q355M、Q390M、Q420M、Q460M。

(2) 低屈强比钢和极低强度钢

高性能钢材还体现在：低屈强比、低强度高延性、高焊接性能、耐火性能、耐候性能，其中与结构受力性能有关的是低屈强比钢材和低强度高延性钢材。

屈强比是指钢材屈服强度与抗拉强度的比值。若近似认为地震作用下框架梁承受等梯度弯矩作用，则屈强比越小，梁端达到抗拉强度极限时，梁端进入屈服的塑性铰区长度就越大，结构的塑性耗能能力就越强。因此，低屈强比钢材能更好地发挥钢材的塑性变形和耗能能力，提高结构的抗震安全性。

目前，日本已开发出屈强比小于 0.8 的 590MPa 和 780MPa 的高强厚钢板（80～100mm）。为充分保证结构实现预期屈服机制，满足抗震结构在预期塑性铰区的耗能能力，在满足低屈强比条件下，屈服强度的变异性（窄屈服点）也是一个重要的方面，这需要对钢材原材料和生产工艺的严格控制。

日本还研制出屈服强度约 100MPa，而延伸率可达 50%～60%，屈强比仅为 0.45～0.55（见表 3.1.11-2）的极低屈服强度高延性钢材。这种钢材用于制作专门的滞迟型耗能阻尼器。

低屈强强度和极低屈服强度钢的力学性能 **表 3.1.11-2**

强度级别	板厚(mm)	f_s(MPa)	f_b(MPa)	δ(%)
LY235	10～40	215～245	300～400	≥40
LY100	6～12	90～130	200～300	≥50

(3) 高效焊接钢

该钢材提高钢材焊接性能，尤其是提高大厚度钢板的焊接性能。

(4) 耐火耐候钢

该钢材可节省钢结构耐火被覆材料成本，提高钢结构抗火性能以及钢结构的防腐涂装和耐久性能。

20 世纪 80 年代日本通过在钢中添加微量的 Cr、Mo、Nb 等合金元素开发出了强度达 390～490MPa 的耐火耐候钢。这种钢材在 600℃高温下一定时间内（通常为 1～3h），其高温屈服强度为常温标准值的 2/3 以上；而在常温下，其各种性能与普通焊接结构钢相同。

我国也研制出低屈强比高强度建筑用耐火钢，室温屈服强度达到 490MPa，屈强比 0.76，延伸率大于 17%；600℃时屈服强度达到 367.9MPa，大于 2/3 室温屈服强度。

3.1.12 钢结构防火涂料选择应注意哪些问题？

答复：根据工程经验，选择钢结构防火涂料时应注意下列问题：

（1）首先根据表 3.1.12 确定耐火等级对应的结构构件耐火极限。

（2）根据建筑功能及结构构件耐火极限要求，选择使用薄涂型还是厚涂型防火涂料，设计耐火极限大于 1.50h 的构件，不宜选用薄涂型防火涂料。

（3）确定防火涂料的设计参数，如非膨胀型防火涂料的等效热传导系数（一般为 0.07～0.09），膨胀型防火涂料的等效热阻（一般为 0.2～0.4），按《建筑钢结构防火技术规范》进行承载力验算。

（4）根据计算结果确定防火涂料的厚度，并满足相关构造要求，非膨胀型防火涂料涂层的厚度不应小于 10mm，不宜小于 15mm，膨胀型防火涂料涂层的厚度不宜小于 1.5mm。

（5）确定防火涂料的其他特性，如非膨胀型防火涂料的粘结强度、抗压强度、干密度、热导率、耐水性、耐冻融循环性，膨胀型防火涂料的粘结强度、抗弯性、抗振性、耐水性、耐冻融循环性，以及防火涂料与防腐涂料应相容、匹配性等，应满足相关要求。

单、多层和高层建筑构件的耐火极限（h）　　　　**表 3.1.12**

<table>
<tr><th rowspan="3">构件名称</th><th colspan="8">耐火等级</th></tr>
<tr><th colspan="6">单、多层建筑</th><th colspan="2">高层建筑</th></tr>
<tr><th>一级</th><th>二级</th><th colspan="2">三级</th><th colspan="2">四级</th><th>一级</th><th>二级</th></tr>
<tr><td>承重墙</td><td>3.00</td><td>2.50</td><td colspan="2">2.00</td><td colspan="2">0.50</td><td>3.00</td><td>2.00</td></tr>
<tr><td>柱、柱间支撑</td><td>3.00</td><td>2.50</td><td colspan="2">2.00</td><td colspan="2">0.50</td><td>3.00</td><td>2.50</td></tr>
<tr><td>梁、桁架</td><td>2.00</td><td>1.50</td><td colspan="2">1.00</td><td colspan="2">0.50</td><td>2.00</td><td>1.50</td></tr>
<tr><td rowspan="2">楼板、楼面支撑</td><td rowspan="2">1.50</td><td rowspan="2">1.00</td><td>厂、库房</td><td>民用房</td><td>厂、库房</td><td>民用房</td><td rowspan="6">1.50</td><td rowspan="6">1.00</td></tr>
<tr><td>0.75</td><td>0.50</td><td>0.50</td><td>不要求</td></tr>
<tr><td rowspan="2">屋盖承重构件、
屋面支撑、系杆</td><td rowspan="2">1.50</td><td rowspan="2">0.50</td><td>厂、库房</td><td>民用房</td><td rowspan="2">不要求</td><td rowspan="2">—</td></tr>
<tr><td>0.50</td><td>不要求</td></tr>
<tr><td rowspan="2">疏散楼梯</td><td rowspan="2">1.50</td><td rowspan="2">1.00</td><td>厂、库房</td><td>民用房</td><td rowspan="2">不要求</td><td rowspan="2">—</td></tr>
<tr><td>0.75</td><td>0.50</td></tr>
</table>

3.2 钢结构设计

3.2.1 钢结构设计中，如何合理地确定焊缝质量等级？

答复：焊缝应根据结构的重要性、荷载特性、焊缝形式、工作环境以及应力状态等情况确定其质量等级。《钢结构焊接规范》GB 50661—2011 中将焊缝的质量分为三个质量等级，即一级、二级、三级。其具体要求如下：

1. 在承受动荷载且需要进行疲劳计算的构件中，凡要求与母材等强连接的焊缝均应焊透，其质量等级为：

（1）作用力垂直于焊缝长度方向的横向对接焊缝或 T 形对接与角接组合焊缝，受拉时应为一级，受压时应为二级；

(2) 作用力平行于焊缝长度方向的纵向对接焊缝应为二级；

(3) 重级工作制（A6～A8）和起重量大于等于50t的中级工作制（A4、A5）吊车梁的腹板与上冀缘之间以及吊车桁架上弦杆与节点板之间的T形接头焊缝均要求焊透，焊缝形式宜为对接与角接的组合焊缝，其质量等级不应低于二级。

2. 在工作温度等于或低于−20℃的地区，构件对接焊缝的质量等级不得低于二级。

3. 不需要计算疲劳的构件中，凡要求与母材等强的对接焊缝宜予焊透。其质量等级当受拉时应不低于二级，受压时宜为二级。

4. 部分熔透的对接焊缝、采用角焊缝或部分焊透的对接与角接组合焊缝的T形连接部位，以及搭接连接采用的角焊缝，其质量等级为：

(1) 对直接承受动力荷载且需要验算疲劳的构件和起重机起重量等于或大于50t的中级工作制吊车梁以及梁柱、牛腿等重要节点，焊缝的外观质量标准应为二级；

(2) 对其他结构，焊缝的外观质量标准可为三级。

5.《高钢规》第8.1.4条规定，梁与柱刚性连接时，梁翼缘与柱的连接、框架柱的拼接、外露式柱脚的柱身与底板的连接以及伸臂桁架等重要受拉构件的拼接，均应采用一级全熔透焊缝，其他全熔透焊缝为二级。非熔透的角焊缝和部分熔透的对接与角接组合焊缝的外观质量标准应为二级。现场一级焊缝宜采用气体保护焊。

基于上述规范规定，某高层钢框架-中心支撑结构（地下室一层，埋入式柱脚）焊缝质量等级要求如表3.2.1所示。

焊缝质量等级 **表3.2.1**

序号	焊缝类型	焊接要求	焊缝质量等级
1	框架柱拼接对接焊缝	全熔透焊缝	一级
2	框架梁与柱刚接时，梁翼缘与柱的连接焊缝	全熔透焊缝	一级
3	支撑拼接对接焊缝，支撑在节点区与梁、柱的对接焊缝	全熔透焊缝	一级
4	柱拼接接头上下各100mm范围内，工字形柱翼缘与腹板或箱形柱角部壁板间的焊缝	全熔透焊缝	一级
5	箱形柱内隔板（外伸隔板）与柱壁板以及工字形柱的横向加劲肋与柱翼缘的对接焊缝	全熔透焊缝	一级
6	梁与柱刚接时，柱翼缘与腹板（或壁板间）的拼接焊缝	全熔透焊缝	二级
7	梁与梁拼接时或梁与梁刚接时，梁翼缘间的连接焊缝	全熔透焊缝	二级
8	支撑壁板间的拼接焊缝	全熔透焊缝	二级
9	梁腹板与翼缘的连接焊缝	部分熔透焊缝或角焊缝	三级，外观质量二级
10	梁与柱铰接时，梁腹板连接板与柱翼缘焊缝		
11	埋入式柱脚框架柱与柱底板的连接焊缝	全熔透焊缝	二级

焊缝内部缺陷的检测一般可用超声波探伤，一级焊缝检测比例为100%，二级焊缝检测比例为20%，三级焊缝不进行探伤，仅作外观检查。

3.2.2 H型钢框架梁下翼缘是否必须设置隔撑？

答复：框架梁设置隅撑主要是防止下翼缘受压区段失稳。一般情况下，H型钢梁上翼缘通过与楼板的有效连接，不会发生失稳；而下翼缘通过腹板与上翼缘连接，缺乏有效的侧向约束，在受到较大压力时，下翼缘侧扭引起腹板畸变，会发生畸变失稳破坏。畸变失稳介于整体失稳与局部失稳之间。首先，控制板件宽厚比能有效提高下翼缘畸变屈曲临界应力，保证下翼缘发生屈服破坏。另外，设置加劲板或隅撑后，可大幅度提高下翼缘的抗侧刚度，防止下翼缘侧扭。

（1）当支座承担负弯矩且梁顶有混凝土楼板与钢梁可靠连接时，框架梁受弯正则化长细比 $\lambda_{n,b}\leqslant0.45$ 时（《钢标》式 6.2.7-3），受压翼缘弹塑性畸变屈曲应力基本达到钢材的屈服强度，如果框架梁无塑性设计需求（如抗震设防低烈度区由风荷载控制时），可不设置隅撑或加劲肋。

（2）《钢标》第 10.4.3 条规定，当工字钢梁受拉的上翼缘有楼板或刚性铺板与钢梁可靠连接时，形成塑性铰的截面，其受弯正则化长细比 $\lambda_{n,b}$ 不大于 0.3。《钢标》第 17.3.4 条第 2 款规定，工字形梁受弯正则化长细比 $\lambda_{n,b}$ 应符合表 3.2.2-1 的要求。

工字形梁受弯正则化长细比 $\lambda_{n,b}$ 限值 **表 3.2.2-1**

结构构件延性等级	Ⅰ级、Ⅱ级	Ⅲ级	Ⅳ级	Ⅴ级
上翼缘有楼板	0.25	0.40	0.55	0.80

结合构件延性等级与抗震等级关系（本书 3.1.8 问答复有论述），建议各抗震等级对应 $\lambda_{n,b}$ 应满足表 3.2.2-2 的要求。

工字形梁受弯正则化长细比 $\lambda_{n,b}$ 限值 **表 3.2.2-2**

抗震等级	一级	二级	三级	四级
上翼缘有楼板	0.25	0.30	0.35	0.40

当框架梁不满足上述要求时，在侧向未受约束的受压翼缘区段内，应设置隅撑或沿梁全长设间距不大于 2 倍梁高并与梁等宽的横向加劲肋。采用性能化设计的钢框架梁，则应严格执行《钢标》第 17.3.4 条的相关要求。

《高钢规》第 8.5.5 条规定，抗震设计时，框架梁在出现塑性铰的截面上、下翼缘均应设置侧向支撑。当梁上翼缘与楼板有可靠连接时，固端梁下翼缘在梁端 0.15 倍梁跨附近均宜设置隅撑；梁端采用加强型连接或骨式连接时，应在塑性区外设置竖向加劲肋。梁端下翼缘宽度局部加大，对梁下翼缘侧向约束较大时，视情况也可不设隅撑。对于抗震等级二级及以上的钢框架梁，一般较难满足表 3.2.2-2 相关要求，因此《高钢规》要求框架梁塑性铰外应设隅撑。

3.2.3 上部钢结构插入地下混凝土结构时，下插楼层数如何考虑？

答复：《高钢规》第 3.4.2 条规定，钢框架柱应至少延伸至计算嵌固端以下一层，并且宜采用钢骨混凝土柱，以下可采用钢筋混凝土柱。此时钢柱脚做法可按图 3.2.3 所示形式。因此，地上为钢结构，地下过渡到混凝土结构时，地上钢结构至少下插一层（为嵌固端下一层），此时，框架柱、支撑、钢板剪力墙等均可等截面往下延伸，然后外包混凝土并满足构造要求。支撑向地下延伸时也可用钢板混凝土剪力墙替代，保证传力直接、均匀，以免应力突变。

图 3.2.3 中地下一层框架柱顶部应满足嵌固端的相关要求，柱底部弯矩、剪力，以及底板结合面处施工缝抗滑移均由外包钢筋混凝土部分承担。

地下二层以下是否需要继续延伸，需要根据工程情况进行分析。一般情况下，地下一层钢骨混凝土结构（钢结构外包混凝土）由于尺寸增大，刚度、强度明显提升，能有效作为上部结构的嵌固端。此时地下二层用纯混凝土结构能满足承载力要求，则不需要继续下插。但是，如果地下一层层高不满足最小外包式柱脚外包高度要求时，需要继续向下延伸。

对于高烈度区高度较高或高宽比较大的钢结构，地震作用下其边、角部柱，墙体底部可能产生较大拉力，这对地下室相关竖向构件抗拉性能提出更高要求。此时建议复核中震情况下地下室墙、柱的受拉承载力，如果不满足要求，建议钢结构适当增加下插层数，或延伸至基础。

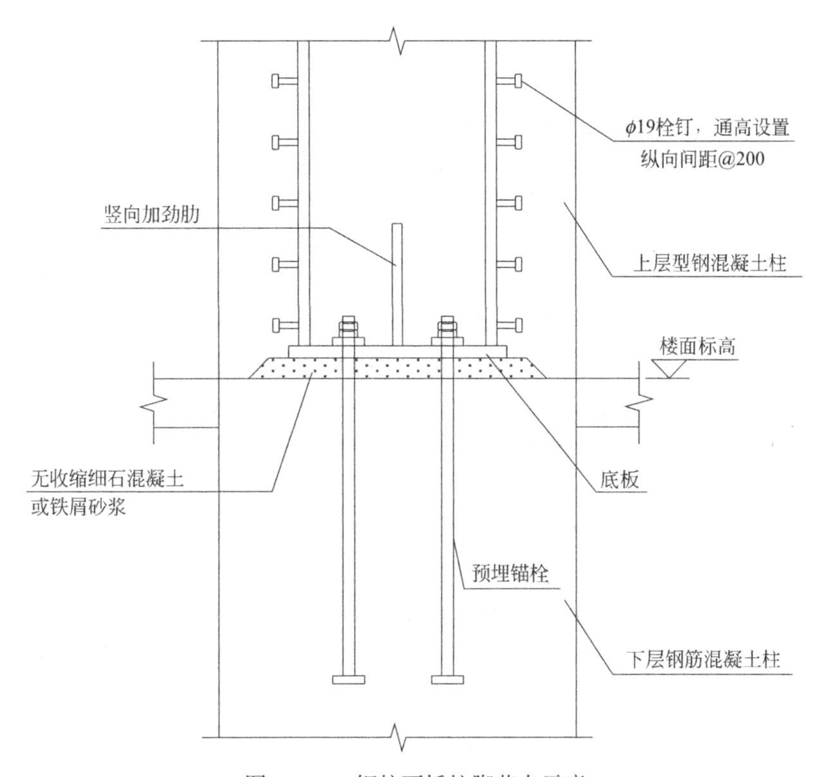

图 3.2.3 钢柱下插柱脚节点示意

3.2.4 钢管混凝土柱延伸至基础时，柱脚如何处理？

《钢管混凝土结构技术规范》GB 50936—2014 第 4.1.5 条规定，采用钢管混凝土结构的多层和高层建筑无地下室时，钢管混凝土柱应采用埋入式柱脚；当设置地下室且钢管混凝土柱伸至地下至少两层时，宜采用埋入式柱脚，也可采用非埋入式柱脚。钢结构柱脚主要作用是将上部结构荷载（拉、压、弯、剪、扭）传到底部嵌固端以下（或基础），有抗震要求时，应保证其不先于上部结构破坏。

如果没有地下室，则上部结构荷载直接传给基础，一般只有埋入式或外包式柱脚满足上述要求。

如果有地下室，由于地下室刚度较大以及回填土约束作用，柱脚承载力需求（剪、弯、扭）随地下室层数增加而降低，地下室楼层数不小于 2 层时，一般柱脚仅有抗压需求，采用外露式柱脚也能满足要求。对于高宽比较大的高层或超高层结构，中震作用下如果柱脚存在拉力，则应补充抗拉承载力验算，柱脚锚栓抗拉承载力应满足大震不屈服要求。

3.2.5 多层钢结构无地下室时，能否采用刚接外露式柱脚？

答复：《钢标》第 12.7.1 条规定："多高层结构框架柱的柱脚可采用埋入式柱脚、插入式柱脚及外包式柱脚，多层结构框架柱尚可采用外露式柱脚，单层厂房刚接柱脚可采用插入式柱脚、外露式柱脚，铰接柱脚宜采用外露式柱脚。"

对于有抗震要求的钢框架，屈服机制允许柱根形成塑性铰，此时应保证强节点（柱脚）弱构件（柱根），应进行柱脚的极限承载力验算。《钢标》第 17.2.9 条第 4 款规定，柱脚与基础的连接极限承载力应按下式验算：

$$M_{u,base}^{j} \geqslant \eta_j M_{pc} \tag{3.2.5}$$

式中：$M_{u,base}^{j}$——柱脚的极限受弯承载力；

η_j——连接系数；

M_{pc}——考虑轴心影响时柱的塑性受弯承载力。

式(3.2.5）对外露式柱脚提出了较高要求，工程设计中很难实现。因此，外露式刚接柱脚一般应用于无抗震要求（或地震不起控制作用）的结构，如轻钢厂房、个别临建等。

对于较低烈度区的多层钢框架，原则上可通过性能化设计方法进行刚接外露式柱脚设计。《钢标》第 17.1.4 条第 3 款第 3 项要求，当结构构件满足延性等级为Ⅴ级的内力组合效应验算时，可忽略机构控制验算。结合《钢标》表 17.1.3、表 17.1.4-2，延性等级为Ⅴ级对应标准设防类结构构件塑性耗能区的抗震承载性能等级为性能 3，基本应满足大震不屈服的性能目标。

如果刚接外露式柱脚无法满足设计要求时，也可考虑铰接柱脚。

3.2.6 判断有支撑框架是否为强支撑，《钢标》的式(8.3.1-6)与《高钢规》的式(7.3.2-10)不一致，该以哪本标准为依据？

答复：强支撑框架中支撑架应具有足够的刚度，保证框架柱失稳模式由有侧移变为无侧移模式，也就是说，支撑架在自身承担水平荷载的同时，也要承担对框架的支撑作用（图 3.2.6)，使框架柱的承载力从有侧移失稳承载力转变为无侧移失稳承载力，《高钢规》第 7.3.2 条条文说明用公式表达为：

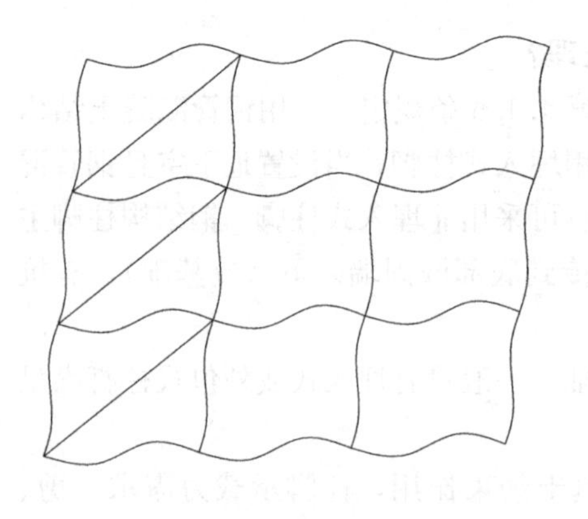

(a) 有侧移失稳

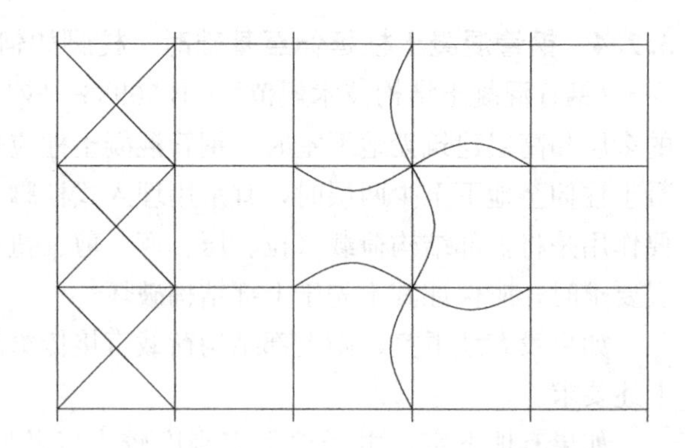

(b) 无侧移失稳

图 3.2.6 有、无侧移框架失稳模式比较

$$\frac{S_{i\text{th}}}{S_i}+\frac{Q_i}{Q_{iy}}\leqslant 1 \tag{3.2.6-1}$$

$$S_{i\text{th}}=\frac{3}{h_i}\left(1.2\sum_{j=1}^{m}N_{j\text{b}}-\sum_{j=1}^{m}N_{j\text{u}}\right) \tag{3.2.6-2}$$

式中：Q_i——第 i 层承受的总水平力（kN）；

Q_{iy}——第 i 层支撑能够承受的总水平力（kN）；

$S_{i\text{th}}$——为使框架柱从有侧移失稳转化为无侧移失稳所需要的支撑架的最小刚度（kN/mm）；

S_i——支撑架在第 i 层的层抗侧刚度（kN/mm）；

$N_{j\text{b}}$——框架柱按照无侧移失稳的计算长度系数决定的压杆承载力（kN）；

$N_{j\text{u}}$——框架柱按照有侧移失稳的计算长度系数决定的压杆承载力（kN）；

h_i——所计算楼层的层高（mm）；

m——本层的柱子数量，含摇摆柱。

其中，式(3.2.6-1) 前半部分为支撑架将框架柱失稳模式由有侧移变为无侧移模式的刚度需求，后半部分为支撑架自身承担水平荷载的强度需求。

《高钢规》将式（3.2.6-2）的系数 1.2 改为 1.0，同时将 $\sum_{j=1}^{m}N_{j\text{u}}$ 略去，得到：

$$S_{i\text{th}}=\frac{3}{h_i}\sum_{j=1}^{m}N_{j\text{b}} \tag{3.2.6-3}$$

将式(3.2.6-3) 中的 $\sum_{j=1}^{m}N_{j\text{b}}$ 用各个柱子的轴力 $\sum N_i$ 代替，代入式（3.2.6-1），得到：

$$3\frac{\sum N_i}{S_i h_i}+\frac{Q_i}{Q_{iy}}\leqslant 1 \tag{3.2.6-4}$$

式(3.2.6-4) 中$\dfrac{\sum N_i}{S_i h_i}$即为二阶效应系数$\theta$，$\dfrac{Q_i}{Q_{iy}}$即为应力比$\rho$。

因此，《高钢规》第 7.3.2 条第 4 款规定，当框架柱的计算长度系数取 1.0，或取无侧移失稳对应的计算长度时，应保证支撑能对框架的侧向稳定提供支撑作用，支撑构件的应力比 ρ 应满足式（3.2.6-5）要求，其表达式与式（3.2.6-4）一致。

$$\rho\leqslant 1-3\theta_i \tag{3.2.6-5}$$

《高钢规》在上述推导过程中，进行了一系列简化，其中将 $\sum_{j=1}^{m}N_{j\text{b}}$ 用 $\sum N_i$ 替代会导致计算结果失真，不合理，执行时存在一系列问题。因此，无侧移或有侧移框架判断应以《钢标》为依据。

《钢结构设计规范》GB 50017—2003 对支撑架的侧向刚度 S_i(S_b)需求见式(3.2.6-6)，与式(3.2.6-2) 表达基本一致。

$$S_\text{b}\geqslant 3\left[1.2\sum N_\text{b}-\sum N_0\right] \tag{3.2.6-6}$$

《钢标》第 8.3.1 条第 2 款规定，当支撑结构（支撑桁架、剪力墙等）满足式（3.2.6-7）要求时，为强支撑框架。可见其要求相比《钢结构设计规范》GB 50017—2003

的式(3.2.6-6)更严格，刚度需求提升 50%左右。

$$S_{b} \geqslant 4.4\left[\left(1+\frac{100}{f_{y}}\right)\Sigma N_{bi}-\Sigma N_{0i}\right] \tag{3.2.6-7}$$

式(3.2.6-7)执行困难时，应采用二阶弹性分析保证框架柱的强度和稳定性。

3.2.7 钢次梁与钢主梁（或柱）铰接采用螺栓连接时，螺栓是否需要考虑偏心弯矩的影响？

答复：次梁与主梁采用铰接连接方式时，在主梁抗扭刚度为 0 的假定下，次梁弯矩简图见图 3.2.7-1，由于螺栓偏位导致主梁与螺栓群存在附加偏心距 e_1（螺栓群形心至梁腹板中轴线的距离），此时螺栓验算时需要考虑附加弯矩 M_1 的影响。

$$M_1=Ve_1 \tag{3.2.7-1}$$

若次梁与框架柱铰接时，由于柱的抗弯刚度较大，接近嵌固，而连接板和螺栓群存在一定的抗弯刚度，次梁端会产生一定的嵌固弯矩，半刚接于框架柱，螺栓验算时需要考虑螺栓群形心处嵌固弯矩 M_2，其近似计算模型如图 3.2.7-2 所示，其中 e_2 为梁端嵌固弯矩的等效偏心距。

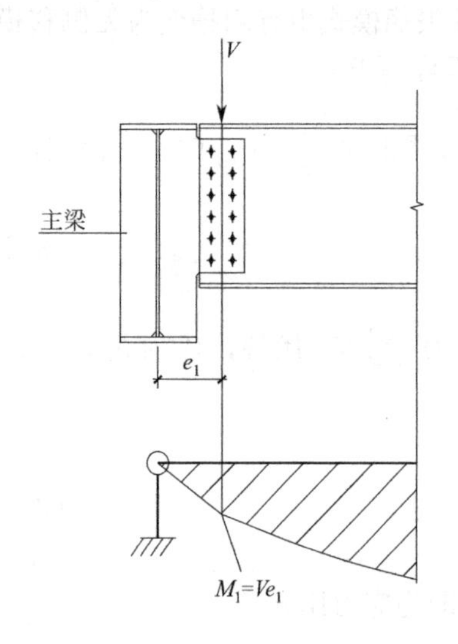

图 3.2.7-1 次梁与主梁铰接时弯矩分布图

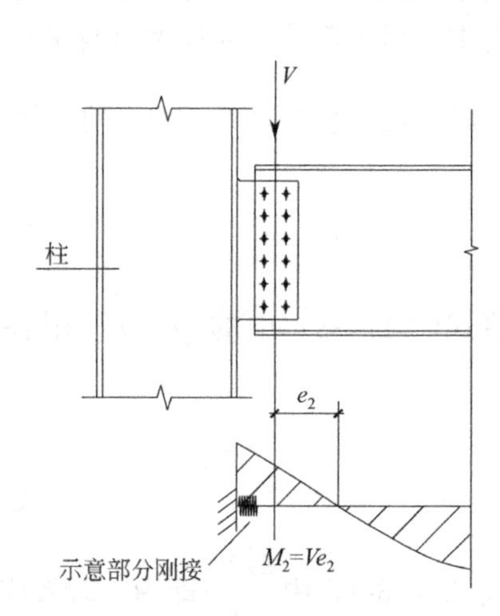

图 3.2.7-2 次梁与框架柱铰接时弯矩分布图

《钢骨混凝土结构技术规程》YB 9082—2006 中 7.3.5 条规定 e_2 计算公式如下：

$$e_2=\frac{I_{sb}}{y_{max}V_{ss}}\sqrt{R_s^2-\left(\frac{V_{ss}}{n_s}\right)^2} \tag{3.2.7-2}$$

式中：I_{sb}——钢梁与预埋件连接板的连接螺栓群对其中心的惯性矩（mm^4），$I_{sb}=\sum_{i=1}^{n}(x_i^2+y_i^2)$，其中 x_i 和 y_i 分别为第 i 个螺栓到螺栓群中心的水平和竖向距离；

y_{max}——距螺栓群中心最远的连接螺栓到螺栓群中心的竖向距离；

V_{ss}——钢梁传来的剪力；

R_s——单个连接螺栓的受剪承载力，按连接螺栓的标准强度确定；

n_s——高强螺栓群的螺栓数。

当现浇混凝土楼板将次梁和主梁、框架柱连为整体时，由于楼板平面内刚度很大，根据《高钢规》第 8.3.9 条规定，可不考虑此偏心弯矩影响，计算时可根据实际情况，将螺栓剪力设计值乘以 1.1～1.2 的放大系数。

3.2.8 《钢标》《高钢规》《钢管混凝土结构技术规范》《组合结构设计规范》等对钢管（混凝土）柱脚的外包高度或埋入深度要求均不一致，设计时如何实施？

答复：钢管（混凝土）柱脚的外包高度或埋入深度，首先应该满足构造要求。目前各规范要求不统一，具体如表 3.2.8 所示。

柱脚的外包高度或埋入深度构造要求 **表 3.2.8**

柱截面类型	外包高度	埋入深度	相关标准
H 形截面柱	$2.5h_c$	$2.0h_c$	《高钢规》
	$2.0h_c$	$1.5h_c$	《钢标》
圆钢管(混凝土)柱	$2.5D$	$3.0D$	《高钢规》
	$2.5D$	$1.5D$	《钢标》
	—	$2.5D$	《组合规范》
	—	$2.0D$	《钢管规范》
矩形钢管(混凝土)柱	$2.5h_c$	$2.5h_c$	《高钢规》
	$2.5h_c$	$1.5h_c$	《钢标》
	—	$2.0h_c$	《组合规范》

注：D 为圆钢管柱直径；h_c 为 H 形截面高度或矩形钢管柱长边尺寸。

对于外包式柱脚，《钢标》与《高钢规》外包混凝土高度的要求相近。设计时，对于高层建筑结构可执行《高钢规》要求；多层建筑结构可执行《钢标》要求。

对于埋入式柱脚，《钢标》要求较松，而《高钢规》要求最严。对于柱脚可能产生塑性铰时，建议统一按照 $2.0D$ 或 $2.0h_c$ 取值，然后补充极限承载力验算，满足强柱脚弱构件的性能目标要求。当柱脚不会产生塑性铰时（如低烈度区多层或单层框架，或地下室不少于两层），埋入深度可按照 $1.5D$ 或 $1.5h_c$ 取值，柱脚内力可按大震不屈服进行验算。当计算不满足要求时，可适当增加埋入深度。

3.2.9 平面钢桁架受拉弦杆是否需要设置平面外支撑？

答复：钢结构构件力学性能一般包含四方面指标，即强度、刚度、稳定性和延性，长细比与以上各方面均具有较强相关性，是结构构件非常重要的一项设计指标。对于拉杆自身而言，可能不存在理论意义上的稳定问题，强度计算也不用考虑长细比影响。但是，《钢标》《空间网格结构技术规程》仍给出了拉杆的长细比限值，主要原因是避免构件太柔，在自身重力作用下产生过大的挠度和运输、安装过程中造成弯曲，以及在动力荷载作用下发生较大振动，《钢标》中规定受拉构件的长细比不宜超过表 3.2.9 规定的容许值。

受拉构件的容许长细比 **表 3.2.9**

构件名称	承受静力荷载或间接承受动力荷载的结构			直接承受动力荷载的结构
	一般建筑结构	对腹杆提供平面外支点的弦杆	有重级工作制起重机的厂房	
桁架的构件	350	250	250	250
吊车梁或吊车桁架以下柱间支撑	300	—	200	—
除张紧的圆钢外的其他拉杆、支撑、系杆等	400	—	350	—

对于整体桁架而言，下弦拉杆一般不存在面内变形及振动问题，但受拉弦杆的一项重

要作用，是对受压腹杆提供侧向支承点，以保证其稳定性，使其计算长度系数可取1.0，这要求受拉弦杆有一定的面外刚度。因此，钢桁架受拉下弦杆应根据规范长细比要求控制面外长度，不满足要求时应设置平面外支撑。当然，对于空间桁架，应另行讨论。

3.2.10 《空间网格规程》第4.3.4条规定，按弹性全过程屈曲分析且为单层球面网壳、柱面网壳和椭圆抛物面网壳时，安全系数*K*可取为4.2，此时是否需要考虑结构初始缺陷？

答复： 网格结构安全系数为4.2，考虑的主要因素有：1）荷载等外部作用和结构抗力的不确定性可能带来的不利影响（系数1.64）；2）复杂结构稳定性分析中可能的不精确性和结构工作条件中的其他不利因素（系数1.2）；3）计算中未考虑材料弹塑性而带来的误差（弹性极限荷载与弹塑性极限荷载之比2.13）。即考虑3个因素后的安全系数为1.64×1.2×2.13=4.2。因此，针对此类结构进行弹性全过程屈曲分析时，应考虑结构初始缺陷（构件的初始缺陷可由整体结构初始缺陷一并考虑）和几何非线性的影响。

3.2.11 大跨屋盖的网架、网壳、桁架需要进行抗震性能化设计时，关键构件、一般构件、耗能构件如何定义？应力比如何控制？

答复： 大跨屋盖钢结构自重轻、刚度好，震害较轻，设计时地震作用往往不起控制作用，考虑地震作用组合时，除对支座及周边杆件内力影响较大外，对其他杆件影响较小。大跨屋盖钢结构设计无明确的屈服机制要求，因此不存在耗能构件，所有杆件原则上应满足大震不屈服（屈曲）的承载力要求。因此，屋盖应与下部结构整体建模分析，对于支座、与支座相邻的杆件及节点等关键构件，设计时应按照《抗规》10.2.13条要求进行放大调整。

需要进行性能化设计时，应根据屋盖结构形式、支承点数量以及重要程度确定性能目标，关键构件或部位承载力应满足中震弹性设计要求；对于特别复杂或重要的结构，可控制中震弹性荷载组合下关键构件应力比范围为0.7～0.8。

《抗规》10.2.13条规定，屋盖构件截面抗震验算除应符合本规范第5.4节的有关规定外，尚应符合下列要求：

（1）关键杆件的地震组合内力设计值应乘以增大系数；其取值，7、8、9度宜分别按1.1、1.15、1.2采用。

（2）关键节点的地震作用效应组合设计值应乘以增大系数；其取值，7、8、9度宜分别按1.15、1.2、1.25采用。

（3）预张拉结构中的拉索，在多遇地震作用下应不出现松弛。

注：对于空间传力体系，关键杆件指临支座杆件，即：临支座2个区（网）格内的弦、腹杆；临支座1/10跨度范围内的弦、腹杆，两者取较小的范围。对于单向传力体系，关键杆件指与支座直接相临节间的弦杆和腹杆。关键节点为与关键杆件连接的节点。

3.2.12 钢框架-中心支撑结构、钢框架-偏心支撑结构的受力特点及应用范围是什么？

答复： 在框架的一部分开间中设置支撑，支撑与梁、柱组成一竖向支撑桁架体系（图3.2.12-1），并通过楼盖与无支撑框架共同抵抗侧力，称为钢框架-支撑体系；若用钢板剪力墙代替钢支撑，嵌入钢框架，即为钢框架-钢板剪力墙体系。在这种结构体系中，钢框架的侧向刚度小，承担的水平剪力小；竖向支撑桁架（剪力墙板）的侧向刚度大，承担的水平剪力大。与钢筋混凝土框架-剪力墙结构相似，钢框架-支撑（剪力墙板）体系为双重抗侧力体系，其整体侧移曲线一般呈弯剪型。

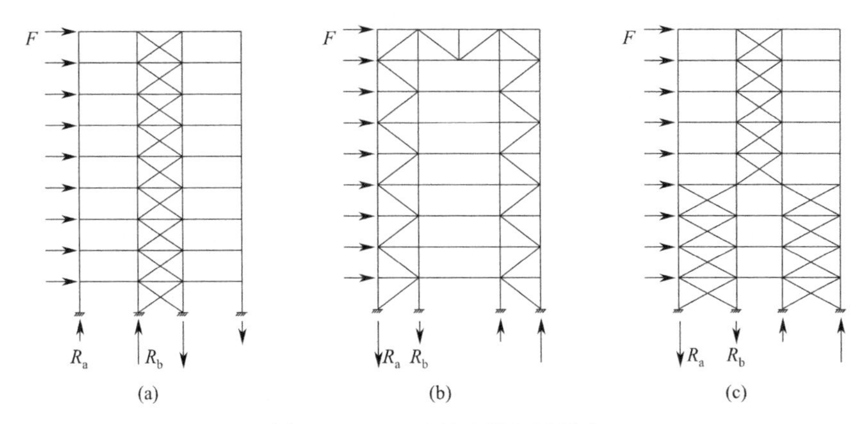

图 3.2.12-1 几种支撑布置形式

框架-支撑体系中的竖向支撑，通常是在框架的同一跨度内沿竖向连续布置，如图 3.2.12-1(a)所示。在水平荷载作用下，此种支撑部分由于其宽度较小，整体弯曲变形所引起的顶部侧移较大，且柱脚受到很大的轴向拉（压）力，设计中难以处理。如将竖向支撑布置在两个边跨［图 3.2.12-1(b)］，或根据结构侧向刚度上小下大的实际需要，上面几层布置在中跨，下面几层布置在两边跨［图 3.2.12-1(c)］，则其侧向刚度均比常规的沿中跨布置［图 3.2.12-1(a)］大得多，而且柱脚处的轴向拉（压）力亦相应减小。

支撑桁架腹杆的基本形式有单向斜杆支撑［图 3.2.12-2(a)］、十字交叉支撑［图 3.2.12-2(b)］、人字形支撑［图 3.2.12-2(c)］、V 形支撑［图 3.2.12-2(d)］和 K 形支撑［图 3.2.12-2(e)］等。根据支撑斜杆轴线交汇于框架梁柱节点还是偏离梁柱节点，可分为中心支撑框架（图 3.2.12-2）和偏心支撑框架（图 3.2.12-3）两类。

中心支撑框架中的支撑斜杆，在强烈地震的反复作用下，受压时容易发生屈曲，反向荷载作用下受压屈曲的支撑斜杆不能完全拉直，而另一方向的斜杆又可能受压屈曲，如此多次压屈，致使支撑框架的刚度和承载力降低。因此，中心支撑框架一般用于抗风结构，抗震设计时对于不超过 12 层的钢结构房屋亦可采用。另外，因为 K 形支撑斜杆的尖点与柱相交，受拉杆屈服和受压杆屈曲会使柱产生较大的侧向变形，可能引起柱的压屈甚至整个结构倒塌，所以抗震设计时不宜采用 K 形支撑。

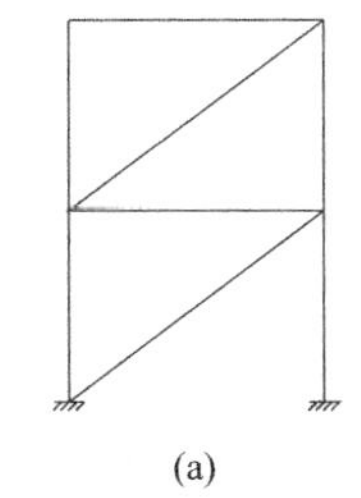
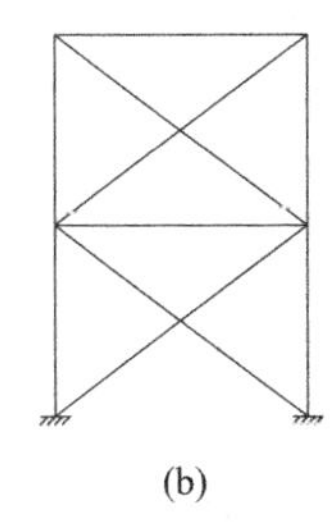
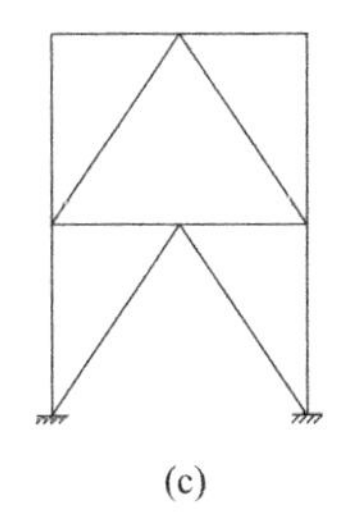
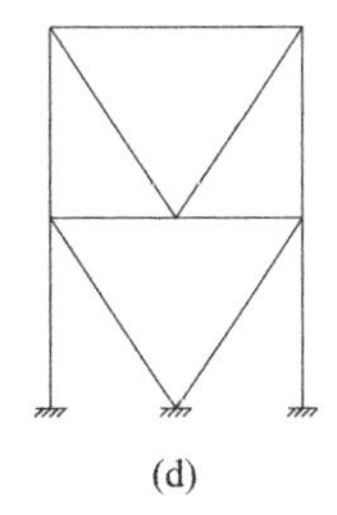
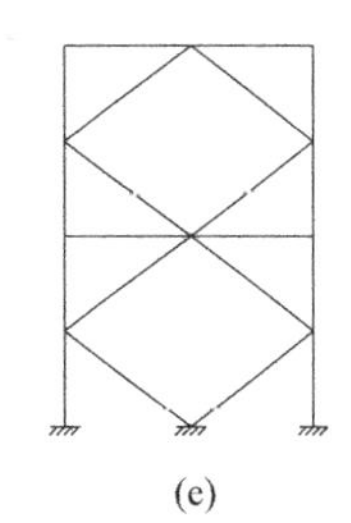

(a) (b) (c) (d) (e)

图 3.2.12-2 中心支撑框架示意图

偏心支撑框架是在梁上设置一较薄弱部位，如图 3.2.12-3 中的梁段 l，称为消能梁段。在强震作用下，消能梁段在支撑失稳之前就进入弹塑性阶段，从而避免支撑杆件在地震作用下反复屈服而引起的承载力下降和刚度退化。试验研究表明，消能梁段腹板剪切屈服，通过腹板耗散地震能量，具有塑性变形大、滞回耗能稳定等特点。因此，偏心支撑框架比中心支撑框架具有更好的抗震性能，更适宜于抗震结构，抗震设计时超过 12 层的钢结构房屋宜采用偏心支撑框架。

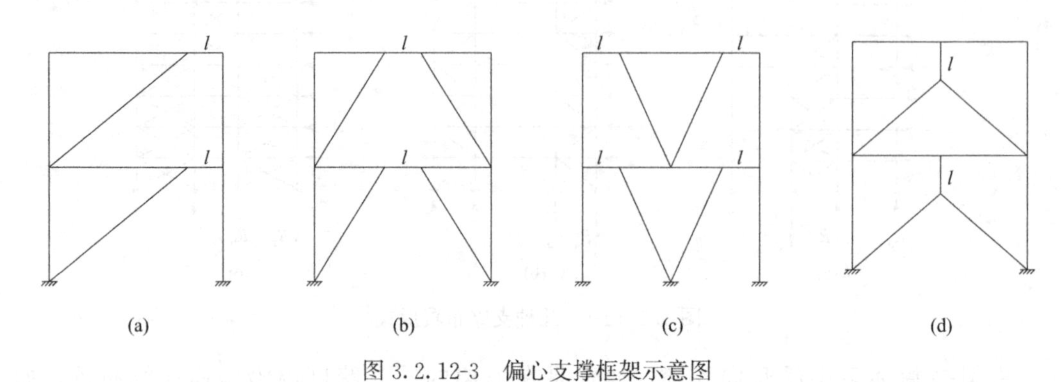

图 3.2.12-3　偏心支撑框架示意图

3.2.13　钢框架-中心支撑结构和钢框架-偏心支撑结构的屈服机制有什么不同?

答复：一般钢结构受弯（压弯）构件腹板受高厚比（或宽厚比）控制，基本能实现强剪弱弯，因此不再强调抗剪承载力调整。另外，钢框架-支撑类结构抗震设计时，应对框架部分按照刚度分配得到的地震层剪力进行二道防线调整，达到不小于结构总地震剪力的25%和框架部分计算最大层剪力 1.8 倍二者的较小值。除此之外，为保证有效的屈服机制，还需要对相关结构构件进行内力调整。

钢框架-中心支撑结构的内力调整系数如表 3.2.13-1 所示。

钢框架-中心支撑结构内力调整系数　　表 3.2.13-1

框架梁	—	设计内力调整系数	
		一级	1.0
		二级	1.0
		三级	1.0
		四级	1.0
框架柱	（《高钢规》第 7.3.3 条,《抗规》第 8.2.5 条）	受弯承载力调整系数	
		一级	1.15×(梁全截面屈服受弯承载力)
		二级	1.10×(梁全截面屈服受弯承载力)
		三级	1.05×(梁全截面屈服受弯承载力)
		四级	1.00×(梁全截面屈服受弯承载力)
支撑(《高钢规》第 7.5.5 条,并满足《钢标》第 8.3.1 条强支撑框架要求）		轴力调整系数	
		一级	1.0(并考虑受循环荷载的强度降低系数)
		二级	1.0(并考虑受循环荷载的强度降低系数)
		三级	1.0(并考虑受循环荷载的强度降低系数)
		四级	1.0(并考虑受循环荷载的强度降低系数)

由表 3.2.13-1 可知，钢框架-中心支撑结构设计时仅框架柱进行了强柱系数调整；由

于支撑刚度大，地震作用下主要承受反复拉、压荷载，屈曲后承载力出现退化，因此考虑受循环荷载的强度降低系数；梁的设计内力未调整。一般情况下，为满足“强支撑”设计条件，支撑设计时应力比控制在较严格的水平。因此，框架-中心支撑结构的预期屈服机制为框架梁→中心支撑→框架柱。由于支撑刚度大，承担楼层剪力大，且作为重要耗能构件，对结构的抗震性能影响较大，因此设计时应对其长细比、宽厚比、节点连接等部位给予足够重视。

钢框架-偏心支撑结构的内力调整系数如表 3.2.13-2 所示。

钢框架-偏心支撑结构内力调整系数　　表 3.2.13-2

构件	部位	抗震等级	调整系数
框架梁	消能梁段(《抗规》第8.2.7条、《高钢规》第7.6.2条)	受剪承载力调整系数	
		一级	0.9
		二级	0.9
		三级	0.9
		四级	0.9
	消能梁段同跨梁(《抗规》第8.2.3条、《高钢规》第7.6.5条)	设计内力调整系数	
		一级	1.3
		二级	1.2
		三级	1.2
		四级	1.2
	其他梁	设计内力调整系数	
		一级	1.0
		二级	1.0
		三级	1.0
		四级	1.0
框架柱	偏心支撑框架的框架柱(《抗规》第8.2.3条、《高钢规》第7.6.5条)	设计内力调整系数	
		一级	1.3
		二级	1.2
		三级	1.2
		四级	1.2
	其他柱(《高钢规》第7.3.3条、《抗规》第8.2.5条)	受弯承载力调整系数	
		一级	1.15×(梁全截面屈服受弯承载力)
		二级	1.10×(梁全截面屈服受弯承载力)
		三级	1.05×(梁全截面屈服受弯承载力)
		四级	1.00×(梁全截面屈服受弯承载力)
支撑(《高钢规》第7.6.5条，并满足《钢标》第8.3.1条的强支撑框架要求)	轴力调整系数		
	一级	1.4(并考虑受循环荷载的强度降低系数)	
	二级	1.3(并考虑受循环荷载的强度降低系数)	
	三级	1.2(并考虑受循环荷载的强度降低系数)	
	四级	1.0(并考虑受循环荷载的强度降低系数)	

注：表中各规范参数取值略有差异，本表取较大值。

由表 3.2.13-2 可知，钢框架-偏心支撑结构对消能梁段的抗剪承载力进行削弱，加强了其延性构造措施，同时加强了偏心支撑框架（布置偏心支撑的某跨框架）柱、支撑的设计强度，做到了强柱、强支撑、弱消能梁段。钢框架-偏心支撑结构理想屈服顺序一般为：消能梁段剪切屈服→一般梁弯曲屈服→支撑屈服或屈曲→框架柱屈服。

钢框架-偏心支撑结构相比钢框架-中心支撑结构，刚度略有减小，但屈服机制更加合理，消能梁段由于不是重要的竖向承重构件，且采取了延性措施，屈服后消耗大量地震能量（大震时消能梁段耗能占结构构件塑性耗能的比例往往超过 50%），有效地保护了主体结构安全，对于抗震设计非常有利，属于延性框架结构。因此，现行规范对钢框架-偏心支撑结构的适用高度相比钢框架-中心支撑结构更加放宽，且对高度超过 50m，或位于高烈度区的钢结构优先推荐采用。

3.2.14 《高钢规》第7.3.4条对框架-核心筒结构柱的轴压比限值做了要求，其他钢结构体系柱子轴压比是否需要限制？

答复：限制轴压比主要为了提高压弯构件的延性，试验研究表明，钢结构在满足强度要求的前提下，延性基本能够满足抗震设计要求。另外，“强柱弱梁”仍为钢框架结构抗震设计的预期屈服机制，地震作用下框架梁率先屈服耗能会在很大程度上减轻框架柱的延性需求。因此，在“强柱弱梁”屈服机制能够保证的前提下，不需要控制框架柱的轴压比，反之，则需要适当控制柱轴压比以增强整体结构延性。

对于框架-核心筒结构，核心筒一般具有足够的侧向刚度和强度，能作为框架的有效侧向支撑，柱先于梁屈服不会引起结构侧向失效。另外，框筒结构的外框架梁截面一般较大，实现“强柱弱梁”往往需要加大柱截面，经济性较差。因此，框筒结构柱无须要求实现“强柱弱梁”，仅对轴压比提出要求，满足一定延性指标即可，而其他结构的框架柱一般可不限制轴压比。

3.2.15 钢框架顶层节点是否需要实现强柱弱梁？

答复：《抗规》第6.2.2条规定，对于有抗震要求的框架梁柱节点，除框架顶层和柱轴压比小于0.15者及框支梁与框支柱的节点外，均需满足强柱弱梁要求，即柱端组合的弯矩设计值需要乘以弯矩增大系数。对于顶层梁柱节点，只要柱端塑性铰区具有足够的延性和耗能能力，无论是柱端产生塑性铰还是梁端产生塑性铰，其对结构整体破坏机制、倒塌机制影响作用是相同的，因此无须刻意强调梁端屈服机制。

《抗规》对于钢框架结构顶层的梁柱屈服机制没有做出明确规定，但原理上与混凝土框架一致。另外，顶层框架柱一般轴压比较小，且钢结构相比混凝土结构有更好的变形和耗能能力，因此钢框架顶层不需要满足强柱弱梁要求。

4 钢-混凝土混合结构

4.1 混合结构基本原理

4.1.1 什么是混合结构？混合结构有何特点？

答复：混合结构一般指外框部分结构构件全部为钢、型钢混凝土或钢管混凝土，核心筒为钢筋混凝土的框架-核心筒结构。钢筋混凝土核心筒的某些部位，可按有关规定或根据工程实际需要配置型钢或钢板，形成型钢混凝土剪力墙或钢板混凝土剪力墙。《高规》第 11.1.1 条对混合结构的定义见表 4.1.1。

混合结构定义 **表 4.1.1**

结构体系	是否属于混合结构
钢框架(钢柱或钢管混凝土柱、钢梁)-钢筋混凝土核心筒	是
型钢混凝土框架(型钢混凝土柱、型钢混凝土梁或钢梁)-钢筋混凝土核心筒	是
钢框筒(钢柱或钢管混凝土柱、钢梁形成密柱深梁筒)-钢筋混凝土核心筒	是
型钢混凝土框筒(型钢混凝土柱、型钢混凝土梁或钢梁形成密柱深梁筒)-钢筋混凝土核心筒	是
钢桁架外筒(钢框架＋支撑形成桁架)-钢筋混凝土核心筒	是
型钢混凝土桁架外筒(型钢混凝土框架＋支撑形成桁架)-钢筋混凝土核心筒	是
钢结构(或钢管混凝土结构)交叉网格外筒-钢筋混凝土核心筒	是
型钢混凝土结构交叉网格外筒-钢筋混凝土核心筒	是
型钢柱、钢筋混凝土梁框架-钢筋混凝土核心筒	否
局部型钢混凝土框架-钢筋混凝土核心筒	否

混合结构不仅具有钢结构自重轻、截面尺寸小、施工进度快、抗震性能好等特点，同时还兼有混凝土结构刚度大、防火性能好、造价低等优点，因而被认为是一种较好的（超）高层建筑结构形式，近年来在国内外应用广泛。

目前，混合结构面临的问题主要集中在节点连接和施工方面，如梁柱连接节点、梁柱与支撑连接节点较复杂，节点以及钢管混凝土柱等部位混凝土浇筑质量难以保证等。

4.1.2 混合结构的结构布置有哪些要求？

答复：高层混合结构房屋的总体布置原则与高层建筑混凝土结构相同。由于混合结构中的梁、柱为钢结构或型钢混凝土结构，故而应遵循钢结构布置的一些基本要求，特别是对平面及竖向规则性的要求。《高规》第 11.2 节对混合结构的结构布置提出下列要求。

（1）混合结构的构件内力较大，施工中最难处理的是钢筋与型钢之间的锚固、排筋问题等。而平面布置复杂会导致节点构造复杂、施工困难，质量不易得到保证，一般应选择比钢筋混凝土结构更为规则和简单的平面布置。《高规》第11.2.2条要求，混合结构的平面布置应符合下列规定：平面宜简单、规则、对称，具有足够的整体抗扭刚度，平面宜采用方形、矩形、多边形、圆形、椭圆形等规则平面，建筑的开间、进深宜统一；筒中筒结构体系中，当外围钢框架柱采用H形截面柱时，宜将柱截面强轴方向布置在外围筒体平面内；角柱宜采用方形、十字形或圆形截面；楼盖主梁不宜搁置在核心筒或内筒的连梁上。

（2）采用混合结构的建筑一般高度较高，单柱轴力大；结构体系中不同结构形式、不同构件类型、不同材料结构交接情况较多，为了避免刚度、承载力、延性等结构性能的突变，设置过渡层是极其必要的。《高规》第11.2.3条要求，混合结构的竖向布置应符合下列规定：结构的侧向刚度和承载力沿竖向宜均匀变化、无突变，构件截面宜由下至上逐渐减小。混合结构的外围框架柱沿高度宜采用同类结构构件；当采用不同类型结构构件时，应设置过渡层，且单柱的抗弯刚度变化不宜超过30%。对于刚度突变的楼层，如转换层、加强层、空旷的顶层、顶部突出部分、型钢混凝土框架与钢框架的交接层及邻近楼层，应采取可靠的过渡加强措施。钢框架部分设置支撑时，宜采用偏心支撑和耗能支撑，支撑宜连续布置，且在相互垂直的两个方向均宜布置，并相互交接；支撑框架在地下部分宜延伸至基础。

（3）《高规》第11.2.4条要求，钢筋（型钢）混凝土内筒的设计宜符合下列要求：8、9度抗震设计时，应在楼面钢梁或型钢混凝土梁与混凝土筒体交接处及混凝土筒体四角设置型钢柱；7度抗震设计时，宜在楼面钢梁或型钢混凝土梁与混凝土筒体交接处及混凝土筒体四角内设置型钢柱。

型钢柱的设置可放在楼面钢梁与核心筒的连接处、核心筒的四角及核心筒墙的大开洞两侧。试验表明，钢梁与核心筒的连接处，由于存在一部分弯矩和轴力，而剪力墙的平面外刚度较小，很容易出现裂缝。因而一般剪力墙中以设置型钢柱为好，同时也能方便钢结构的安装。核心筒的四角因受力较大，设置型钢柱能使剪力墙开裂后的承载力下降不多，防止结构的迅速破坏。因剪力墙的塑性铰一般出现在1/10总高度范围内，所以在此范围内，剪力墙四角的型钢柱宜设置栓钉。

（4）外框架平面内采用梁柱刚接，能提高其刚度及抵抗水平荷载的能力。如在混凝土筒体墙中设置型钢并需要增加整体结构刚度时，可采用楼面钢梁与混凝土筒体刚接；当混凝土筒体墙中无型钢柱时，宜采用铰接。刚度发生突变的楼层，梁柱、梁墙采用刚接可以增加结构的空间刚度，使层间变形有效减小。《高规》第11.2.5条规定：混合结构中，外围框架平面内梁与柱应采用刚性连接；楼面梁与钢筋混凝土筒体及外围框架柱的连接可采用刚接或铰接。

（5）《高规》第11.2.7条规定：混合结构中，当侧向刚度不足时，混合结构可设置刚度适宜的加强层。加强层宜采用伸臂桁架，必要时可配合布置周边带状桁架。伸臂桁架和周边带状桁架的布置应符合下列要求：伸臂桁架和周边带状桁架宜采用钢桁架；伸臂桁架应与核心筒墙体刚接，上、下弦杆均应延伸至墙体内且贯通，墙体内宜设置斜腹杆或暗撑；外伸臂桁架与外围框架柱宜采用铰接或半刚接，周边带状桁架与外框架柱的连接宜采用刚性连接；核心筒墙体与伸臂桁架连接处宜设置构造型钢柱，型钢柱宜至少延伸至伸臂桁架高度范围以外上、下各一层；当布置有外伸桁架加强层时，应采取有效措施减小由于外框柱与混凝土筒体竖向变形差异引起的桁架杆件内力。

采用伸臂桁架和周边带状桁架主要目的在于提高结构的侧向刚度，减小水平荷载作用下结构的侧移，所以必须保证外伸桁架与核心筒墙体刚接。外柱相对桁架杆件来说，截面尺寸较小，而轴力又很大，故不宜承受很大的弯矩，因而外柱与桁架宜采用铰接。外柱承受的轴力需要传至基础，因而外柱必须上下连续，不得中断。由于外柱与混凝土核心筒存在的轴向变形不一致，会使外伸桁架产生很大的附加内力，因而外伸桁架宜分段拼装，在主体结构完成后，再安装封闭，形成整体。

（6）混合结构中的楼盖体系应具有良好的水平刚度和整体性，确保整个抗侧力结构在任意方向水平荷载作用下能协同工作。楼面宜采用压型钢板现浇混凝土组合楼板、现浇混凝土楼板或预应力混凝土叠合楼板，楼板与钢梁应可靠连接。机房设备层、避难层及外伸臂桁架上、下弦杆所在楼层的楼板宜采用现浇钢筋混凝土楼板；对楼板大开洞部位宜设置刚性水平支撑等加强措施。

4.1.3 混合结构设计必须重视哪些概念设计?

答复：混合结构是由钢筋混凝土构件、钢构件、型钢混凝土构件三种中至少两种构件共同构成，结构构成复杂，设计中各种构件之间的协同工作及连接尤为重要，为了保证其抗震性能，必须重视抗震概念设计。经过多年的工程实践，形成了如下共识。

1. 保证钢筋混凝土筒体的承载力及延性

高层建筑混合结构外框架部分往往采用钢结构或组合结构，延性较好，且承担地震剪力远小于核心筒，地震作用下结构破坏主要集中于混凝土筒体，表现为混凝土筒体底部混凝土受压破坏以及暗柱和角柱的纵筋压屈，弹塑性分析表明，大震作用下框架柱基本处于弹性或刚进入屈服状态。因此，抗震设计时，应采取有效措施确保混凝土筒体的承载力和延性。

（1）钢（型钢混凝土）框架-混凝土筒体结构体系中的混凝土筒体在底部一般均承受了85%以上的水平剪力及大部分倾覆力矩，其抗震等级应比钢筋混凝土结构适当提高，筒体底部加强部位墙体的水平和竖向分布钢筋配筋率不宜低于0.3%。另外，研究结果表明，钢梁与混凝土筒体的交接处，由于存在一部分弯矩和轴力，而筒体剪力墙的平面外刚度又较小，所以很容易出现裂缝。因此，8、9度抗震设计时，应在楼面钢梁或型钢混凝土梁与混凝土筒体交接处设置型钢柱；7度抗震时，宜在上述部位设置型钢柱。

（2）为了保证钢筋混凝土筒体的延性，可采取下列措施：①保证钢筋混凝土筒体角部的完整性，并加强角部的配筋；②通过增加墙厚控制筒体剪力墙的轴压比和剪应力水平；③核心筒角部边缘构件内设置型钢；④筒体剪力墙配置多层钢筋，必要时在楼层标高处设置钢筋混凝土暗梁；⑤采用型钢或钢板混凝土剪力墙；⑥筒体剪力墙的开洞位置应尽量对称均匀；⑦剪力墙洞口处的连梁采用交叉配筋方式或在连梁中设置水平缝。

2. 增强外围框架的刚度及承载力

混合结构高层建筑中，外围框架平面内梁与柱应采用刚性连接，以增强外围框架的侧向刚度及水平承载力。型钢混凝土框架-钢筋混凝土筒体结构中当柱截面采用H形截面钢骨时，为增强框架平面内刚度，宜将柱截面强轴方向布置在外围框架平面内。另外，角柱为双向受力构件，故宜采用方形、十字形或圆形等对称截面。

3. 设置外伸桁架加强层

采用外伸桁架加强层可以将筒体剪力墙的部分弯曲变形转换成框架柱的轴向变形，以减小水平荷载作用下的侧移，所以外伸桁架应与筒体剪力墙刚接且宜伸入并贯通抗侧力墙体，同时应布置周边桁架以保证各柱受力均匀。一般外伸桁架的高度不宜低于一个层高，外柱相对于桁架杆件来说，截面尺寸较小，而轴向力又较大，故不宜承受很大的弯矩，因而外伸桁架与外围框架柱的连接宜采用铰接或半刚接。外柱承受的轴向力要传至基础，故外柱必须上下连续，不得中断。

由于外柱与混凝土内筒的轴向变形不一致，二者的竖向变形差异会使外伸桁架产生很大的附加内力，因而外伸桁架宜分段拼装。在设置多道外伸桁架时，下面外伸桁架可在施工上面一个外伸桁架时予以封闭；仅设置一道外伸桁架时，可在主体结构完成后再安装封闭，形成整体。

4. 混合结构中框架部分地震剪力调整

在混合结构体系中，由于钢筋混凝土筒体的侧向刚度较钢（型钢混凝土）框架大很多，因而在地震作用下混凝土筒体承担了绝大部分楼层地震剪力。但钢筋混凝土剪力墙的弹性极限变形值很小（约为1/3000），在达到规范规定的变形时剪力墙已经开裂，而此时钢（型钢混凝土）框架尚处于弹性阶段，楼层地震剪力会在混凝土筒体墙与钢（型钢混凝土）框架之间重分配，钢（型钢混凝土）框架承受的地震剪力比按弹性分析的结果大。而且钢（型钢混凝土）框架是重要的承重构件，它的破坏和竖向承载力降低将危及整个结构的安全。因此，抗震设计时，筒体结构的框架部分按侧向刚度分配的楼层地震剪力标准值应符合下列规定：

（1）框架部分按侧向刚度分配的楼层地震剪力标准值的最大值不宜小于结构底部总地震剪力的10%（保证框架部分具备一定刚度，实现双重抗侧力体系）；

（2）当框架部分分配的地震剪力标准值的最大值小于结构底部总地震剪力的10%时，各层框架部分承担的地震剪力标准值应增大到结构底部总地震剪力的15%；此时，各层核心筒墙体的地震剪力标准值应乘以增大系数1.1（即核心筒承担全部楼层剪力），但可不大于结构底部总地震剪力标准值，墙体的抗震构造措施应按抗震等级提高一级后采用，已为特一级的可不再提高；

（3）当框架部分分配的地震剪力标准值小于结构底部总地震剪力的20%，但其最大值不小于结构底部总地震剪力标准值的10%时，应按结构底部总地震剪力标准值的20%和框架部分按侧向刚度分配的楼层地震剪力标准值中最大值1.5倍二者的较小值进行调整。

按上述方法调整框架柱的地震剪力后，框架柱端弯矩及与之相连的框架梁端弯矩、剪力应进行相应调整。

4.1.4 混合结构的计算模型、结构参数的选取应注意哪些问题？

答复： 在弹性阶段，混合结构的内力和位移分析方法与混凝土结构相同，但在计算模型、结构参数的选取等方面，尚有一些不同之处。《高规》第11.3节对此作了规定。

（1）弹性分析时，宜考虑钢梁与现浇混凝土楼板的共同作用，梁的刚度可取钢梁刚度的1.5～2.0倍，但应保证钢梁与楼板有可靠连接。弹塑性分析时，可不考虑楼板与梁的共同作用。

在弹性阶段，楼板对钢梁刚度的加强作用不可忽视。从国内外工程的经验来看，作为主要抗侧力构件的框架梁支座处尽管有负弯矩，但由于楼板钢筋的作用，其刚度增大作用仍然很大，故在整体结构计算时宜考虑楼板对钢梁刚度的加强作用，而框架梁构件设计时一般不按照组合梁设计。次梁不存在负弯矩区，设计一般由变形需求控制，可按照组合梁设计。

(2) 在进行弹性阶段结构整体内力和位移计算时，对钢梁及钢柱可采用钢材的截面计算；对型钢混凝土构件、钢管混凝土柱，其截面的弯曲刚度 EI、轴向刚度 EA 和剪切刚度 GA 可采用下列各式计算：

$$EI=E_{c}I_{c}+E_{a}I_{a} \tag{4.1.4-1}$$

$$EA=E_{c}A_{c}+E_{a}A_{a} \tag{4.1.4-2}$$

$$GA=G_{c}A_{c}+G_{a}A_{a} \tag{4.1.4-3}$$

式中：$E_{c}I_{c}$、$E_{c}A_{c}$、$G_{c}A_{c}$——组合构件截面上钢筋混凝土部分的截面抗弯刚度、轴向刚度和抗剪刚度；

$E_{a}I_{a}$、$E_{a}A_{a}$、$G_{a}A_{a}$——组合构件截面上型钢、钢管部分的截面抗弯刚度、轴向刚度和抗剪刚度。

无端柱型钢混凝土剪力墙可近似按相同截面的钢筋混凝土剪力墙计算其轴向、抗弯、抗剪刚度，可不计端部型钢对截面刚度的提高作用；有端柱型钢混凝土剪力墙可按 H 形混凝土截面计算其轴向和抗弯刚度，端柱内型钢可折算为等效混凝土面积计入 H 形截面的翼缘面积，墙的抗剪刚度可不计入型钢作用。钢板混凝土剪力墙可将钢板折算为等效混凝土面积计算其轴向、抗弯和抗剪刚度。

在进行结构整体内力和变形分析时，型钢混凝土梁、柱及钢管混凝土柱的轴向、抗弯和抗剪刚度均按照型钢与混凝土两部分刚度叠加方法计算。

(3) 对设有外伸桁架加强层的混合结构，在结构内力和位移计算中，应视加强层楼板为有限刚度，考虑楼板在平面内的变形，以得到外伸桁架的弦杆内力和轴向变形。

(4) 混合结构中，柱的截面尺寸较小，应力水平较高，其轴向变形会较混凝土筒体大很多，故计算结构在竖向荷载作用下的内力时，宜考虑钢柱、型钢混凝土（钢管混凝土）柱与钢筋混凝土核心筒竖向变形差异引起的结构附加内力，计算竖向变形差异时宜考虑混凝土收缩、徐变、沉降及施工调整等因素的影响。

外柱与内核心筒的竖向变形差异宜根据实际的施工工况进行计算。在施工阶段，宜考虑施工过程中已对这些差异逐层进行调整的有利因素，也可考虑采取外伸臂桁架延迟封闭、楼面梁与外围柱及内筒体采用铰接等措施减小差异变形的影响，在外伸臂桁架永久封闭以后，后期的差异变形会对外伸臂桁架或楼面梁产生附加内力的不利影响。

(5) 混合结构房屋施工时一般是混凝土筒体先于外围钢框架，以加快施工进度。为此，设计时必须考虑施工阶段未形成框架-筒体结构前钢筋混凝土筒体在风荷载及其他荷载作用下的不利受力状态。型钢混凝土结构应验算在浇筑混凝土之前钢框架在施工荷载及可能的风荷载作用下的承载力、稳定及位移，并据此确定钢框架安装与浇筑混凝土楼层的间隔层数。

混凝土筒体先于钢框架施工时，必须控制混凝土筒体超前钢框架安装的层数，否则在风荷载及其他施工荷载作用下，会使混凝土筒体产生较大的变形和应力。一般核心筒提前钢框架施工不宜超过14层，楼板混凝土浇筑迟于钢框架安装不宜超过5层。

（6）柱间钢支撑两端与柱或钢筋混凝土筒体的连接可作为铰接计算。

（7）混凝土结构的阻尼比约为0.05，钢结构的阻尼比约为0.02，故混合结构的阻尼比应介于0.02～0.05之间。从实际建筑物的实测资料及国内外相关文献资料来看，混合结构在多遇地震下的阻尼比可取0.04；风荷载作用下，楼层位移验算和构件设计时，阻尼比可取为0.02～0.04。

4.1.5 型钢混凝土中型钢板件的宽厚比有哪些规定？

答复： 试验研究表明，由于混凝土、腰筋和箍筋对型钢的约束作用，型钢混凝土中型钢的宽厚比可较纯钢结构适当放宽。型钢混凝土中型钢翼缘的宽厚比可取纯钢结构的1.5倍，腹板的宽厚比可取纯钢结构的2倍，填充式箱形钢管混凝土可取纯钢结构的1.5～1.7倍。

《组合规范》第5.1.2、6.1.5条分别对型钢混凝土梁柱的相关板件宽厚比做了规定：型钢混凝土框架梁和转换梁中的型钢钢板厚度不宜小于6mm，型钢混凝土框架柱中型钢钢板厚度不宜小于8mm，其钢板宽厚比（图4.1.5）应符合表4.1.5的规定。

型钢混凝土梁、柱中型钢钢板宽厚比限值 　　**表4.1.5**

钢号	型钢混凝土梁		型钢混凝土柱		
	b_{f1}/t_f	h_w/t_w	b_{f1}/t_f	h_w/t_w	B/t
Q235	≤23	≤107	≤23	≤96	≤72
Q355、Q345GJ	≤19	≤91	≤19	≤81	≤61
Q390	≤18	≤83	≤18	≤75	≤56
Q420	≤17	≤80	≤17	≤71	≤54

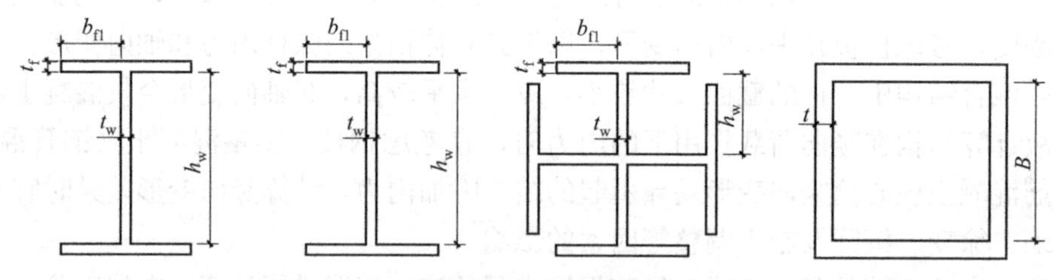

图4.1.5　型钢混凝土柱中型钢板件宽厚比

表4.1.5板件宽厚比限值主要控制结构板件的屈曲临界应力大于屈服应力。理论上，板件局部屈曲临界应力大于整体屈曲临界应力或屈服应力均可满足设计要求，即上述限值未考虑构件整体屈曲应力（与长细比相关）影响，偏于保守。设计时可根据构件长细比（如长细比较大时的压弯构件）进行适当修正，也可采用“高强度-低延性”的设计思路，对强度有较大富余量的结构构件适当降低板件宽厚比要求。

4.1.6 型钢混凝土梁、柱的型钢保护层厚度各规范要求不一致，如何实施？

答复： 型钢混凝土构件中型钢的保护层厚度与耐久性、剪切粘结破坏特征、型钢整体和局部稳定性、构件刚度和承载力、钢筋排布等因素相关。保护层太薄可能影响型钢混凝土构件的破坏形态，因此要求型钢达到屈服强度前，混凝土保护层不会被压碎或失稳。保护层太厚则影响结构刚度和承载力，不经济。

目前各规范对型钢混凝土构件保护层厚度的规定如表 4.1.6 所示。

各规范型钢混凝土构件保护层厚度要求 **表 4.1.6**

结构构件	规范	保护层厚度
型钢混凝土梁	《高规》第 11.4.2 条	不宜小于 100mm
	《组合规范》第 5.1.3 条	不宜小于 100mm
	《钢骨混凝土结构技术规程》YB 9082—2006 第 6.1.5 条	一般取 100mm
型钢混凝土柱	《高规》第 11.4.5 条	不宜小于 150mm
	《组合规范》第 6.1.4 条	不宜小于 200mm
	《钢骨混凝土结构技术规程》YB 9082—2006 第 6.1.5 条	一般取 150mm

考虑到纵筋排布以及对混凝土浇筑质量的影响，建议型钢混凝土梁保护层厚度不小于 100mm（上翼缘保护层厚度宜大于板厚，下翼缘保护层厚度根据型钢宽度可适当加厚）；型钢混凝土柱保护层厚度不宜小于 200mm，不应小于 150mm，且纵筋与型钢的净距不宜小于 50mm。

4.1.7 型钢混凝土梁应满足哪些构造要求？

答复：《高规》第 11.4.2、11.4.3 条，《组合规范》第 5.5 节对型钢混凝土梁的构造做了规定，简述如下。

1. 材料

为了保证外包混凝土与型钢的粘结性能以及构件的耐久性，同时也为了便于浇筑混凝土，梁的混凝土强度等级不宜低于 C30，混凝土粗骨料最大直径不宜大于 25mm；型钢宜采用 Q235 和 Q355 号钢材，也可采用 Q390 或其他符合性能要求的钢材。

2. 截面构造要求

梁截面宽度不宜小于 300mm，型钢混凝土托柱转换梁截面宽度，不应小于其所托柱在梁宽度方向截面宽度。托墙转换梁截面宽度不宜大于转换柱相应方向的截面宽度，且不宜小于其上墙体截面厚度的 2 倍和 400mm 的较大值。型钢的混凝土保护层最小厚度不宜小于 100mm，且梁内型钢翼缘离两侧边距离 b_1、b_2 之和不宜小于截面宽度的 1/3。

3. 型钢构造要求

为充分发挥型钢的抗剪、抗弯承载力贡献，建议型钢的含钢率不低于 2%（否则建议采用钢筋混凝土梁）。当需要考虑型钢对框架梁抗震性能（延性、耗能能力等）的提高时，建议型钢含钢率不宜小于 4%。另外，由于钢骨与混凝土的粘结强度很小，钢骨含钢率太大后与外包混凝土不能有效共同工作，其最大含钢率不宜大于 15%。

4. 纵筋构造要求

型钢混凝土梁的最小配筋率不宜小于 0.30%，纵筋直径不宜小于 16mm，梁的纵筋宜避免穿过柱中型钢翼缘。梁的纵向受力钢筋不宜超过两排；配置两排钢筋时，第二排钢筋宜配置在型钢截面外侧。当梁的腹板高度大于 450mm 时，在梁的两侧面应沿高度配置纵向构造腰筋，纵向构造腰筋的间距不宜大于 200mm，每侧腰筋配筋率不宜小于梁腹板截面面积的 0.1%。梁纵向钢筋净间距及梁纵向钢筋与型钢骨架的最小净距不应小于

30mm，且不小于粗骨料最大粒径的1.5倍及梁纵向钢筋直径的1.5倍，若纵筋节点在梁柱节点区采用直螺纹套筒连接时尚应考虑套筒间距要求。

5. 箍筋构造要求

为增强型钢混凝土梁中钢筋混凝土部分的抗剪能力，以及加强对箍筋内部混凝土的约束，防止型钢的局部失稳和主筋压曲，型钢混凝土梁沿梁全长箍筋的配置应满足下列要求：

（1）箍筋的最小面积配筋率ρ_{sv}：一、二级抗震等级应分别大于0.30 f_t/f_{yv}和0.28 f_t/f_{yv}，三、四抗震等级应大于0.26 f_t/f_{yv}；非抗震设计当梁的剪力设计值大于0.7 $f_t bh_0$时，应大于0.24f_t/f_{yv}；抗震与非抗震设计均不应小于0.15%。其中f_t表示混凝土抗拉强度设计值，f_{yv}表示箍筋抗拉强度设计值。

（2）抗震设计时，梁端箍筋应加密配置。箍筋加密区范围，一级取梁截面高度的2.0倍，二、三、四级时取梁截面高度的1.5倍；当梁净跨小于梁截面高度的4倍时，梁全跨箍筋应加密设置。

（3）型钢混凝土梁应采用具有135°弯钩的封闭式箍筋，弯钩的直段长度不应小于8倍箍筋直径。非抗震设计时，梁箍筋直径不应小于8mm，箍筋间距不应大于250mm。抗震设计时，梁箍筋的直径和间距应符合表4.1.7的要求。

型钢混凝土梁箍筋直径的间距（mm） **表4.1.7**

抗震等级	箍筋直径	非加密区箍筋间距	加密区箍筋间距
一	≥12	≤180	≤120
二	≥10	≤200	≤150
三	≥10	≤250	≤180
四	≥8	250	200

6. 纵筋连接构造要求

型钢混凝土梁中的纵向受力钢筋宜采用机械连接。如纵向钢筋需贯穿型钢柱腹板并以90°弯折固定在柱截面内时，抗震设计的弯折前直段长度不应小于钢筋抗震基本锚固长度l_{abE}的40%，弯折直段长度不应小于15倍纵向钢筋直径；非抗震设计的弯折前直段长度不应小于钢筋基本锚固长度l_{ab}的40%，弯折直段长度不应小于12倍纵向钢筋直径。

7. 梁上开孔构造要求

试验研究表明，钢梁上的洞口高度超过0.7倍钢梁截面高度时，其抗剪能力会急剧下降；同样对型钢混凝土梁也存在这个问题。因此，对型钢混凝土梁上开洞高度应按梁截面高度和型钢尺寸进行双重控制，即梁上开洞高度不宜大于梁截面总高度的40%，且不宜大于内含型钢截面高度的70%，并应位于梁高及型钢高度的中间区域。

8. 栓钉设置构造要求

型钢混凝土悬臂梁自由端无约束，而且挠度也较大，为保证混凝土与型钢的共同变形，型钢混凝土悬臂梁自由端的纵向受力钢筋应设置专门的锚固件，型钢梁的上翼缘宜设置栓钉；型钢混凝土转换梁在型钢上翼缘宜设置栓钉。栓钉的最大间距不宜大于200mm，栓钉的最小间距沿梁轴线方向不应小于6倍的栓钉杆直径，垂直梁方向的间距不应小于4倍的栓钉杆直径，且栓钉中心至型钢板件边缘的距离不应小于50mm。栓钉顶面的混凝土保护层厚度不应小于 15mm。

4.1.8 框架-剪力墙（核心筒）结构中型钢混凝土柱轴压比限值为什么低于钢筋混凝土柱？

答复：《高规》第 6.4.2 条、《组合规范》第 6.2.19 条分别对钢筋混凝土柱、型钢混凝土柱的轴压比要求做了规定，框架-剪力墙（核心筒）结构中框架柱的轴压比不宜大于表 4.1.8 的限值。

框架-剪力墙（核心筒）结构中框架柱轴压比限值　　表 4.1.8

抗震等级		一级	二级	三级	四级
轴压比限值	型钢混凝土柱	0.70	0.80	0.90	—
	钢筋混凝土柱	0.75	0.85	0.90	0.95

注：1. 剪跨比不大于 2 的柱，其轴压比限值应比表中数值减小 0.05。
2. 当混凝土强度等级采用 C65～C70 时，轴压比限值应比表中数值减小 0.05；当混凝土强度等级采用 C75～C80 时，轴压比限值应比表中数值减小 0.10。

钢筋混凝土柱的轴压比 μ_N 可按下式计算：

$$\mu_N = N/(f_c A_c) \tag{4.1.8-1}$$

型钢混凝土柱的轴压比 μ_N 可按下式计算：

$$\mu_N = N/(f_c A_c + f_a A_a) \tag{4.1.8-2}$$

式中：N ——考虑地震组合的柱轴向压力设计值；

A_a ——型钢的截面面积；

A_c ——混凝土截面面积（型钢混凝土柱应扣除型钢面积）；

f_a，f_c ——型钢的抗压强度设计值和混凝土的抗压强度设计值。

由式（4.1.8-2）可知，型钢混凝土柱计算轴压比时考虑了型钢作用，以 Q355 钢材（抗压强度设计值取 305N/mm^2）、C60 混凝土（抗压强度设计值 27.5N/mm^2）为例，由于钢材抗压强度设计值约为混凝土材料的 11.1 倍，而两者的弹性模量比约为 5.7，这意味着相同轴压比情况下，型钢混凝土柱中混凝土材料承受的压应力可能会大于钢筋混凝土柱中混凝土材料所承受的压应力，考虑到框架-剪力墙（核心筒）结构高度一般较高，因此采取了更严格的轴压比控制措施。

4.1.9 型钢混凝土柱应满足哪些构造要求？

答复：《高规》第 11.4.4～11.4.6 条对型钢混凝土柱的构造要求做了规定，简述如下。

1. 轴压比要求

按式（4.1.8-2）计算的型钢混凝土柱轴压比，应小于等于表 4.1.9-1 所规定的轴压比限值。

型钢混凝土柱轴压比限值　　表 4.1.9-1

抗震等级	一	二	三
轴压比限值	0.70	0.80	0.90

注：1. 转换柱的轴压比应比表中数值减小 0.10 采用。
2. 剪跨比不大于 2 的柱，其轴压比应比表中数值减小 0.05 采用。
3. 当采用 C60 以上混凝土时，轴压比宜减小 0.05。

2. 基本构造要求

（1）型钢混凝土柱的长细比 λ 不宜大于 80。

（2）房屋的底层、顶层以及型钢混凝土与钢筋混凝土交接层的型钢混凝土柱宜设置栓钉，型钢截面为箱形的柱子也宜设置栓钉，栓钉水平间距不宜大于 250mm。

（3）为了保证型钢混凝土柱的耐久性、耐火性、粘结性能以及便于浇筑混凝土，柱的混凝土强度等级不宜低于 C30，混凝土粗骨料的最大直径不宜大于 25mm；型钢柱中型钢的保护层厚度不宜小于 150mm；柱纵向钢筋净间距不宜小于 50mm，且不应小于柱纵向钢筋直径的 1.5 倍；柱纵向钢筋与型钢的最小净距不应小于 30mm，且不小于粗骨料最大粒径的 1.5 倍。

（4）型钢混凝土柱的纵向钢筋最小配筋率不宜小于 0.8%，且在四角应各配置一根直径不小于 16mm 的纵向钢筋。

（5）柱中纵向受力钢筋的间距不宜大于 300mm；当间距大于 300mm 时，宜附加配置直径不小于 14mm 的纵向构造钢筋。

（6）型钢混凝土柱的型钢含钢率太小时，就无必要采用型钢混凝土柱。所以，柱内型钢含钢率不宜小于 4%。一般型钢混凝土柱比较合适的含钢率为 4%～8%。

3. 柱箍筋的构造要求

为了增强混凝土部分的抗剪能力和加强对箍筋内部混凝土的约束，防止型钢失稳和主筋压曲，避免构件过早出现纵筋劈裂和混凝土保护层剥落，型钢混凝土柱内应设置足够的箍筋。

（1）型钢混凝土柱箍筋的直径和间距，非抗震设计时，箍筋直径不应小于 8mm，箍筋间距不应大于 200mm。抗震设计时，箍筋应做成 135°的弯钩，弯钩直段长度不应小于 10 倍箍筋直径。

（2）抗震设计时，柱端箍筋应加密，加密区范围应取矩形截面长边尺寸（或圆形截面直径）、柱净高的 1/6 和 500mm 三者的最大值；对剪跨比不大于 2 的柱，箍筋应全高加密，箍筋间距均不应大于 100mm。

（3）抗震设计时，型钢混凝土柱箍筋的直径和间距应符合表 4.1.9-2 的规定，加密区箍筋最小体积配箍率尚应符合式（4.1.9）的要求，非加密区箍筋最小体积配箍率不应小于加密区箍筋最小体积配箍率的一半；对剪跨比不大于 2 的柱，箍筋应全高加密，最小体积配箍率尚不应小于 1.2%（《组合规范》），9 度抗震设计时尚不应小于 1.5%（《组合规范》）。

$$\rho_v \geqslant 0.85\lambda_v f_c / f_y \tag{4.1.9}$$

式中：λ_v——柱最小配箍特征值，宜按《高规》表 6.4.7 采用。

型钢混凝土柱箍筋直径和间距（mm） **表 4.1.9-2**

抗震等级	箍筋直径	非加密区箍筋间距	加密区箍筋间距
一	≥12	≤150	≤100
二	≥10	≤200	≤100
三、四	≥8	≤200	≤150

注：箍筋直径除应符合表中要求外，尚不应小于纵向钢筋直径的 1/4。

4.2 混合结构设计

4.2.1 楼面钢梁或型钢混凝土梁与混凝土筒体如何连接？

答复：楼面钢梁或型钢混凝土梁与混凝土筒体的连接是非常重要的连接节点。当采用楼盖无限刚性假定时，楼面梁理论上只承受弯矩和剪力，而试验研究结果表明，楼面梁中还有轴力，试验中经常在节点处引起早期破坏，故这种节点的设计和连接构造必须考虑轴力的有效传递。

《高规》第11.4.16条规定：钢梁或型钢混凝土梁与混凝土筒体应有可靠连接，应能传递竖向剪力及水平力，当钢梁或型钢混凝土梁通过埋件与混凝土筒体连接时，预埋件应有足够的锚固长度，其构造以及轴力、弯矩、剪力承载力应满足《混规》9.7节相关要求。连接做法可按图4.2.1采用。

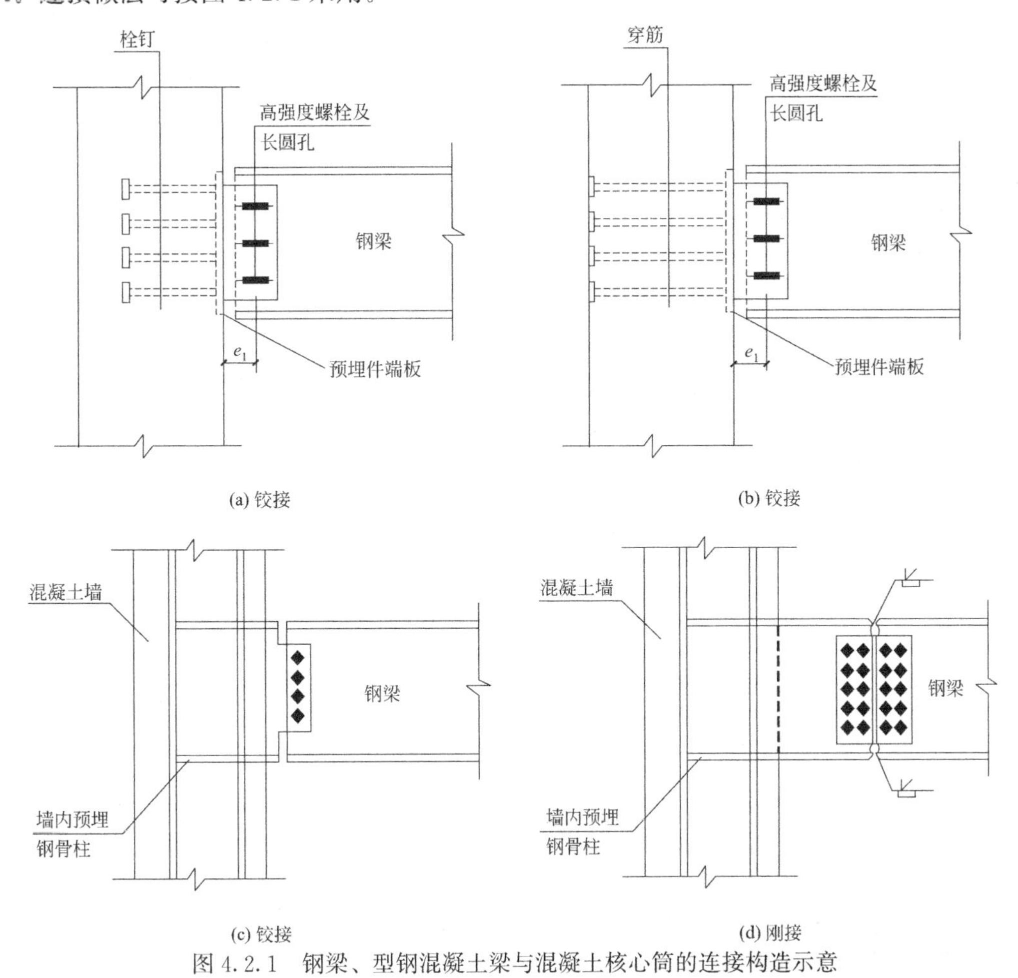

图4.2.1 钢梁、型钢混凝土梁与混凝土核心筒的连接构造示意

图4.2.1(a)、(b) 为长圆孔高强度螺栓铰接连接，长圆孔螺栓一方面能提高施工方便性，另一方面，大震时螺栓与孔隙之间产生滑移，能有效减小梁端弯矩，并起到一定的耗能效果。

图4.2.1(c)、(d) 分别为墙内设置型钢的铰接、刚性连接方式，型钢能有效提高墙

体平面外抗弯能力，因此可根据工程需要选择铰接或刚接。

4.2.2 钢筋混凝土梁与型钢混凝土柱的连接形式有哪些？

答复：钢筋混凝土梁与型钢混凝土柱一般采用刚性连接，连接方式宜保证框架柱内的钢骨连续，并能有效将梁端的剪力、弯矩传递给柱。为实现上述功能，《组合规范》第 6.6.12 条规定：梁的纵向钢筋应伸入柱节点，且应符合现行国家标准《混凝土结构设计规范》GB 50010 对钢筋的锚固规定。柱内型钢的截面形式和纵向钢筋的配置，宜减少梁纵向钢筋穿过柱内型钢的数量，且不宜穿过型钢翼缘，也不应与柱内型钢直接焊接连接。因此，宜尽量减小柱内型钢的翼缘宽度，控制梁中纵筋数量和排数，尽量选用大直径的高强钢筋等。

梁柱连接节点可采用下列连接方式：

（1）贯通式连接［图 4.2.2(a)］。梁的纵向钢筋可采取双排钢筋等措施尽可能多地贯通节点，其余纵向钢筋可在柱内型钢腹板上预留贯穿孔，型钢腹板截面损失率宜小于腹板面积的 20%。

（2）套筒式连接［图 4.2.2(b)］。当梁纵向钢筋伸入柱节点与柱内型钢翼缘相碰时，可在柱型钢翼缘上设置可焊接机械连接套筒与梁纵筋连接，并应在连接套筒位置的柱型钢内设置水平加劲肋，加劲肋形式应便于混凝土浇灌。采用套筒连接的纵筋百分率不宜大于 50%，套筒与钢骨的焊缝质量等级应为一级，钢筋排布时应保证套筒净距不小于 25mm。

（3）牛腿式连接［图 4.2.2(c)］。梁纵筋可与型钢柱上设置的钢牛腿可靠焊接，且宜有不少于 1/2 梁纵筋面积穿过型钢混凝土柱连续配置。钢牛腿的宽度宜与翼缘等宽，高度不宜小于 0.7 倍混凝土梁高，长度不宜小于钢筋搭接焊缝长度（双面焊 $5d$，单面焊 $10d$）的 1.1 倍，箍筋设置应符合现行国家标准《混凝土结构设计规范》GB 50010 梁端箍筋加密区的规定。条件允许的情况下，建议型钢混凝土柱型钢的保护层厚度不小于 250mm，保证设置的牛腿长度不影响柱内纵筋贯通。

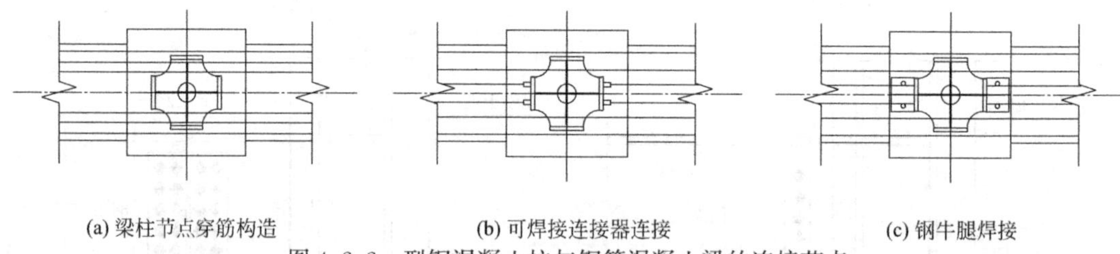

(a) 梁柱节点穿筋构造　　(b) 可焊接连接器连接　　(c) 钢牛腿焊接

图 4.2.2　型钢混凝土柱与钢筋混凝土梁的连接节点

（4）混合连接。机械套筒需要工厂焊接，其连接工艺无法满足钢筋两端同时连接，而牛腿连接的焊接工作量大，焊缝质量难以保证。因此，在质量有保证的前提下，可采用一端套筒、一端牛腿的连接方式。

当梁的纵向钢筋排布需要两排或多排时，最外侧一排以外的钢筋排布宜尽量避开型钢翼缘，贯通腹板，或将纵筋绕开钢骨。

4.2.3 钢筋混凝土梁与圆钢管混凝土柱采用环梁连接时，钢管外剪力传递除环形牛腿、承重销外，能否采用闭合钢筋环抗剪？

答复：《高规》第 F.2.3 条规定：钢筋混凝土梁与钢管混凝土柱的连接构造应同时满足管外剪力传递及弯矩传递的要求。

《高规》附录F.2、《组合规范》第8.5.3条给出了在钢管外侧设置环形牛腿、承重销等方式传递钢管外剪力。《钢管混凝土结构技术规程》CECS 28：2012第6.2.4条给出了设置抗剪钢筋环传递管外剪力的构造及计算方式，相比环形牛腿和承重销，抗剪钢筋环构造简单、连接方便，但其受剪承载力偏低，设计中应根据上部结构荷载情况选择合适的连接方式。

1. 承重销（穿心牛腿）

承重销由穿心腹板和上下翼缘板组成，参考国外的试验结果，为保持钢管截面的几何稳定性，牛腿腹板应在穿过钢管心后焊牢于对面的钢管壁上，不宜中途切断，做成所谓"半穿心式承重销"。为方便浇灌混凝土，翼缘板在穿过钢管壁至少50mm以后，在满足管内混凝土局部承压面积的条件下，可逐渐减窄。穿心牛腿与钢管壁相连接的焊缝，必须用对接焊缝封固，达到与母材等强的要求，以保证钢管对核心混凝土的套箍作用不受损失。承重销的平面位置可根据柱子和梁的具体情况合理布置，如图4.2.3-1所示。

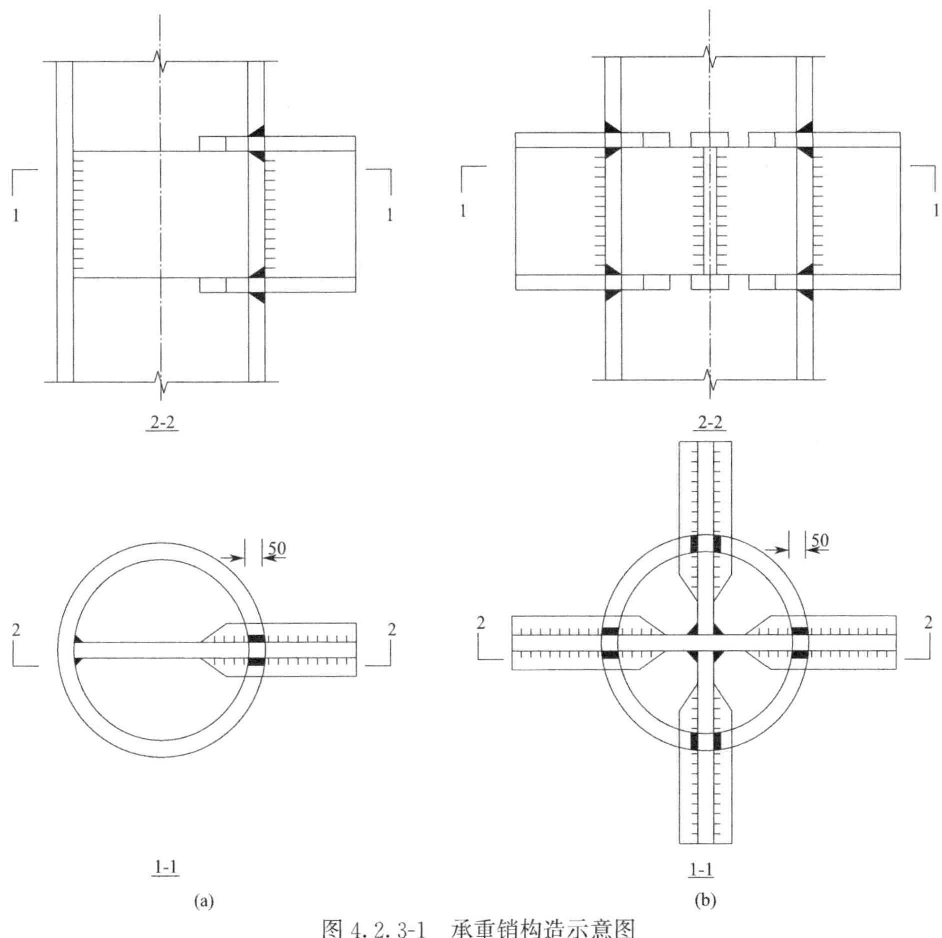

图4.2.3-1 承重销构造示意图

承重销连接形式复杂，"穿心"构造会影响混凝土浇筑质量，较少在工程中应用。

2. 环形牛腿（不穿心牛腿）

环形牛腿由放射状均匀分布的腹板（肋板）和上下加强环组成（图4.2.3-2）。腹板不穿入管内，与钢管壁外表面焊接，借以传递剪力。上下加强环分别与腹板的上下端焊成整体，承受因环梁剪力所引起的弯矩，并兼作环梁的支撑板。在无梁楼盖和双向井式密肋楼盖中，为增强楼板的抗冲切能力和方便浇筑混凝土，常需将下加强环板的面积扩大，腹板加高，形成台锥式深牛腿[图 4.2.3-2(b)]。

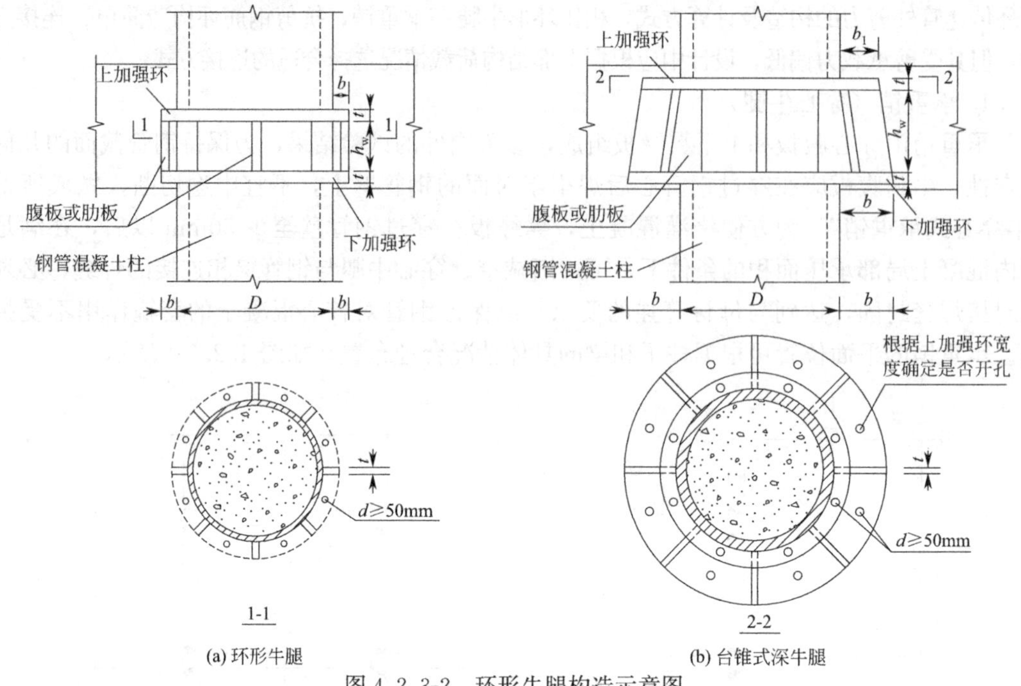

图 4.2.3-2　环形牛腿构造示意图

3. 抗剪环（环形凸缘）

抗剪环为通过连续的双面焊缝牢固焊于钢管壁上的闭合钢筋或闭合带钢环(图 4.2.3-3)。钢筋直径和带钢厚度 b 一般在 20～40mm 左右。抗剪环与前述环形牛腿一样，实为钢管柱的环形凸缘（法兰盘）。剪力借法兰盘与混凝土的局部承压作用于钢管。环形牛腿与抗剪环的区别在于前者以腹板（肋板）与钢管间的竖向侧面角焊缝传递剪力，而后者则借环筋（环带）与钢管间的环形正面角焊缝传递剪力。

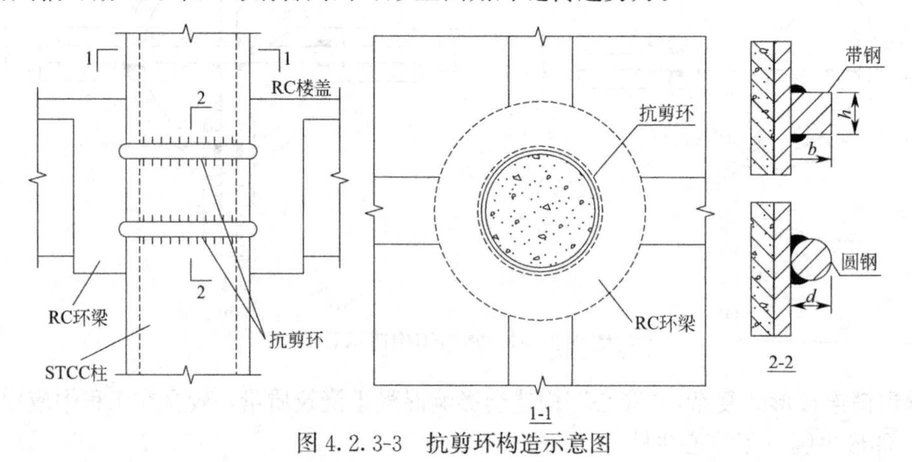

图 4.2.3-3　抗剪环构造示意图

4. 环形牛腿与闭合钢筋环承剪能力对比

(1) 基本假设

1）环形牛腿承剪能力计算时，不考虑混凝土与钢管壁接触面的粘结强度，不考虑上下加强环板对肋板受剪承载力的贡献，不考虑上下加强环板与钢管壁之间的焊缝沿钢管轴向的抗剪强度。

2）抗剪环承剪能力计算时，不考虑环梁与钢管壁间的静摩擦力和环梁与钢管壁间的机械咬合力。

（2）环形牛腿承剪能力计算（图 4.2.3-4）

环形牛腿传递剪力的大小取决于以下五个因素：

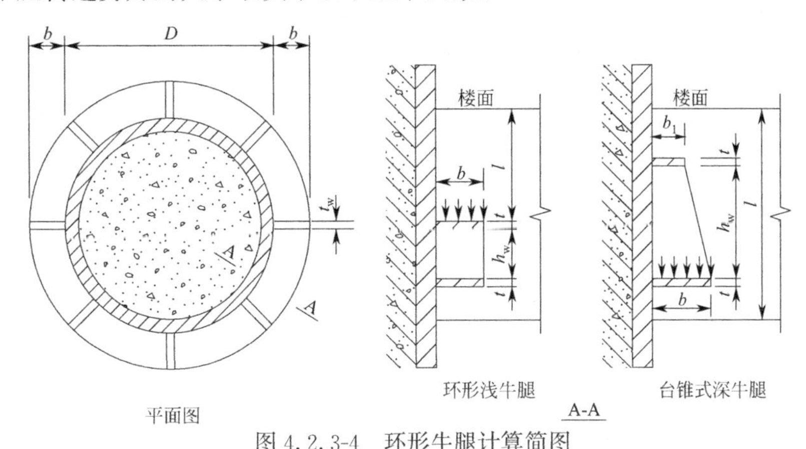

图 4.2.3-4 环形牛腿计算简图

1）由环形牛腿支承面上的混凝土局部承压强度决定的受剪承载力：

$$V_{u1}=\pi(D+b)bf_{c} \tag{4.2.3-1}$$

2）由肋板抗剪强度决定的受剪承载力：

$$V_{u2}=nh_{w}t_{w}f_{v} \tag{4.2.3-2}$$

3）由肋板与管壁的焊接强度决定的受剪承载力：

$$V_{u3}=\sum l_{w}h_{e}f_{f}^{w} \tag{4.2.3-3}$$

4）由环形牛腿上部混凝土的直剪（或冲切）强度决定的受剪承载力：

$$V_{u4}=\pi(D+2b)l\times 2f_{t} \tag{4.2.3-4}$$

5）由环形牛腿上、下环板决定的受剪承载力：

$$V_{u5}=4\pi t(h_{w}+t)f_{a} \tag{4.2.3-5}$$

环形牛腿的受剪承载力是上述五项承载能力中的最小值，即：

$$V_{u}=\min\{V_{u1},V_{u2},V_{u3},V_{u4},V_{u5}\} \tag{4.2.3-6}$$

式中：D——钢管的外直径；

b——环板的宽度；

l——直剪面的高度；

t——环板的厚度；

n——肋板的数量；

h_{w}——肋板的高度；

t_{w}——肋板的厚度；

f_{v}——钢材的抗剪强度设计值；

f_{a}——钢材的抗拉（压）强度设计值；

$\sum l_w$——肋板与钢管壁连接角焊缝的计算总长度；

h_e——角焊缝有效高度；

f_f^w——角焊缝的抗剪强度设计值；

f_c——楼盖混凝土的轴心抗压强度设计值；

f_t——楼盖混凝土的抗拉强度设计值。

（3）抗剪环承剪能力计算（图 4.2.3-5、图 4.2.3-6）

抗剪环传递剪力的大小，取决于以下四个因素：

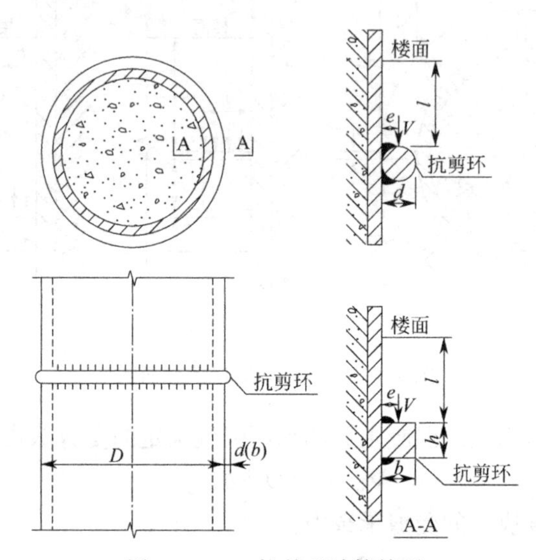

图 4.2.3-5　抗剪环计算简图

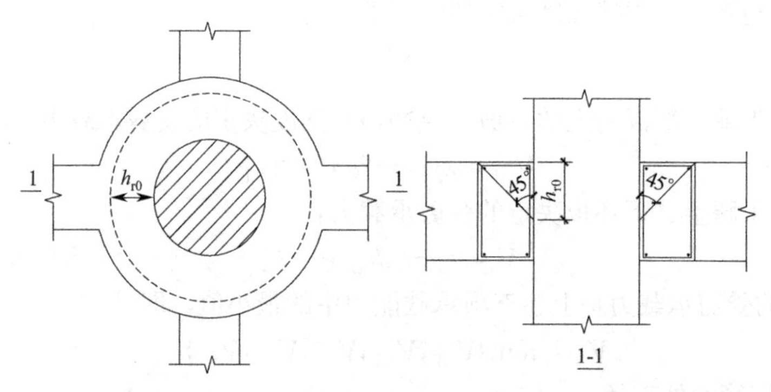

图 4.2.3-6　环梁冲切面的平面和剖面示意图

1）由抗剪环支承面上的混凝土局部受压强度决定的受剪承载力：

$$V_{u1}=f_c\pi D(1.5d_m+2.0d_b) \tag{4.2.3-7}$$

2）由抗剪环与钢管壁之间的焊缝强度决定的受剪承载力：

$$V_{u2}=\sum l_w h_e \beta_f f_f^w \tag{4.2.3-8}$$

3）由连接面混凝土直剪强度决定的受剪承载力：

$$V_{u3}=\pi(D+2b)l\times 2f_t \tag{4.2.3-9}$$

4）当环梁设置中部、底部两道抗剪环时，中部抗剪环对环梁的冲切承载力：

$$V_{u4}=0.9f_{t}u_{m}h_{0} \tag{4.2.3-10}$$

抗剪环的受剪承载力取上述四种承载能力的最小值，即：

$$V_{u}=\min\{V_{u1},V_{u2},V_{u3},V_{u4}\} \tag{4.2.3-11}$$

式中：D——钢管的外直径；

d_{m}——中部抗剪环的直径或宽度；

d_{b}——底部抗剪环的直径或宽度；

b——抗剪环厚度；

$\sum l_{w}$——环形焊缝的总长度；

h_{e}——角焊缝有效高度；

β_{f}——正面角焊缝的强度设计值增大系数；

f_{f}^{w}——角焊缝的抗剪强度设计值；

l——最底部抗剪环到环梁顶部距离，即直剪面的高度；

u_{m}——距钢管柱≤200mm 处的冲切面周长；

h_{0}——环梁截面有效高度。

为对比环形牛腿和抗剪环承剪能力，假定在传递剪力时环形牛腿、抗剪环及所有角焊缝均未发生破坏。算例参数如下：钢管钢材为 Q355B，ϕ1000×30mm，钢筋混凝土环梁的高度为 900mm；环形牛腿和抗剪环计算简图分别如图 4.2.3-7(a)、(b) 所示。

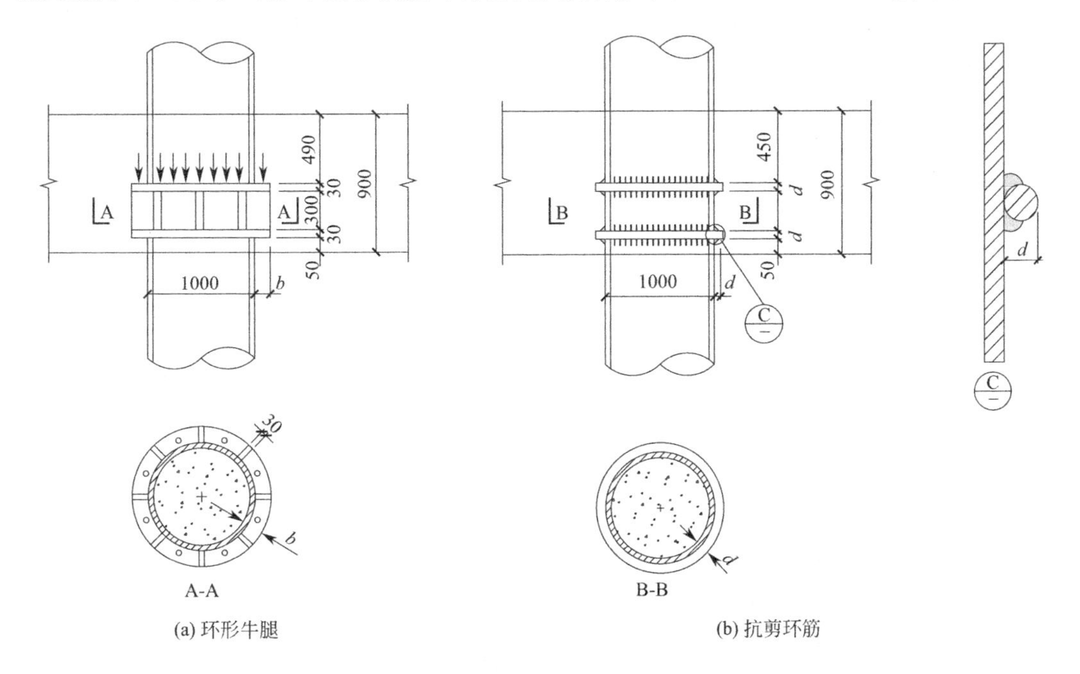

图 4.2.3-7　环形牛腿及抗剪环构造简图

环形牛腿受剪承载力主要由牛腿上部混凝土的直剪（或冲切）强度决定，抗剪环受剪承载力主要由抗剪环支承面上的混凝土局部受压强度和连接面混凝土直剪强度决定。

按上述有关公式计算，可得到不同环板宽度及抗剪环钢筋直径对应的受剪承载力，见表 4.2.3。

环形牛腿及抗剪环受剪承载力对比　　表 4.2.3

环梁混凝土强度等级	环板宽度				抗剪环直径			
	150mm	200mm	250mm	300mm	20mm	25mm	32mm	40mm
C30	5720.51	6160.55	6600.59	7040.63	3143.14	3928.93	5029.02	6286.28
C40	6840.62	7366.82	7893.02	8419.22	4198.18	5247.73	6717.09	8396.36
C50	7560.68	8142.27	8723.86	9305.45	5077.38	6346.73	8123.81	10154.76

注：表中未标记单位的数值的单位均为 kN。

从表 4.2.3 可看出，当抗剪环筋直径较小且环梁混凝土强度较低时，抗剪环受剪承载力低于环形牛腿，随着钢筋直径、环板宽度以及环梁混凝土强度的增大，抗剪环及环形牛腿的承剪能力均逐渐增大，超过某以临界值后，抗剪环的受剪承载力超过环形牛腿。以环梁混凝土强度等级为 C50 的节点为例，直径为 40mm 的抗剪环筋承剪能力约为环板宽度 300mm 环形牛腿的 1.1 倍。因此，对于圆钢管混凝土柱环梁节点，通过合理设计，可采用抗剪环取代环形牛腿传递剪力。

4.2.4　箱形截面钢梁与型钢（十字钢骨）混凝土柱的刚接节点如何处理？

答复：箱形截面钢梁与型钢（十字钢骨）混凝土柱刚接时，为保证型钢内力传递的直接性和有效性，钢梁截面宜与十字钢骨截面等宽，钢梁腹板厚度不宜大于钢骨翼缘厚度。由于钢梁腹板、翼缘需要直接贯通钢骨柱内的型钢，可能会导致梁、柱型钢连接后形成多个空腔，引起混凝土浇筑困难，施工质量难以保证。

对于少量采用矩形截面钢梁与钢骨柱连接节点的情况，为保证梁柱连接可靠性并便于施工，建议十字钢骨混凝土柱在梁柱节点区范围内，将十字钢骨逐渐过渡为矩形截面钢骨（遵循等壁厚，且刚度不削弱原则），进而与矩形截面梁采用对接焊缝连接，钢柱在钢梁翼缘对应位置设内隔板（预留不小于 200mm 的混凝土浇筑孔），形成刚性连接，如图 4.2.4 所示。钢结构加工时为避免形成封闭空间无法浇筑混凝土，应在梁上翼缘对应位置设置灌浆孔，空腔内采用高强灌浆料浇灌。

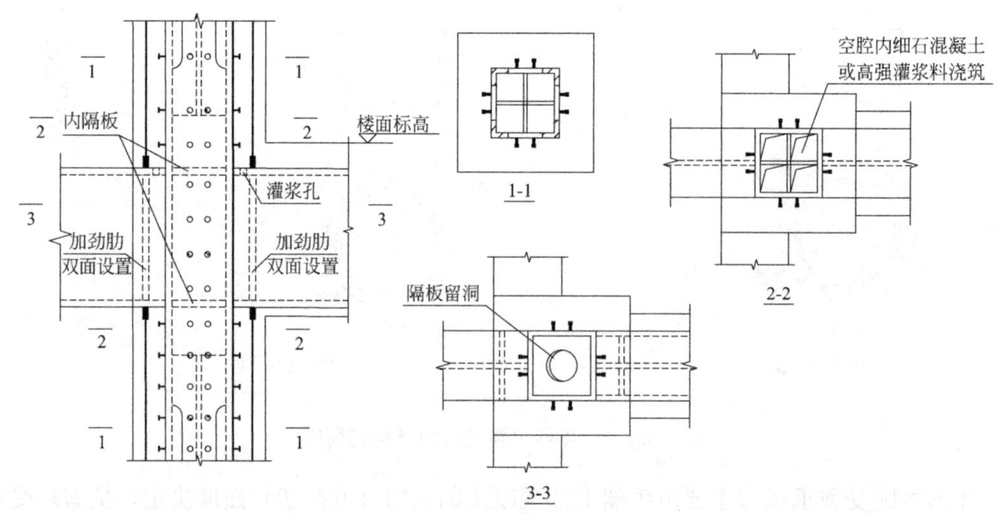

图 4.2.4　箱形截面钢梁与型钢（十字钢骨）混凝土柱的刚接节点构造简图

对于大量采用矩形截面钢梁与钢骨柱连接节点的情况，建议十字形钢骨混凝土柱改为矩形截面钢骨混凝土柱。

4.2.5 钢管混凝土柱有哪些截面形式？是否有轴压比限值要求？

答复：钢管混凝土构件（Concrete Filled Steel Tube，CFST）是在钢管内部充填浇筑混凝土的结构构件，钢管内部一般不再配置钢筋。早期的钢管混凝土构件多采用圆钢管[图 4.2.5(a)]，钢管内的混凝土受到钢管的有效约束，可显著提高其抗压强度和极限压应变，而混凝土可增强钢管的稳定性，使钢材的强度得以充分发挥。因此，钢管混凝土柱是一种比较理想的受压构件形式，具有良好的抗震性能。

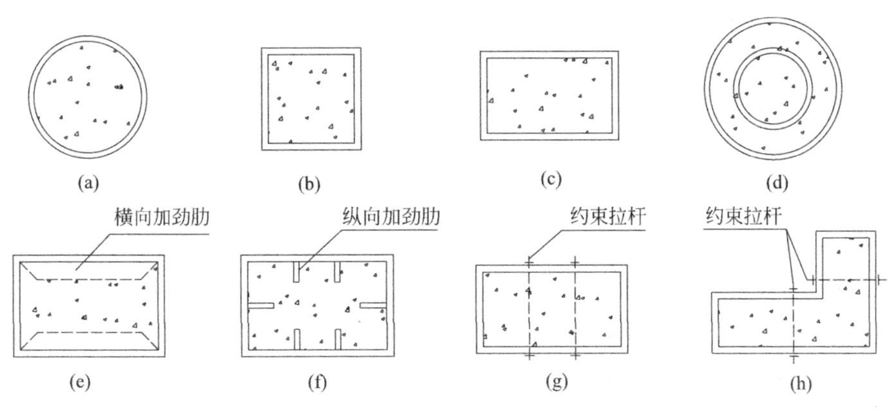

图 4.2.5 钢管混凝土柱的截面形式

对于承受特大荷载的大截面圆钢管混凝土柱，为了避免钢管壁过厚，可在柱截面内增设一个较小直径钢管，即二重钢管柱［图 4.2.5(d)］，内钢管的直径一般取外钢管直径的3/4。由于高层建筑的平面、体形和使用功能日趋多样化，单一的圆钢管混凝土柱已不能满足要求，所以方形、矩形以及 T 形、L 形截面［图 4.2.5(b)、(c)、(h)］等异形钢管混凝土柱已在高层建筑中应用。对于大截面方形、矩形、T 形和 L 形等钢管混凝土柱，为强化钢管对内部混凝土的约束作用，并延缓管壁钢板的局部屈曲，宜加焊横向或纵向加劲肋[图 4.2.5(e)、(f)]，或按一定间距设置约束拉杆［图 4.2.5(g)、(h)］。

试验研究表明，由于圆形钢管对混凝土的有效约束，在设计轴压比为 1.0 的情况下(试验轴压比小于 1.0)，圆形钢管混凝土柱在一定的长细比范围内（远大于现行规范限值），由其水平力和位移（P-Δ）骨架曲线得到的构件延性系数均大于 5，满足抗震设计相关要求。因此，圆形钢管混凝土柱一般不控制轴压比。

矩形钢管对混凝土的约束效果较圆形钢管差，钢管柱侧壁在压-弯反复荷载作用下易发生局部屈曲，进而导致混凝土压溃。试验研究表明，矩形钢管混凝土柱的延性与其轴压比、板件宽厚比、截面长宽比等有关，轴压比对其影响最为显著，因此，《组合规范》第7.2.10 条给出了矩形钢管混凝土柱的轴压比限值（表 4.2.5）。

矩形钢管混凝土柱和转换柱的轴压比限值　　表 4.2.5

结构类型	柱类型	抗震等级			
		一级	二级	三级	四级
框架结构	框架柱	0.65	0.75	0.85	0.90
框架-剪力墙结构	框架柱	0.70	0.80	0.90	0.95
框架-筒体结构	框架柱	0.70	0.80	0.90	—
	转换柱	0.60	0.70	0.80	—

续表

结构类型	柱类型	抗震等级			
		一级	二级	三级	四级
筒中筒结构	框架柱	0.70	0.80	0.90	—
	转换柱	0.60	0.70	0.80	—
部分框支剪力墙结构	框架柱	0.60	0.70	—	—

注：1. 剪跨比不大于 2 的柱，其轴压比限值应比表中数值减小 0.05。

2. 当混凝土强度等级采用 C65～C70 时，轴压比限值应比表中数值减小 0.05；当混凝土强度等级采用 C75～C80 时，轴压比限值应比表中数值减小 0.10。

4.2.6 矩形钢管混凝土柱什么情况下需要在钢管内壁焊接栓钉、纵向加劲板、纵向内隔板？具体构造是什么？

答复：为保证钢管与混凝土共同工作，避免矩形钢管混凝土柱在丧失整体承载能力之前钢管壁板件局部屈曲，保证钢管达到全截面屈服，钢管壁板件的边长与其厚度的比值不宜过大，板件宽厚比不应大于 $60\sqrt{235/f_y}$。宽厚比限值使得大尺度钢管混凝土壁板厚度往往由构造控制，也限制了高强钢材的应用。

为防止钢管混凝土柱壁板过早屈曲（向外鼓曲），减小壁板无支长度，往往通过在壁板内侧增设栓钉或加劲肋，增加对壁板的约束，延缓壁板屈曲，如图 4.2.6 所示。试验研究与数值分析表明，对于大直径的钢管混凝土柱（壁厚一般较厚），栓钉的约束效果相比加劲板差，而加劲板的约束效果与其宽度、厚度等因素相关。

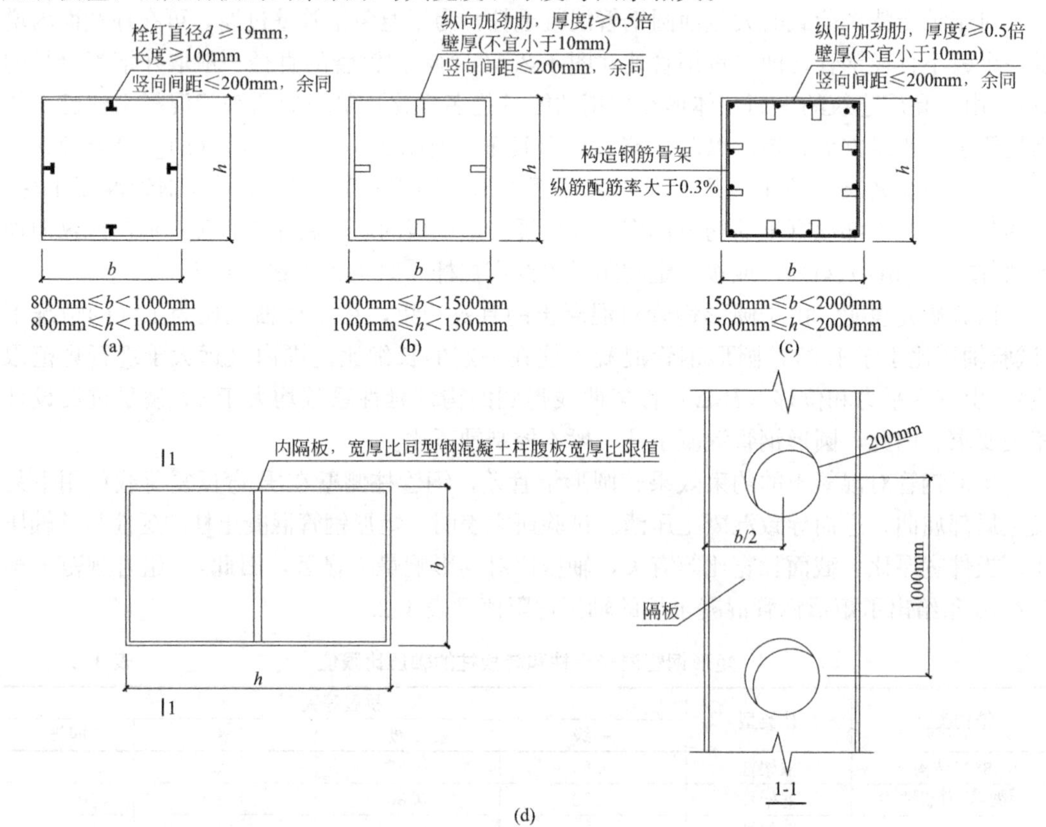

图 4.2.6 矩形钢管混凝土柱壁板增设栓钉或加劲肋示意

《高规》第 11.4.10 条规定，当矩形钢管混凝土柱截面最大边尺寸不小于 800mm 时，宜采取在柱子内壁上焊接栓钉、纵向加劲肋等构造措施；《组合规范》第 7.1.1 条规定，当矩形钢管混凝土柱截面边长大于等于 1000mm 时，应在钢管内壁设置竖向加劲肋；《组合规范》第 7.3.2 条规定，矩形钢管混凝土柱边长大于等于 2000mm 时，应设置内隔板形成多个封闭截面；矩形钢管混凝土柱边长或由内隔板分隔的封闭截面边长大于或等于 1500mm 时，应在柱内或封闭截面中设置竖向加劲肋和构造钢筋骨架。因此，应根据矩形钢管混凝土柱截面的最大边尺寸采用相应的技术措施：

当矩形钢管混凝土柱截面最大边尺寸 $800\text{mm} \leqslant b < 1000\text{mm}$，且满足宽厚比限值要求时，宜在钢管混凝土壁板内侧中部设置一列抗剪栓钉，栓钉直径不宜小于 19mm，长度不小于 100mm，间距不宜大于 200mm[图 4.2.6(a)]；

当矩形钢管混凝土柱截面最大边尺寸 $1000\text{mm} \leqslant b < 1500\text{mm}$，且满足宽厚比限值要求时，应在钢管混凝土壁板内侧中部设置纵向加劲肋，加劲肋厚度不宜小于 0.5 倍壁厚（且不宜小于 10mm），宽度不宜小于 200mm[图 4.2.6(b)]；

当矩形钢管混凝土柱截面最大边尺寸 $1500\text{ mm} \leqslant b < 2000\text{mm}$ 时，宜沿钢管内壁设置两道加劲肋（壁板宽度三等分），构造要求同上，且应设置构造钢筋骨架[图 4.2.6(c)]；

当矩形钢管混凝土柱截面最大边尺寸 $b \geqslant 2000\text{mm}$ 时，应设置内隔板形成多个封闭截面，内隔板宽厚比同型钢混凝土柱腹板宽厚比限值（《组合规范》表 6.1.5），内隔板宜每隔 1 m 设置灌浆孔，孔径不宜小于 200mm[图 4.2.6(d)]，当钢管混凝土柱板件宽厚比不满足限值要求时，也应按图 4.2.6(d) 设置纵向内隔板进行分割。

4.2.7 型钢混凝土剪力墙的截面形式有哪些?

答复：钢与混凝土组合剪力墙的主要作用是增强结构的水平承载力和抗震性能，减小剪力墙截面尺寸。型钢混凝土剪力墙截面如图 4.2.7 所示，通常是在墙的两端、纵横墙交接处、洞口两侧以及沿实体墙长度方向每隔不大于 6m 处设置型钢暗柱[图 4.2.7(a)]或在端柱内设置型钢芯柱[图 4.2.7(b)]。为了防止剪力墙小偏心受拉破坏，或进一步降低墙肢轴压比（解决 $2f_{tk}$ 超限问题），型钢也可沿墙肢均匀布置[图 4.2.7(c)]；为了防止剪力墙在其平面外错断，型钢截面的强轴方向应与剪力墙受力方向垂直[图 4.2.7(d)]。

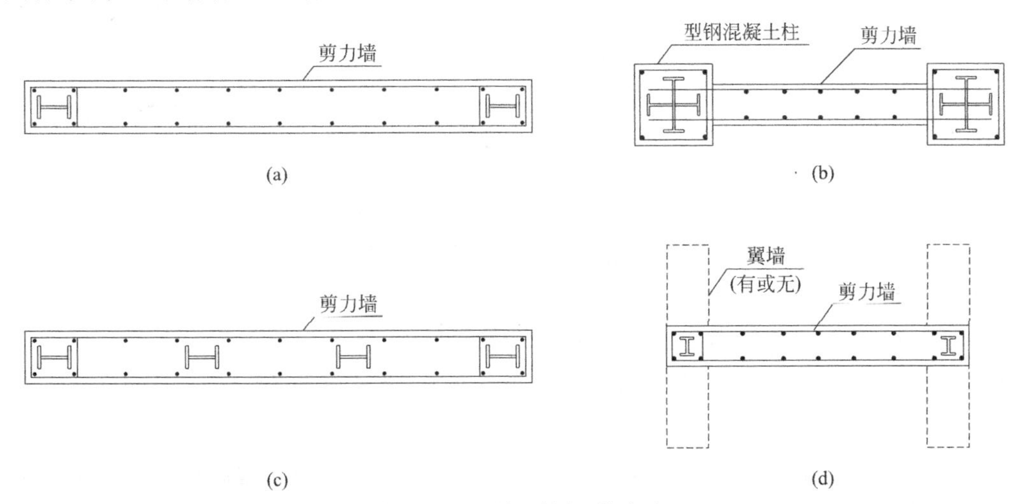

图 4.2.7 型钢混凝土剪力墙

在钢框架-混凝土核心筒结构中，为了提高钢筋混凝土核心筒的承载力和变形能力以及便于与钢梁连接，通常在核心筒的转角和洞边设置型钢芯柱，形成型钢混凝土筒体。

4.2.8 型钢混凝土剪力墙边缘构件阴影区内的型钢是否需要满足最小含钢率（边缘构件阴影区面积4%）的要求？

答复：型钢混凝土剪力墙边缘构件设置构造详见《组合规范》第9.2.3条及第9.2.6条。钢筋混凝土剪力墙的边缘构件中配置型钢所形成的型钢混凝土剪力墙，相比普通混凝土剪力墙，其压弯承载力、受剪承载力、延性指标等明显提高。型钢混凝土剪力墙在受剪截面验算、受剪承载力验算中均考虑了型钢的承载力贡献，而且受剪承载力计算也考虑了端部型钢的暗销抗剪和约束作用，计算公式见《组合规范》第9.1节；钢筋混凝土剪力墙在受剪截面验算、受剪承载力验算中均没有考虑纵筋贡献，计算公式见《混规》第11.7节。

另外，型钢混凝土剪力墙轴压比计算公式中同样考虑了型钢的作用，且轴压比限值与钢筋混凝土剪力墙要求相同（见表4.2.8）。根据本书4.1.8问答的分析，相同轴压比情况下型钢混凝土剪力墙中的混凝土将承受更大压应力，其延性指标同样需要型钢作用予以提高。

剪力墙轴压比限值 **表4.2.8**

抗震等级			特一级、一级(9度)	一级(6、7、8度)	二、三级
轴压比限值	型钢混凝土剪力墙	$N/(f_cA_c+f_aA_a)$	0.4	0.5	0.6
	钢筋混凝土剪力墙	N/f_cA_c	0.4	0.5	0.6

综上，型钢混凝土剪力墙的承载力、延性均需要型钢发挥与普通剪力墙纵筋不同的作用，因此其含钢率需要一定的保障，建议其最小含钢率不宜小于边缘构件阴影区面积的4%。如果含钢率小于4%，其轴压比、受剪承载力计算等不应考虑型钢作用（压弯、拉弯承载力可予以考虑，但型钢含钢率不宜低于3%）。

4.2.9 钢板混凝土剪力墙应符合哪些特殊的构造要求？

答复：在墙身中加入薄钢板，对于墙体承载力和破坏形态会产生显著影响，而钢板与周围构件的连接关系对于承载力和破坏形态的影响至关重要。试验结果表明，钢板与周围构件的连接越强，则承载力越大。四周焊接的钢板组合剪力墙可显著提高剪力墙受剪承载能力，并具有与普通钢筋混凝土剪力墙基本相当或略高的延性系数。这对于承受很大剪力的剪力墙设计具有十分突出的优势。为充分发挥钢板的强度，建议钢板四周采用焊接的连接形式（图4.2.9）。

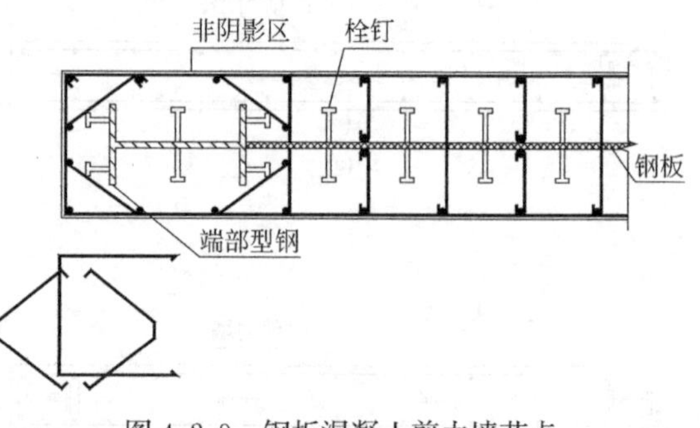

图4.2.9 钢板混凝土剪力墙节点

对于钢板混凝土剪力墙，为使钢筋混凝土墙有足够的刚度对墙身钢板形成有效的侧向约束，从而使钢板与混凝土能协同工作，应控制内置钢板的厚度。

对于墙身分布筋，考虑到：1）钢筋混凝土墙与钢板共同工作，混凝土部分的承载力不宜太低，宜适当提高混凝土部分的承载力，使钢筋混凝土与钢板两者协调，提高整个墙体的承载力；2）钢板组合墙的优势是可以充分发挥钢和混凝土的优点，混凝土可以防止钢板的屈曲失稳，为此宜适当提高墙身配筋。

基于上述考虑，《高规》第 11.4.15 条规定，钢板混凝土剪力墙尚应符合下列构造要求：

（1）钢板混凝土剪力墙体中的钢板厚度不宜小于 10mm，也不宜大于墙厚的 1/15；

（2）钢板混凝土剪力墙的墙身分布钢筋配筋率不宜小于 0.4%，分布钢筋的间距不宜大于 200mm，且应与钢板可靠连接；

（3）钢板与周围型钢构件宜采用焊接；

（4）钢板与混凝土墙体之间连接件的构造要求可参照现行国家标准《钢结构设计标准》GB 50017 中关于组合梁抗剪连接件构造要求执行，栓钉间距不宜大于 300mm；

（5）在钢板墙角部 1/5 板跨且不小于 1000mm 范围内，钢筋混凝土墙体分布钢筋、抗剪栓钉间距宜适当加密。

4.2.10 在工程中应用钢板混凝土组合剪力墙应注意什么？

答复：钢板混凝土组合剪力墙可以充分发挥钢和混凝土两种材料的优势，在提高承载力的同时可以保持较好的延性。相比型钢混凝土剪力墙，钢板混凝土剪力墙的含钢率较大，能有效提高剪力墙的竖向承压和水平抗剪能力，相同轴压比限值条件下能有效减小剪力墙截面厚度，因此广泛应用于高烈度区超高层建筑结构墙体底部部位。

相比普通混凝土剪力墙，内置钢板混凝土剪力墙的钢板贯通整个剪力墙高度范围，型钢全截面设置栓钉，大量钢筋需要穿透或焊接于钢板，节点构造复杂，施工难度较大。为保证施工质量，经常采用高流动性、自密实的高性能混凝土。然而，高性能混凝土的水泥用量大，水化热多，施工早期受温度影响的收缩变形明显，在钢板、栓钉的约束下其内部容易形成较大的应力而开裂，最终影响耐久性。

超高层建筑结构的周期一般较长，且整体变形呈弯曲型，对剪力墙的受剪承载力需求不高，钢板剪力墙的需求主要体现在压弯承载力的提高和对轴压比限值影响，此时型钢混凝土剪力墙（多设型钢）、高强混凝土剪力墙等都可用来解决上述问题，基于实际工程应用中遇到的种种问题，目前建议慎重考虑应用钢板混凝土组合剪力墙。

4.2.11 钢结构框架柱延伸至地下一层，一般指延伸至地下二层顶板标高，还是地下二层顶部楼面梁底标高？过渡层有什么构造要求？

答复：上部为钢结构，地下室为混凝土结构时，上部框架柱向嵌固端以下延伸一层，主要作用是实现钢结构向钢筋混凝土结构的有效过渡，并将上部结构有效嵌固于地下室结构。地下室一般作为上部结构的嵌固部位，其受力模式与上部结构不同。由于地下室顶板的嵌固效果，地下一层框架柱与地上一层框架柱在水平荷载作用下的剪力可能出现反号，且大幅衰减，此时嵌固端梁柱节点弯矩平衡方程可能变为式（4.2.11），如图 4.2.11-1 所示。

$$M_{c1底}=M_{b1}+M_{b2}+M_{c-1顶} \tag{4.2.11}$$

由于一层柱底弯矩由与其相连的框架梁和地下一层柱顶弯矩相平衡，$M_{c-1顶}$一般会远小于$M_{c1底}$，由结构力学原理同样可知，$M_{c-1底}$一般又小于$M_{c-1顶}$，因此，钢框架柱延伸至地下二层顶板标高一般能满足承载力要求。

因此，钢柱延伸至混凝土柱的长度在满足构造要求（不宜小于 2.5 倍钢柱截面高度）

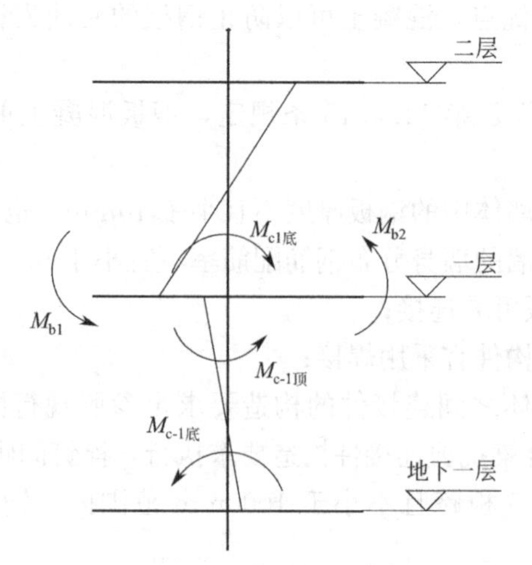

图 4.2.11-1 嵌固端梁柱节点弯矩平衡示意

前提下，延至地下二层顶板标高即可。此时，地下一层框架柱应按钢筋混凝土柱设计，且应满足组合结构过渡层的相关构造要求（设置栓钉，箍筋全高加密等），型钢底部可根据需要设抗剪连接件，将地下一层剪力有效传递给地下二层顶板，如图 4.2.11-2 所示。

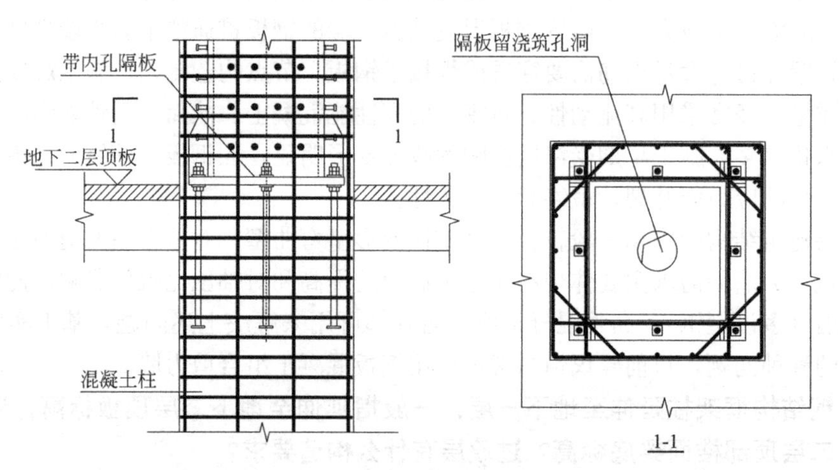

图 4.2.11-2 型钢混凝土柱过渡层构造

4.2.12 型钢混凝土柱埋入式和非埋入式两种柱脚可在哪些情况下应用？各有哪些构造要求？

答复：日本阪神地震的经验表明，非埋入式柱脚，特别在地面以上的非埋入式柱脚在地震区容易产生破坏。因此钢柱或型钢混凝土柱宜采用埋入式柱脚（图 4.2.12-1）。

柱脚的作用是将上部结构荷载（拉、压、弯、剪、扭）可靠地传递至嵌固端（或基础），而嵌固端以下结构应满足地震时不先于上部结构破坏的承载力要求。若存在刚度较大的多层（不少于两层）地下室时，由于地下室刚度较大，加之回填土的约束作用，型钢混凝土柱在嵌固端以下的剪力和弯矩快速衰减，可采用非埋入式柱脚（图 4.2.12-2），也可在地下二层底板以下过渡为钢筋混凝土柱，但型钢在嵌固端以下的锚固长度应满足构造要求，且向嵌固端以下延伸不少于一层。另外，型钢嵌固层（型钢截止的楼层）在配筋设计时不应考虑型钢作用，按钢筋混凝土柱设计。

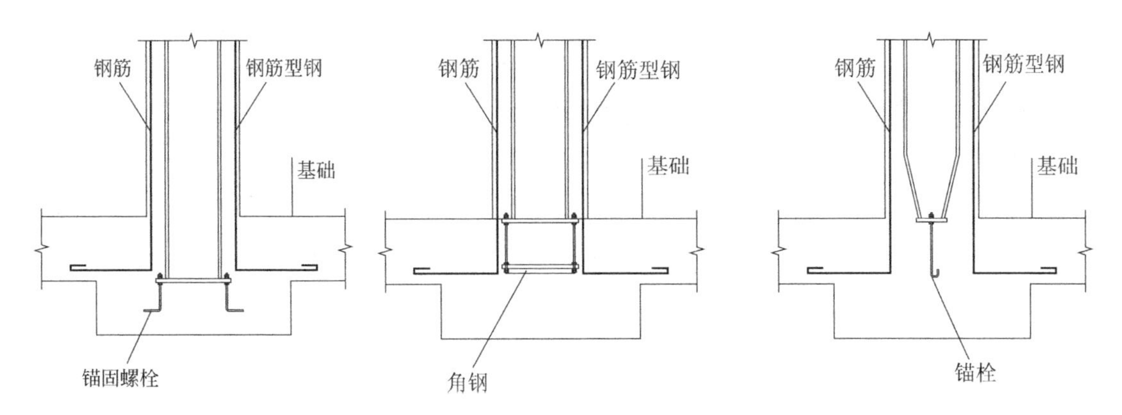

图 4.2.12-1　埋入式柱脚　　　　图 4.2.12-2　非埋入式柱脚

1. 埋入式柱脚

结合《高规》《高钢规》《抗规》的相关规定，抗震设计时，混合结构中的钢柱及型钢混凝土柱宜采用埋入式柱脚。采用埋入式柱脚时，应符合下列规定：

（1）埋入深度应通过计算确定，且不宜小于型钢柱截面长边尺寸的 2.5 倍（H 型钢柱不应小于截面高度的 2 倍）。

（2）型钢混凝土柱的埋入式柱脚，除型钢底板和地脚螺栓（锚栓）的抗弯作用外，需要型钢侧面混凝土的支承压力参与抗弯，故埋入的基础必须具有足够的侧向刚度（如筏基、双向条基等），且柱脚埋入部分的外包混凝土必须具有一定厚度。柱脚型钢在基础内的混凝土保护层最小厚度：对于中柱［图 4.2.12-3(a)］，混凝土保护层厚度不应小于钢柱受弯方向截面高度的 1/2（C_1）；对于边柱［图 4.2.12-3(b)］和角柱［图 4.2.12-3(c)］，外侧的混凝土保护层厚度不应小于钢柱受弯方向截面高度的 2/3（C_2），且不应小于 400mm。

（3）钢柱埋入部分的四角应设置竖向钢筋，四周应配置箍筋，箍筋直径不应小于 10mm，其间距不大于 250mm；在边柱和角柱柱脚中，埋入部分的顶部和底部尚应设置 U 形钢筋［图 4.2.12-3(d)］，U 形钢筋的开口应向内；U 形钢筋的锚固长度应从钢柱内侧算起，锚固长度（l_a，l_{aE}）应根据现行国家标准《混凝土结构设计规范》GB 50010 的有关规定确定。

（4）在柱脚部位和柱脚向上延伸一层的范围内宜设置栓钉，栓钉的直径不宜小于 19mm，其竖向及水平间距不宜大于 200mm。当有可靠依据时，可通过计算确定栓钉数量。

（5）埋入式柱脚深埋于混凝土基础梁内，其基础类似于杯形基础，柱内型钢应在基础表面位置处设置较强的水平加劲肋以承受混凝土传来的压力。水平加劲肋的形状应便于混凝土浇筑。

（6）钢柱柱脚的底板均应布置锚栓按抗弯连接设计，锚栓直径不宜小于 20mm（定位锚栓不宜小于 16mm），埋入长度不应小于其直径的 25 倍（定位锚栓不宜小于其直径的 20 倍）；底板不宜小于柱脚型钢翼缘厚度，且不宜小于 25mm；锚栓底部应设锚板或弯钩，

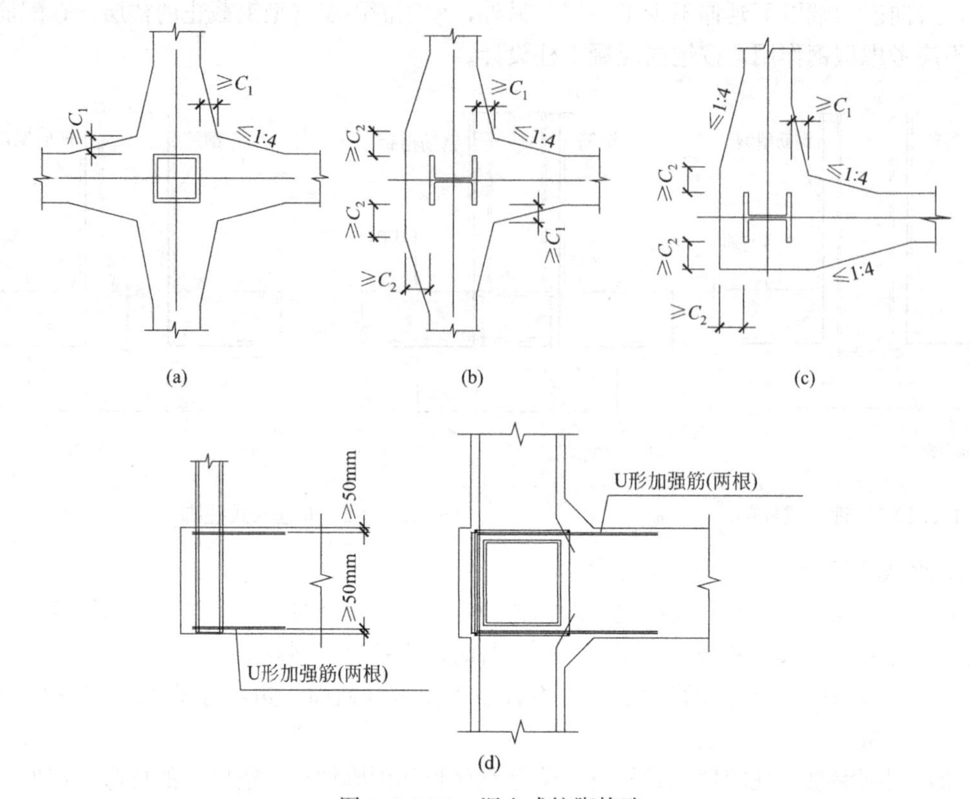

图 4.2.12-3　埋入式柱脚构造

锚板厚度宜大于 1.3 倍锚栓直径。应保证锚栓四周及底部的混凝土有足够厚度，避免基础冲切破坏；锚栓应按混凝土基础要求设置保护层。

2. 非埋入式柱脚

(1) 柱底锚固：型钢混凝土柱的型钢底端，应采用底板和锚栓与基础连接(图 4.2.12-4)；型钢混凝土柱的外包混凝土部分，其竖向钢筋伸入基础内的长度，应符合受拉钢筋的锚固要求。

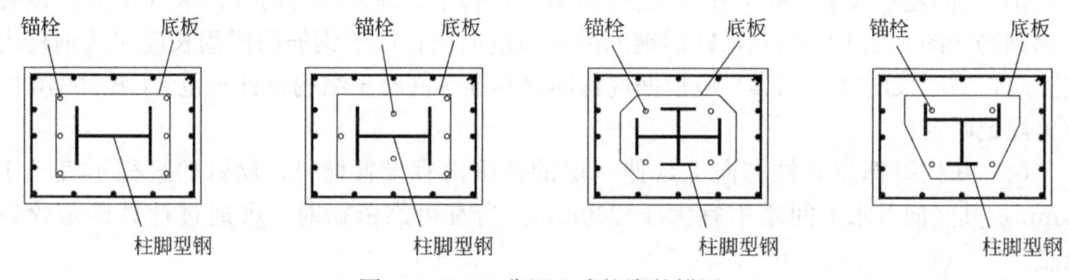

图 4.2.12-4　非埋入式柱脚的锚固

(2) 栓钉设置：在非埋入式柱脚上部第一层，为将型钢所承受的内力传给混凝土直至基础，应沿楼层全高在型钢混凝土柱的型钢翼缘、腹板上设置栓钉（图 4.2.12-5)；栓钉的直径不宜小于 19mm，其竖向及水平间距不宜大于 200mm；栓钉至型钢板件边缘的距离不应大于 100mm；当有可靠依据时，可通过计算确定栓钉数量。

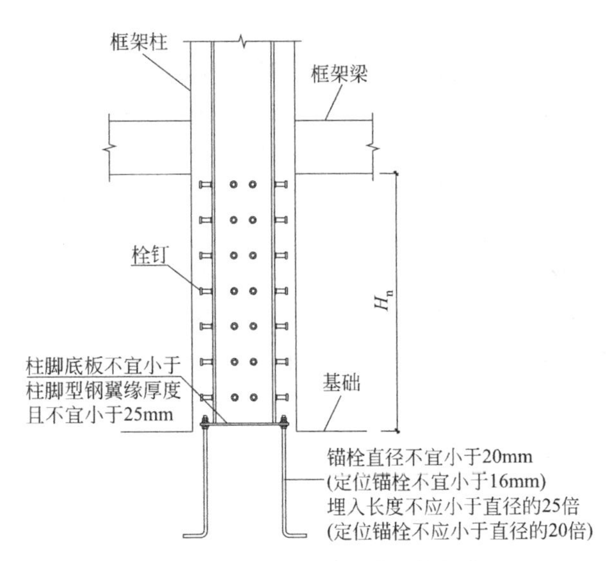

图 4.2.12-5　非埋入式柱脚的栓钉布置

4.2.13　钢管混凝土柱-钢框架和纯钢框架有什么区别?

答复：钢管混凝土柱由于内填混凝土，其承载力、变形能力、破坏机理与纯钢结构柱有所区别。钢管混凝土柱-钢框架和纯钢框架两种体系设计过程中控制指标分别如表 4.2.13 所示。

钢管混凝土柱-钢框架和纯钢框架设计指标比对　　　　**表 4.2.13**

分类	钢管混凝土柱-钢框架	纯钢框架
适用高度、高宽比	《钢管混凝土规范》第 4.3.3 条、第 4.3.4 条	《抗规》第 8.1.1 条、第 8.1.2 条
层间位移角	1/300	1/250
抗震等级	钢梁、钢支撑抗震等级参考《抗规》第 8.1.3 条，柱抗震等级参考《钢管混凝土规范》第 4.3.5 条	《抗规》第 8.1.3 条
柱轴压比	《钢管混凝土规范》第 4.3.10 条	不限制
承载力抗震调整系数	柱：0.80	柱：强度验算 0.75，稳定验算 0.80
长细比	《钢管混凝土规范》第 4.1.7 条，抗震等级为一、二级时可参照《抗规》《高钢规》从严执行	《抗规》第 8.3.1 条、《高钢规》第 7.3.9 条
板件宽厚比(径厚比)	《钢管混凝土规范》第 4.1.6 条	《抗规》第 8.3.2 条
防火设计	《钢结构防火规范》第 7.1 节	《钢结构防火规范》第 7.1 节、附录 B

相比纯钢框架，考虑到混凝土自身延性较差，钢管混凝土柱-钢框架的适用高度、层间位移角限值、轴压比限值较严，考虑到混凝土对壁板的约束作用，其板件宽厚比、径厚比要求较松。另外，钢管混凝土柱的隔声、防火性能优于纯钢结构柱。

4.2.14　钢-混凝土组合结构构件中的抗剪栓钉设置在哪些部位?

答复：为保证型钢与混凝土之间的剪力传递，形成钢与混凝土协同工作的整体性能，对型钢混凝土框架构件所处的主要部位应设置抗剪栓钉。抗剪栓钉的直径规格应选择 19mm 或 22mm，高度不应小于 4 倍栓钉直径，间距不大于 200mm。《组合规范》第 14.7 节对型钢混凝土柱抗剪栓钉的设置部位做了要求，《高规》第 11.4.2 条对型钢混凝土梁抗剪栓钉的设置部位做了要求，具体如下：

（1）嵌固部位。型钢混凝土柱埋入式柱脚的型钢翼缘埋入部分及其上一层柱全高，非埋入式柱脚上部第一层的型钢翼缘和腹板部位；矩形钢管混凝土柱和圆形钢管混凝土柱埋入式柱脚的钢管埋入部分外壁。

（2）过渡部位。结构竖向构件类型转换时（如某楼层下部为型钢柱，上部为普通混凝土柱或钢柱），为保证结构竖向构件刚度、承载力平稳过渡，往往需要设置结构过渡层，过渡层的型钢柱要求设置抗剪栓钉。当框架柱一侧为型钢混凝土梁，另一侧为钢筋混凝土梁时，型钢混凝土梁中的型钢宜贯穿柱顶并延伸至钢筋混凝土梁内一定长度，在该延伸段型钢上、下翼缘宜设置栓钉；梁柱连接采用在柱型钢上设置工字钢牛腿，梁纵向钢筋中一部分钢筋与钢牛腿搭接时，牛腿上、下翼缘应设置栓钉。

（3）节点区部位。梁柱节点区往往受力复杂，属于抗震设计的重要部位，其上、下各2倍型钢截面高度范围的型钢柱翼缘部位。

（4）刚度突变，受力复杂部位。如腰桁架层和伸臂桁架加强层及其相邻楼层柱全高范围的翼缘部位，框支层及其上、下层的型钢柱全高范围的翼缘部位。

（5）边界部位。各类体系中底层和顶层型钢柱全高范围的翼缘部位。

（6）悬挑部位。型钢混凝土梁的自由端存在较大的弯矩，同时存在较大的竖向变形，为保证混凝土与型钢之间能够共同工作，必须在型钢梁的自由端上部设置栓钉。

（7）重要构件或受力较大部位。承担较大弯矩的组合构件，如大跨度的型钢混凝土梁、托梁、转换梁、大跨度厂房的边跨型钢混凝土柱，以及混凝土筒体四角加设的型钢柱等。

（8）组合楼板。组合楼板与钢梁的连接应考虑水平力的可靠传递，在楼板和钢梁之间应设置抗剪连接件，最常用的是设置栓钉。

另外，型钢、钢板、带钢斜撑混凝土剪力墙边缘构件中的型钢翼缘应设置栓钉，钢板混凝土剪力墙的钢板两侧应设置栓钉，带钢斜撑混凝土剪力墙的钢斜撑翼缘应设置栓钉。

4.2.15 钢管柱内灌入混凝土形成钢管混凝土柱，长细比反而不满足要求，如何处理？

答复：《抗规》第8.3.1条给出了钢框架柱的长细比限值：一级不应大于60$\sqrt{235/f_{ay}}$，二级不应大于80$\sqrt{235/f_{ay}}$，三级不应大于100$\sqrt{235/f_{ay}}$，四级不应大于120$\sqrt{235/f_{ay}}$。《钢管混凝土规范》第4.1.7条给出了钢管混凝土框架柱的容许长细比不宜大于80。钢管混凝土柱计算长细比一般不考虑钢号修正系数（原则上随着材料强度增加，长细比限值应该减小），对于最常用的Q355级钢材，相当于钢框架柱抗震等级为三级时的长细比要求。

钢管混凝土柱由钢管和混凝土两种材料组成，其回转半径和单一材料计算方式稍有不同。

圆钢管混凝土柱由于考虑钢管与混凝土协同工作性能强，回转半径往往按单一材料计算，可近似表达为：

$$i_0=D/4 \tag{4.2.15-1}$$

式中：D ——钢管直径。

方钢管混凝土柱由于壁板和混凝土的协同工作性能较圆钢管混凝土差，回转半径考虑两种不同材料相互影响，可近似表达为：

$$i_0=\sqrt{\frac{I_s+I_cE_c/E_s}{A_s+A_cf_c/f}} \tag{4.2.15-2}$$

式中：f ——钢材的抗拉、抗压和抗弯强度设计值；

f_c——混凝土的抗压强度设计值；

E_s、E_c——钢材、混凝土的弹性模量；

A_s、A_c——钢管、管内混凝土部分的面积；

I_s、I_c——钢管、管内混凝土的截面惯性矩。

现以圆钢管和方钢管为例，假定钢材为Q355B，混凝土强度等级取C60，对于不同壁板厚度的钢管和钢管混凝土的回转半径计算见表4.2.15-1、表4.2.15-2。

圆钢管与圆钢管混凝土柱截面性能参数 **表4.2.15-1**

圆钢管直径(mm)	壁厚(mm)	圆钢管回转半径i_1(mm)	圆钢管混凝土回转半径i_2(mm)	i_1/i_2
700	16	242.14	175.00	1.38
	20	240.72	175.00	1.38
800	20	276.12	200.00	1.38
	25	274.35	200.00	1.37
900	25	309.75	225.00	1.38
	30	307.98	225.00	1.37
1000	30	343.38	250.00	1.37
	40	339.84	250.00	1.36

方钢管与方钢管混凝土柱截面性能参数 **表4.2.15-2**

方钢管边长(mm)	壁厚(mm)	方钢管回转半径i_1(mm)	方钢管混凝土回转半径i_2(mm)	i_1/i_2
700	16	279.07	274.17	1.02
	20	277.44	269.66	1.03
800	20	318.24	309.03	1.03
	25	316.20	307.53	1.03
900	25	357.00	346.92	1.03
	30	354.96	345.39	1.03
1000	30	395.76	384.79	1.03
	40	391.68	374.33	1.05

由表4.2.15-1、表4.2.15-2可知，圆钢管混凝土柱由于按同一材料近似计算，截面回转半径比圆钢管小，导致浇筑混凝土后长细比反而变大；方钢管混凝土柱与方钢管柱的截面回转半径则非常接近。

钢管欧拉临界压力计算公式如下：

$$P_{\mathrm{cr1}}=\frac{\pi^{2}E_{\mathrm{s}}I_{\mathrm{s}}}{l_{0}^{2}} \tag{4.2.15-3}$$

钢管灌入混凝土后的欧拉临界压力可用下式表达：

$$P_{\mathrm{cr2}}=\frac{\pi^{2}(E_{\mathrm{c}}I_{\mathrm{c}}+E_{\mathrm{s}}I_{\mathrm{s}})}{l_{0}^{2}} \tag{4.2.15-4}$$

二者比值见表 4.2.15-3、表 4.2.15-4。

圆钢管混凝土柱与圆钢管柱欧拉临界压力比 **表 4.2.15-3**

圆钢管直径(mm)	700		800		900		1000	
壁厚(mm)	16	20	20	25	25	30	30	40
$P_{\mathrm{cr2}}/P_{\mathrm{cr1}}$	1.85	1.66	1.77	1.59	1.68	1.55	1.62	1.44

方钢管混凝土柱与方钢管柱欧拉临界压力比 **表 4.2.15-4**

方钢管边长(mm)	700		800		900		1000	
壁厚(mm)	16	20	20	25	25	30	30	40
$P_{\mathrm{cr2}}/P_{\mathrm{cr1}}$	1.93	1.74	1.85	1.68	1.76	1.63	1.71	1.52

由表 4.2.15-3、表 4.2.15-4 可知，钢管混凝土柱能显著增强纯钢柱的稳定性，其欧拉临界压力提升约 1.5～2 倍。

另一方面，钢管柱灌入混凝土后，其强度明显提升，图 4.2.15 为直径 900mm（壁厚 25mm）和边长 1000 mm（壁厚 30mm）钢管混凝土柱和钢管柱的压弯承载力包络图（P-M 曲线考虑了钢管对混凝土的约束效应，采用约束混凝土本构），由图 4.2.15 可知，随着压力增加，钢管混凝土柱相比钢管柱的抗弯承载力提升幅度逐渐增大。

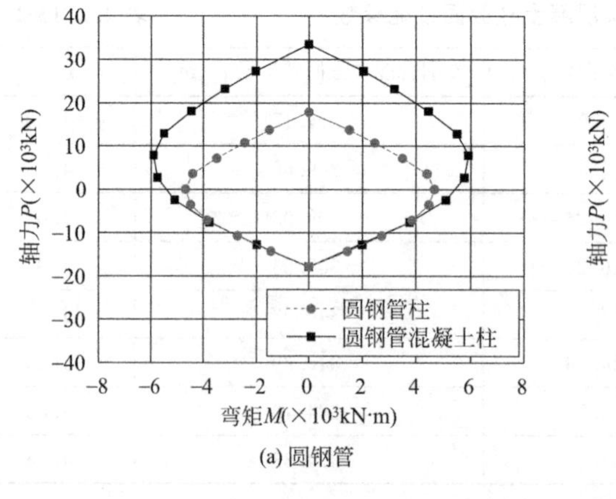

(a) 圆钢管

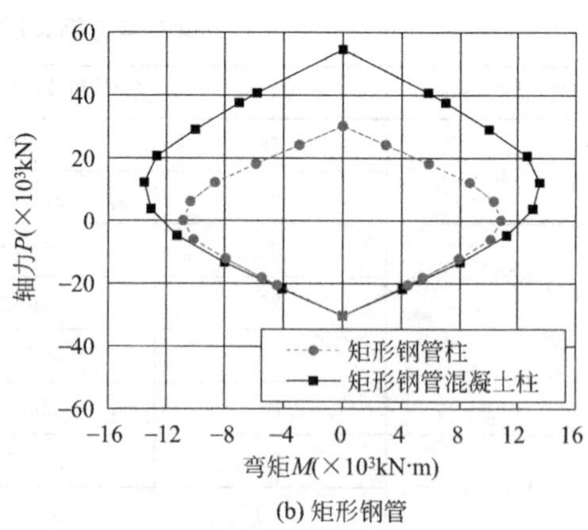

(b) 矩形钢管

图 4.2.15 钢管混凝土柱和钢管柱 P-M 曲线图

综上，钢管混凝土柱能显著增强纯钢柱的稳定性和承载力，在轴向压力较小时，其稳定承载力增加幅度一般较大，随着轴向压力的增加，其强度增加幅度逐渐起控制作用。钢管混凝土柱长细比限值是基于弹塑性稳定破坏与弹性稳定破坏的界限而确定的，为保证钢管混凝土柱在地震作用下发生弹塑性稳定破坏，要求其截面受弯承载力增加值应低于整体稳定承载力增加值，因此，高轴压比时的长细比应该从严控制。

对于轴压比小于 0.3 的钢管柱，当其长细比满足《抗规》相关要求时，工程中可根据需要选择钢管柱是否需要浇灌混凝土，无需考虑稳定性不足等问题；当轴压比大于 0.3 时，钢管混凝土柱自身长细比应满足《钢管混凝土规范》第 4.1.7 条不宜大于 80 的相关规定，否则应进行性能化设计。

5 复杂高层建筑结构

5.1 带转换层高层建筑结构

5.1.1 《高规》第 10.2.5 条对部分框支剪力墙结构的转换层设置高度做了限制，对于托柱转换结构，转换层设置是否也应满足相关要求？

答复：对于部分框支剪力墙结构，转换层上、下结构刚度发生突变，楼层剪力分布随之突变。转换层位置越高，落地墙体越少，则下部结构整体刚度越小，对上部结构的约束效果越小，楼层剪力突变越显著。另外，转换层以下落地剪力墙承受较大楼层剪力，地震作用下往往率先破坏，进一步加剧了上、下刚度差异，而框支柱由于需要传递上部剪力墙的倾覆力矩，地震作用下可能发生小偏拉脆性破坏，对结构整体抗震性能不利。因此，《高规》第 10.2.5 条规定：部分框支剪力墙结构在地面以上设置转换层的位置，8 度时不宜超过 3 层，7 度时不宜超过 5 层，6 度时可适当提高。同时，《高规》附录 E 对转换层上、下结构侧向刚度比进行了限制。

框架柱刚度一般远小于剪力墙，对于一般的托柱转换结构，由于其转换层上、下刚度突变不明显，上、下构件内力的突变程度也小于部分框支剪力墙结构，转换层设置高度对结构的影响也小于部分框支剪力墙结构，因此其转换层位置可视托柱数量情况，比上述规定适当提高（《高规》对此未作限制）。

另外，广东省《高层建筑混凝土结构技术规程》DBJ/T 15—92—2021 规定：部分框支剪力墙结构在地面以上设置转换层的位置，8 度时不宜超过 3 层，7 度时不宜超过 5 层，6 度时不宜超过 8 层；托柱转换层结构的转换层位置不受限制（注：托柱转换层结构主要承受竖向荷载，故其转换位置可不受限制），但转换数量较多时，应进行必要的补充计算。

5.1.2 结构中仅有个别竖向构件不连续，需要转换，是否属于带转换层结构范畴？具体如何区分？

答复：对于带转换层高层建筑结构，转换层上、下部的竖向承重构件不连续，墙、柱截面突变，导致转换层上、下结构刚度突变，同时也往往伴随质量突变，进而引起结构地震作用下楼层剪力分布突变。因此，判断具体结构是否为带转换层高层建筑结构，关键是分析转换层上、下刚度和质量是否突变较大。

《抗规》表 6.1.1 中的注 3 指出：部分框支抗震墙结构指首层或底部两层为框支层的结构，不包括仅个别框支墙的情况。其条文说明指出：仅有个别的墙体不落地，例如不落地墙的截面面积不大于总截面面积的 10%，只要框支部分的设计合理且不致增加扭转不规则，仍可视为抗震墙结构，其适用最大高度可仍按全部落地的抗震墙结构确定。

对于框架柱不连续引起的转换，可参照剪力墙执行，当转换的框架柱数量不大于总框架柱数量的10%（框架结构）或20%时（框架-剪力墙结构），可认为结构不属于带转换层结构，但转换构件的抗震措施应按相关规范严格执行。

少量竖向构件不连续（不属于带转换层结构）在进行超限判定时，可判定为局部不规则项。

5.1.3 带转换层的高层建筑，其底部加强范围取值过大，如何考虑？

答复：《高规》第10.2.2条规定：带转换层的高层建筑结构，其剪力墙底部加强部位的高度宜取至转换层以上两层且不宜小于房屋高度的1/10。带转换层的高层建筑剪力墙底部加强部位要求取至转换层以上两层，是由于转换层部位竖向构件传力途径复杂，转换层上部墙体（特别是框支梁上部墙体）易产生应力集中，地震作用下较早开裂，进而影响上部结构安全，而转换层下部墙体水平剪力突变，地震作用下也有较早破坏风险。

若转换层位置较高（大于两层或1/10高度较大值的2倍以上），按上述规定底部加强部位过大时，如果通过性能化设计方法保证转换层上、下两层剪力墙的安全性，可适当放松底部加强部位范围取值，按非转换结构考虑。

5.1.4 如何理解《高规》附录E转换层上、下结构侧向刚度比计算方法？

答复：《高规》第10.2.3条规定，转换层上部结构与下部结构的侧向刚度变化应符合下列规定：

(1) 当转换层设置在1、2层时，可近似采用转换层与其相邻上层结构的等效剪切刚度比 γ_{e1} 表示转换层上、下层结构刚度的变化，γ_{e1} 宜接近1，非抗震设计时 γ_{e1} 不应小于0.4，抗震设计时 γ_{e1} 不应小于0.5。γ_{e1} 可按下列公式计算：

$$\gamma_{e1}=\frac{G_1A_1/h_1}{G_2A_2/h_2}=\frac{G_1A_1}{G_2A_2}\frac{h_2}{h_1} \tag{5.1.4-1}$$

$$A_i=A_{w,i}+\sum_j C_{i,j}A_{ci,j}\ (i=1,2) \tag{5.1.4-2}$$

$$C_{i,j}=2.5(h_{ci,j}/h_i)^2\ (i=1,2) \tag{5.1.4-3}$$

式中：G_1、G_2——转换层和转换层上层的混凝土剪变模量；

A_1、A_2——转换层和转换层上层的折算抗剪截面面积；

$A_{w,i}$——第 i 层全部剪力墙在计算方向的有效截面面积（不包括翼缘面积）；

$A_{ci,j}$——第 i 层第 j 根柱的截面面积；

h_i——第 i 层的层高；

$h_{ci,j}$——第 i 层第 j 根柱沿计算方向的截面高度；

$C_{i,j}$——第 i 层第 j 根柱截面面积折算系数，当计算值大于1时取1。

(2) 当转换层设置在第2层以上时，按下式计算的转换层与其相邻上层的侧向刚度比 γ_1 不应小于0.6。

$$\gamma_1=\frac{V_i/\Delta_i}{V_{i+1}/\Delta_{i+1}}=\frac{V_i\Delta_{i+1}}{V_{i+1}\Delta_i} \tag{5.1.4-4}$$

式中：V_i、V_{i+1}——第 i 层和第 $i+1$ 层的地震剪力标准值；

Δ_i、Δ_{i+1}——第 i 层和第 $i+1$ 层在地震作用标准值作用下的层间位移。

（3）当转换层设置在第 2 层以上时，尚宜采用图 5.1.4 所示的计算模型，按式（5.1.4-5）计算转换层下部结构与上部结构的等效侧向刚度比 γ_{e2}。γ_{e2} 宜接近 1，非抗震设计时 γ_{e2} 不应小于 0.5，抗震设计时 γ_{e2} 不应小于 0.8。

$$\gamma_{e2}=\frac{\Delta_2/H_2}{\Delta_1/H_1}=\frac{\Delta_2 H_1}{\Delta_1 H_2} \tag{5.1.4-5}$$

式中　γ_{e2}——转换层下部结构与上部结构的等效侧向刚度比；

H_1——转换层及其下部结构（计算模型 1）的高度；

H_2——转换层上部若干层结构（计算模型 2）的高度，其值应等于或接近于高度 H_1，且不大于 H_1；

Δ_1——转换层及其下部结构（计算模型 1）的顶部在单位水平力作用下的侧向位移；

Δ_2——转换层上部若干层结构（计算模型 2）的顶部在单位水平力作用下的侧向位移。

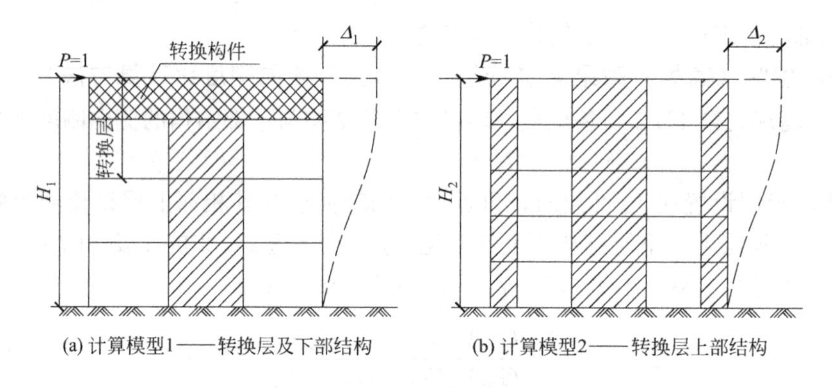

(a) 计算模型1——转换层及下部结构　　(b) 计算模型2——转换层上部结构

图 5.1.4　转换层上、下等效侧向刚度计算模型

【说明】式（5.1.4-1）采用等效剪切刚度比控制低位转换结构的竖向刚度分布，原因在于，由于低位转换层受嵌固端影响，采用楼层剪力与位移比值方法计算出的结构侧向刚度比值可能会高估地上一层结构刚度，偏于不安全，而等效剪切刚度不考虑楼层边界条件影响，对于嵌固端附近的楼层刚度比计算更趋于合理。另外，式（5.1.4-4）控制刚度比不小于 0.6，也是基于更安全考虑，在满足上述要求的基础上，转换结构侧向刚度尚应满足《高规》第 3.5.2 条第 2 款的相关要求。

式(5.1.4-5) 是用转换层上、下部结构单位荷载下的位移角比值控制整体结构侧向刚度布置情况，考虑了抗侧力构件的布置问题（如在结构单元内，抗侧力构件的位置不同，其对楼层侧向刚度的贡献不同），以及构件的弯曲、剪切和轴向变形对侧向刚度的影响，因此是一个较合理的方法。由于式（5.1.4-1）和式（5.1.4-4）仅控制了转换层刚度，是最低限要求，如果结构上、下整体刚度差异偏大，下部结构会形成整体软弱部位，对整体抗震性能不利，因此尚需要通过式（5.1.4-5）控制其整体竖向刚度分布。

5.1.5 对于带转换层的高层建筑结构，当采用梁式转换层时，转换层的受力机理如何？如何进行结构分析？

答复：对于带转换层的高层建筑结构，当采用梁式转换层时，转换梁与其上的钢筋混凝土剪力墙连为一起，形成墙梁，受力非常复杂。迄今为止，尚未提出竖向荷载作用下转换梁内力的合理计算方法。

(1) 转换梁的受力机理

梁式转换层结构是通过转换梁将上部墙（柱）承受的力传至下部框支柱的[图 5.1.5-1(a)]。图 5.1.5(b)、(c)、(d) 分别表示竖向荷载作用下转换层（包括转换梁和其上部分墙体）的竖向压应力 σ_y、水平应力 σ_x 和剪应力 τ 的分布图。可见，在转换梁与上部墙体的界面上，竖向压应力在支座处最大，在跨中截面处最小；转换梁中的水平应力 σ_x 为拉应力。形成这种受力状态的主要原因如下：①拱的传力作用，即上部墙体上的大部分竖向荷载沿拱轴线直接传至支座，转换梁为拱的拉杆；②上部墙体与转换梁作为一个整体共同受力，转换梁处于整体弯曲的受拉区，由于上部剪力墙参与受力而使转换梁承受的弯矩大大减小。因此，转换梁一般为偏心受力构件。

(2) 结构分析

对于托墙转换梁，梁与上部墙体共同受力，一般处于弯、剪、扭、拉（或压）复合受力状态，因此转换梁宜按壳单元或实体单元分析（转换梁与上部墙体存在较大偏心时），壳单元划分时应与上部墙体、框支柱协调，实体单元分析时需要对其与线单元、壳单元的边界进行细部处理（如设置梁端中间节点为主节点，其他节点为刚性从节点，将边界面转化为边界线，便于与线单元和壳单元衔接）。分析完成后，对某截面应力进行积分处理，求得截面内力，依此进行设计。

5.1.6 对于带转换层的高层建筑结构，其剪力墙底部加强部位的弯矩设计值为什么需要乘以放大系数？

答复：普通剪力墙结构由于结构竖向构件连续，刚度分布均匀，为控制剪力墙塑性铰区出现在底部加强部位，其底部加强部位的弯矩设计值不调整，但对底部加强部位以上墙肢的组合弯矩设计值和组合剪力设计值均乘以增大系数（《高规》第 7.2.5 条）。

对于部分框支剪力墙结构，框支层及以下部位结构刚度较弱，且地震剪力大部分由落地剪力墙承担，弹塑性分析结果表明，落地剪力墙很难避免率先发生破坏，此时框支柱的楼层剪力占比会明显提升，进而影响整体结构安全。因此，《高规》第 10.2.18 条规定，部分框支剪力墙结构中，特一、一、二、三级落地剪力墙底部加强部位的弯矩设计值应按墙底截面有地震作用组合的弯矩值乘以增大系数 1.8、1.5、1.3、1.1 采用；其剪力设计值应按《高规》第 3.10.5 条、第 7.2.6 条的规定进行调整。落地剪力墙墙肢不宜出现偏心受拉。以上调整原则上不会改变底部加强部位产生塑性铰的预屈服机制，可起到延缓底部结构破坏的作用。

5.1.7 对于带转换层的高层建筑结构，框支柱的剪力调整原则是什么？是否需要和框架-剪力墙结构二道防线调整进行包络设计？

答复：在转换层以下，落地剪力墙的侧向刚度一般远远大于框支柱的侧向刚度，几乎承受全部地震剪力，框支柱分配到的地震剪力非常小，考虑到实际工程中转换层楼面会有

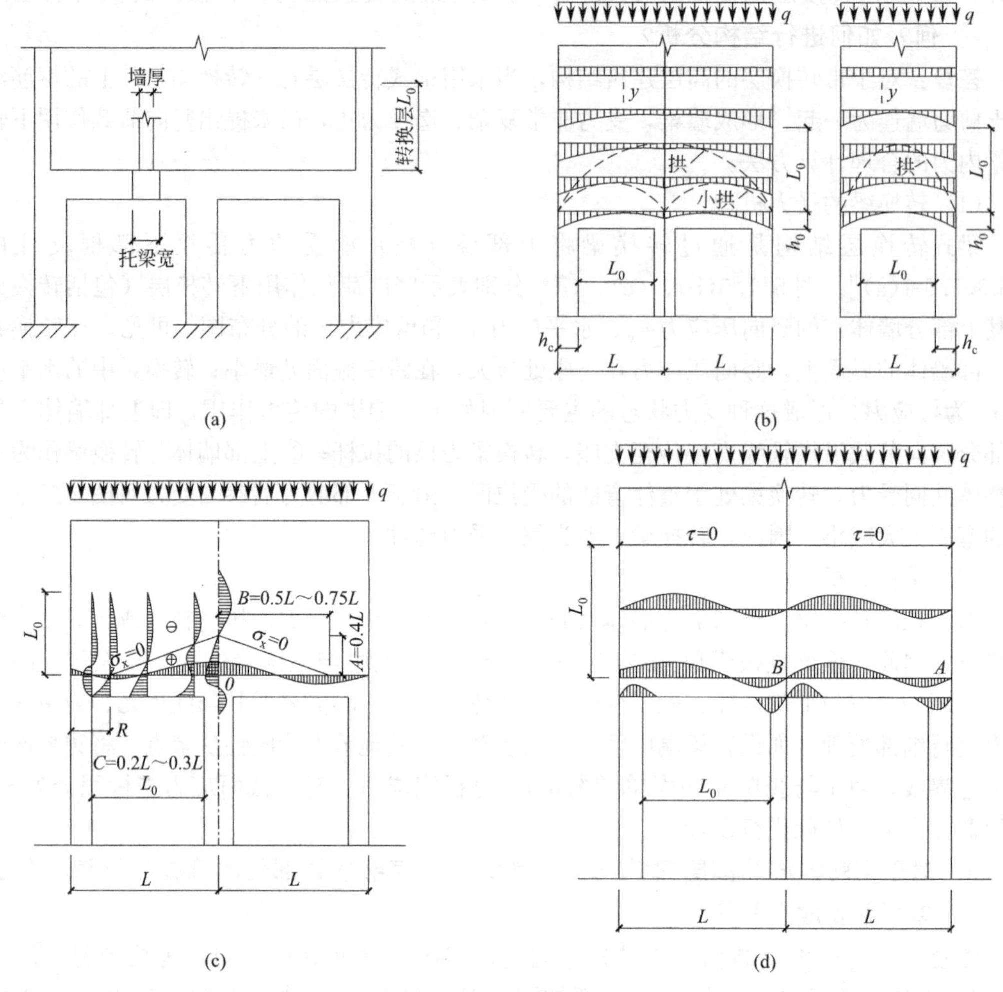

图 5.1.5　框支剪力墙转换层应力分布

显著的平面内变形，框支柱实际承受的地震剪力可能会比计算结果大很多。此外，地震时落地剪力墙出现裂缝甚至屈服后刚度下降，也会使框支柱的剪力增加。因此，《高规》第 10.2.17 条规定，部分框支剪力墙结构框支柱承受的水平地震剪力标准值应按表 5.1.7 采用。

框支柱地震剪力标准值调整　　　　表 5.1.7

每层框支柱数量 n_c	控制类别	上部为剪力墙结构	
		1～2 层框支层	3 层及 3 层以上框支层
≤10	每根柱所受剪力最小值	0.02V	0.03V
>10	每层框支柱承受剪力之和的最小值	0.2V	0.3V

注：V 为结构基底剪力。

框支柱剪力调整后，应相应地调整框支柱的弯矩及与框支柱相交的梁端（不包括转换梁）剪力和弯矩，但框支梁的剪力、弯矩，框支柱的轴力可不调整。

以上调整与框架-剪力墙结构二道防线的调整目的一致，而部分框支剪力墙结构底部剪力调整如果按照框架-剪力墙结构二道防线原则执行，框支柱调整限值往往由 $1.5V_{fmax}$ 控制，因此表 5.1.7 调整系数很大程度上高于框架-剪力墙结构的相应调整系数，可不再进行框架-剪力墙结构二道防线调整。

5.1.8 对带转换层的高层建筑结构，转换层楼板有哪些构造要求？

答复：带有转换层的高层建筑结构，由于竖向构件不连续，其框支剪力墙的大部分剪力在转换层处需要通过楼板转换给落地剪力墙，因此加强层的楼板必须具有足够的刚度、强度和整体性，以保证传力直接可靠。

（1）转换层应采用现浇楼板，混凝土强度等级不应低于 C30，楼板板厚不宜小于 180mm。

（2）抗震设计的矩形平面建筑框支转换层楼板，其截面剪力设计值应符合下列要求：

$$V_f = (0.1\beta_c f_c b_f t_f)/\gamma_{RE} \quad (5.1.8\text{-}1)$$

$$V_f = (f_y A_s)/\gamma_{RE} \quad (5.1.8\text{-}2)$$

式中：b_f、t_f——分别为框支转换层楼板的验算截面宽度和厚度；

V_f——由不落地剪力墙传到落地剪力墙处按刚性楼板计算的框支层楼板组合的剪力设计值，8 度时应乘以增大系数 2.0，7 度时应乘以增大系数 1.5；验算落地剪力墙时可不考虑此增大系数；

A_s——穿过落地剪力墙的框支转换层楼盖（包括梁和板）的全部钢筋的截面面积；

γ_{RE}——承载力抗震调整系数，可取 0.85。

【说明】在当前计算软件分析功能较强的前提下，楼板可按照壳单元模拟，考虑其实际刚度，并满足中震不屈服的设防目标。

（3）转换层楼板应双层双向配筋，且每层每方向的配筋率不宜小于 0.25%，楼板中钢筋应锚固在边梁或墙体内，如图 5.1.8-1 所示。

（4）落地剪力墙和筒体外围的楼板不宜开洞。楼板边缘和较大洞口周边应设置边梁，其宽度不宜小于板厚的 2 倍，全截面纵向钢筋配筋率不应小于 1.0%，如图 5.1.8-2 所示。

（5）与转换层相邻楼层的楼板也应适当加强。

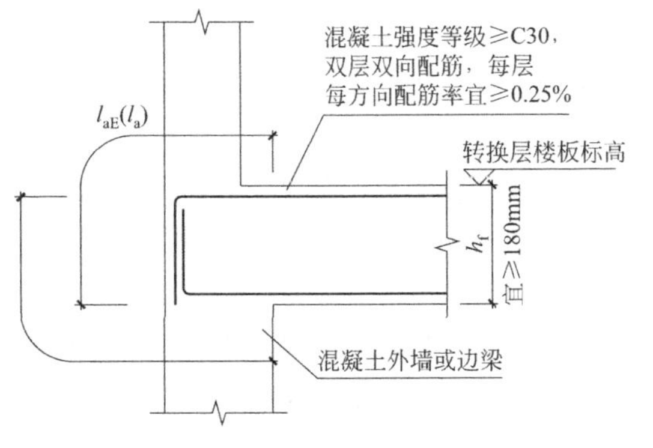

图 5.1.8-1 转换层楼板钢筋锚固构造

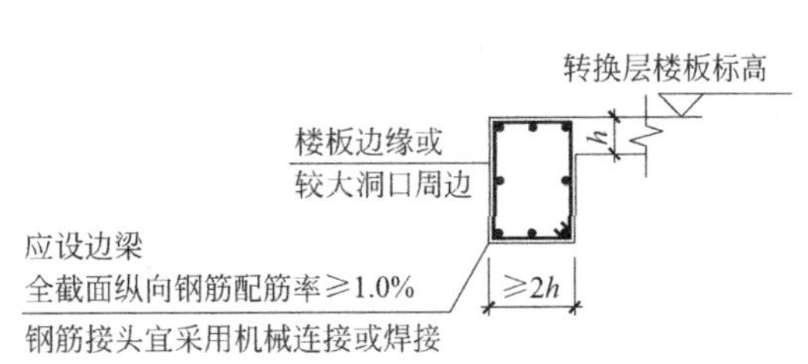

图 5.1.8-2 转换层楼板边梁构造

5.1.9 存在次梁托柱转换时，抗震等级、构造措施等如何确定？

答复：结构设计中，应尽量避免采用次梁转换。如无法避免时，转换次梁的抗震等级、构造措施等，宜参照托柱转换框支梁的有关规定确定。

5.2 其他复杂高层建筑结构

5.2.1 错层结构如何定义，分析计算时需要注意哪些问题？

答复：如果错层部位两侧高差超过支承梁的截面高度，见图 5.2.1-1（a），或高差小于支承梁截面高度但板间垂直净距超过支承梁截面宽度，见图 5.2.1-1（b），楼板水平传力功能受到影响（力学意义上不能按整层刚性隔板假定分析），可定义为楼板不连续，属于错层范畴。当错层面积大于该楼层面积的 30%时属于错层楼层。结构中错层楼层较少（如不超过 10%）且连续错层数不超过 2 层，可不划归错层结构，但错层构件应按照相关规范要求进行设计。

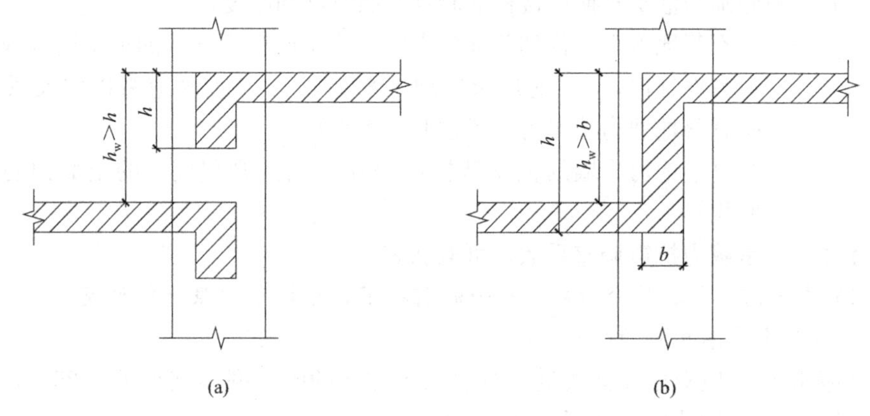

图 5.2.1-1 错层结构示意

错层两侧楼板是否需要分开建模，与错层结构体系、错层两侧结构刚度分布、错层处结构构件刚度（框架柱、支承梁）等相关。为简化起见，当错层两侧高差超过梁截面高度，或板间垂直净距大于 1.5 倍梁截面宽度时，楼板水平传力效果受到明显影响，需要分开建模。

刚性隔板假定可能会导致错层部位竖向构件剪力突变，因此错层部位楼板宜按照弹性板单元考虑。

错层结构建模中人为地增加了大量的标准层，造成计算中跨层部分层间位移角和位移比结果失真，不能区别真实楼层与计算楼层的关系，故必须按楼层实际高度进行手算补充校验。

结构有限元分析未考虑构件尺度效应，由此带来诸多分析结果失真，如错层梁高度不一致时通过竖直刚臂连接（见图 5.2.1-2），导致梁截面弯矩突变，错层柱剪跨比计算时未考虑梁截面高度影响等，有必要时可按实体单元进行补充分析。

5.2.2 结构有错层时应如何采取加强措施？

答复：错层结构宜采用剪力墙或框架-剪力墙结构，两侧结构布置和侧向刚度宜相近，

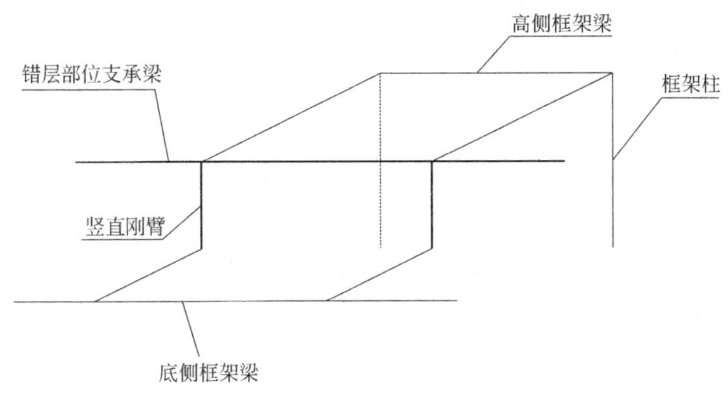

图 5.2.1-2 错层梁处竖直刚臂连接示意

减小结构整体扭转效应，降低对楼板水平传力作用的需求，进而减轻错层处结构构件内力突变和应力集中。

抗震设计时，错层处框架柱的截面高度不应小于 600mm；混凝土强度等级不应低于 C30；箍筋应全柱段加密；抗震等级应提高一级采用，一级应提高至特一级，但抗震等级已经为特一级时，允许不再提高。

在设防烈度地震作用下，错层处框架柱的截面承载力宜符合《高规》公式(3.11.3-2) 的要求（中震不屈服）。

错层处平面外受力的剪力墙的截面厚度，非抗震设计时不应小于 200mm，抗震设计时不应小于 250mm，并均应设置与之垂直的墙肢或扶壁柱；抗震设计时，其抗震等级应提高一级采用。错层处剪力墙的混凝土强度等级不应低于 C30，水平和竖向分布钢筋的配筋率，非抗震设计时不应小于 0.3%，抗震设计时不应小于 0.5%。

错层处支承梁，宜加高、加宽梁截面使得两侧上、下层楼板均锚入梁内，并有足够抗扭刚度协调两侧楼板变形。支承梁箍筋应全长加密，并应设置足够抗扭腰筋。

5.2.3 地下车库顶板与主楼±0.000 存在高差，是否属于错层结构？应采取什么构造措施？

答复： 仅地下车库顶板与主楼±0.000 存在高差，高差大于相连处楼面梁截面高度时，属于局部错层，但不属于错层结构，其错层构件应按照《高规》错层结构相关要求进行设计和构造加强。

结构中错层楼层占到一定比例，对主体结构抗震性能产生较大影响时，属于错层结构。地下结构的扭转受到回填土约束，车库顶板与主体结构高差范围四周一般设置刚度较大的挡土墙（深梁），上部结构地震作用可通过深梁有效传递给地下室顶板，结构整体抗震性能较好，因此不属于错层结构，其错层构件（框架柱、剪力墙）满足相关的抗震措施要求即可。

错层部位的框架柱为短柱或超短柱时，应满足中震抗剪弹性、抗弯不屈服的设防目标，否则，应采取斜梁板过渡、分布错层、斜板加腋等方式，弱化错层对结构相关构件的影响。

5.2.4 连体结构设计时，连接体与主体结构连接方式如何确定？

答复： 连体结构受力复杂，刚性连接从结构分析、构造措施方面更容易控制，因此，

《高规》第10.5.4条规定："连接体结构与主体结构宜采用刚性连接"。

连接体选型可从连体位置进行初步判断，如果属于高位连体，由于主体结构在高位的相对位移较大，且规范要求柔性连接的支座滑移量应能满足两个方向在罕遇地震作用下的位移要求，难以实现。另外，主体结构在高位时的等效抗侧刚度较小，便于实现位移协调，此时宜采用刚性连接。如果属于低位连体，可根据主体结构刚度差异、连接体的刚度等判断连接方案，当主体结构高度、刚度、振动主方向接近时，较小的连体刚度便能实现结构位移协调，此时宜采用刚性连接。当主体结构通过连接体很难做到位移协调时，如主体结构刚度差异大，连体相对刚度较小等，可考虑采用柔性连接方案。

刚性连接时，连接体结构的主要结构构件应至少伸入主体结构一跨并可靠连接；必要时可延伸至主体部分的内筒，并与内筒可靠连接。当连接体结构与主体结构采用滑动连接时，支座滑移量应能满足两个方向在罕遇地震作用下的位移要求，并应采取防坠落、撞击措施。计算罕遇地震作用下的位移时，应采用时程分析方法进行复核计算。

5.2.5 连体结构采用柔性连接时，是否需要进行整体模型分析？

答复：连体结构与主体结构柔性连接时，连体部分一般对主体结构影响较小，可将连体部分传递给主体结构的最不利轴力、剪力、附加弯矩以节点荷载形式施加于主体结构，此时主体结构分析可仅采用单体结构模型。抗震设计时，连体结构自身的构件内力、位移等需要整体模型分析，特别是罕遇地震下的支座位移，还应进行时程分析计算。

因此，连体结构采用柔性连接时，主体结构分析可以单体模型为主，连体部位建议采用整体模型分析，并宜补充时程分析验算。

5.2.6 体型收进结构，上部收进结构底部楼层剪力是否需要放大调整？

答复：历次震害表明，结构刚度沿竖向突变，会导致附近楼层剪力和变形突变，从而出现严重震害甚至倒塌。体型收进部位、收进程度、收进方式等均会对结构抗震性能产生较大影响。

结构体型收进位置较高时，因高位结构位移、加速度反应本身较大，上部结构刚度突然降低将放大鞭鞘效应，加剧竖向构件地震剪力突变程度，因此应尽量避免结构高位体型收进。《高规》第3.5.5条对体型收进结构的定义限于收进部位到室外地面的高度 H_1 与房屋高度 H 之比大于0.2时；欧洲规范 Eurocode 8 对收进位置在 $0.15H$ 以上时的收进程度要求相比低位收进更严格。

收进程度越大，结构竖向构件在收进部位的内力突变程度越大，上部结构在收进部位底层成为薄弱层的风险越大，对结构抗震越不利。因此，结构宜分段逐步收进。

当结构偏心收进时，受结构整体扭转效应的影响，下部结构的周边竖向构件内力增加较多，应予以加强。

因此，当明确为体型收进结构，或收进部位上层刚度与下层刚度比（按《高规》第3.5.2条验算）小于0.9（框架结构为0.7）时，收进部位底层剪力标准值宜乘以1.25增大系数（按软弱层考虑）。另外，《高规》第10.6.5条规定：体型收进高层建筑结构、底盘高度超过房屋高度20%的多塔楼结构的设计尚应符合下列要求：

（1）体型收进处宜采取措施减小结构刚度的变化，上部收进结构的底部楼层层间位移角不宜大于相邻下部区段最大层间位移角的1.15倍；

（2）抗震设计时，体型收进部位上、下各2层塔楼周边竖向结构构件的抗震等级宜提高一级采用，一级应提高至特一级，抗震等级已经为特一级时，允许不再提高；

（3）结构偏心收进时，应加强收进部位以下 2 层结构周边竖向构件的配筋构造措施。

5.2.7 多塔楼结构计算应考虑哪些问题？

答复：多塔楼结构振动形态复杂，计算时应注意以下几个方面。

（1）计算模型。宜按整体模型和各塔楼分开的模型分别计算，并采用较不利的结果进行结构设计。当塔楼周边的裙楼超过两跨时，分塔楼模型宜至少附带两跨的裙楼结构（《高规》第 5.1.14 条）。

（2）对于多塔结构的底盘（裙楼）部分，其设计应以整体模型分析结果为准。

（3）周期比。多塔楼结构应符合《高规》第 3.4.5 条的有关规定，按整体模型和各塔楼模型分别验算整体结构和各塔楼结构扭转为主的第一周期与平动为主的第一周期的比值，在考虑偶然偏心影响的规定水平地震力作用下，在刚性楼板假定的条件下，计算楼层竖向构件的最大水平位移和层间位移与该楼层平均值的比值。

（4）位移比。位移比控制计算应考虑各塔楼之间的相互影响，按多塔模型计算每个塔楼的每层及底盘各层最大水平位移与平均水平位移的比值，以及最大层间位移与平均层间位移的比值。

（5）风荷载。对于多塔楼结构，在风荷载作用下，每个塔楼均有独立的迎风面和变形，可不考虑各塔楼的相互影响。

6 消能减震和隔震结构

6.1 消能减震结构设计

6.1.1 建筑结构消能减震的基本原理是什么？

答复：结构受迫振动动力学方程可表达如下：

$$M\ddot{X}(t)+C\dot{X}(t)+KX(t)=-M\ddot{X}_{g}(t) \tag{6.1.1-1}$$

上式左右两边同时乘以 $\dot{X}\mathrm{d}t$，并从 $0\sim t$ 积分，可得：

$$\int_{0}^{t}M\ddot{X}\dot{X}\mathrm{d}t+\int_{0}^{t}C\dot{X}\dot{X}\mathrm{d}t+\int_{0}^{t}KX\dot{X}\mathrm{d}t=-\int_{0}^{t}M\ddot{X}_{g}\dot{X}\mathrm{d}t \tag{6.1.1-2}$$

上式亦可写为：

$$E_{\mathrm{K}}+E_{\mathrm{D}}+E_{\mathrm{S}}=E_{\mathrm{EQ}} \tag{6.1.1-3}$$

式中：E_{EQ}——地震作用给上部结构输入的能量；

E_{K}——结构动能，结构运动停止后将归零；

E_{D}——结构阻尼耗能；

E_{S}——结构应变能。

结构应变能 E_{S} 又可分解为：

$$E_{\mathrm{S}}=E_{\mathrm{E}}+E_{\mathrm{P}}+E_{\mathrm{H}} \tag{6.1.1-4}$$

式中：E_{E}——弹性变形能，结构运动停止后将归零；

E_{P}——塑性应变能；

E_{H}——滞回耗能。

因此，从能量角度来讲，地震动输入给上部结构的能量，最终依靠结构阻尼耗能、塑性应变能和构件滞回耗能耗散，即：

$$E_{\mathrm{EQ}}=E_{\mathrm{D}}+E_{\mathrm{P}}+E_{\mathrm{H}} \tag{6.1.1-5}$$

其中滞回耗能 E_{H} 和塑性应变能 E_{P}（可统称塑性耗能或应变能）是以结构构件损伤为代价的。减震结构是在建筑结构中布置消能器耗散地震能量（可将其归属为阻尼耗能），增加阻尼耗能，减小结构构件滞回耗能 E_{H} 和塑性应变能 E_{P}，起到降低主体结构损伤程度，保护主体结构安全的作用。

图 6.1.1-1 和图 6.1.1-2 为某框架结构大震作用下的能量分布图，可以看出，设置黏滞阻尼器后，阻尼器耗散了大量地震能量，而结构的阻尼耗能和塑性应变能明显减小。

另外，从加速度反应谱角度来讲，减震结构可增加结构阻尼比，降低地震作用，如

图 6.1.1-3 所示。

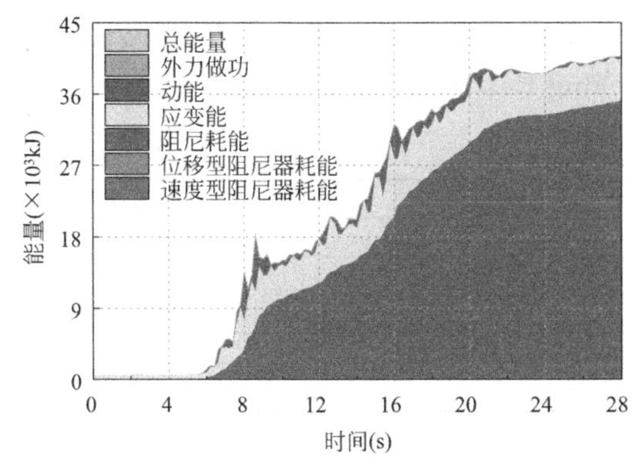

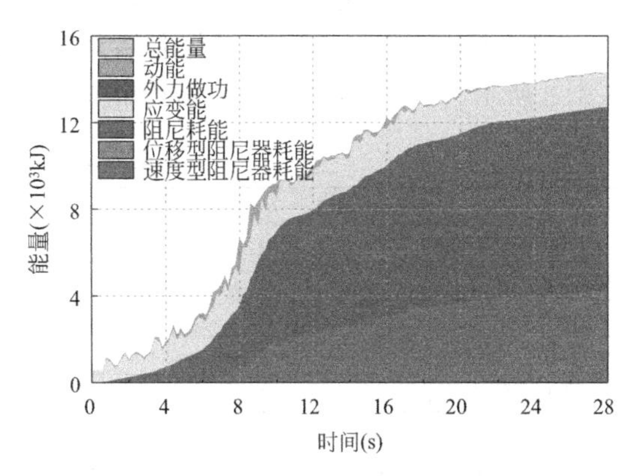

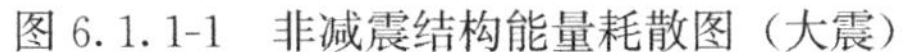

图 6.1.1-1 非减震结构能量耗散图（大震） 图 6.1.1-2 减震结构能量耗散图（大震）

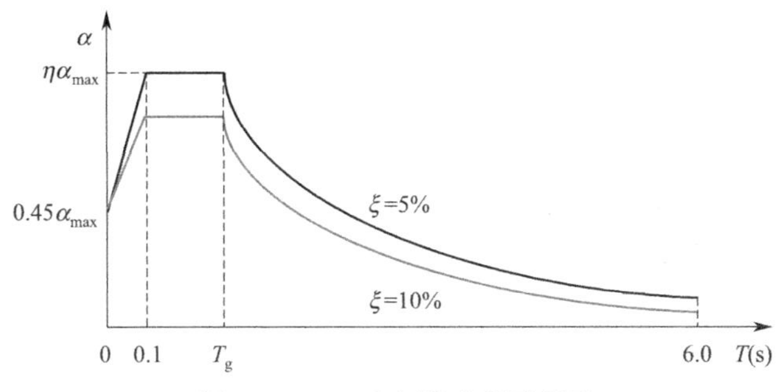

图 6.1.1-3 反应谱减震原理图

6.1.2 建筑消能器有哪些类型？各有什么特点？

答复： 根据消能器的受力特点，其主要分为位移型消能器、速度型消能器和复合型消能器。

位移型消能器的耗能能力与消能器两端相对变形相关，包括金属消能器、摩擦消能器等。其中金属消能器通过金属屈服后产生的弹塑性滞回变形耗散能量（如屈曲约束支撑、金属剪切型阻尼器、连梁阻尼器等），应用较广泛。摩擦消能器利用元件或构件间相对位移产生的摩擦做功耗散能量，变形能力不受材料限制，适用于较大变形结构。结构设计时，位移型消能器一般既能为结构提供刚度，又能为结构提供附加阻尼比。

速度型消能器的耗能能力与消能器两端的相对速度相关，主要包括黏滞消能器、黏弹性消能器等。其中黏滞消能器利用黏滞材料运动时产生的黏滞阻尼耗散能量。黏弹性消能器利用黏弹性材料间产生的剪切或拉、压滞回变形来耗散能量。结构设计时，黏滞消能器仅为结构提供附加阻尼比，而黏弹性消能器相比黏滞消能器，其恢复力增加了刚度比例项，既提供刚度又提供附加阻尼比。

复合型消能器兼具上述二者特点，如铅黏弹性消能器等。

6.1.3 不同结构体系的减震结构，其阻尼器选型原则是什么？附加阻尼比合理取值范围是多少？

答复： 结构附加阻尼比与阻尼器耗能、主体结构总应变能有关。阻尼器选型应与主体结构的变形特点相协调，充分发挥阻尼器消能效果。主体结构刚度越小，位移越大，则布置同等数量和屈服吨位的阻尼器时，对应的附加阻尼比越大。对于框架结构、框架-剪力墙结构、框架-核心筒结构、剪力墙结构，其消能器选型以及预期的附加阻尼比如表6.1.3所示，其中BRB表示屈曲约束支撑（Bucking Restrained Brace）消能器。

消能器选型及目标附加阻尼比　　表6.1.3

类别	BRB	剪切型	摩擦型	连梁型	速度型	目标附加阻尼比
框架结构	√	√	√	—	√	2%～8%
框架-剪力墙结构	○	○	√	√	√	2%～5%
剪力墙结构	○	○	○	√	√	1%～3%
框架-核心筒结构	○	—	○	√	√	1%～3%
筒中筒结构	—	—	○	√	√	1%～3%

注：√表示优先采用；○表示可以采用；— 表示不建议采用。

6.1.4　消能器在结构中的布置原则是什么？

答复：消能器在结构中的布置应遵循“均匀、分散、对称、周边”的原则，且应具有足够的数量。消能部件的布置还应符合下列规定：

（1）消能部件宜根据需要沿结构主轴方向设置，宜使结构在两个主轴方向的动力特性相近，阻尼比相近，形成均匀合理的结构体系。

（2）消能部件宜设置在相对变形或速度较大的位置。位移型阻尼器宜布置在靠近柱边位置，速度型阻尼器宜布置在跨中位置。结构顶部几层层间位移角一般较小，可不布置或少布置。

（3）竖向尽量连续布置，减少子结构数量。

（4）消能器平面布置最大间距可参考框架-剪力墙结构的剪力墙间距。

（5）消能部件的布置不宜使结构出现薄弱构件或薄弱层，同时保证结构沿高度方向刚度均匀。

（6）消能部件的设置，应便于检查、维护和替换。

6.1.5　除常规原则外，黏滞阻尼器布置时还应该注意哪些方面？

答复：黏滞阻尼器布置尽量不影响建筑使用功能，同时发挥最大效率，布置时尚应注意：

（1）尽量避开电梯井，因为阻尼器连接墙中间会有400mm的空隙，可能会影响电梯井的预埋设施；

（2）布置在楼梯间时要注意避开梯柱；

（3）不应布置在两边都是楼板开洞的地方，因为如果没有楼板平面内刚度和约束，阻尼器发挥的效能较低；

（4）采用墙式连接时建议门窗距阻尼器连接墙边预留300mm以上，无法避免时，建议留缝隙，缝隙的距离不小于阻尼器行程的1.2倍；

（5）黏滞阻尼器布置在短跨时耗能效率比布置在长跨时小，建议连接阻尼器的短墙与柱边净距不小于2倍梁高；

（6）上下层的阻尼器应尽量在同一跨布置，如建筑不允许，也可在同轴线的相邻一跨或两跨布置。

6.1.6　位移型消能器是否需要通高连续布置？若不连续布置，在设计时应注意什么？

答复：除承载型屈曲约束支撑外，其他耗能型位移阻尼器不要求竖向和平面的连续布置，也可集中布置在薄弱层，或仅在一个方向布置。一般情况下，为达到一定程度的减震效果，布置消能器楼层的数量，不宜少于结构总层数的 1/2，不应少于总层数的 1/3。当仅在一个方向布置消能器时，只能考虑一个方向的减震作用。

黏滞阻尼器不通高布置时，结构附加阻尼比计算不能采用强行解耦的振型分解法。

6.1.7 承载型和耗能型屈曲约束支撑各有什么特点？

答复：屈曲约束支撑一般分为承载型和耗能型。

承载型屈曲约束支撑是指利用屈曲约束原理来提高支撑的设计承载力，保证支撑在屈服前不会发生失稳破坏，从而充分发挥钢材强度。承载型屈曲约束支撑以承载为主，一般宜做到中震弹性、大震不屈服（按极限承载力验算），不能定义为耗能构件。

耗能型屈曲约束支撑是利用屈曲约束原理来提高支撑的设计承载力，防止核心单元产生屈曲或失稳，保证核心单元能产生拉、压屈服，利用屈服后滞回变形来耗散地震能量。耗能型屈曲约束支撑在设防地震和罕遇地震作用下应显著屈服和耗能。

两种类型产品功能定位不同，检验标准也不同（表 6.1.7），具体可参考相关行业和地方规程。

表 6.1.7 屈曲约束支撑检验指标

支撑类型	承载型	耗能型
最大伸长率	≥20%	≥30%
稳定性	1/100 支撑长度拉压一次	依次在 1/300、1/200、1/150、1/100 支撑长度拉压往复加载，每级位移水平下循环加载 3 次，轴向累计非弹性变形至少为屈服变形的 200 倍
疲劳性	—	1/150 支撑长度位移加载 30 圈，性能下降不超过 15%

注：因各标准、规程规定的检验指标不尽相同，本表仅供参考。

6.1.8 承载型屈曲约束支撑与普通钢支撑的区别是什么？设计中如何选取？

答复：承载型屈曲约束支撑主要解决普通钢支撑受压失稳问题，其与普通钢支撑在设计上的本质区别是可不考虑构件的受压屈曲。钢支撑构件受压屈曲会使得构件瞬间丧失受压刚度，承载力急剧退化，引起相关部位内力突变，对结构造成不利影响，如：人字形支撑产生拉、压内力严重不平衡，在横梁跨中产生很大的竖向和水平分力；同一楼层单向斜撑同时受压屈曲后形成软弱层等。只要能够解决普通钢支撑在预期最大荷载工况下的受压屈曲问题，则完全可替代承载型屈曲约束支撑。

原则上，只要普通钢支撑能够做到大震（个别重要建筑甚至需要验算超罕遇地震）受压不屈曲，则可以替代承载型屈曲约束支撑，但这需要从建筑使用功能、经济性、支撑对周边构件影响等各方面权衡二者的利弊。

6.1.9 带耗能型屈曲约束支撑的框架结构，如何确定屈曲约束支撑的布置数量？

答复：屈曲约束支撑一般小震时为结构提供侧向刚度，中、大震时屈服耗能，保护主体结构安全。

屈曲约束支撑的布置数量应根据结构需要（刚度、强度、建筑功能等）确定，考虑到其对子结构性能要求较高，与混凝土结构连接构造复杂，支撑布置影响建筑使用功能，以及性价比等因素，建议支撑布置数量不宜过多，以屈曲约束支撑（底层）按刚度分配的地震倾覆力矩小于结构总倾覆力矩的 40%为宜。

一般情况下，不建议屈曲约束支撑小震时屈服，也不建议其中震时还未屈服。因此，小震设计时，屈曲约束支撑应力比建议控制在 0.6～0.8 之间。

屈曲约束支撑屈服承载力较大时，会对子结构、连接节点部位造成过大负担，选型时应注意。

6.1.10　采用麦克斯韦模型时，黏滞阻尼器非线性分析参数中的刚度应如何取值？

答复：黏滞阻尼器通常采用麦克斯韦（Maxwell）模型进行模拟，由一黏滞单元和一弹簧单元串联而成（如图 6.1.10 所示），黏滞单元用来模拟理想黏滞阻尼器，弹簧单元近似模拟油缸、黏滞介质（压缩刚度）以及阻尼器连接件的刚度。采用 Maxwell 模型分析时，如果阻尼器连接件已按实际情况建模分析，结合工程经验，当黏滞阻尼器的阻尼系数 C 的单位为 $kN/(m/s)^{\alpha}$ 时，建议非线性分析参数中的刚度取阻尼系数 C 的 500～800 倍，单位为 kN/m；当黏滞阻尼器的阻尼系数 C 的单位为 $kN/(mm/s)^{\alpha}$ 时，建议非线性分析参数中的刚度取阻尼系数 C 的 4000～7000 倍，单位为 N/mm。

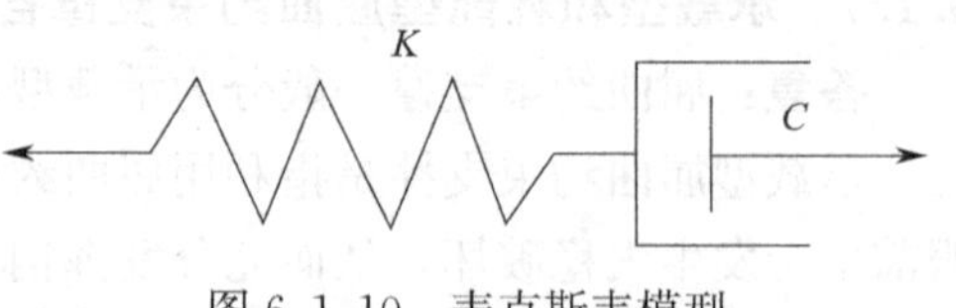

图 6.1.10　麦克斯韦模型

6.1.11　消能减震结构附加阻尼比计算有哪些方法？设计中采用哪种方法更加合理？

答复：目前，附加阻尼比的求解方法主要有现行《抗规》《消规》采用的基于能量的应变能法以及能量曲线对比法、结构响应对比法等。结构设计中，建议采用《抗规》应变能法，并选用另外一种方法进行补充验算。

（1）《抗规》第 12.3.4 条规定，消能部件附加给结构的有效阻尼比可按照下式估算：

$$\xi_a = \sum_j W_{cj}/(4\pi W_s) \tag{6.1.11-1}$$

式中：ξ_a——消能减震结构的附加有效阻尼比；

W_{cj}——第 j 个消能部件在结构预期层间位移 Δu_j 下往复循环一周所消耗的能量；

W_s——设置消能部件的结构在预期位移下的总应变能。

由于 W_{cj} 和 W_s 均取包络值，与时间并没有严格的相关性（如最大楼层侧向力与最大位移可能并未发生在同一时刻），无法反映结构能量耗散与时间的依存关系，计算结果通常偏于保守，一些极端的特例下也会出现偏于不安全的情况。

（2）能量曲线对比法是近年来新提出的附加阻尼比计算方法，其依据是结构固有阻尼耗能与固有阻尼比之比等于消能器总耗能与附加阻尼比之比。因此可通过结构固有阻尼比、结构固有阻尼比对应的耗能和消能器总耗能，推算消能器附加给结构的阻尼比。能量比法概念简单，物理意义明确，计算公式如下：

$$\xi_a = \frac{W_d}{W_1}\xi_1 \tag{6.1.11-2}$$

式中：ξ_a——结构附加阻尼比；

ξ_1——结构固有阻尼比；

W_d——所有消能部件消耗的能量；

W_1——结构固有阻尼比对应消耗的能量。

如图 6.1.11 中，速度型阻尼器耗能 W_d 为 520kJ，结构固有阻尼比对应耗能 W_1 为 800－520＝280kJ，则结构附加阻尼比 ξ_a 为：

$$\xi_a = 520/280 \times 5\% = 9.3\% \tag{6.1.11-3}$$

工程中通常取时程分析的最终时刻计算阻尼比，此时结构各部分耗能趋于稳定。能量

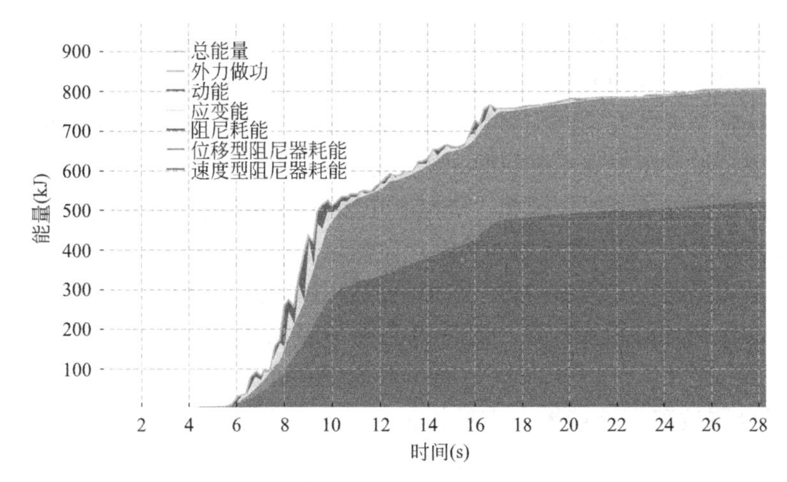

图 6.1.11　带阻尼器结构能量耗散图（小震）

曲线对比法考虑了地震作用下结构整个运动过程的耗能占比，原则上更加合理。但分析结果与地震波、结构固有阻尼比定义方式（模态阻尼还是瑞利阻尼）、数值积分方式等有关，不确定性较大，需要多条地震波比对。

（3）结构响应对比法是采用等效对比结构动力响应的方法确定消能减震结构的附加阻尼比。设计人员可建立两种模型，其中模型 1 布置有阻尼器，分析时结构初始阻尼比选择结构固有阻尼比（如 5%）；而模型 2 未布置阻尼器，分析时初始阻尼比可取大于 5%的值，如 7%、8%等。对比结构层剪力和层间位移角等重要响应参数（设计人员确定），找到与模型 1 响应最为接近的某个模型 2，此时模型 2 的阻尼比为模型 1 的总阻尼比，扣除结构的固有阻尼比，如 5%，即可得到阻尼器附加给结构的有效阻尼比。结构响应对比法同样受地震波、响应参数选择等不确定因素影响，离散性较大。

6.1.12　结构附加阻尼比往往存在小震 > 中震 > 大震的情况，是否意味着小震计算阻尼比偏不安全？设计中如何执行？

答复：《抗规》第 12.3.4 条给出了消能减震结构附加阻尼比的计算方法，采用多遇地震作用下消能部件在预期位移下往复一周耗散能量与结构总应变能之比表示。由于建筑工程用黏滞阻尼器的阻尼指数一般较小（小于 0.5），导致附加阻尼比计算时，小震的计算结果偏大，偏于不安全。同时，考虑黏滞阻尼器的初始刚度、连接缝隙等因素，并参考其他地方规程，建议附加阻尼比在小震计算结果基础上乘以不大于 0.7 的折减系数，或采用考虑各种不利因素影响的中震计算结果。

6.1.13　框架-屈曲约束支撑结构设计时，能否将屈曲约束支撑设计为小震时即发生屈服，提升结构附加阻尼比，进而提高结构的经济性？

答复：屈曲约束支撑属于位移型消能器，其主要作用是小震时为结构提供刚度，中、大震时屈服耗能，保护主体结构安全。提供足够的刚度是大多数此类结构对支撑的首要需求，也是支撑在中、大震时耗能能力的有效保障。小震屈服会导致支撑过早达到其极限承载力，刚度退化，中、大震时耗能能力相对降低，反而不利于结构整体抗震性能。因此，无论是“承载型”还是“耗能型”的屈曲约束支撑，均不建议小震时发生屈服。

6.1.14　除屈曲约束支撑以外的金属位移型消能器，小震下可否耗能提供附加阻尼比？

答复：《消规》第 3.1.1 条、第 3.1.3 条的相关条文说明指出，允许位移型金属消能器小震下屈服耗能。但位移型消能器小震过早屈服后，对其大震（或超大震）极限变形能力、滞回能力提出了更高的要求。消能器的极限位移应不小于罕遇地震下消能器最大位移的 1.2 倍，且检验要求其在设计位移和设计速度幅值下往复循环 30 圈应满足相关性能要求。另外，考虑位移型阻尼器小震屈服，提供附加阻尼比，也存在本书 6.1.13 问所述不利于结构大震抗震性能的情况。因此，应控制小震下消能器的屈服程度（最大位移不大于屈服位移的 1.5 倍），对于比较重要的建筑，应慎重选用此类消能器。

金属位移型消能器小震为结构提供附加阻尼比时，其附加刚度、附加阻尼比计算应采用与实际情况吻合的计算模型，且小震计算的附加阻尼比，应该进行折减（原理见本书 6.1.12 问答复）。

6.1.15 对于金属位移型消能器，在结构弹性分析模型中如何简化模拟？

答复：对于直接与主体结构相连的消能器，如屈曲约束支撑，计算模型中直接按支撑建模即可，支撑刚度应与屈曲约束支撑刚度等效，支撑强度设计时，建议提取内力，根据芯材面积手工复核。

对于通过连接墙、连接支撑与主体结构连接的消能器（图 6.1.15-1），可通过等代柱（图 6.1.15-2）模拟消能部件刚度，消能部件刚度应为消能器和连接构件的串联刚度。如果消能器小震屈服，需要迭代计算消能器的附加阻尼比和有效刚度。在进行消能减震设计时，确保剪切型阻尼器与实际悬臂墙串联的刚度与计算模型中的等代柱刚度相等。

刚度等代计算过程如下：

（1）先通过试算确定悬臂墙的截面尺寸，保证悬臂墙大震下具有足够的刚度和稳定性，并且能保持弹性，得到实际悬臂墙截面尺寸 a（截面厚度）、b（截面宽度）、h（上悬臂墙高度）。

（2）上悬臂墙弯曲刚度 K_1，计算如下：

$$K_1=\frac{3E(ab^3/12)}{h^3} \tag{6.1.15-1}$$

上悬臂墙剪切刚度 K_2，计算如下：

$$K_2=\frac{G(ab)}{\mu_1 h} \tag{6.1.15-2}$$

上、下悬臂墙串联水平等效刚度 K_3，计算如下：

$$K_3=\frac{1}{2(1/K_1+1/K_2)} \tag{6.1.15-3}$$

式中：E——混凝土的弹性模量；

G——混凝土的剪切模量；

μ_1——悬臂墙截面的抗剪不均匀系数（矩形为 1.2）。

（3）根据时程分析结果，得到阻尼器的等效刚度 K_4，计算如下：

$$K_4=\frac{Q_a}{\Delta_a} \tag{6.1.15-4}$$

式中：Q_a——阻尼器的实际出力；

Δ_a——阻尼器的实际位移。

（4）上下悬臂墙与阻尼器组成系统的串联刚度 K_5，计算如下：

$$K_5=\frac{1}{(1/K_3+1/K_4)} \tag{6.1.15-5}$$

(5) 选取等代柱的截面尺寸 A（截面厚度）、B（截面宽度）、H（等代柱所在层高），则等代柱弯曲刚度 K_{11}，计算如下：

$$K_{11}=\frac{12E(AB^3/12)}{H^3} \tag{6.1.15-6}$$

等代柱剪切刚度 K_{22}，计算如下：

$$K_{22}=\frac{G(AB)}{\mu_2 H} \tag{6.1.15-7}$$

等代柱水平等效刚度 K_{33}，计算如下：

$$K_{33}=\frac{1}{(1/K_{11}+1/K_{22})} \tag{6.1.15-8}$$

式中：E——混凝土的弹性模量；

G——混凝土的剪切模量；

μ_2——等代柱截面的抗剪不均匀系数（矩形为 1.2）。

(6) 计算模型中等代柱的水平刚度 K_{33} 应与上下悬臂墙与阻尼器组成系统的串联刚度 K_5 相等，即：

$$K_{33}=K_5 \tag{6.1.15-9}$$

一般情况下，根据阻尼器出力大小及型号，先确定等代柱的截面宽度 B，如 1500mm 或 2000mm，再根据式(6.1.15-9) 就能确定等代柱的截面厚度 A。

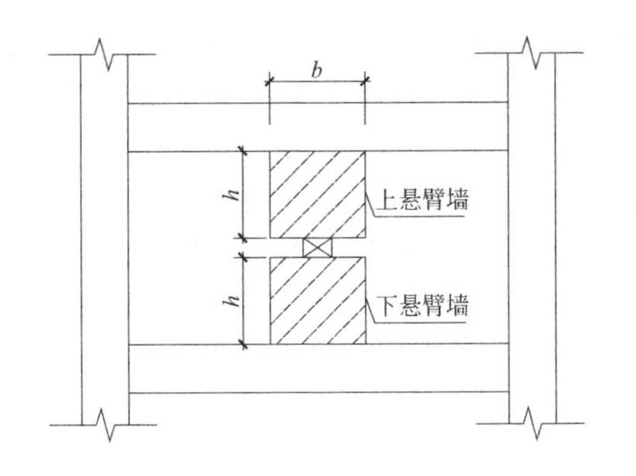

图 6.1.15-1 金属消能器连接示意图

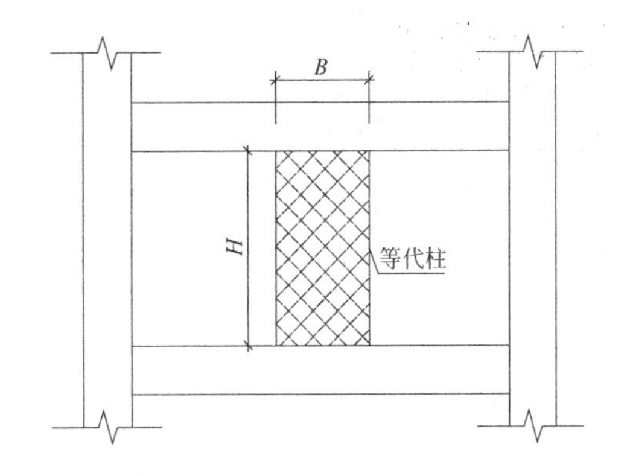

图 6.1.15-2 等代柱模拟金属消能器刚度示意图

6.1.16 钢筋混凝土框架-屈曲约束支撑结构的适用高度是多少？

答复：钢筋混凝土框架-屈曲约束支撑结构体系的适用高度与屈曲支撑的相对布置数量相关（表 6.1.16）。

(1) 当屈曲约束支撑（底层）按刚度分配的地震倾覆力矩小于结构总倾覆力矩的 20%时，属于带少量屈曲约束支撑的框架结构，结构适用高度按照框架结构控制。

(2) 当屈曲约束支撑（底层）按刚度分配的地震倾覆力矩大于结构总倾覆力矩的 50%时，属于支撑-框架结构体系，结构适用的最大高度可取框架结构和框架-剪力墙结构二者最大适用高度的平均值。

（3）当屈曲约束支撑（底层）按刚度分配的地震倾覆力矩占结构总倾覆力矩的20%～50%时，属于框架-屈曲约束支撑结构体系，结构适用的最大高度可取上述（1）、（2）最大适用高度的平均值。

钢筋混凝土框架-屈曲约束支撑结构的最大适用高度（m） 表 6.1.16

支撑倾覆力矩与结构总倾覆力矩之比	抗震设防烈度				
	6	7	8(0.2g)	8(0.3g)	9
≤20%	60	50	40	35	24
>20%,≤50%	77	67	55	46	30
>50%	95	85	70	57	37

6.1.17 带屈曲约束支撑的框架结构，子结构如何设计？

答复：《消规》第6.4.2条规定："消能子结构中梁、柱、墙构件宜按重要构件设计，并应考虑罕遇地震作用效应和其他荷载作用标准值的效应，其值应小于构件极限承载力。"

消能子结构性能目标如何定义，取决于结构预设的屈服机制。原则上，框架-屈曲约束支撑结构的屈服顺序为：支撑→框架梁→框架柱底部，因此，子结构设计时应满足强子结构、弱支撑的设计理念，保证子结构不先于屈曲约束支撑屈服。另外，子结构屈服后应具备足够的延性，承载力不能过早退化，保证屈曲约束支撑大震时不退出工作。

对于耗能型屈曲约束支撑，子结构抗震等级按照《抗规》第G.1.2条规定提高一级，并应按照支撑屈服荷载反算其承载力需求，计算时可适当放大地震作用，按照屈曲约束支撑应力比接近1.0时的地震工况设计子结构。由于屈服机制要求支撑先屈服，设计时应考虑与抗震等级相关的调整系数。例如，某屈曲约束支撑应力比为0.7，在抗震措施等条件不变情况下，人为将地震影响系数放大至屈曲约束支撑应力比接近1.0，按照此时的地震力组合设计子结构。

对于承载型屈曲约束支撑，支撑与子结构构成的支撑架作为整体共同受力，子结构性能目标应与支撑一致，计算时可通过放大地震作用，按照屈曲约束支撑应力比接近1.0时的地震工况设计子结构。由于支撑与子结构允许同时屈服，设计时可不考虑与抗震等级相关的调整系数以及荷载分项系数，材料强度取标准值。当按照等效弹性模型分析时，周期折减系数取1.0，阻尼比可取7%。

另外，对按上述方法设计的结构进行大震弹塑性分析，子结构应满足大震不屈服的性能目标（材料强度可用极限值）。

6.1.18 带黏滞阻尼器的框架结构，子结构如何设计？

答复：带黏滞阻尼器的框架结构，子结构应保证大震时黏滞阻尼器不退出工作，需要具备足够的强度和延性。

算例分析表明，框架子结构按等效弹性反应谱法设计时，如果满足"中震弹性"强度指标，则基本满足《消规》第6.4.2条"大震不屈服"的性能目标。同时，消能子结构中的梁、柱和墙截面设计应考虑消能器的阻尼力作用。

因此，子结构可首先进行等效中震弹性设计，将消能器的阻尼力通过节点荷载（集中力或集中弯矩）的形式附加在子结构上（中震时阻尼力可取消能器最大阻尼力的2/3），考虑附加阻尼比，周期折减系数可取1.0，构件设计时考虑与抗震等级相关的调整系数。另外，子结构的抗震构造措施应提高一级。对按上述方法设计的结构进行大震弹塑性分析，子结构应满足大震不屈服的性能目标（材料强度可用极限值）。

6.1.19 消能器的连接与节点的设计原则是什么？

答复：消能器的连接与节点应满足强连接、强节点、弱消能器的设计目标，保证连接、节点不先于消能器失效。《消规》第 7.1.5 条规定，消能器的支撑或连接元件或构件、连接板应保持弹性。《消规》第 7.1.6 条规定，与消能器相连的预埋件、支撑和支墩、剪力墙及节点板的作用力取值应为消能器在设计位移（位移型消能器）或设计速度（速度型消能器）下对应阻尼力的 1.2 倍。另外，消能器的连接部件应有足够的刚度，保证结构变形后能够有效传递给消能器。

因此，节点、连接件均按大震弹性设计，内力可取其大震作用下内力值（弹塑性时程分析计算）的 1.2 倍，对于金属类消能器，节点、连接件可取消能器极限承载力的 1.2 倍对应内力值进行设计。

6.1.20 消能减震结构采用速度型黏滞阻尼器时，为什么随着地震作用增大，附加阻尼比减小？

答复：由《抗规》式（12.3.4-1）可知，结构附加阻尼比为消能器消耗能量与结构整体应变能的比值。随着地震作用增大，如果分子的增速小于分母，则结构附加阻尼比呈减小趋势，这与阻尼器的阻尼指数相关。

由于建筑结构用黏滞阻尼器的阻尼指数偏小（0.2～0.5），阻尼器出力与速度为指数小于 1 的幂函数关系，而主体结构（假定为弹性）随着位移的增加，应变能呈线性增长关系，因此会出现附加阻尼比随地震作用增加而减小的情况，如图 6.1.20 所示，随着结构位移增加，阻尼器耗能与结构总应变能的比例（附加阻尼比）小震时（Q_1/Q_3）大于大震（Q_2/Q_4）。如果阻尼器的阻尼指数大于 1，则会出现附加阻比增长的情况。

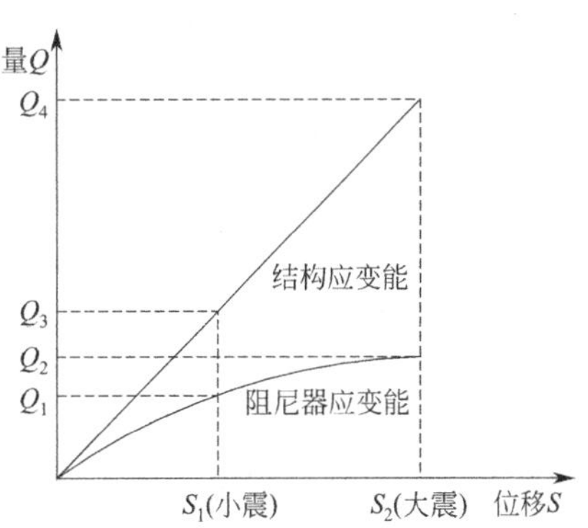

图 6.1.20 结构侧移与能量关系曲线

6.1.21 为什么建筑用黏滞阻尼器的阻尼指数不宜过高？

答复：阻尼器出力与速度呈幂函数关系（式 6.1.21），阻尼指数过大（如大于 1），阻尼器出力随着位移（速度）增大而迅速增大（图 6.1.21），会对子结构带来较大的承载力负担，需要增大截面尺寸和配筋。考虑到建筑结构实际情况，并考虑难以预估的超罕遇地震，一般建议建筑用阻尼器阻尼指数取值小于 0.5，这样既可以保证小震时阻尼器有很好的出力效果，又能防止大震时阻尼器对子结构产生不利影响。

$$F_d = C_d \dot{u}_d^{\alpha} \tag{6.1.21}$$

式中：F_d——阻尼力；

C_d——阻尼系数；

$\dot{u}_d$——黏滞阻尼器两端的相对速度；

α——阻尼指数。

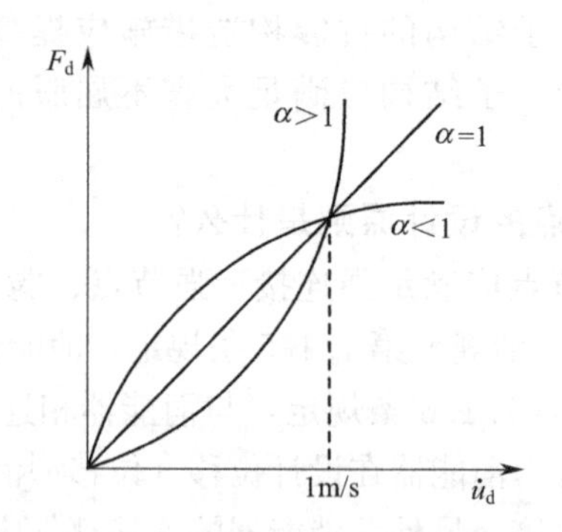

图 6.1.21 阻尼力与速度关系示意图

近年来，隔震结构的隔震层采用附加黏滞阻尼器的项目逐渐增多，阻尼器连接在刚度、强度很大的隔震支墩上，不再受子结构承载力限制，往往可以选取较大的阻尼指数。如北京大兴国际机场隔震层设置的大吨位大行程黏滞阻尼器，阻尼指数为 1.0。

6.1.22 用消能减震的方法如何达到抗震等级降低一级？

答复：《抗规》第 12.3.8 条规定，当消能减震结构的抗震性能明显提高时，主体结构的抗震构造要求可适当降低。条文说明中进一步明确指出，当消能减震结构的地震影响系数不到非消能减震结构的 50%时，可降低一度。上述目标实际很难做到，《抗规》《消规》对结构附加阻尼比均给出了上限 25%的规定，即使结构地震影响系数在平台段，减震效果最好，也只能达到降低 45%的地震影响系数，不满足降低一度的要求。

如果按附加阻尼比上限 25%考虑，则钢筋混凝土结构阻尼调整系数为：

$$\eta_2=1+\frac{0.05-\zeta}{0.08+1.6\zeta}=1+\frac{0.05-(0.05+0.25)}{0.08+1.6\times(0.05+0.25)}\approx0.55$$

结构抗震等级与结构类型、高度、场地类别、抗震设防烈度等相关。对于超过界限高度 10%以内的减震结构，或者对于地震加速度为 0.15g 和 0.30g 的准Ⅲ类场地减震结构（准Ⅲ类场地指剪切波速、覆盖层厚度与Ⅱ类场地分界线相差 10%以内），如果不考虑消能器作用仍能满足多遇地震承载力和层间位移角要求，且考虑附加阻尼比后地震影响系数小于非减震结构的 70%，抗震措施可按界限高度或Ⅱ类场地执行。

6.1.23 消能减震结构是否应该满足剪重比要求？

答复：消能减震结构的剪重比要求可适当放松。根据《消规》第 4.2.3 条规定及条文说明，如果消能减震结构的附加阻尼比带来楼层地震剪力减小，此时可将楼层剪力放大到未考虑减震效果的情况验算剪重比，但放大倍数不大于 1.2。

6.1.24 超高层建筑结构能否采用减震设计？

答复：超高层建筑结构一般呈弯曲型变形，因此，可采用连梁阻尼器、消能伸臂等减震措施。消能减震结构的减震效率与附加阻尼比、上部结构自身特性有关。

现行《抗规》规定的加速度反应谱，在提供相同附加阻尼比的前提下，结构自振周期越长，减震效果越差（如图 6.1.24 所示）。因此，超高层建筑结构的减震效果一般较差，这与我国加速度反应谱在后半段的人为改造有关。另外，高层建筑结构高阶振型效应显著，而阻尼器对高阶振型的减震效果需要另行研究。

对比图 6.1.24 中 $\zeta=10\%$的减震结构与 $\zeta=5\%$的非减震结构的地震影响系数，当周

期 $T=0.75$s 时，非减震结构地震影响系数 $\alpha=0.13$，减震结构地震影响系数 $\alpha=0.1$，地震力减小 23.1%；当周期 $T=3$s 时，非减震结构地震影响系数 $\alpha=0.053$，减震结构地震影响系数 $\alpha=0.043$，地震力减小 18%。可知，周期越长的结构减震效果越差。

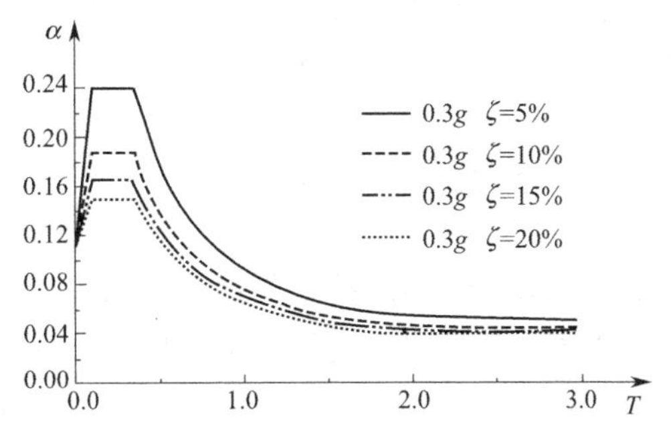

图 6.1.24 减震效果与结构自振周期的关系

结构风振舒适度验算往往由第一振型控制，且计算采用的结构初始阻尼比一般较小，此时附加阻尼比相对占比较大，适量的附加阻尼，对于超高层建筑结构的抗风验算、风振舒适度验算十分有利。

6.1.25 调谐质量阻尼器（TMD）的工作原理是什么？工程应用需要注意什么问题？

答复：调谐质量阻尼器（Tuned Mass Damper，TMD）的减振原理是把 TMD（包括质量块、并联的弹簧和阻尼器）连接到主体结构上，通过惯性质量与主体结构控制振型谐振将主体结构的能量转移到 TMD，从而抑制主体结构振动（图 6.1.25）。TMD 的有效性主要依靠准确调频，其自振频率应设计成与主体结构的主要自振频率接近，通过调谐来吸收主要振型的振动；同时，又通过阻尼损耗结构的宽频振动能量。另外，TMD 以附加结构的较大幅度振动为代价，减轻主体结构振动反应，TMD 系统损耗的结构振动能量与主体结构的某一位置的振动位移正相关。

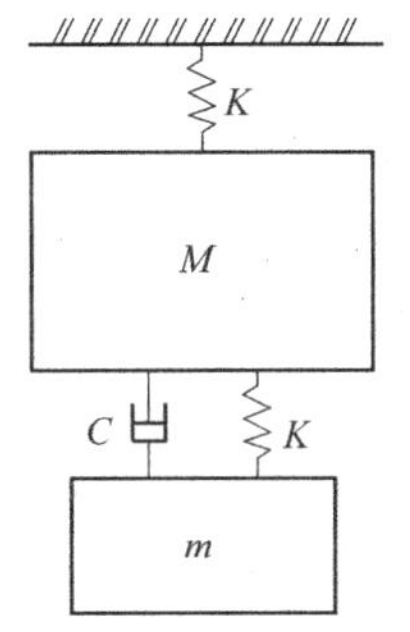

图 6.1.25 调谐质量阻尼器原理（TMD）

由以上原理可知，TMD 要发挥作用的前提是：1）TMD 自振频率尽量与主体结构的主自振频率一致；2）TMD 应具有足够的质量和振动幅值，能有效转移主体结构动能；3）TMD 的阻尼应具备一定的可调节性，保证对一定频率范围内的结构振动有效。

对于建筑结构而言，主体结构一般存在多个自振频率，TMD 往往与基本自振频率对应即可，而其对其他高阶振型的减震效果较低，甚至会起到反作用。因此，TMD 往往用来控制超高层建筑风振舒适度，或大跨连廊的舒适度，而不能用于高阶振型效应显著的超高层结构地震反应控制。另外，TMD 往往安装在结构主振型位移最大处，如高层建筑结构的顶部、大跨连廊的中部，其质量一般宜大于结构主振型质量的 3%，以保证其减震效率。最后，TMD 的阻尼对主体结构减震效果影响很大，应通过不断调整阻尼加宽 TMD 的减震频率范围。

TMD 系统控制结构振动响应的关键是将 TMD 系统的固有频率调整到被控结构的固有频率。一方面，结构自振频率因质量分布不同而发生改变；另一方面，随着时间的推移，结构的自身特性也会发生变化，从而降低了 TMD 系统对结构的控制。如何拓宽 TMD 控制振动的频率范围是 TMD 设计的关键问题之一。目前，多调谐质量阻尼器（MTMD）的概念被广泛提起。MTMD 系统由多个 TMD 组成，其控制功能有两个方面：一是利用 MTMD 系统控制单自由度结构系统，将每个 TMD 的固有频率分布在一定范围内，研究表明，等质量时，MTMD 系统对结构振动响应的控制优于 TMD；另一种是利用 MTMD 系统来控制多自由度结构系统，并将被控结构的固有频率调谐到对应模态的固有频率来控制每个 TMD。

6.2 隔震结构设计

6.2.1 隔震结构的基本原理是什么?

答复：隔震结构是指在房屋基础、底部或下部结构与上部结构之间设置橡胶支座和阻尼器等隔震装置而形成的结构体系，包括上部结构、隔震层、下部结构和基础，如图 6.2.1-1 所示。

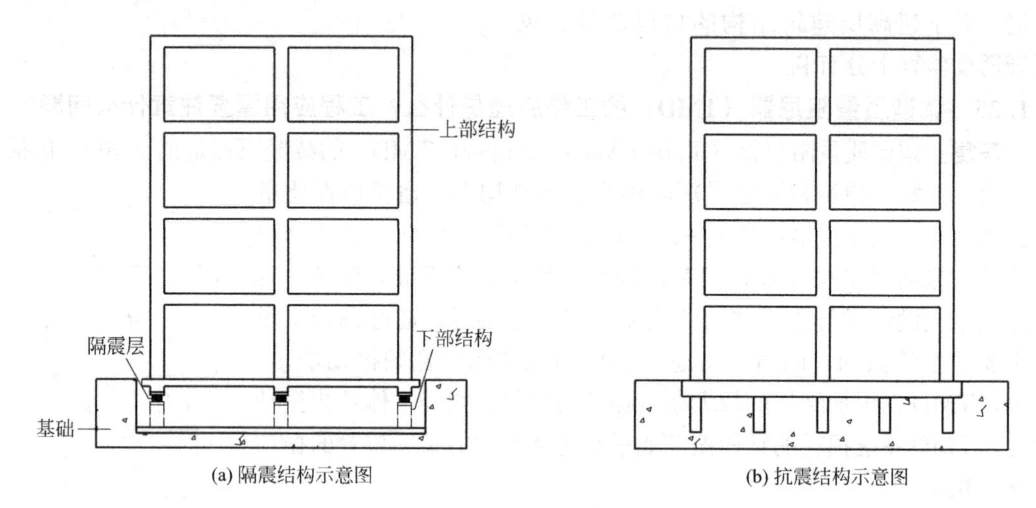

图 6.2.1-1 隔震结构示意图

隔震层一般具有水平刚度小和自复位的特点。隔震支座可为铅芯叠层橡胶支座 (LRB)、普通叠层橡胶支座（LNR）、高阻尼橡胶隔震支座（HDR）、滑板支座（ESB）、摩擦摆支座（FPS）等。隔震层自身刚度小，变形和耗能能力强，能起到隔离地震向上部结构传递能量的作用，大幅度地降低上部结构的地震反应。

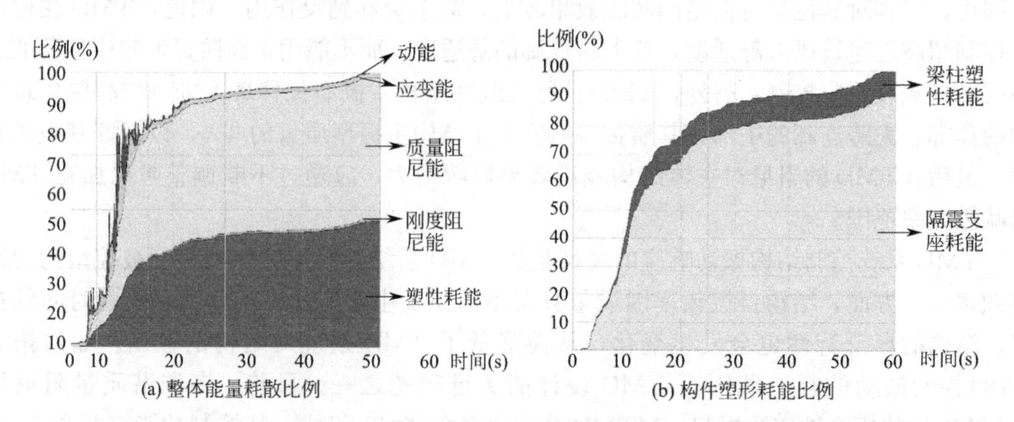

图 6.2.1-2 某基础隔震结构大震作用下整体能量耗散及构件塑性耗能比例

图 6.2.1-2 表示某基础隔震结构在大震作用下的能量耗散比例，由图可知，整体能量

耗散中，结构构件（含隔震支座）塑性耗能约占45%，而隔震支座耗能占构件塑性耗能的90%左右，其余10%为梁、柱的塑性耗能。这表明，大震时隔震支座有效发挥了隔震效果，消耗了绝大部分地震能量，保护了主体结构安全。

在反应谱分析层面，隔震结构可延长结构自振周期、增大结构阻尼比，进而减小结构的地震作用（图6.2.1-3）。

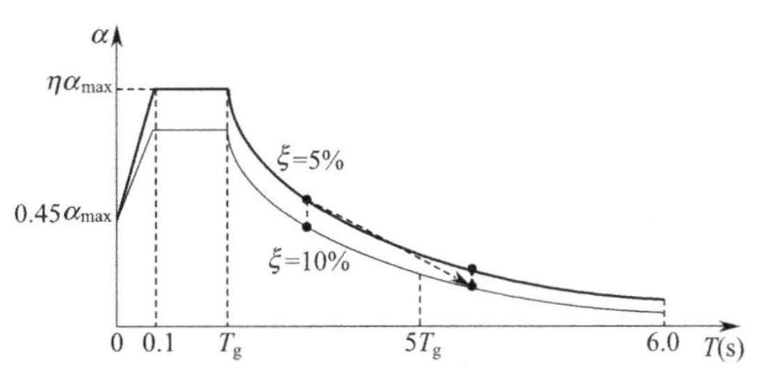

图6.2.1-3 隔震设计反应谱原理

6.2.2 影响基础隔震结构隔震效果的主要因素有哪些？

答复： 基础隔震结构的隔震效果与上部结构自身刚度、隔震层布置（支座刚度、阻尼比）等有较大关系，主要是通过延长自身周期与增加结构阻尼的方法来降低地震作用输入。非隔震结构周期越短，隔震结构周期越长，一般减震效果越好，即隔震前、后周期比越小，水平向减震系数也越小；隔震层阻尼比越大，减震效果也越好，但隔震层等效阻尼比大于15%时，通过提升阻尼比来降低地震作用的效率将逐渐降低（图6.2.2）。

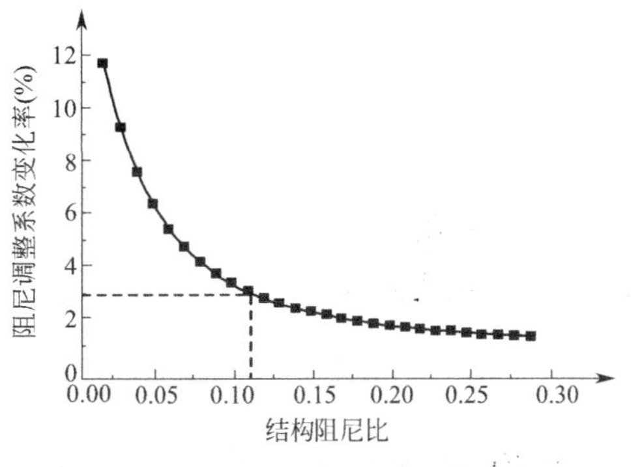

图6.2.2 结构阻尼比与阻尼调整系数变化率对应关系

大量隔震结构设计统计数据表明，上部结构要做到降低一度地震作用设计，建议非隔震结构模型基本自振周期小于1.3s，隔震后结构基本自振周期大于2倍的非隔震结构模型。如果传统叠层橡胶隔震支座难以满足减震效果要求，可通过设置滑板支座等进一步降低隔震层刚度。但是隔震层越柔，位移也越大，这又对隔震支座变形能力提出了更高要求。因此设计时应全方位考虑，做到隔震效果最佳。

6.2.3 隔震结构求解其水平向减震系数时，涉及隔震结构模型与非隔震结构模型两个模型，时程分析时地震波应如何选择？

答复： 隔震结构在设置隔震层后，基本自振周期相比于隔震前大幅延长。但是由于隔震结构并不适于用振型分解反应谱法求解，所以设计人员在针对隔震结构分析选波时仍然以非隔震结构模型为对象选择地震波。

隔震结构模型与非隔震结构模型的周期、阻尼比差异较大，由于《抗规》反应谱曲线在长周期段被人为抬升，导致按非隔震结构模型选取的地震波，其拟合的反应谱曲线在长周期段与现行规范反应谱谱值偏差较大（图6.2.3）。在进行水平向减震系数计算时，采用非隔震结构模型选取的地震波可能会低估隔震结构的最大地震效应，存在高估隔震效果的可能性。另外，在进行隔震结构罕遇地震时程分析验算时，仍然以隔震前模型所选地震波（加速度放大）进行计算分析，所得隔震结构的地震效应准确性存疑。

因此，对隔震结构进行时程分析计算时，除考虑场地、持时、频谱特性外，地震波选择应兼顾考虑隔震结构和非隔震结构模型，以隔震前结构自振周期 T_1 和隔震后结构自振周期

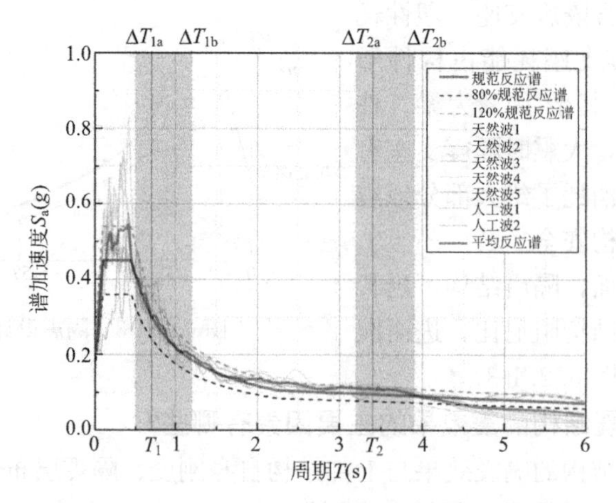

图 6.2.3 地震波拟合反应谱与规范反应谱比较

T_2 为参数选择地震波，通过控制地震波时程对应反应谱中 $[T_1-\Delta T_1, T_1+\Delta T_1]$、$[T_2-\Delta T_2, T_2+\Delta T_2]$ 两个区段与规范反应谱在一定程度上的拟合（偏差不超过 10%），保证减震系数在多组地震动时程作用下的稳定性。

考虑到结构两个平动方向的自振周期差异，建议取 $\Delta T_1=0.1$s。另外，隔震后结构阻尼比增加，且自振周期为近似值（隔震支座刚度近似按 100%剪应变等效刚度取值），建议 $\Delta T_2=0.3$s。经过统计计算，按上述方法算出的减震系数，与《隔震标准》反应谱法近似计算得到的减震系数最为接近，稳定性也很高。

6.2.4 隔震结构大震弹塑性时程分析时，地震波如何选取？

答复： 现行规范没有明确大震时地震波的选取问题，由于大震时结构已进入弹塑性阶段，周期延长，且《抗规》要求罕遇地震作用计算时特征周期增加 0.05s。因此，建议大震时程分析时按照大震反应谱另行选波，此时应按隔震支座 250%剪应变对应的等效刚度计算，上部结构可近似采用弹性模型，结构阻尼比可根据隔震支座布置近似按隔震层阻尼比取值，即

$$\xi_{eq}=\sum K_j\xi_j/K_h \tag{6.2.4}$$

式中：ξ_{eq}——隔震层等效黏滞阻尼比；

K_h——隔震层水平等效刚度；

ξ_j——第 j 个隔震支座由试验确定的等效黏滞阻尼比，设置阻尼装置时，应包括相应阻尼比；

K_j——第 j 个隔震支座（含消能器）由试验确定的水平等效刚度。

为准确评估大震时隔震支座和上部结构性能，除满足频谱特性、持时等各种条件外，地震波数量不应少于 7 条（5 条天然波+2 条人工波），多组时程曲线的平均地震影响系数曲线应与振型分解反应谱法所采用的地震影响系数曲线相比，在对应于结构主要振型的周期点上相差不大于 20%，每条地震加速度时程曲线计算所得的结构底部总剪力不应小于振型分解反应谱法计算结果的 80%，多条时程曲线计算所得结构底部总剪力的平均值不应小于振型分解反应谱法计算结果的 95%。

6.2.5 什么情况下隔震结构需要计算竖向地震作用？如何计算？

答复： 由于橡胶隔震支座竖向刚度较大，无法有效隔离竖向地震作用，对于竖向地震

震害严重的结构应补充竖向地震作用计算。需要进行竖向地震作用计算的结构有：

（1）9度时的高层隔震结构。

（2）8度和9度时，符合《抗规》第5.1.1条第4款要求的大跨、长悬臂结构。

（3）《抗规》第12.2.5条第4款规定："9度时和8度且水平向减震系数不大于0.3时，隔震层以上的结构应进行竖向地震作用的计算"。当最终选用的减震系数大于0.3时，此款可不执行。

（4）8度和9度时的隔震结构，隔震支座大震承载力验算应考虑竖向地震作用。

隔震结构小震时竖向地震作用计算可近似采用框架柱底部铰接模型，按《抗规》第5.3节相关方法计算，此时结构阻尼比可根据上部结构类型取值（不考虑橡胶支座），且竖向地震作用标准值应满足8度（0.20g）、8度（0.30g）、9度（0.40g）时分别小于该结构构件重力荷载代表值的20%、30%、40%。

隔震支座的大震承载力验算，应采用弹塑性时程分析法计算。

6.2.6 如何理解《抗规》第12.2.9条第2款规定，隔震层以下的结构中直接支承隔震层以上结构的相关构件，应满足嵌固的刚度比要求？

答复：对于地下室顶板隔震结构，隔震层以下结构应具备一定侧向刚度，满足嵌固端要求，此处的刚度比，可理解为隔震层下一层（含相关范围）与隔震层上一层的刚度比。按《抗规》第6.1.14条相关规定，该比值不宜小于2。此要求同样适用于层间隔震结构。控制隔震层上、下部楼层刚度比，主要是保证下部楼层具有足够刚度，以确保隔震层以上结构的减震效果，与嵌固端的概念虽有所不同，但原理相近。

《隔震标准》已取消了此项要求，建议设计中可根据减震目标要求、大震弹塑性分析验算等，合理判定隔震层上、下楼层刚度比。

6.2.7 地下室顶部作为隔震层嵌固端时，顶部是否必须设置楼板？

答复：地下室顶部作为隔震层嵌固端（图6.2.7）时，地下一层可视为隔震支座的支墩，顶部可不设楼板。为满足支柱（墩）的刚度和强度要求，可在其顶部设置拉梁，或在支柱之间布置剪力墙等，拉梁或剪力墙布置应满足支座检修、更换等要求。

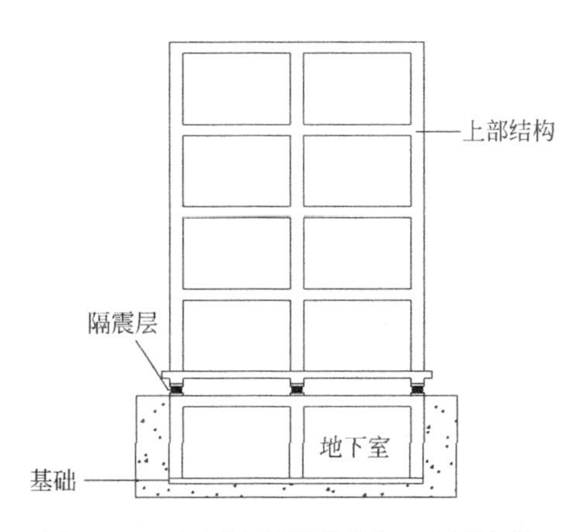

图6.2.7 地下室顶部作为隔震层嵌固端

地下室顶部不设楼板且作为隔震结构嵌固端时，其对嵌固端刚度比的要求应比《抗规》第12.2.9条规定更严格，建议设拉梁（应符合框架梁构造）时，隔震层下层与上层刚度比宜大于 3，不设拉梁时（悬臂支墩），刚度比宜大于 4。

6.2.8 采用降度法进行上部结构设计时，与隔震支座相接的上支墩下端的边界条件如何考虑？

答复： 考虑隔震支座隔震效果后，上部结构可近似采用弹性模型，按降低后的水平地震影响系数进行设计。考虑到隔震支座的抗弯、抗扭刚度很小，上部结构分析时一般将上支墩底部设为铰接约束。

隔震支座剪切刚度相比上支墩很小，而铰接约束会放大其剪切刚度，导致竖向荷载作用下支墩分配弯矩放大，而与上支墩相连的框架梁弯矩减小，如图 6.2.8 所示，底部铰接模型的 B、C 节点梁端弯矩明显小于隔震支座模型，不利于上部结构的安全，对于跨度较大、受重力荷载控制的梁柱设计尤为如此。

对于跨度较大的结构，竖向荷载分析时可按考虑支座实际剪切刚度的模型进行计算，然后与近似铰接模型计算的水平荷载效应进行组合设计，以保证上部首层结构的安全。

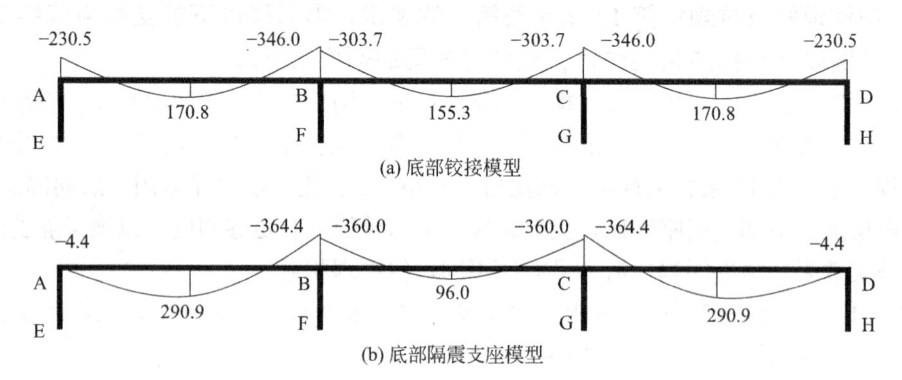

图 6.2.8 某隔震层一榀框架竖向均布荷载作用下弯矩分布图（单位：kN·m）

6.2.9 隔震层底部按近似铰接考虑时，与实际隔震支座模型的侧移模式有何不同？

答复： 底部铰接模型放大了隔震支座的剪切刚度，导致上部结构侧移模式发生改变。以框架结构为例，底部铰接模型对应的上部结构侧移模式接近倒三角形分布［图 6.2.9(a)］，而实际隔震支座模型对应的上部结构侧移模型接近矩形分布［图 6.2.9(b)］。

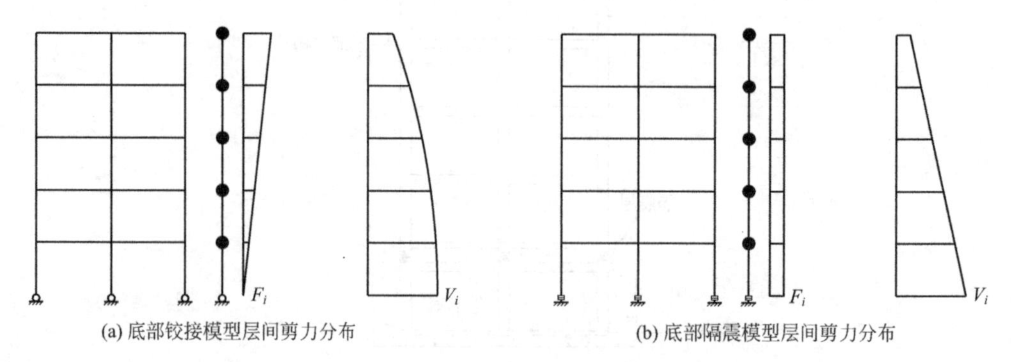

图 6.2.9 不同隔震模型层间剪力分布图

侧移模式与结构楼层地震作用分布直接相关，对于底部铰接的近似模型，倒三角形侧移模式相比矩形侧移模式，在相同基底剪力条件下，可能会放大上部结构的地震作用效应，使得上部楼层设计时偏于保守，造成不必要的浪费。同时，在罕遇或超罕遇地震作用下，结构底部楼层存在集中破坏的风险。

因此，建议对隔震结构直接采用基于隔震模型的等效弹性反应谱法进行设计。当按现行规范降度法进行上部结构设计时，建议适当增大底部楼层地震剪力。

6.2.10 隔震层以下结构设计时，具体的程序操作流程是什么？

答复：《抗规》第 12.2.9 条对隔震层以下结构设计提出了具体要求，对于一些关键构件，需要采用设防烈度地震、预期的罕遇地震作用下隔震支座底部的竖向力、水平力和力矩进行承载力验算（性能目标见表 6.2.10）。

隔震层以下结构的性能目标　　表 6.2.10

地震水准		多遇地震	设防烈度地震	罕遇地震
隔震层以下结构	支墩、支柱等悬臂构件	满足弹性设计要求	满足弹性设计要求	抗弯不屈服，抗剪弹性
	直接支承隔震层以上结构的非悬臂竖向承重构件	满足弹性设计要求	满足弹性设计要求	抗弯不屈服，抗剪不屈服
	隔震层以下相关范围的其他竖向承重构件	满足弹性设计要求	抗弯不屈服，抗剪弹性	抗弯部分屈服，抗剪不屈服
	隔震层以下相关范围框架梁	满足弹性设计要求	抗弯不屈服，抗剪不屈服	抗弯部分屈服，满足受剪截面要求

（1）对于隔震层以下为地下室（包括支墩、独立柱、独立柱+拉梁、独立柱+剪力墙等）的结构，可对地下室单独模型进行分析设计。通过对结构进行设防烈度地震、预期的罕遇地震时程分析，求得隔震支座的最大竖向力、水平力（图 6.2.10），并计算出附加弯矩（见式 6.2.10），以节点荷载形式施加于结构。

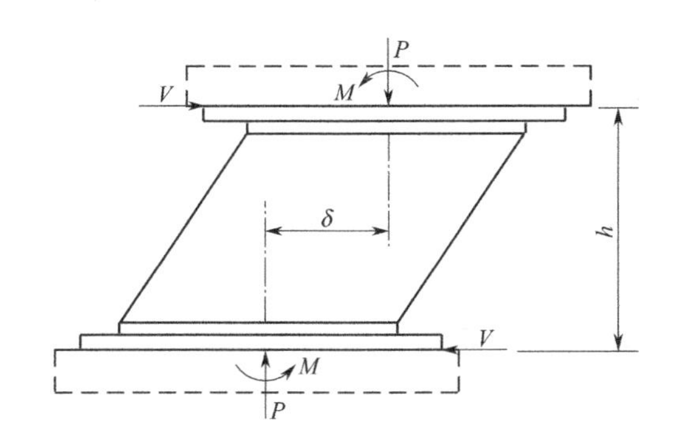

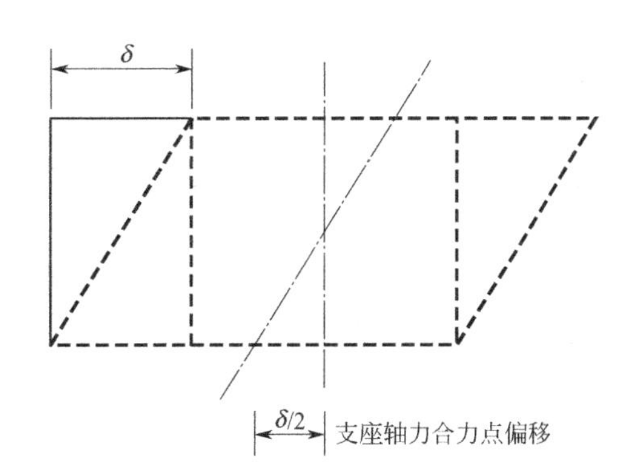

图 6.2.10 隔震支座变形及支墩受力简图

隔震支座下支墩顶部产生的弯矩为

$$M=(P\times\delta+V\times h)/2 \quad (6.2.10)$$

式中：M——作用于隔震支座下支墩顶部的附加弯矩；

P——上部结构传至隔震支座的最大竖向力；

V——上部结构传至隔震支座的最大水平力；

h——隔震支座的高度；

δ——隔震支座的水平位移。

M 值可根据相关构件设防目标要求，按《抗规》附录 M 性能化设计方法进行构件设计。相关荷载组合可通过人工计算，或在程序中通过自定义组合系数，取最不利情况进行构件设计。

（2）对于层间隔震结构，设防烈度地震验算时可将隔震支座按照等效弹性单元建模（柱单元或连接单元，并考虑有效阻尼力，设防烈度地震按 100％剪应变对应支座参数），按整体模型进行反应谱分析。为保证构件承载力要求，可将等效模型与实际模型在同样地震波下进行时程分析对比，保证等效模型精度。另外，由于整体分析模型难以考虑隔震支座附加弯矩（式 6.2.10）影响，分析时可人工添加节点附加弯矩。层间隔震结构罕遇地震验算时，应采用弹塑性时程分析方法。

（3）通过弹塑性时程分析验算隔震层下部结构罕遇地震作用下的层间位移角。

6.2.11　大底板（仅与隔震层连为一体，上部结构脱缝）多塔隔震结构设计应注意哪些问题？

答复：隔震工程设计中，由于种种原因上部结构需要分缝处理，但考虑到隔震结构抗震缝往往较大，难以满足建筑功能要求，此时可根据情况选择采用大底板多塔隔震结构，即隔震层为一整体，不分缝，隔震层以上结构可以分缝，此时上部结构变形缝宽度可根据抗震结构取值（图 6.2.11）。

大底板多塔隔震结构，由于底板层为隔震层，刚度小，当上部结构质量、刚度分布不均匀时，容易造成底板产生较大扭转，对上部结构、底板自身、隔震支座带来诸多不利影响。

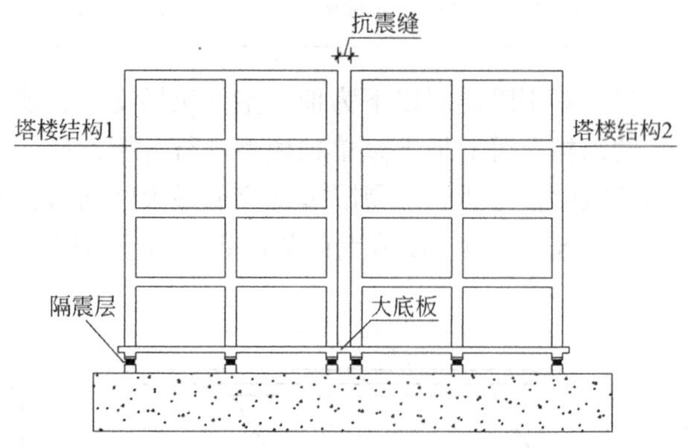

图 6.2.11　大底板多塔隔震结构示意

一方面，上部结构质量、刚度分布应尽量均匀、对称，塔楼综合质心与底板结构质心距离不宜大于底板相应边长的 10％，上部结构（含底板）综合质心与隔震层刚心偏心率不宜大于 2％；另一方面，从严控制大底板长度和长宽比（不宜大于 4.0），底板四周尽量设置铅芯支座，增加抗扭刚度，并控制中震时底板扭转位移比不大于 1.2（由于支座刚度退化，此时罕遇地震位移比可能会大于 1.5）；同时，应加强底板的厚度和配筋率，满足中震弹性的设防目标要求。

6.2.12　地铁车辆段结构上建造物业建筑采用大底盘多塔楼隔震结构设计时，应注意哪些问题？

答复：地铁车辆段结构往往采用框架结构，跨度大、层高高，而其上建造的物业建筑往往为剪力墙结构，且层高低，上、下两类结构侧向刚度差异大。通过采用层间隔震技术（图 6.2.12），可有效解决结构竖向严重不规则问题，同时降低上部结构传递到下部结构的地震力，有效改善下部结构的受力状态，提高整体结构的抗震性能。

设计时应注意以下问题：

（1）下部框架结构尽量布置一些剪力墙或支撑，增加下部结构刚度，隔震层上、下楼层应满足《抗规》第 12.2.9 条第 2 款嵌固的刚度比要求。

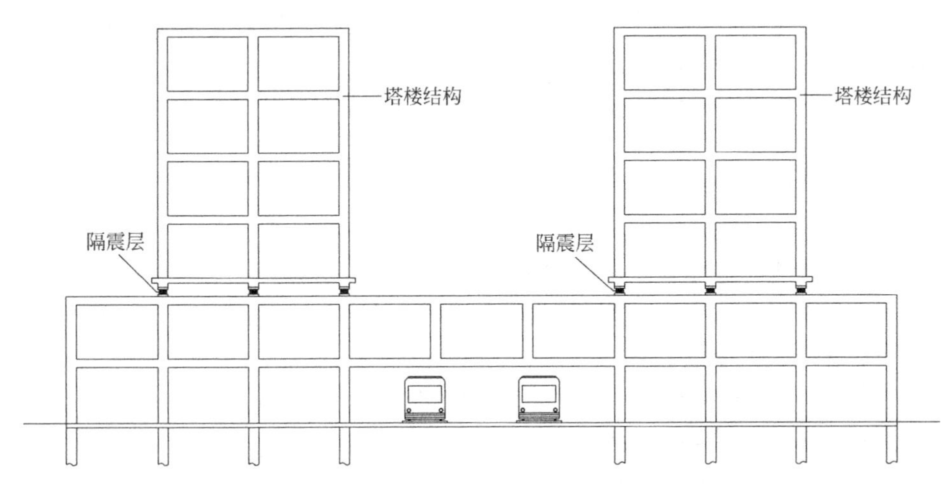

图 6.2.12　地铁车辆段大底盘多塔隔震结构示意

（2）车辆段下部结构（大底盘）往往为两层，一层层高较高，应避免出现柔软层或薄弱层。

（3）隔震支座布置在转换梁上时，支座部位垂直于转换梁方向应设计次梁，以平衡隔震支座的附加弯矩。

（4）大底盘屋面（转换层）楼板厚度不宜小于 200mm，并应满足中震弹性设防目标。

（5）上部塔楼减震系数计算、构件设计应按单塔与多塔模型的不利结果包络设计。

（6）隔震层以下结构设计应满足《抗规》第 12.2.9 条其他相关要求。

6.2.13　《抗规》中对隔震结构计算水平减震系数时采用的分部设计法，存在哪些问题？

答复：现行规范的分部设计法有诸多假定，应用时存在以下问题：

（1）隔震结构分部设计法中，主要通过水平向减震系数将传统抗震设计与隔震设计衔接起来，因此水平向减震系数是非常关键的参数。目前常用时程分析法求解减震系数，地震波选取直接关系到减震系数取值，不确定因素非常大；另外，隔震支座大震作用下的位移、承载力验算也依赖于弹塑性时程分析结果，存在类似问题。

（2）采用底部铰接的近似模型进行上部结构设计时，由于边界条件失真，导致结构整体侧移模式改变，以及局部相关构件受力模式改变，降低了上部结构的计算精度。

（3）隔震层上、下部结构设计脱节，结构整体抗震性能目标不明确。

（4）对于某些高度较高、周期较长的结构，设计师为了追求上部结构降低一度的设计目标，往往对上部结构采用增大刚度等措施，是否合理值得进一步讨论。

6.2.14　隔震结构直接设计法的基本步骤是什么？

答复：《隔震标准》中给出了隔震结构直接设计法，其基本步骤如下：

（1）根据建设地区抗震设防烈度、场地类别等要求，初步确定结构方案（包含隔震层）；

（2）布置隔震支座，应满足隔震层的偏心率（可按 100%剪应变对应等效刚度）、重力荷载代表值作用下支座的长期面压等相关规范要求；

（3）预估隔震层等效刚度和等效阻尼比（可按 100%剪应变对应设计参数），进行

（设防烈度）反应谱分析，根据分析结果，多次迭代确定隔震层等效刚度和隔震层等效阻尼比，并复核第（2）项是否满足设计要求；

（4）对隔震结构进行振型分解反应谱法分析，并根据分析结果优化上部结构及隔震支座布置；

（5）对隔震结构进行设计；

（6）对隔震层进行抗风验算、自复位验算等；

（7）对隔震层结构进行罕遇地震作用下的时程分析，并进行上、下部结构位移，支座位移，极限拉、压应力以及隔震结构抗倾覆等验算，对有罕遇地震承载力需求的构件（如隔震支墩等）进行承载力设计；

（8）对有必要的隔震结构进行极罕遇地震位移验算。

6.2.15 隔震支座布置有哪些原则？

答复：结构设计时，橡胶隔震支座的布置应遵循下列原则：

（1）满足《抗规》第12.2.3条对橡胶支座压应力限值的规定。橡胶隔震支座在重力荷载代表值作用下的竖向压应力不应超过表6.2.15的规定，压应力分布均匀。

橡胶隔震支座压应力限值 **表6.2.15**

建筑类别	甲类建筑	乙类建筑	丙类建筑
压应力限值(MPa)	10	12	15

注：1. 平均压应力设计值应按恒荷载和活荷载的组合计算；其中，楼面活荷载应按现行国家标准《建筑结构荷载规范》GB 50009的规定乘以折减系数。

2. 结构倾覆验算时应包括水平地震作用效应组合；对需进行竖向地震作用计算的结构，尚应包括竖向地震作用效应组合。

3. 当橡胶支座的第二形状系数（有效直径与橡胶层总厚度之比）小于5.0时应降低平均压应力限值：小于5不小于4时降低20%，小于4不小于3时降低40%。

4. 外径小于300mm的橡胶支座，丙类建筑的平均压应力限值为10MPa。

（2）最大限度地发挥隔震效果。隔震支座布置时，应发挥铅芯橡胶支座刚度大、附加阻尼比大，而普通橡胶支座刚度小，附加阻尼比小的特点，合理搭配，使得延长结构自振周期、增加阻尼比的减震效果达到最优。

（3）满足扭转偏心率要求。四周框架柱下尽量选用铅芯橡胶支座，增加结构抗扭刚度，保证隔震层扭转偏心率不大于3%。

（4）满足罕遇地震作用下的力学性能指标、变形指标要求。

（5）安全性与经济性统一。在满足承载力和变形要求的前提下，大直径支座尽量少，隔震支座规格尽量少（检测数量少）。

（6）满足相关构造要求。如隔震支座的平面布置宜与上部结构和下部结构中竖向受力构件的平面位置相对应；隔震支座底面宜布置在相同标高位置上（必要时个别支座也可布置在不同的标高位置上）；同一支承处选用多个隔震支座时，隔震支座之间的净距应满足安装和更换时所需的空间尺寸需求。

6.2.16 隔震层偏心率如何计算？

答复：隔震层水平抗侧、抗扭刚度低，对扭转效应更加敏感。隔震层偏心率是衡量隔震支座布置效果的重要指标，表示隔震层刚度中心与上部结构质量中心的偏离程度，计算方法如下：

（1）上部结构质心

$$X_g = \frac{\sum(N_{1,i}X_i)}{\sum N_{1,i}},\ Y_g = \frac{\sum(N_{1,i}Y_i)}{\sum N_{1,i}} \tag{6.2.16-1}$$

（2）隔震层刚心

$$X_k = \frac{\sum(K_{ey,i}X_i)}{\sum K_{ey,i}},\ Y_k = \frac{\sum(K_{ex,i}Y_i)}{\sum K_{ex,i}} \tag{6.2.16-2}$$

（3）隔震层偏心距

$$e_x = |Y_g - Y_k|,\ e_y = |X_g - X_k| \tag{6.2.16-3}$$

（4）扭转刚度

$$K_t = \sum[K_{ex,i}(Y_i - Y_k)^2 + K_{ey,i}(X_i - X_k)^2] \tag{6.2.16-4}$$

（5）弹力半径

$$R_x = \sqrt{\frac{K_t}{\sum K_{ex,i}}},\ R_y = \sqrt{\frac{K_t}{\sum K_{ey,i}}} \tag{6.2.16-5}$$

（6）偏心率

$$\rho_x = \frac{e_y}{R_x},\ \rho_y = \frac{e_x}{R_y} \tag{6.2.16-6}$$

式中：$N_{1,i}$——第 i 个隔震支座承受的长期轴压荷载；

X_i、Y_i——第 i 个隔震支座中心位置 X 方向和 Y 方向坐标；

$K_{ex,i}$、$K_{ey,i}$——第 i 个隔震支座在隔震层发生位移 δ 时，X 方向和 Y 方向的等效刚度，一般情况下，可取隔震支座 100%剪应变对应等效刚度进行计算。

6.2.17 弹性滑板隔震支座、摩擦摆隔震支座各有什么特点？一般在什么情况下使用？

答复：弹性滑板隔震支座（ESB）是由弹性材料与摩擦滑板组成的隔震支座，通过滑动降低支座刚度（滑动时刚度为 0），延长结构自振周期，耗散地震能量，如图 6.2.17-1 所示。摩擦摆隔震支座（FPS）是具有特定形状的固体块在弧面板中摩擦摆动的隔震支座，通过球面摆动延长结构自振周期，滑动界面摩擦消耗地震能量，如图 6.2.17-2 所示。滑板支座滑动面为平面，无自复位性能，而摩擦摆支座由于滑面为弧面，具有自复位性能，但其在滑动过程中支座顶面标高会发生改变。

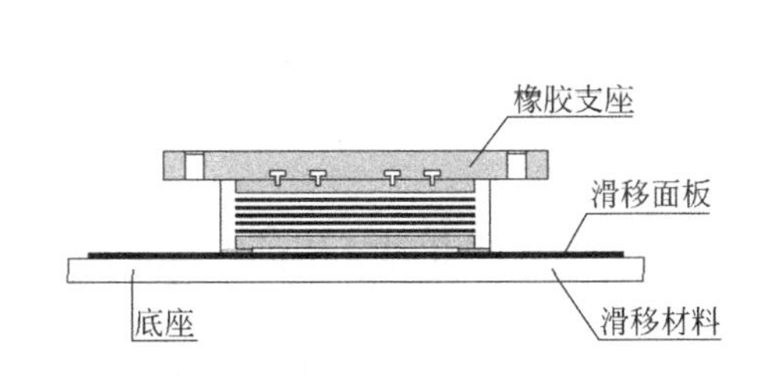

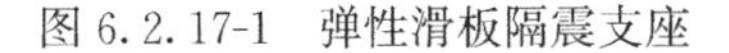

图 6.2.17-1 弹性滑板隔震支座

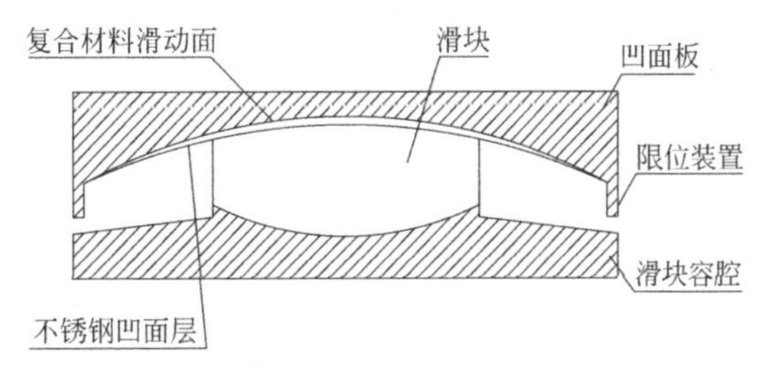

图 6.2.17-2 摩擦摆隔震支座

ESB 支座刚度（等效刚度）比橡胶支座小，承压性能比橡胶支座高，能通过摩擦消耗地震能量，但自复位性能较差，可以和橡胶支座配套使用，发挥各自特点。一般情况下，ESB支座可用作竖向承压要求较高的中间支座，设计中应注意自复位验算。

FPS支座刚度（等效刚度）较小，竖向承压性能高，且具有自复位性能，可独立应用于隔震层形成隔震体系，也可应用于大跨柔性连接的连廊支座等，具体要求可参考《建筑摩擦摆隔震支座》GB/T 37358—2019。

以上两种支座在罕遇地震下均应保持受压状态。

6.2.18　隔震支座大震拉应力超限时，有哪些技术手段可减小支座拉应力？

答复：隔震支座受压性能好，受拉性能较差，《抗规》第12.2.4条第1款规定：隔震层宜设置在结构的底部或下部，其橡胶隔震支座应设置在受力较大的位置，间距不宜过大，其规格、数量和分布应根据竖向承载力、侧向刚度和阻尼的要求通过计算确定。隔震层在罕遇地震下应保持稳定，不宜出现不可恢复的变形；其橡胶支座在罕遇地震的水平和竖向地震同时作用下，拉应力不应大于1MPa。

高烈度区基础隔震结构的边支座往往出现拉应力超过1MPa的情况。一方面，支座拉应力与受拉刚度直接相关，相关试验结果表明，橡胶隔震支座的受拉刚度约为受压刚度的1/5～1/10，因此，大震弹塑性时程分析时，隔震支座单元应考虑拉、压刚度不等这一力学特性；另一方面，隔震结构大震分析往往采用FNA法，仅考虑支座非线性特性，而上部结构仍假定为弹性，会高估隔震支座的拉应力，因此，建议采用考虑全结构非线性的直接积分法进行弹塑性分析；最后，适当加大隔震支座直径、采取抗拉拔措施、隔震层附加黏滞阻尼器等均能有效解决支座拉应力过大问题，设计时可根据具体情况考虑相关措施。

6.2.19　隔震支座的产品检验标准是什么？

答复：隔震支座产品检验分为型式检验、出厂检验和见证检验，全部检验应由独立于厂家的第三方完成。

1. 型式检验

对制造厂提供工程应用的隔震橡胶支座新产品（新种类、新规格、新型号）进行认证鉴定时，或已有隔震支座产品的规格、型号、结构、材料、工艺方法等有较大改变时，应进行型式检验，并提供型式检验报告。

型式检验的具体内容和要求详见现行国家标准《橡胶支座　第3部分：建筑隔震橡胶支座》GB 20688.3。对于满足下列全部条件的，可采用以前相应的型式检验结果：

（1）支座采用相同的材料配方和工艺方法制作；

（2）相应的外部和内部尺寸相差10%以内；

（3）第二形状系数S_2相差±0.4以内；

（4）第二形状系数S_2小于5，以前的极限性能和压应力相关性试验试件的S_2不大于本次试验试件的S_2；

（5）以前的试验条件更严格。

除满足以上要求以外，使用产品的型式检验报告有效期不得超过6年。

2. 出厂检验

隔震层中隔震支座安装前应进行第三方出厂检验，可采用随机抽样的方式确定检测试件。若有一件抽样试件的一项性能不合格，则该次抽样检验不合格。不合格产品不得出厂。

对一般建筑，产品抽样数量应不少于总数的20%；若有不合格试件，应重新抽取总数的 30%，若仍有不合格试件，则应 100%检测。

对重要建筑，产品抽样数量应不少于总数的 50%；若有不合格试件，则应 100%检测。

对特别重要建筑，产品抽样数量应为总数的 100%。

一般情况下，每项工程抽样总数不少于 20 件，每种规格的产品抽样数量不少于 4 件。

出厂检验项目包括力学性能试验项目和橡胶材料物理性能试验项目，具体参见现行国家标准《橡胶支座　第 3 部分：建筑隔震橡胶支座》GB 20688.3。

3. 见证检验

见证检验应在工程监理单位或建设单位的见证下，按照有关规定从施工现场随机抽取试样，送至具备相应资质的检测机构进行检验。

同一生产厂家、同一类型、同一规格的产品，取总数量的 2%且不少于 3 个进行支座力学性能试验，包含压缩性能和剪切性能，具体参见现行国家标准《橡胶支座　第 3 部分：建筑隔震橡胶支座》GB 20688.3。其中检查总数的每 3 个支座中，取一个进行水平大变形剪切试验，具体参见现行行业标准《建筑隔震橡胶支座》JG/T 118。对直径大于 800mm 的支座，水平极限剪切变形可取支座在罕遇地震下的最大水平位移值进行检验。

【说明】《隔震标准》对隔震支座的检验标准做了调整，适当增加了支座检验数量，个别地方标准对支座检验也有相关规定，具体操作可视工程实际情况实施。

6.2.20　隔震支座大震时的性能目标要求是什么？

答复：橡胶隔震支座在重力荷载代表值产生的压力作用下的设计极限水平位移，不应大于其有效直径的 55%和支座内部橡胶总厚度 3.0 倍二者的较小值。橡胶支座剪应变达到 300%以上时，会出现硬化现象，影响支座水平性能，剪应变达到 400%左右时，一般会发生破坏。

橡胶隔震支座在罕遇地震的水平和竖向地震同时作用下，压应力不应大于 30MPa；拉应力不应大于 1MPa。叠层橡胶隔震支座的屈曲应力与橡胶的剪切模量和支座第一、第二形状系数的乘积正相关，一般支座的极限屈曲压应力大于 50MPa，考虑大震的不确定性以及支座水平变形后承压面积减小，故对支座大震压应力作出不大于 30MPa 的规定。另外，试验表明，橡胶支座极限抗拉强度约为 2.0MPa，因此也对其大震拉应力作出限制。

《隔震标准》对橡胶支座大震性能做了新规定，一方面对不同建筑类别按重要程度做了细分；另一方面，随着隔震支座加工工艺水平的改进，对于需要进行极罕遇地震验算的结构，其破坏极限水平位移放宽至支座内部橡胶总厚度 4.0 倍。

6.2.21　隔震结构抗震缝的设置原则是什么？

答复：隔震层通过小刚度、大变形延长结构自振周期，消耗地震能量，因此，相邻结构的抗震缝间距应比普通抗震结构大。一般情况下，当变形缝贯穿隔震层顶板时，缝宽应取相邻建筑罕遇地震下最大水平位移之和的 1.2 倍，且不小于 600mm。

隔震结构变形缝较宽，往往影响建筑立面和使用功能。因此，建议隔震结构尽量不设缝，当上部结构必须设缝时，可根据结构布置情况采取大底板多塔隔震方案，即隔震层连为一整体，上部结构在隔震层顶板以上开始设缝，此时结构变形缝没有贯穿隔震层顶板，缝宽可按《抗规》的规定确定。

6.2.22 隔震层有哪些基本构造要求？

答复：隔震层一般包括下支墩（支柱）、隔震支座、上支墩和隔震层顶板，对于设在±0.000标高的隔震层，四周一般均设隔震沟。

（1）隔震层净高一般不小于800mm，满足支座维护、检修、更换要求。

（2）上、下支墩截面边长一般不小于隔震支座直径+200mm，支墩应具备足够的刚度和强度，应采用在罕遇地震下隔震支座底部的竖向力、水平力和弯矩进行承载力验算，并进行局部受压承载力验算，支墩与支座连接部位应配置网状钢筋等构造钢筋。

（3）隔震支座与上部结构及下部结构应有可靠的连接，连接的极限强度应高于隔震支座的破坏强度。

（4）隔震层顶板应采用现浇混凝土楼盖体系，板厚不小于160mm，应采用双层双向通长配筋（每层每方向配筋率不小于0.25%），满足大震弹性的性能目标要求。

（5）隔震沟的净距应满足大震时隔震层的位移需求，且不小于300mm。

（6）隔震层与外界的连接管线应采用柔性连接或其他有效措施，应满足隔震层在罕遇地震动下的水平位移要求。

7 超限项目结构设计

7.1 超限高层判定

7.1.1 超限高层建筑工程高度超限如何认定?

答复: 房屋高度超过现行规范规定，包括超过《抗规》第 6 章钢筋混凝土结构、第 8 章钢结构最大适用高度，以及超过《高规》第 7 章中有较多短肢墙的剪力墙结构、第 10 章中错层结构和第 11 章混合结构最大适用高度的高层建筑工程。

《超限审查技术要点》规定，超过表 7.1.1 所列的高层建筑结构为高度超限的高层建筑结构。

房屋高度 (m) 超限的高层建筑工程　　表 7.1.1

<table>
<tr><th colspan="2">结构类型</th><th>6 度</th><th>7 度
(含 0.1g)</th><th>7 度
(含 0.15g)</th><th>8 度
(0.20g)</th><th>8 度
(0.30g)</th><th>9 度</th></tr>
<tr><td rowspan="10">混凝土结构</td><td>框架</td><td>60</td><td>50</td><td>50</td><td>40</td><td>35</td><td>24</td></tr>
<tr><td>框架-抗震墙</td><td>130</td><td>120</td><td>120</td><td>100</td><td>80</td><td>50</td></tr>
<tr><td>抗震墙</td><td>140</td><td>120</td><td>120</td><td>100</td><td>80</td><td>60</td></tr>
<tr><td>部分框支抗震墙</td><td>120</td><td>100</td><td>100</td><td>80</td><td>50</td><td>不应采用</td></tr>
<tr><td>框架-核心筒</td><td>150</td><td>130</td><td>130</td><td>100</td><td>90</td><td>70</td></tr>
<tr><td>筒中筒</td><td>180</td><td>150</td><td>150</td><td>120</td><td>100</td><td>80</td></tr>
<tr><td>板柱-抗震墙</td><td>80</td><td>70</td><td>70</td><td>55</td><td>40</td><td>不应采用</td></tr>
<tr><td>较多短肢墙</td><td>140</td><td>100</td><td>100</td><td>80</td><td>60</td><td>不应采用</td></tr>
<tr><td>错层的抗震墙</td><td>140</td><td>80</td><td>80</td><td>60</td><td>60</td><td>不应采用</td></tr>
<tr><td>错层的框架-抗震墙</td><td>130</td><td>80</td><td>80</td><td>60</td><td>60</td><td>不应采用</td></tr>
<tr><td rowspan="4">混合结构</td><td>钢框架-钢筋混凝土筒</td><td>200</td><td>160</td><td>160</td><td>120</td><td>100</td><td>70</td></tr>
<tr><td>型钢(钢管)混凝土框架-钢筋混凝土筒</td><td>220</td><td>190</td><td>190</td><td>150</td><td>130</td><td>70</td></tr>
<tr><td>钢外筒-钢筋混凝土内筒</td><td>260</td><td>210</td><td>210</td><td>160</td><td>140</td><td>80</td></tr>
<tr><td>型钢(钢管)混凝土外筒-钢筋混凝土内筒</td><td>280</td><td>230</td><td>230</td><td>170</td><td>150</td><td>90</td></tr>
<tr><td rowspan="4">钢结构</td><td>框架</td><td>110</td><td>110</td><td>110</td><td>90</td><td>70</td><td>50</td></tr>
<tr><td>框架-中心支撑</td><td>220</td><td>220</td><td>200</td><td>180</td><td>150</td><td>120</td></tr>
<tr><td>框架-偏心支撑(延性墙板)</td><td>240</td><td>240</td><td>220</td><td>200</td><td>180</td><td>160</td></tr>
<tr><td>各类筒体和巨型结构</td><td>300</td><td>300</td><td>280</td><td>260</td><td>240</td><td>180</td></tr>
</table>

注：当平面和竖向均不规则（部分框支结构指框支层以上的楼层不规则）时，其高度应比表内数值降低至少 10%。

表7.1.1中，混凝土结构房屋最大适用高度基本与《高规》表3.3.1-1中A级高度钢筋混凝土高层建筑的最大适用高度相对应。混合结构中型钢混凝土外框包括钢管混凝土柱型钢梁框架。钢结构最大适用高度包括了框架柱为钢管混凝土柱的情况，结构类型细分时（如钢框架-偏心支撑结构、框架-屈曲约束支撑结构）可执行《高钢规》表3.2.2的规定。

7.1.2 超限高层建筑工程规则性超限如何认定?

答复：《超限审查技术要点》规定，满足下列情况的高层建筑结构为规则性超限高层建筑结构：

（1）同时具有表7.1.2-1所列三项及以上不规则的高层建筑工程（不论高度是否超限）。

不规则超限类型（一） 表7.1.2-1

序号	不规则类型	简要涵义	备注
1a	扭转不规则	考虑偶然偏心的扭转位移比大于1.2	参见《抗规》第3.4.3条
1b	偏心布置	偏心率大于0.15或相邻层质心相差大于相应边长15%	参见《高钢规》第3.2.2条
2a	凹凸不规则	平面凹凸尺寸大于相应边长30%等	参见《抗规》第3.4.3条
2b	组合平面	细腰形或角部重叠形	参见《高规》第3.4.3条
3	楼板不连续	有效宽度小于50%，开洞面积大于30%，错层大于梁高	参见《抗规》第3.4.3条
4a	刚度突变	相邻层刚度变化大于70%（按《高规》考虑层高修正时，数值相应调整）或连续三层变化大于80%	参见《抗规》第3.4.3条，《高规》第3.5.2条
4b	尺寸突变	竖向构件收进位置高于结构高度20%且收进大于25%，或外挑大于10%和4m，多塔	参见《高规》第3.5.5条
5	构件间断	上下墙、柱、支撑不连续，含加强层、连体类	参见《抗规》第3.4.3条
6	承载力突变	相邻层受剪承载力变化大于80%	参见《抗规》第3.4.3条
7	局部不规则	如局部的穿层柱、斜柱、夹层、个别构件错层或转换，或个别楼层扭转位移比略大于1.2等	已计入1～6项者除外

注：深凹进平面在凹口设置连梁，当连梁刚度较小不足以协调两侧的变形时，仍视为凹凸不规则，不按楼板不连续的开洞对待；序号a、b不重复计算不规则项；局部的不规则，视其位置、数量等对整个结构影响的大小判断是否计入不规则的一项。

（2）具有下列两项或同时具有表7.1.2-2和表7.1.2-1中某项不规则的高层建筑工程（不论高度是否大于表7.1.1）。

不规则超限类型（二） 表7.1.2-2

序号	不规则类型	简要涵义	备注
1	扭转偏大	裙房以上的较多楼层考虑偶然偏心的扭转位移比大于1.4	表7.1.2-1之1项不重复计算
2	抗扭刚度弱	扭转周期比大于0.9，超过A级高度的结构扭转周期比大于0.85	
3	层刚度偏小	本层侧向刚度小于相邻上层的50%	表7.1.2-1之4a项不重复计算
4	塔楼偏置	单塔或多塔与大底盘的质心偏心距大于底盘相应边长20%	表7.1.2-1之4b项不重复计算

（3）具有下列（表7.1.2-3）某一项不规则的高层建筑工程（不论高度是否大于表7.1.1）。

不规则超限类型（三） 表 7.1.2-3

序号	不规则类型	简要涵义
1	高位转换	框支墙体的转换构件位置：7度超过5层，8度超过3层
2	厚板转换	7～9度设防的厚板转换结构
3	复杂连接	各部分层数、刚度、布置不同的错层，连体两端塔楼高度、体型或沿大底盘某个主轴方向的振动周期显著不同的结构
4	多重复杂	结构同时具有转换层、加强层、错层、连体和多塔等复杂类型的3种

注：仅前后错层或左右错层属于表7.1.2-1中的一项不规则，多数楼层同时前后、左右错层属于本表的复杂连接。

上述不规则项判定时，原则上针对高层建筑结构，当结构高度低于高层结构限值时，可根据结构高度、超限程度、抗震设防烈度、结构体系等综合判定结构是否超限。结构不规则超限项除字面意思理解外，主要应分析超限项是否对结构整体抗震性能产生较大影响。

7.1.3 楼板不连续合并穿层柱，超限项如何认定？

答复：楼板不连续应属于不规则项，穿层柱能否判定为超限项，取决于其对主体结构的影响程度。

楼板在承受和传递竖向力的同时，将水平地震力传递给竖向抗侧力构件，并协调竖向构件变形。楼板不连续造成其平面内刚度削弱后，一方面易造成楼板应力分布不均匀，地震时过早开裂；另一方面对竖向构件的变形协调能力降低，引起相关竖向构件内力分布突变，地震作用下率先破坏，造成局部坍塌或楼层集中破坏。有效宽度小于50%或开洞面积大于30%，并引起穿层柱，证明楼板对本层的竖向构件约束作用明显降低，因此应该属于不规则超限一项。

穿层柱高度较高，刚度较小，地震作用下分配到的地震剪力较小，一方面使得非穿层柱承担楼层更多剪力，地震时容易过早破坏，此时相关楼层刚度突变易形成软弱层或薄弱层，引起楼层整体屈服。穿层柱对结构的影响与其位置、数量有关，可根据穿层柱模型、非穿层柱模型（穿层柱部位拉梁设板）对比，如两个模型结构基本自振周期、楼层刚度、非穿层柱地震内力等无明显差别，可判断为非超限项（或局部超限），如果差异超过10%，可判定为超限项。

楼板不连续时应按照壳单元进行补充验算，对薄弱部位进行加强，必要时对楼板进行性能化设计。有穿层柱的楼层，对穿层柱的地震内力进行放大调整（剪力不小于非穿层柱剪力的平均值），并对非穿层柱适当加强（非穿层柱宜承担楼层全部地震剪力）。

7.1.4 “单塔或多塔与大底盘的质心偏心距大于底盘相应边长20%”属于较严重不规则项，超限判定具体如何实施？

答复：《超限审查技术要点》附表3，将“单塔或多塔与大底盘的质心偏心距大于底盘相应边长20%”列为较严重不规则项，此情况在带裙房剪力墙住宅中常见。塔楼偏置如引起多塔楼的质心偏心距过大，易引起结构扭转效应增加，楼层刚度突变，竖向构件在裙楼屋面楼板处的水平传力不连续，裙楼部分按刚度分配的地震作用偏小等，对结构抗震设计带来诸多不利影响，设计中可选择分缝或弱连接处理。

当裙楼高度相比塔楼高度较低时（如不超过10%），塔楼偏置影响作用有限（裙楼较低，塔楼鞭梢效应不显著），此时可根据位移比、收进位置相邻层刚度比、楼层剪力突变程度等指标，判断塔楼偏置是否造成结构严重不规则（建议按一般不规则项考虑，必要时应与超限专家沟通），并采取相应的加强措施，如增加底盘抗扭刚度，严控位移比，对塔楼收进部位底层、加强裙楼屋面楼板等部位进行加强。目前，《广东省超限审查要点》已不再将此项作为超限项目。《上海市超限审查要点》明确定义，当底盘高度超过塔楼高度20%时，此项才定义为严重不规则项。

7.2 超高层结构设计与分析

7.2.1 建筑结构高度超限时，分析、设计应注意哪些问题？

答复：超高层建筑结构高度高、高宽比大，对结构承受竖向和水平荷载（强度）、侧向变形控制（刚度）、舒适度控制等要求较高，设计中首先应选择合理的结构体系，注重精细分析，强化概念设计，有必要时应补充相关试验验证。

（1）建筑结构高度超高时，宜尽量修改结构体系，防止超限。

（2）超高层建筑结构优先采用抗震性能较好的结构体系，如钢结构、钢与混凝土混合结构、消能减震结构等，应严格控制结构不规则超限项和超限程度。

（3）基础选型、埋深，应充分考虑地基沉降、大震结构整体抗倾覆验算需要。验算桩基在侧向力最不利组合下桩身是否会出现拉力或过大的压力，并调整桩的布置，控制桩身尽量不出现拉力或超过桩在竖向力偏心作用时的承载力。

（4）应根据结构重要性、高度超限程度、不规则超限程度、震后可修复性等确定结构抗震性能目标。应该注意，结构抗震性能化设计原则上可采用“高强度-低延性”或“高延性-低强度”设计思路，但整体应高于现行规范“小震不坏、中震可修、大震不倒”的基本设防目标，且不宜改变整体结构预屈服机制（比如，提高梁强度而使得框架结构变为强梁弱柱屈服机制）。

（5）应采用至少两个不同力学模型的结构分析软件进行整体计算。

（6）应进行弹性时程分析的补充计算，用时程分析法进行计算时所选用的地震波频谱特性、地震波数量、持续时间、计算控制指标应符合《抗规》相关要求。

（7）应进行静力弹塑性分析或动力弹塑性时程分析，检验中、大震时结构的抗震性能。

（8）结构周期比、位移比指标宜满足《高规》第3.4.5条B级高度高层建筑的相关要求，从严控制框架柱剪跨比、轴压比。

（9）结构超B级高度时，应采取比B级高度更严的抗震措施。

（10）对框架-剪力墙结构、框架-核心筒结构、框架-支撑结构等，采取比现行规范更严格的二道防线调整措施，严格控制地震作用下剪力墙拉应力（中震 $2f_{tk}$ 验算）。

（11）适当提高底部加强部位竖向结构构件配筋率，当屋面存在突出物时，应提高屋面上部竖向构件及对应下部楼层竖向构件的强度和延性。

（12）房屋高度大于200m时，宜补充风洞试验判定建筑物的风荷载；房屋高度大于350m时，宜补充地震振动台试验；针对特别复杂或新型连接节点，宜补充大比例缩尺模型节点力学性能试验。

7.2.2 平面规则性超限时，如何控制超限程度，进行抗震概念设计、计算分析和采取抗震构造措施？

答复：除采取7.2.1问答复中相关性能化设计、多个软件分析等措施外，尚应满足：

1. 优化结构平面布置，适当提高结构抗扭刚度，条件允许时在结构四周适量布置支撑，严控位移比超限楼层数量超过30%。

2. 加强楼板刚度和强度，根据需要整体或局部加强板厚，并采用双层双向配筋增强楼板整体性。

3. 凹口深度超限的高层建筑，应采取下列构造措施：

（1）屋面层的凹口位置宜设置拉梁或拉板；屋面楼板厚度宜加厚20mm以上，并采用双层双向配筋。

（2）建筑高度超过100m时，或凹口深度大于相应投影方向总尺寸的40%时，应每层设置拉梁或拉板。

（3）当凹口深度大于相应投影方向总尺寸的40%，且建筑高度小于60m时，屋面楼板厚度和配筋应满足上述（1）的要求，其他楼层设置拉梁或拉板的数量由设计人员确定。

（4）当凹口部位楼板有效宽度大于6m，但凹口深度大于相应投影方向总尺寸的40%时，如结构抗震计算指标能通过，则除屋面外，在凹口位置可以不设置拉梁或拉板，但应验算凹口部位楼板的应力；检查凹口内侧墙体上连梁的配筋是否有超筋现象并进行控制。凹口部位及周围的楼板厚度和配筋应满足上述（1）的要求。

4. 对于平面中楼板间连接较弱的情况，连接部位的楼板宜加厚20mm以上，并采用双层双向配筋。

5. 对于平面中局部突出超限的情况，局部突出部位根部的楼板宜适当加厚20mm以上，并采用双层双向配筋。

6. 对于平面中楼板开大洞的情况，应加强洞口部位周围楼板的厚度和配筋，开洞尺寸接近最大限值时宜在洞口周围设置钢筋混凝土梁。

7. 楼板的混凝土强度不宜过高，凹口深度和楼板开洞超限的结构，楼板的混凝土强度等级不宜大于C30，不应大于C40，也不应小于C25。

8. 由凹凸不规则、组合平面、大开洞、楼板尺寸突变等造成的不规则项，楼板在自身平面内刚度无限大的假定不再成立，因此在结构计算模型中应考虑楼板的弹性变形（一般情况下可采用弹性板单元），并补充楼板中震不屈服（或中震弹性）验算。

7.2.3 竖向规则性超限时，如何控制超限程度，进行抗震概念设计、计算分析和采取抗震构造措施？

答复：结构竖向刚度分布不规则，地震作用下易导致刚度突变位置楼层剪力和变形过度集中，进而引起结构破坏部位集中，不利于整体屈服耗能机制的实现。

1. 竖向规则性超限程度控制和抗震概念设计

（1）立面收进尺寸不宜过大，收进层等效剪切刚度与相邻下层等效剪切刚度之比不宜小于50%，且连续两次收进后的等效剪切刚度不宜小于未收进层的30%。

（2）连体建筑顶部的重量一般较大，对结构抗震很不利，故应控制连体部位的层数。一般情况下，连体部位的层数不宜过多。当连体部位的层数超过该建筑总层数的20%时，对结构抗震极为不利，并会大大增加结构的造价。连接体下的两个塔楼的层刚度不宜相差很多（不宜相差30%及以上）。

（3）立面开大洞建筑容易形成竖向刚度突变，成为竖向不规则结构。立面开大洞后对洞口周边构件的受力极为不利，洞口越大，结构的抗震性能越差。立面开洞的洞口面积不宜大于整个建筑立面面积的30%，洞口宜设在中部。

（4）大底盘多塔楼建筑由于底盘刚度与塔楼刚度有差异以及底盘尺寸与塔楼尺寸有较大差异，容易造成竖向刚度变化较大而成为竖向不规则结构。多塔楼建筑各塔楼的层数、平面尺寸和等效剪切刚度宜接近，塔楼对底盘宜对称布置，各塔楼结构的质心与底盘结构刚度中心的距离不宜大于该方向底盘边长的25%。

（5）带转换层结构由于结构上部楼层的部分竖向构件不能直接连续贯通落地，容易造成竖向刚度突变，形成竖向不规则结构。对这类结构中转换层的位置，7度时不宜超过5层，8度时不宜超过3层。对于转换层的结构形式，宜优先采用梁式转换，并避免主、次梁多次转换。

2. 竖向规则性超限时的计算分析要求

（1）对于竖向收进幅度过大的高层建筑，当楼板无开洞且平面比较规则时，在计算分析模型中可采用刚性楼板假定，一般情况下可采用振型分解反应谱法进行计算。结构分析的重点应是检查结构的侧向位移有无突变，结构侧向刚度沿高度的分布有无突变，结构的扭转效应是否能控制在合理的范围内。

（2）对于连体建筑，由于连体部位的结构受力非常复杂、连体以下结构在同一平面内完全脱开，故在结构分析中应采用局部弹性楼板、多个刚性块、多个质量块弹性连接的计算模型，即连接部分的全部楼板采用弹性楼板模型，连接体以下的各个塔楼楼板可采用刚性楼板模型（规则平面时）。结构分析的重点除与上述（1）要求相同外，还应特别分析连体部位楼板和梁的应力和变形，在中震作用计算时应控制连接体部位梁、板上的拉应力不超过混凝土轴心抗拉强度标准值；还应检验连接体以下各塔楼的局部变形对结构抗震性能的影响。

（3）立面开大洞建筑的计算模型和计算要求与连体建筑类似，洞口以上的全部楼板宜考虑为弹性楼板；应重点检查洞口角部构件的内力，避免在小震时出现裂缝。对于开大洞而在洞口以上的转换构件，还应检查其在竖向荷载下的变形，并评价这种变形对洞口上部结构的影响。

（4）多塔楼建筑计算分析的重点是大底盘的整体性以及大底盘协调上部多塔楼的变形能力。一般情况下大底盘的楼板在计算模型中应按弹性楼板处理（宜采用壳单元），每个塔楼的楼层可考虑为一个刚性楼板（规则平面时），计算时整个计算体系的振型数不应小于18个，且不应小于塔楼数的9倍。当只有一层大底盘、大底盘的等效剪切刚度大于上部塔楼等效剪切刚度的2倍以上且大底盘屋面板的厚度不小于200mm时，大底盘的屋面板可取为刚性楼板。

当大底盘楼板削弱较多（例如逐层开大洞形成中庭等），以至于不能协调多塔楼共同工作时，在罕遇地震作用下可按单个塔楼进行简化计算，计算模型中大底盘的平面尺寸可按塔楼的数量进行平均分配或根据建筑结构布置进行分割，大底盘的层数应计算到整个计算模型中去。多塔楼建筑计算分析时裙房平面分割如图7.2.3所示。

（5）对于带转换层结构，计算模型中应考虑转换层以下的各层楼板的弹性变形，按弹性楼板假定计算结构的内力和变形。结构分析的重点除与竖向收进结构的要点相同之外，还应重点检查框支柱所承受的地震剪力值、框支柱的轴压比以及转换构件的应力和变形等。

(6) 对于错层建筑结构，应将每一层楼板作为一个计算单元，按楼板的布置分别采用刚性楼板或弹性楼板模型进行计算分析；同时还应对错层处的墙体进行局部应力分析，并作为其截面设计的依据。

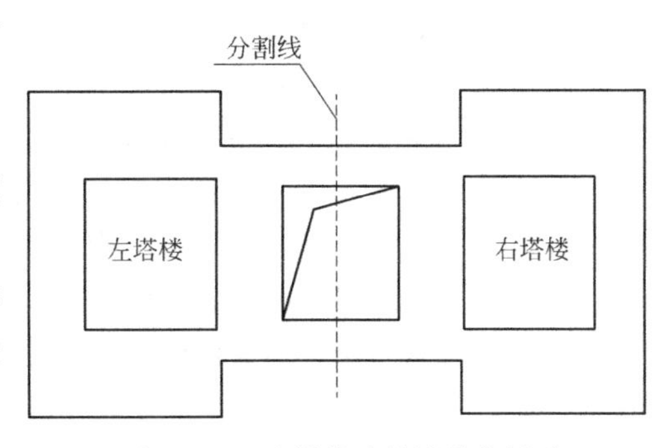

图 7.2.3 多塔楼建筑计算分析时裙房平面分割示意图

(7) 竖向不规则结构的地震剪力及构件的地震内力应做下列调整：①刚度突变的薄弱层，地震剪力应至少乘以 1.20 的增大系数；②不落地竖向构件传递给水平转换构件的地震内力应乘以 1.8（特一级）、1.5（一级）、1.25（二级）的增大系数；③框支柱为三层及以上时，框支柱承担的地震剪力不应小于基底剪力的 30%，框支柱少于 10 根时，每根柱承担的地震剪力不应小于基底剪力的 3%。

3. 竖向规则性超限时的抗震构造要求

(1) 对于竖向收进的高层建筑结构，该层楼板厚不宜小于 150mm，并采用双层双向配筋，每层每方向钢筋网的配筋率不宜小于 0.25%。收进部位的竖向构件的配筋宜适当加强，加强的范围至少需向上、下各延伸一层。当收进层在主体结构房屋顶层时，整层的竖向构件宜适当加强。对主屋面上的小塔楼，各竖向构件的根部宜适当加强。

(2) 对于连体建筑，应尽量减小连接体的重量（可采用轻质隔墙和轻质外围护墙等）。加强连接体水平构件的强度和延性，抗震等级宜提高一级。保证连接体与两侧塔楼的有效连接，一般情况下宜采用刚性连接；当采用柔性连接时，应保证连接材料（或构件）有足够大的变形适应能力；当采用滑动支座连接时，应保证在大震作用下滑动支座仍安全有效。应加强连接体以下塔楼内侧和外侧构件的强度和延性，抗震等级宜提高一级。

(3) 对于立面开大洞建筑的抗震构造要求与连体建筑类似。应加强洞口周边构件的强度和延性，抗震等级宜提高一级，洞口周边的梁、柱的箍筋宜沿构件长度全长加密，洞口上、下楼板厚度不宜小于 150mm，并采用双层双向配筋，每层每方向钢筋网的配筋率不宜小于 0.25%。

(4) 对于多塔楼建筑结构，底盘屋面板厚度不宜小于 180mm，配筋适当加强（增加 10%以上），并采用双层双向配筋。底盘以下一层屋面应加强构造措施（配筋增加 10%以上，厚度可按常规设计）。多塔楼之间裙房连接体的屋面梁以及塔楼中与裙房连接体相连的外围柱、剪力墙，从地下室顶板起至裙房屋面上一层的高度范围内，柱纵筋的最小配筋率宜提高 10%以上，柱箍筋宜在裙房楼屋面上、下层的范围内全高加密。裙房中的剪力墙宜设置约束边缘构件。

(5) 对于带转换层结构，应采取有效措施以减少转换层上、下结构等效剪切刚度和承载力的突变。对部分框支剪力墙结构，转换层的位置设置在第三层及以上时，其框支柱、剪力墙（含筒体）底部加强部位的抗震等级宜提高一级，结构布置宜符合下列要求：

①对框架-剪力墙及框架-核心筒结构，底部落地剪力墙和筒体的厚度宜加厚，其所承

担的地震倾覆力矩比例应大于 50%。

②转换层下层与上层的等效剪切刚度之比不宜小于 0.7，不应小于 0.6。

③落地剪力墙和筒体的洞口宜布置在墙体的中部。

④框支转换梁上一层墙体内不宜设置边门洞，当必须设置时，洞边墙体宜设置翼缘墙、端柱或加厚墙体，并按约束边缘构件的要求进行配筋设计。

⑤矩形平面建筑中落地剪力墙的间距不宜小于 1.5 倍的楼盖宽度且不宜大于 20m。

⑥落地剪力墙与相邻框支柱的距离不宜大于 10m。

(6) 对于错层结构，有错层楼板的墙体（以下简称错层墙体）不宜为单肢墙，也不应设置为短肢墙；错层墙厚度不应小于 250mm，并均应设置与之垂直的墙肢或扶壁柱；抗震等级应提高一级采用，配筋率宜提高 10%以上。

7.2.4 当计算超高层核心筒墙体名义拉应力时，根据《超限审查技术要点》第十二条的规定，可取墙肢全截面计算，全截面的具体定义是什么？

答复： 墙肢拉应力验算，主要是防止墙肢产生过大的拉应力后，裂缝开展过大而导致受剪承载力失效，产生脆性滑移破坏（当然也有其他说法，如控制拉应力过大是为了控制反向压应力，或控制墙体拉坏失稳）。总之，是对墙肢拉、弯、剪复合受力状态的一种延性保障措施。考虑拉、弯、剪受力相互影响，前提必须是墙肢在压弯受力状态下截面应变分布符合平截面假定，受剪截面在受弯截面内且抗剪全截面有效。

因此，受拉验算墙肢一般建立在平截面假定基础之上，除单向单个墙肢外，可适当考虑组合墙（图 7.2.4）。

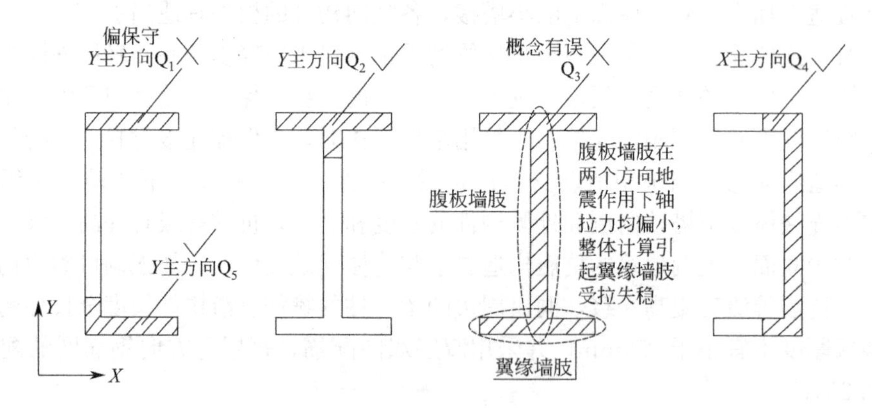

图 7.2.4 墙肢全截面判别示意

7.2.5 结构计算中，当超高层核心筒墙体名义拉应力超过 $2f_{tk}$ 时，应采取何种处理措施？

答复：《超限审查技术要点》规定："中震时双向水平地震下墙肢全截面由轴向力产生的平均名义拉应力超过混凝土抗拉强度标准值时宜设置型钢承担拉力，且平均名义拉应力不宜超过两倍混凝土抗拉强度标准值（可按型钢弹性模量与混凝土弹性模量之比换算考虑型钢和钢板的作用），全截面型钢和钢板的含钢率超过 2.5%时可按比例适当放松。"

业内认为控制剪力墙名义拉应力的主要原因如下：

1. 拉应力会影响剪力墙的受剪承载力（剪力墙受拉情况下受剪承载力公式规范已明确，在受剪承载力有保障的前提下不会发生剪切脆性破坏。因此，笔者认为这项措施主要是控制小偏拉下墙体裂缝过大产生受剪滑移破坏）。

2. 拉应力过高，混凝土开裂后钢筋应力急剧增大，会使结构出现倾覆破坏的风险加大（小偏拉受拉侧钢筋被拉断）。

3. 控制拉应力本质上是控制反向受压时的压应力，避免反复拉、压下压应力过大导致脆性破坏。

经权威专家解释，“全截面型钢和钢板的含钢率超过 2.5%时可按比例适当放松”。公式推导如下：

假定全截面纵筋配筋率为 0.5%，则截面总配筋率为 2.5%+0.5%=3%，如果此时拉力（$2f_{tk}$）完全由钢筋+型钢承担，以 C60 混凝土（$f_{tk}=2.85$MPa）为例，则：

$$\frac{N}{0.03Af}=\frac{2Af_{tk}}{0.03Af}\Rightarrow f=\frac{2\times 2.85}{0.03}\approx 200\text{MPa} \tag{7.2.5-1}$$

式中：N——轴向拉力；

A——墙肢截面面积；

f——钢筋（型钢）拉应力。

即当剪力墙名义拉应力为 $2f_{tk}$ 时，配筋率为 3%的剪力墙（不考虑混凝土受拉），钢筋应力在 200MPa 左右。

由此引申，不管是以上三种原因的哪一种，控制混凝土名义拉应力实际上是控制钢筋拉应力不应太大。另外，以轴拉构件为例，当钢筋应力为 200MPa 时，对应的混凝土最大裂缝宽度按下式计算：

$$\omega_{max}=\alpha_{cr}\psi\frac{\sigma_s}{E_s}\left(1.9c_s+0.08\frac{d_{eq}}{\rho_{te}}\right) \tag{7.2.5-2}$$

可算得轴拉构件混凝土最大裂缝宽度约为 0.2mm。

因此，也有专家认为，控制剪力墙名义拉应力，实际上是控制裂缝宽度不大于 0.2mm。

基于一般弹塑性分析结果的中、大震比例，也可理解为，控制剪力墙名义拉应力，实际上是控制大震裂缝宽度不大于 0.3mm（大震拉力为中震的 1.5 倍，钢筋应力不大于 300MPa，此处暂不考虑墙体受拉开裂后的刚度退化）。

由此可以推断，《超限审查技术要点》中控制墙体拉应力的要求，与上述原因 1、2 可能有关，但与 3 基本无关。理论分析表明，控制中震拉应力，无法控制反向压力。现行规范剪力墙轴压比限值规定未考虑地震作用，因此限值较小，适当富余，也是考虑到地震要求，但拉应力过大（大于 $2f_{tk}$）带来的反向压应力远超出规范要求（轴压比可能远大于 1），此方面还应从考虑地震作用的轴压比角度深入研究。

基于此，从上述原因 1、原因 2 考虑，针对《超限审查技术要点》规定，可给出如下设计建议：

（1）剪力墙受拉计算（大于 f_{tk} 时）中，可考虑型钢和钢筋（钢筋直径不宜小于 14mm）共同参与受拉，并保证平均拉应力不大于 200MPa。

（2）中震作用下墙肢名义拉应力超出 f_{tk} 幅度不大时（具体数字另行讨论，前期我院有项目控制在 $1.4f_{tk}$，建议可进一步放松），可不设置型钢，但应增加分布钢筋、纵筋配筋率，并确保纵筋直径不小于一定值（如 14mm，增强钢筋销栓作用，防止滑移破坏）。

以墙体全截面配筋率2%为例计算，当钢筋拉应力为200MPa时，对应墙肢拉应力为：

$$\sigma=0.02\times200=1.4f_{tk} \quad (7.2.5\text{-}3)$$

也就是说，当墙肢拉应力为$1.4f_{tk}$时，如果墙肢全截面配筋率为2%，能保证钢筋拉应力不超过200MPa。如果墙肢拉应力大于$1.4f_{tk}$时，建议设置型钢。

（3）按照控制型钢拉应力不大于200MPa原则，根据上述计算，不同剪力墙名义拉应力对应的型钢含钢率见表7.2.5。

剪力墙名义拉应力与型钢含钢率关系（假定全截面纵筋配筋率0.5%）　表7.2.5

名义拉应力	$2f_{tk}$	$3f_{tk}$	$4f_{tk}$	$5f_{tk}$	$6f_{tk}$
含钢率	2.5%	3.8%	5.0%	6.3%	7.5%

（4）剪力墙受拉时，一般处于拉、弯、剪或压、弯、剪复合受力状态（轴拉基本不可能出现），因此，对于需要设置型钢的剪力墙，型钢宜分散均匀布置，但更应突出边缘构件区型钢的作用（不能仅在中间设置型钢），这对小偏拉（控制斜裂缝开展）、大偏拉（可能引起受压区混凝土剪压破坏）都是有利的（图7.2.5）。

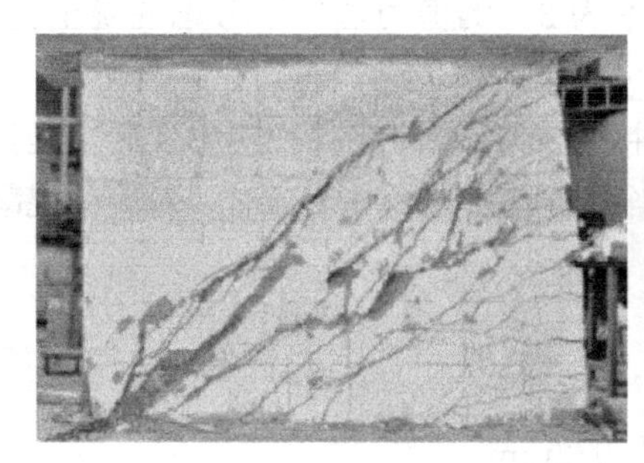
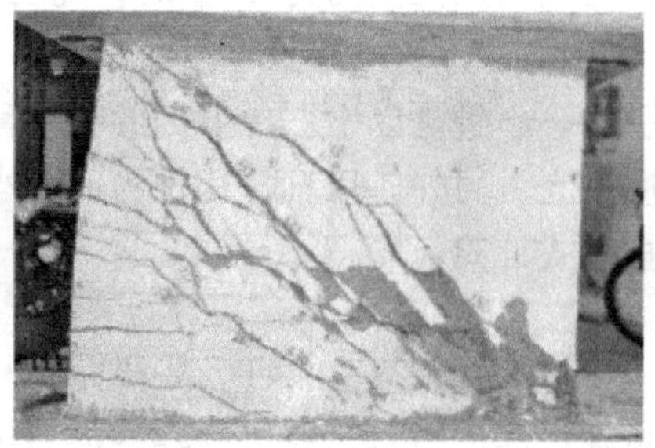

图7.2.5　剪力墙拉剪破坏示意

（5）剪力墙结构在中震、大震作用下，连梁屈服或破坏后刚度退化，影响联肢墙协同受力，可能会使得墙肢拉应力迅速衰减。另外，墙体受拉开裂、刚度退化也会降低拉应力。因此，上述计算分析仅停留在等效弹性层面上，需要具体问题具体分析，但对墙体受拉进行概念控制还是有必要的。

7.2.6　超高层建筑结构中腰桁架、伸臂桁架的作用是什么？加强层设置在什么位置最有效？

答复：超高层建筑结构高度较高，一般情况下其侧向变形呈弯曲型或弯剪型（框架-核心筒或框架-剪力墙结构）。将超高层建筑结构近似视为嵌固于地面的等截面悬臂柱，在水平向均布荷载作用下，可得到悬臂柱的重量与其高度成正比，其底部弯矩与高度的平方成正比，其顶点位移与高度的四次方成正比（图7.2.6-1）。因此，超高层建筑结构设计的关键是提高结构的侧向刚度。

提高悬臂柱侧向刚度的直接措施是增大柱的截面惯性矩。对于框架-核心筒结构，强化核心筒与框架之间的连接（加强内、外变形协调），使得框架柱尽量处于轴向受力状态（拉、压刚度远大于抗弯刚度），并增大框架柱截面尺寸（提高结构外围刚度，增加惯性矩），是提高结构侧向刚度最有效的手段。

在框架-核心筒结构中，框架与筒体通过楼板使它们在水平荷载作用下保持侧移一致，

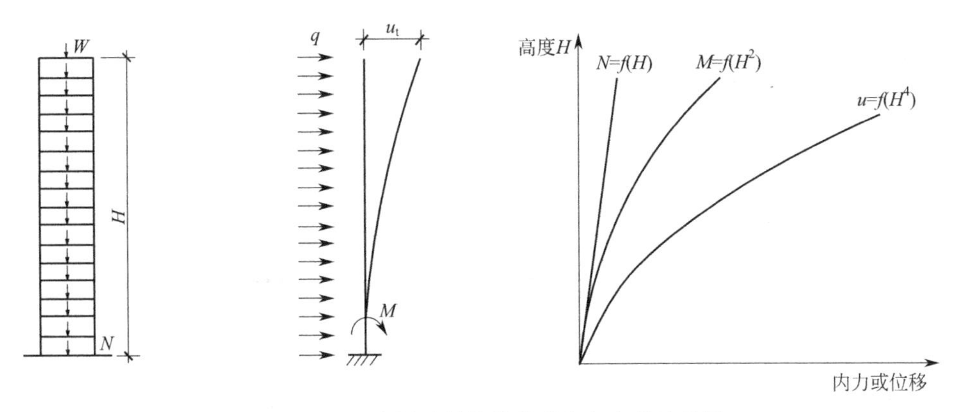

图 7.2.6-1 高层建筑结构的受力和变形示意图

楼板相当于铰接连杆。这时框架只承担很小一部分水平荷载，筒体承担大部分水平荷载，故筒体所承受的倾覆力矩很大。但筒体抗力偶矩的力臂 L 较小［图 7.2.6-2(a)］，因此结构抵抗倾覆力矩的能力不大。而在带加强层的高层建筑结构中，通过设置伸臂将所有外围框架柱与筒体连为一体，形成一个整体结构来抵抗倾覆力矩。因为有外柱参与承担倾覆力矩引起的拉力和压力，整个结构抗力偶矩的等效力臂 L' 将大于筒体的宽度 L［图 7.2.6-2(b)］，从而提高了结构的侧向刚度和水平承载能力。

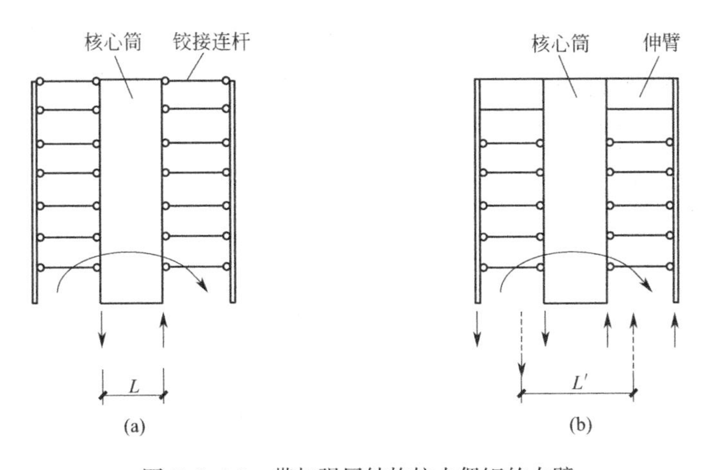

图 7.2.6-2 带加强层结构抗力偶矩的力臂

图 7.2.6-3 表示出了水平荷载作用下，框架-核心筒结构中无加强层［图 7.2.6-3(a)］、顶部设置一个加强层［图 7.2.6-3(b)］和设置两个加强层［图 7.2.6-3(c)］时筒体所承担的力矩。可见，设置 1 个（2 个）加强层相当于在结构上施加了 1 个（2 个）反力矩，它部分地抵消了水平荷载在筒体各截面所产生的力矩。设计中可根据需要设置多个加强层。

设置伸臂桁架的主要目的是增强核心筒与框架之间的联系，让框架柱和核心筒变形协调，将框架柱侧向刚度由弯曲刚度变为拉、压刚度，能大幅提升结构侧向刚度。设置腰桁架的主要目的是增加外框架的整体刚度，其对结构侧向刚度的贡献往往小于伸臂桁架。一般情况下二者配合使用，可使得外框柱拉、压受力更加均匀，结构方案更加合理。

设置伸臂桁架和腰桁架（加强层）后，结构侧移模式发生改变，加强层下部由于受到

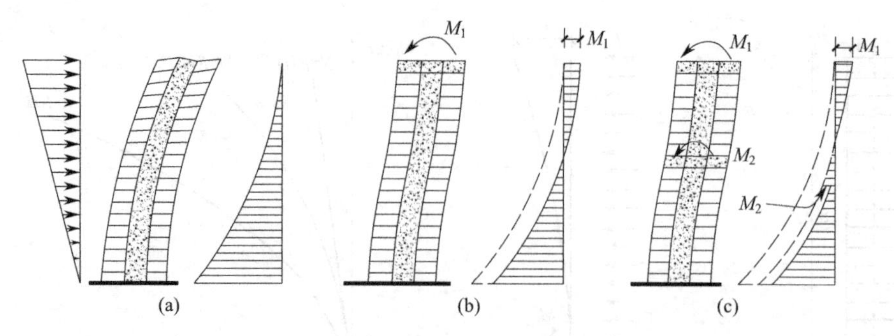

图 7.2.6-3 带加强层结构中筒体承担的力矩

加强层较强约束，变形模式呈剪切型，而上部呈弯曲型。当加强层位置由结构底部逐渐升高时，下部剪切变形以高度 3 次方的关系增大，上部弯曲变形以高度 4 次方的关系减小，结构总体变形最小时对应的加强层位置一般在结构 2/3 高度左右。因此，结构中上部往往是设置加强层的最优位置。当设置两道伸臂桁架时，其中一道设置在 2/3 高度处，另一道可设置在 1/2 高度处。一般高层结构设计时，伸臂桁架设置位置需要做敏感性分析，以研究其最有效和最适合的位置。

7.2.7 超高层建筑结构中伸臂桁架、腰桁架的性能目标如何定义？

答复：伸臂桁架、腰桁架能大幅度地提高结构的侧向刚度，减小层间位移角，但也带来楼层刚度突变、节点构造复杂等问题。大震弹塑性分析结果表明，加强层及其上、下层的剪力墙往往是地震损伤较严重的部位（图 7.2.7）。因此，加强层是抗震设计的一把双刃剑。

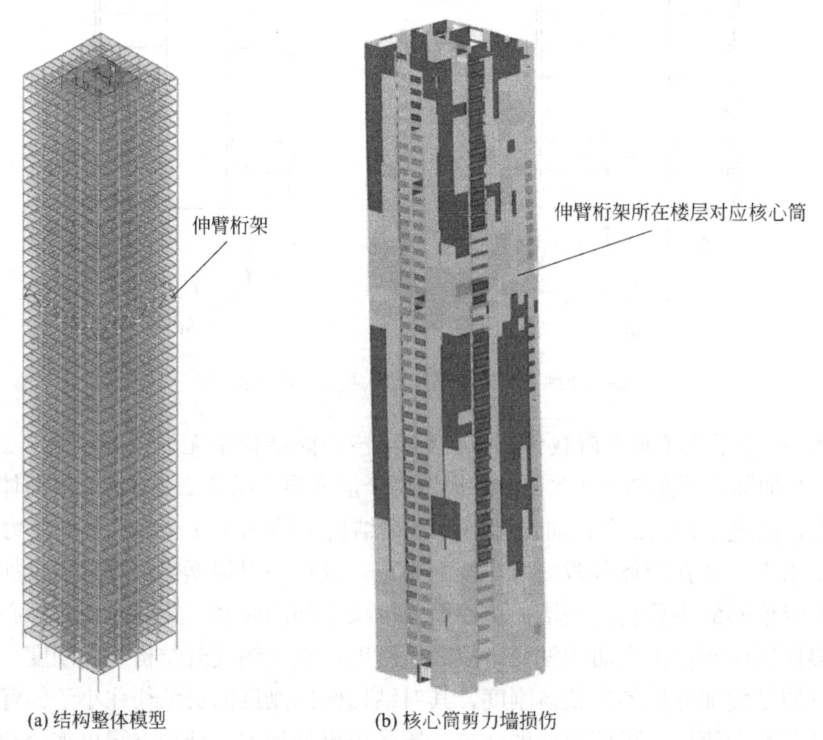

图 7.2.7 某带加强层的超高层结构核心筒剪力墙大震损伤示意图

超高层建筑结构设置加强层时，应突出其优势，规避其劣势。一方面，伸臂桁架、腰桁架刚度不宜太大，使结构竖向刚度布置尽量均匀；另一方面，地震作用下伸臂桁架应先于与其相接的剪力墙、框架柱屈服，避免结构竖向承重构件集中损伤。因此，超高层建筑结构设计时，伸臂桁架性能目标应略低于与其相连的剪力墙、框架柱，做到中震不屈服即可，腰桁架性能目标可与框架柱一致。另外，伸臂桁架屈服后，应具有足够的延性和耗能能力，大震时持续发挥结构抗倾覆能力的作用。

7.2.8 超高层建筑结构高度超限（超B级高度限值20%以内），同时存在两项以内的局部超限项（局部扭转位移比少量超限、少量穿层柱等），结构性能目标能否定义为D级？此时结构构件性能要求如何考虑？

答复：超高层建筑结构仅高度少量超限时，结构性能目标可定义为D级，与多遇地震、设防烈度地震、罕遇地震对应的结构性能水准分别为1、4、5，根据《高规》第3.11.3条的相关规定，以框架-核心筒（剪力墙）结构为例，结构构件性能要求如表7.2.8所示。

性能目标D级时结构构件性能要求　　表7.2.8

地震水准		多遇地震	设防烈度地震	罕遇地震
性能水准		1	4	5
层间位移角限值		按规范要求	—	$h/100$
剪力墙	底部加强区	满足弹性设计要求	抗弯：部分构件屈服； 抗剪：不屈服	抗弯：同楼层不全部屈服； 抗剪：受剪截面满足要求
剪力墙	非底部加强区	满足弹性设计要求	抗弯：不屈服； 抗剪：不屈服	抗弯：部分构件屈服； 抗剪：受剪截面满足要求
框架柱	底部加强区	满足弹性设计要求	抗弯：不屈服； 抗剪：不屈服	抗弯：部分构件屈服； 抗剪：受剪截面满足要求
框架柱	非底部加强区	满足弹性设计要求	抗弯：部分构件屈服； 抗剪：不屈服	抗弯：同楼层不全部屈服； 抗剪：受剪截面满足要求
框架梁		满足弹性设计要求	抗弯：同楼层不全部屈服； 抗剪：受剪截面满足要求	允许进入塑性
连梁		满足弹性设计要求 （不屈服）	允许进入塑性	允许进入塑性

注：部分构件屈服，指构件屈服数量不大于20%。

性能目标为D级时，应保证结构预期屈服机制与B级高度结构一致，屈服顺序宜为“连梁—框架梁—底部加强部位剪力墙—框架柱”，并满足强剪弱弯、强节点弱构件的承载力要求。应该注意，此时剪力墙底部加强部位应该采取比B级高度结构更严的抗震措施，保证延性。

7.2.9 对钢筋混凝土框架-核心筒（剪力墙）结构，根据《高规》第3.11节抗震性能化设计要求，当结构性能目标为C级时，结构构件的性能要求如何考虑？

答复：性能目标为C级时，与多遇地震、设防烈度地震、罕遇地震对应的结构性能水准分别为1、3、4，根据《高规》第3.11.3条的相关规定，结构构件性能要求如表7.2.9所示。

性能目标C级时结构构件性能要求　　表7.2.9

地震水准		多遇地震	设防烈度地震	罕遇地震
性能水准		1	3	4
层间位移角限值		按规范要求	—	$h/100$
剪力墙	底部加强区	满足弹性设计要求	抗弯:不屈服; 抗剪:弹性	抗弯:部分构件屈服; 抗剪:不屈服
	非底部加强区	满足弹性设计要求	抗弯:不屈服; 抗剪:不屈服	抗弯:部分构件屈服; 抗剪:受剪截面满足要求
框架柱	底部加强区	满足弹性设计要求	抗弯:不屈服; 抗剪:弹性	抗弯:部分构件屈服; 抗剪:不屈服
	非底部加强区	满足弹性设计要求	抗弯:不屈服; 抗剪:不屈服	抗弯:部分构件屈服; 抗剪:受剪截面满足要求
框架梁		满足弹性设计要求	抗弯:部分构件屈服; 抗剪:不屈服	允许进入塑性
连梁		满足弹性设计要求 (不屈服)	允许进入塑性	允许进入塑性

注：部分构件屈服，指构件屈服数量不大于20%。

性能目标为C级时，结构构件强度指标相比小震设计有明显提升，按照“高强度-低延性”设计思路，抗震措施可适当降低。考虑到结构重要性、混凝土结构自身延性较差等因素，建议抗震措施按照B级高度高层建筑结构考虑。对于强度指标提升不明显的结构构件，抗震措施也可适当增强。

7.2.10 《超限审查技术要点》第十一条中，关于超高的框架-核心筒结构混凝土内筒和外框之间的刚度比例及框架部分计算分配的楼层地震剪力与基底剪力的比值的相关规定，适用于超高的框架-剪力墙结构吗？

答复：本条主要针对框架与墙体、筒体双重抗侧力结构体系的框架部分刚度提出要求，原则上同样适用于框架-剪力墙结构。《高规》第8.1.3条规定，抗震设计的框架-剪力墙结构，当框架部分承受的地震倾覆力矩大于结构总地震倾覆力矩的10%但不大于50%时，按框架-剪力墙结构进行设计。此条与《超限审查技术要点》对框筒结构的要求，可谓异曲同工。因此，原则上只要满足《高规》第8.1.3条框架-剪力墙结构框架部分承受地震倾覆力矩的要求，也基本满足《超限审查技术要点》的相关要求。

《抗规》对于结构倾覆力矩的计算，采用层剪力V_i与层高度h_i相乘求和的方式，即结构底部总倾覆力矩M_{c+s}为：

$$M_{c+s}=\sum_{i=1}^{n}V_ih_i \tag{7.2.10-1}$$

底层框架部分承担倾覆力矩M_c为：

$$M_c=\sum_{i=1}^{n}V_{ci}h_i \tag{7.2.10-2}$$

框架部分承担的倾覆力矩比为：

$$\lambda=\frac{M_c}{M_{c+s}}=\frac{\sum_{i=1}^{n}V_{ci}h_i/\sum_{i=1}^{n}h_i}{\sum_{i=1}^{n}V_ih_i/\sum_{i=1}^{n}h_i}=\frac{V_c^*}{V_{c+s}^*} \tag{7.2.10-3}$$

上式右端比值可看作是以层高为权重的楼层剪力加权平均值的比值，由此可见，按规范方式计算结构倾覆力矩比实质上是平均剪力的比，与框架-筒体结构要求的层剪力比有着相同的本质意义。

7.2.11 长周期的超限高层建筑结构，如何控制其楼层的地震剪力？

答复：对于长周期的超限高层建筑结构，其楼层的地震剪力亦应满足《抗规》第5.2.5条的规定，Ⅲ、Ⅳ类场地时尚宜适当增加（要求同等情况下位于Ⅱ类场地上的高层建筑结构应满足剪重比要求）。当结构底部的总地震剪力偏小需调整时，其以上各层的剪力、位移也均应适当调整。对于基本自振周期大于3.5s的结构，可按《超限审查技术要点》第十三条第（二）款执行：

基本周期大于6s的高层建筑结构，计算的底部地震剪力系数比规定值低20%以内，基本周期在3.5～5s的高层建筑结构比规定值低15%以内，即可采用规范关于剪力系数最小值的规定进行设计。基本周期在5～6s的结构可以插值采用。

6度（0.05g）设防且基本周期大于5s的高层建筑结构，当计算的底部地震剪力系数比规定值低但按底部剪力系数0.8%换算的层间位移满足规范要求时，即可采用规范关于剪力系数最小值的规定进行抗震承载力验算。

7.2.12 超限的框架-核心筒结构中框架部分承担的地震剪力标准值最大值，能否小于结构总基底剪力的10%？

答复：《高规》第9.1.11条第2款给出了框架-核心筒结构当框架部分承担的地震剪力标准值的最大值小于结构总基底剪力10%时对应的剪力调整办法，此时要求核心筒承担结构所有地震剪力，同时考虑到筒体在强震作用下进入塑性引起刚度降低后，框架承担的地震剪力增大，建议对框架部分剪力适当调整（按照基底总剪力标准值的15%调整），此时框架部分剪力调整更多是基于内力转移后自身承载力需要，而非二道防线需求。

超高层建筑高度高，倾覆力矩大，采用核心筒抵抗全部地震剪力和倾覆力矩的方式不经济，也存在安全隐患（单一防线）。因此，建议超高层框架-核心筒结构的外围框架应该具备一定的刚度（满足基底剪力10%的指标要求），大震作用下发挥一定的抗倾覆作用。对于巨型框架-核心筒结构等外框刚度无法满足的情况，可根据实际情况进一步增加核心筒剪力墙的承载力、延性指标，并对基础进行大震承载力复核和抗倾覆验算。

7.2.13 如何执行《超限审查技术要点》第十一条第（二）款中关于框架与墙体、筒体共同抗侧力的各类结构中，框架部分地震剪力的调整宜依据其超限程度比规范的规定适当增加的规定？

答复：双重抗侧力体系中框架部分的剪力调整，一方面基于剪力墙率先屈服后刚度变化引起的内力重分布，另一方面基于大震下剪力墙破坏后整体结构的稳定性。基于此，框架部分剪力调整可采取以下从严措施：

（1）对结构底部加强部位，经弹性分析不需要进行剪力调整的框架（说明其具备足够刚度），可根据结构超限程度对其剪力采取1.1～1.2的放大系数。

（2）根据大震弹塑性分析结果，对弹性到弹塑性过程中外框架分担楼层剪力比提高较大的楼层（可取剪力分担比提高10%以上的楼层），框架剪力调整可根据超限程度在规范要求基础上（即$0.2V_0$和$1.5V_{f,max}$较小值）再乘以1.1～1.2的放大系数执行。

（3）对于高烈度区超过规范允许B级高度的超高层结构，全楼框架剪力调整系数可在规范基础上（即 $0.2V_0$ 和 $1.5V_{\mathrm{f,max}}$ 较小值）放大 1.1～1.2 倍，此调整措施与上述两条不重复执行。

（4）上述需要提高剪力调整系数的部位，当原调整系数框架梁大于 2.0（已达到中震不屈服），框架柱大于 2.5 时（已达到中震弹性），可不再提高。

7.2.14 超限高层建筑结构中有出屋顶的结构和装饰构件时，应采取什么计算或构造措施？

答复：对于超限高层建筑结构，当其中有出屋顶的结构和装饰构件时，可按《超限审查技术要点》第十一条第（九）款执行，即出屋面结构和装饰构架自身较高或体型相对复杂时，应参与整体结构分析，材料不同时还需适当考虑阻尼比不同的影响，应特别加强其与主体结构的连接部位。

宜采用时程分析法对这种结构进行补充计算，明确鞭梢效应影响，加强上、下连接部位安全。当上部采用钢结构与下部混凝土连接时，支座宜按中震不屈服（刚接时）或大震不屈服（铰接时）复核；对于围绕主体结构四周的出屋面装饰构架，应加强装饰构架平面外与出屋面结构的连接构造，形成有效的空间工作状态。

7.2.15 超限连体结构的连接体较薄弱时，应采取什么计算或构造措施？

答复：对于超限的连体结构，当连接体结构较薄弱时，强震作用下连接部分可能失效，故宜将连接部分两侧结构按独立结构模型进行复核，并与由整体模型分析所具有的承载力进行比较，包络设计，确保连接部分失效后两侧结构可独立承担地震作用而不致发生严重破坏或倒塌。

连接部分一方面传递两侧主体结构的地震作用，一方面协调两侧主体结构在地震作用下的变形，故应具备足够的刚度和强度。对于较弱的连体，应进行连接部分楼板的受剪承载力验算，并满足中震弹性的性能目标。另外，应加强与两侧结构的连接构造，如增强支座部位构件的承载力，水平构件应向内延伸一跨等，以提高连接部位的抗震可靠性，保证地震作用下连接体发生破坏后，支座仍能有效连接，避免连体脱落。

7.2.16 超高层建筑结构弹塑性分析的基本要求是什么？

答复：《高规》第 5.1.13 条规定：抗震设计时，B 级高度的高层建筑结构、混合结构和本规程第 10 章规定的复杂高层建筑结构，宜采用弹塑性静力或弹塑性动力分析方法补充计算。

《高规》第 3.11.4 条规定：高度不超过 150m 的高层建筑可采用静力弹塑性分析方法；高度超过 200m 时，应采用弹塑性时程分析法；高度在 150～200m 之间，可视结构自振特性和不规则程度选择静力弹塑性方法或弹塑性时程分析方法。高度超过 300m 的结构，应有两个独立的计算，进行校核。复杂结构应进行施工模拟分析，应以施工全过程完成后的内力为初始状态。弹塑性时程分析宜采用双向或三向地震输入。

《高规》第 5.5.1 条规定：当采用结构抗震性能设计时，应根据本规程第 3.11 节的有关规定预定结构的抗震性能目标；梁、柱、斜撑、剪力墙、楼板等结构构件，应根据实际情况和分析精度要求采用合适的简化模型；构件的几何尺寸、混凝土构件所配的钢筋和型钢、混合结构的钢构件应按实际情况参与计算；应根据预定的结构抗震性能目标，合理取用钢筋、钢材、混凝土材料的力学性能指标以及本构关系。钢筋和混凝土材料的本构关系可按《混规》的有关规定采用；应考虑几何非线性影响；进行动力弹塑性计算时，地面运动加速度时程的选取、预估罕遇地震作用时的峰值加速度取值以及计算结果的选用应符合本规程第 4.3.5 条的规定；应对计算结果的合理性进行分析和判断。

基于上述规定，超高层结构弹塑性分析时应注意以下几点问题：

（1）优先选用动力弹塑性时程分析（或增量动力弹塑性时程分析）方法评估结构大震弹塑性性能。

（2）建筑结构的非线性分析，宜以施工全过程完成后的状态为初始状态，结构分析模型需要建立在实际配筋结果之上。

（3）结构弹塑性分析模型应能反映构件自身屈服（屈曲）特性，如：钢支撑的受压屈曲、连梁（深梁、消能梁）的剪切破坏、框支转换梁的拉弯扭受力及局部应力集中、框架柱的双轴压弯影响、复杂受力楼板的弹塑性、厚板的剪切性能、厚度较大剪力墙的面外屈服、隔震橡胶支座的拉压刚度不同等。

（4）材料或结构构件本构（或恢复力模型），应能反映其强度、刚度实际变化情况，如：混凝土受箍筋或钢管的约束效应、构件在往复荷载作用下的强度和刚度退化、钢筋在混凝土破坏后受压屈曲效应等。

（5）地震波选取应尽可能满足频谱特性、持时、基底剪力等规范要求，多条地震波分析结果平均值与反应谱进行比对时，其平均基底剪力宜为反应谱基底剪力的 90%～105%（建议通过调整系数调整至与反应谱法基底剪力一致），罕遇地震选波应尽可能反映结构自振周期延长、特征周期增加等因素。

（6）采用非线性动力分析隐式积分求解方法时，应保证每加载时间步的收敛性；采用非线性动力分析显式积分求解方法时，积分时间步长不应大于计算方法的稳定步长。

（7）分析结果评判指标应粗中有细，细中带粗，既能反映结构构件的宏观损伤情况（核对性能目标是否满足），又能对某些复杂受力结构找出薄弱部位，为设计提供依据。

7.2.17 什么是材料（构件）恢复力模型？钢筋混凝土结构非线性分析时恢复力模型定义应注意什么问题？

答复：恢复力模型是根据大量从试验中获得的恢复力与变形的关系曲线经适当简化而得到的数学模型，是结构构件的抗震性能在结构弹塑性地震反应分析中的具体体现，一般由恢复力曲线表示，反映了结构或构件在反复受力过程中强度、刚度、延性、耗能等方面的力学特性。

恢复力模型一般包含材料和构件两个层级，材料对应应力-应变关系，构件对应力（拉压弯剪扭等）-位移（位移、转角、曲率等）关系。材料层级的恢复力模型原理上更加精细，也是构件恢复力模型的基础。构件层级的恢复力模型虽然原理上较粗糙，但其简单、直观、计算方便，基本满足建筑结构弹塑性分析的精度需求。二者也可根据结构构件种类混合使用，如板壳类单元选用材料本构，杆系单元选择构件本构。

恢复力模型应能准确反映结构构件的非线性特性，且计算方便，对于混凝土构件，一般采用折线型模型，如双线型模型、三线型模型、四线型模型。双线型模型一般适用于钢构件（或材料），钢筋混凝土构件一般选用三线型或四线型模型，以反映混凝土开裂、受拉钢筋屈服、承载力极限状态、强度退化等，同时，卸载曲线应能反映刚度退化特性。往往折线越多，模拟的功能越多，但计算分析量也越大。

图 7.2.17 反映了钢筋混凝土柱的骨架曲线，包括屈服荷载和屈服位移（A 点）、峰

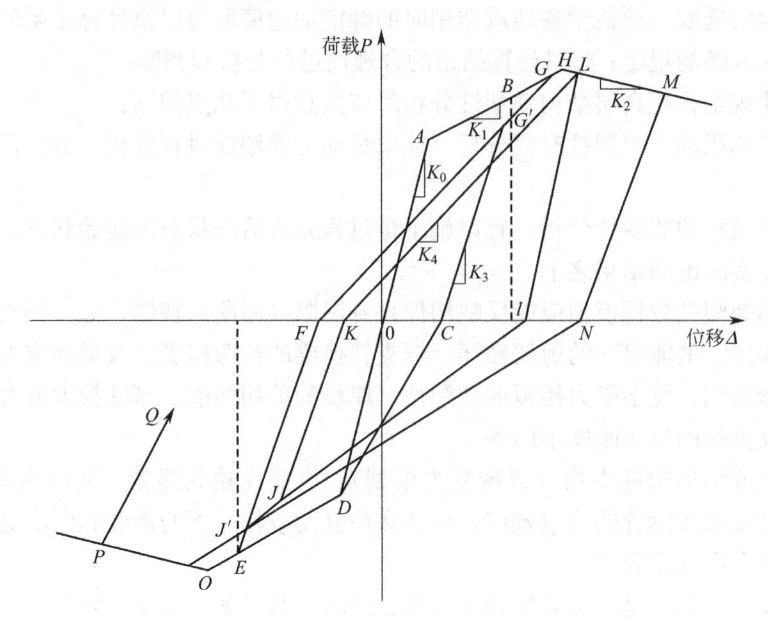

图 7.2.17 钢筋混凝土柱典型恢复力模型

值荷载和峰值位移（H 点）、极限位移（M 点）、屈服前刚度（K_0）、屈服后刚度（K_1）、下降段刚度（K_2）以及往复荷载中构件的刚度退化（包括屈服后的卸载刚度 K_3 和再加载刚度 K_4）、强度退化（屈服后再加载至相同位移时承载力降低，如 l 点对应位移G'点，承载力随往复加载而降低）等机理。

恢复力模型是对结构实际弹塑性性能的一种近似模拟，由于地震作用的随机性、构件受力的空间性（往往是三维受力，且相互影响）以及弹塑性状态钢筋与混凝土协同工作机制的复杂性，其对实际滞回曲线中反复加载过程中的强度退化、裂缝张合造成的滞回环捏缩、钢筋滑移等很难模拟，因此很难选取一个通用的恢复力模型对应各种类型结构构件，分析时应根据结构构件受力特点，选择合理的塑性屈服部位、屈服机制以及恢复力模型，保证分析结果满足要求。

8 地基基础

8.1 一般的地基基础

8.1.1 结构设计人员如何提取地勘报告的关键信息和主要内容?

答复: 地勘报告是进行地基基础设计的依据。结构设计人员可根据以下步骤提取地勘报告的关键信息和主要内容:

(1) 证章是否齐全。地勘单位公章、项目负责人注册章、施工图审查单位的合格章是否齐全、有效。

(2) 是否存在不利地段、不良地质、特殊土层。有无抗震不利地段,如条状突出的山嘴、高耸孤立的山丘、河岸等,涉及地震动参数的放大,可参见《抗规》第 4.1.8 条;场地土是否液化、震陷,如可能有液化震陷,会涉及多条规范强条内容,比如《抗规》第 4.4.5 条、《桩基》第 5.4.2 条等;是否存在多年冻土、湿陷性黄土、溶洞等,处理措施是否可行。

(3) 地震动参数、场地类别。地震动参数取值是否和《区划图》《抗规》一致;场地覆盖层厚度、剪切波速是否处于场地类别的分界线附近,特征周期是否需要插值等。

(4) 地下水位标高,水、土是否存在腐蚀性。查看最高水位及抗浮水位,确认是否需要进行抗浮验算;环境类别是否超出《混规》设计范畴,是否需要按照《混凝土结构耐久性设计标准》GB/T 50476 或《工业建筑防腐蚀设计标准》GB/T 50046 进行设计。

(5) 地基基础选型。涉及确定项目的基底标高,确定合理持力层,持力层的承载力特征值建议;根据上部结构的柱底力和持力层情况确定基础类型,如采用深基础时,确定桩端持力层、桩型及桩承载力计算参数等;桩承载力计算时注意摩阻力参数与打桩工艺的关系;根据结构类型和地基特点确定地基处理方案。

一般情况下,地勘单位会给一个选型建议,设计人员需要查看钻孔平面、剖面,核对土层力学特性。最终的基础类型和地基处理方案通常应与地勘报告的建议一致,若不一致时应与地勘单位充分沟通协商。

8.1.2 基础宽度、深度承载力修正的原理是什么?

答复: 根据太沙基承载力理论,地基破坏时滑动面的形状如图 8.1.2 所示,图中Ⅰ区为基础下的楔形压密区,由于土与基础的摩阻力作用,该区的土不进入剪切状态而处于压密状态,形成压实核,边界线与基底所形成角度为 φ(土的内摩擦角);Ⅱ区为放射推挤区,滑动面按对数螺旋线变化,B 点处螺旋线的切线与Ⅰ区边界线垂直,C 点处螺旋线的切线与水平线成（45°－φ/2）角；Ⅲ区是“被动朗肯区”，其与水平面的夹角为（45°－φ/2）。根据力的平衡条件可得：

$$P_u=\frac{1}{2}\gamma bN_\gamma+\gamma dN_q+cN_c \quad (8.1.2)$$

式中：　P_u——地基的极限承载力；

N_γ、N_q、N_c——无量纲的地基承载力系数，仅与土的内摩擦角 φ 有关；

b——基础宽度；

d——基础埋深；

c——土的黏聚力；

γ——土的重度。

式(8.1.2）中右边第一项和第二项分别为基础宽度与基础埋深对承载力的贡献，也就是说，承载力不但与土的抗剪强度有关，而且与基础宽度与基础埋深有关，基础宽度越大，埋深越深，承载力越高。由图 8.1.2 可看出，基础埋深越大，基础两侧超载作用的被动土压力越大，阻止基础下部土体被挤出的能力越强；宽度越宽，塑性区展开区深度加大，滑动面越不容易连起来，承载力越大。

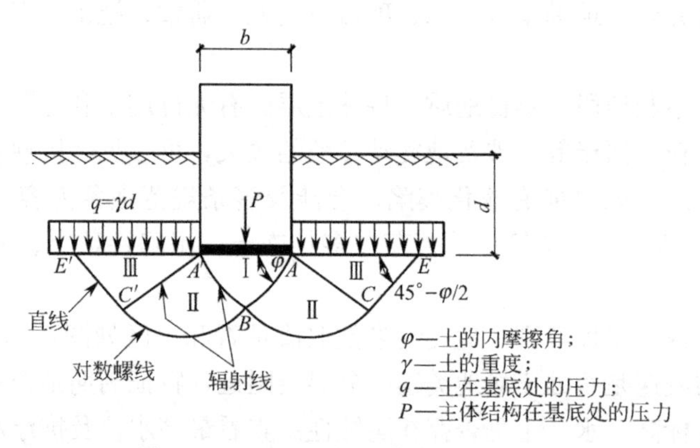

图 8.1.2　地基极限承载力分析示意图

8.1.3　对填方整平地区的地基承载力进行深度修正时，填土时间与埋置深度 d 的取值有什么关系？

答复：《基础规范》第 5.2.4 条规定，当基础宽度大于 3m 或埋置深度大于 0.5m 时，应按式(8.1.3）对地基承载力进行修正。

$$f_a=f_{ak}+\eta_b\gamma(b-3)+\eta_d\gamma_m(d-0.5) \quad (8.1.3)$$

式中：f_a——修正后的地基承载力特征值（kPa）；

f_{ak}——地基承载力特征值（kPa），按《基础规范》第 5.2.3 条的原则确定；

η_b、η_d——基础宽度和埋置深度的地基承载力修正系数；

γ——基础底面以下土的重度（kN/m^3），地下水位以下取浮重度；

b——基础底面宽度（m），当基础底面宽度小于 3m 时按 3m 取值，大于 6m 时按 6m 取值；

γ_m——基础底面以上土的加权平均重度（kN/m^3），地下水位以下取有效重度；

d——基础埋深（m）。

其中基础埋置深度 d 的取值，对于填方区基础埋深 d 可自填土地面标高算起［图 8.1.3(a)］，但填土在上部结构施工后完成时，应从天然地面标高算起［图 8.1.3(b)］。对于加固改造或建筑加层项目的地基承载力计算，基础周边超载仅与其破坏时是否存在超载有关，与超载何时开始存在无关，即破坏前无论是否新回填土，只要形成基础周边超载，回填土均可算作有效埋深 d［图 8.1.3(c)］。

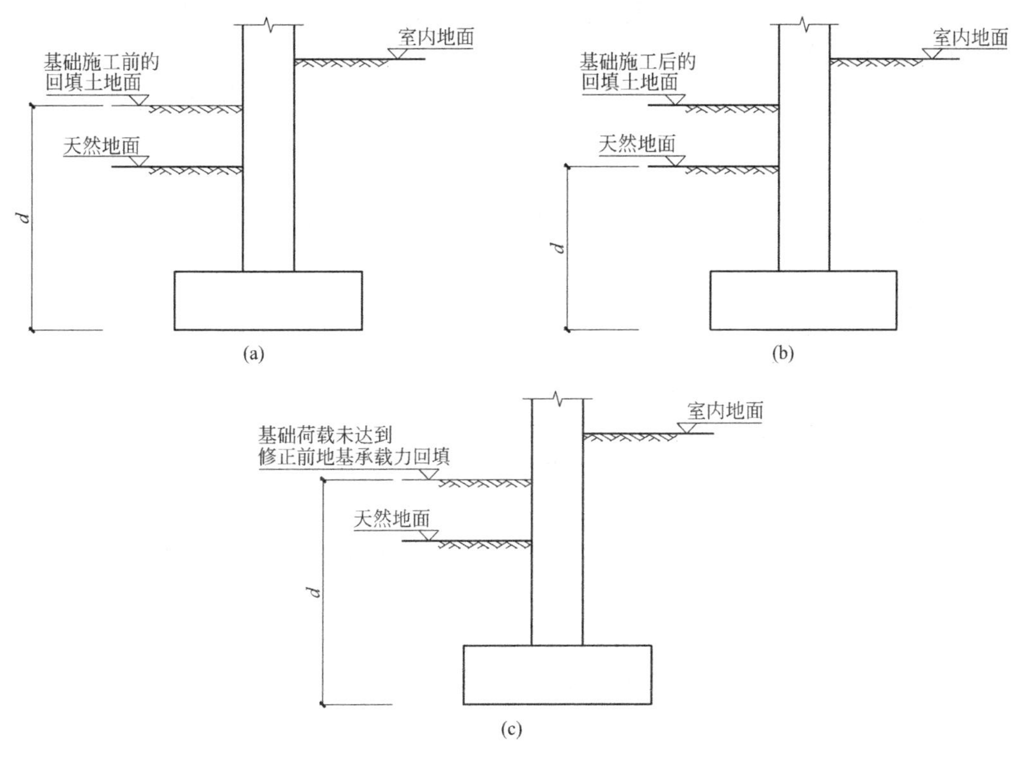

图 8.1.3　基础的埋深取值

8.1.4　独立基础或条形基础加防水板，地基承载力能否按照筏板基础进行深宽修正？

答复：设置防水板的基础，地基承载力不能按照筏板基础进行深宽修正。其原因为：

（1）防水板一般厚度仅为 250mm，刚度不足；

（2）防水板配筋未考虑地基反力影响，强度不足，可能先于地基破坏；

（3）防水板下一般设置软弱垫层，防水板不承担或承担少量的地基反力的作用，不满足《基础规范》中规定的可以作为深度修正的情况，也不满足土力学原理中可以提供地基滑移反压的要求（见图 8.1.2）。

8.1.5　防水板的配筋原则是什么？其最小配筋率执行什么标准？

答复：地下室防水板底部与地基之间宜设置软垫层（如聚苯板，较松散地基土等），弱化地基土反力对其影响。当地下水位产生的浮力小于防水板自重和附加恒载时（防水板上建筑做法重量），防水板自重及其上部荷载直接传递给地基土，独立基础对其不起支撑作用，此时防水板可按构造配筋（最小配筋率 0.15%）；当地下水位产生的浮力大于防水板自重和附加恒载时，此时防水板可按四角（边）支承在基础上的双向板设计，防水板最小配筋率按照《混规》第 8.5.1 条板类受弯构件的最小配筋率取值，支撑防水板的基础设计应考虑防水板水浮力的影响。

8.1.6 独基（或承台）设防水板时，是否需要设置拉梁？

答复： 独立基础（或承台）之间的基础拉梁主要有以下四种功能：

（1）增强柱底平面的整体性和稳定性。强化柱底嵌固效果，协调柱底剪力传递，也可作为柱子在轴压力作用下的侧向支撑。

（2）调整地基不均匀沉降。但独立基础拉梁截面高度一般按跨度的 1/15 左右选取，协调基础不均匀沉降的能力有限。

（3）分担柱底弯矩。一般在需要降低首层计算高度时考虑，需要按框架梁分析并设计。

（4）承担其上部荷载（如隔墙）。

防水板常用于地下室的基础底板，厚度一般不小于 250mm，并建议板厚不小于跨度的 1/30（单向板）或 1/40（双向板）。

对于多层建筑结构的独立基础（或承台），防水板在上述功能（1）、（2）、（4）方面完全可替代拉梁，当需要替代功能（3）时，需要按无梁楼盖的构造要求进行分析、设计，并采取设置暗梁等构造措施。因此，一般情况下设防水板后可不再设置拉梁。

对于柱子轴力、剪力较大的高层建筑结构的独立基础（或承台），对基础整体性要求更高，防水板厚度不宜小于 400mm，并应按照筏板构造要求配筋，否则应该按规范要求设置拉梁。

8.1.7 框架-核心筒结构是否需要按《基础规范》第 8.4.22 条控制筒体与相邻框架柱的差异沉降？

答复： 框架-核心筒结构一般为高层或超高层建筑，筏板厚度和柱截面较大，刚度也较大，对变形较敏感。因此，基础设计时应采取变刚度调平等措施，减少不均匀沉降。

框架-核心筒结构采用整体筏板基础时，需要控制整体挠曲。框架-核心筒筏板变形一般呈盆状挠曲变形，四周沉降小，中部沉降大，这对筏板角部、底层（与筏板相连楼层）四周框架柱均产生不利影响，需要控制其整体挠度值不宜大于 0.05%。

8.1.8 裙楼与主楼相接时，能否考虑裙楼附加荷载的等效埋深对主楼地基承载力进行深度修正？

答复： 地基承载力深度修正是以超载 q 为连续均布荷载，并作用在整个滑动体表面为前提的。超载的分布宽度满足大于基础宽度的两倍要求即可进行地基承载力的深度修正。裙房基础为独立基础或条形基础，当主、裙楼基底标高相差较大时，若能形成均布荷载时，则可以考虑裙房的超载作用（图 8.1.8）。

图 8.1.8 中 d_c 为上部结构的折算土层厚度，如采用独立基础，基础长边和宽边尺寸均为 b，基础面积为 $A=b^2$，柱底轴力标准值为 F，则基底附加压力 p 如下：

$$p=\frac{F}{A}=\frac{F}{b^2} \tag{8.1.8-1}$$

基底压力往下扩散，扩散角根据不同的土质取合理的扩散角 θ，假设扩散深度为 h 时扩散范围连在一起，此时扩散深度处的附加应力 p' 如下：

$$p'=\frac{F}{(b+2h\tan\theta)^2}=\frac{pb^2}{(b+2h\tan\theta)^2} \tag{8.1.8-2}$$

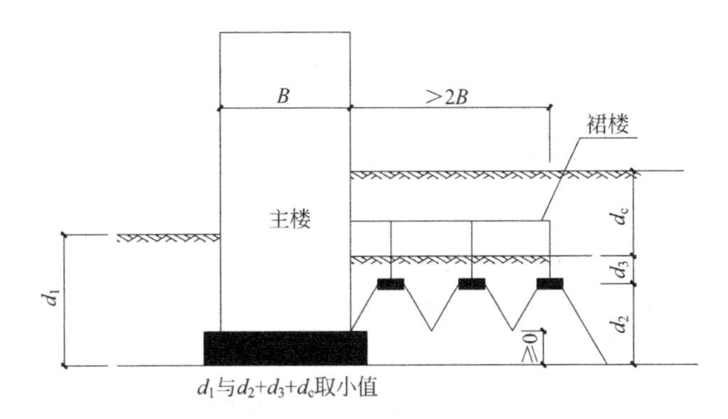

图 8.1.8 裙房基础对主楼地基承载力的影响

设土体自重为γ，则折算厚度为：

$$d_c=\frac{p'}{\gamma} \tag{8.1.8-3}$$

8.1.9 灌注桩纵筋及箍筋应如何配置?

答复:《桩基规范》第4.1.1条规定，当桩身直径为300～2000mm时，正截面配筋率可取0.65%～0.2%（小直径桩取高值）。一般情况下，配筋量根据桩直径按线性内插法确定配筋率。对于普通灌注桩，纵筋取值可参考表8.1.9采用。对角柱处及框架-剪力墙结构剪力墙处的桩，配筋率可适当加大。为便于施工及吊装，应保证钢筋笼的刚度，一般情况下桩基础纵筋直径不宜小于14mm。

桩基配筋参考 **表 8.1.9**

桩径(mm)	配筋率(%)	纵筋
500	0.55～0.65	8ϕ14
600	0.55～0.65	12ϕ14
700	0.5～0.6	12ϕ16
800	0.5～0.6	14ϕ16
900	0.45～0.55	16ϕ16
1000	0.45～0.55	16ϕ18
1100	0.4～0.5	18ϕ18
1200	0.4～0.5	20ϕ18

对于端承桩、抗拔桩，钢筋沿桩全长配置；摩擦型灌注桩配筋长度不应小于2/3桩长；当受水平荷载时，配筋长度尚不宜小于$4/\alpha$（α为桩的特征系数）；对于受地震作用的基桩，桩身配筋长度应穿过可液化土层和软弱土层，进入稳定土层的深度不应小于(2～3)d（d为桩直径，下同）；对于受负摩阻力的桩，因先成桩后开挖基坑而随地基土回弹的桩，其配筋长度应穿过软弱土层并进入稳定土层深度不应小于（2～3)d。

箍筋应采用螺旋式，直径不应小于6mm，间距宜为200～300mm。受水平荷载较大的桩基、承受水平地震作用的桩基以及考虑主筋作用计算桩身受压承载力时，桩顶以下5d范围内的箍筋应加密，间距不应大于100mm；当桩身位于液化土层范围内时，箍筋应加密；当考虑箍筋受力作用时，箍筋配置应符合现行国家标准《混凝土结构设计规范》GB 50010 的有关规定。当钢筋笼长度超过 4m 时，应每隔 2m 设一道直径不小于 12mm 的焊接加劲箍筋。

8.1.10　预制桩有哪些施工方法？分别适用于什么工况？

答复： 预制桩的施工方法有锤击沉桩、静力压桩、振动沉桩、射水沉桩等。

锤击沉桩是利用锤击落在桩顶上的冲击力来克服土对桩的阻力，使桩沉到预定深度或达到持力层的一种打桩施工方法。具有施工速度快、机械化程度高、适用范围广等特点。其缺点是施工过程会产生噪声和地表层振动，在城区或夜间施工时会受到限制。

静力压桩是利用静力压桩机以无振动的静压力将预制桩压入土中的一种沉桩工艺，具有无噪声、无振动、桩顶不易损坏、桩身不易倾斜等优点，但对于密实度较高、较厚的夹砂层或钙质结核层，静力压桩工艺很难穿透。

振动沉桩是借助于桩头上的振动沉桩机产生的振动力，减小桩与土之间的摩擦力，使桩在自重与机械力的作用下沉入土中的方法，适用于砂土、软土、黄土等，不宜用于黏性土以及土中夹有孤石的情况。

射水沉桩利用高压水流冲刷桩尖下面的土层，减小桩表面与土之间的摩擦力与桩的下沉阻力，使桩在自重或锤击作用下沉入土中的方法。一般用于砂石、砾石等坚硬土层，不适用于遇水易发生性能改变或塌孔的黏性土、软土等。

8.1.11　钢筋混凝土灌注桩有哪些施工方法？分别适用于什么工况？

答复： 钢筋混凝土灌注桩的施工方法有泥浆护壁成孔灌注桩、机械旋挖成孔灌注桩、冲击成孔灌注桩、长螺旋钻孔压灌桩、沉管灌注桩、人工挖孔灌注桩等。

泥浆护壁成孔灌注桩是利用泥浆保护孔壁，通过循环泥浆裹挟挖出的悬浮于孔内钻上的土渣并将其排出孔外，从而形成桩孔而后放置钢筋笼，浇筑混凝土所成的灌注桩。多用于地下水位较高的软硬土层、淤泥、黏性土、砂土、软硬岩层等。其缺点是桩底沉渣难以清理，无法扩底，桩身泥土影响侧摩阻力，废弃泥浆不环保等。

机械旋挖成孔灌注桩是利用旋挖钻机伸缩钻杆传递扭矩并带动回转钻斗、短螺旋钻头或其他装置进行干、湿钻进，逐次取土，反复循环作业成孔而后放置钢筋笼，浇筑混凝土所成的灌注桩。成孔方法分为干成孔、泥浆护壁成孔（使用稳定液护壁）、钢护筒护壁旋挖成孔。适用于水下作业，可用于填土、黏性土、粉土、砂土、碎石土、软岩及风化岩等岩土层。其缺点是桩底沉渣难以清理，塌孔率较高（特别对于深厚砂层），无法扩底。

冲击成孔灌注桩是指用冲击式钻机或卷扬机悬吊冲击钻头（又称冲锤），在桩位上下往复冲击，将坚硬土或岩层破碎成孔，部分碎渣和泥浆挤入孔壁，使其大部分成为泥渣，用掏渣筒掏出成孔，然后浇筑混凝土成桩。适用于填土层、黏土层、粉土层、淤泥层、砂土层、碎石土层等。其最大优点是在密实卵石层、漂砾石层中施工成孔率较高，可进入岩层；缺点是有噪声，掏渣效率较低，施工进度较慢。

长螺旋钻孔压灌桩是用长螺旋钻机钻到预定的深度后，通过钻杆芯管将混凝土压送至孔底，边压送混凝土边提钻杆至桩顶标高，再将钢筋笼植入素混凝土桩体中形成桩体的施工工艺。适用于填土层、砂土、粉土、黏土层，可进入强风化层，亦适用于有地下水的各类土层，具有施工效率高、经济性好、适用性好等特点。不适用于淤泥、淤泥质土、高灵敏性土、饱和松散砂土、坚硬碎石土、粒径大且厚的卵石层等。受限于设备施工能力，压灌桩桩径不宜大于1000mm，桩长不宜大于30m。

沉管灌注桩是利用锤击打桩设备或振动沉桩设备，将带有钢筋混凝土的桩尖（或钢板靴）或带有活瓣式桩靴的钢管沉入土中，形成桩孔，然后放入钢筋骨架并浇筑混凝土，随之拔出套管形成的灌注桩。由于施工过程中，锤击会产生较大噪声，振动会影响周围建筑物，故不适合在市区运用，已有一些城市禁止在市区使用。这种工法非常适合土质疏松、地质状况比较复杂的地区，适用于黏性土、淤泥土、砂土等。但遇到土层有较大孤石时，该工法无法实施，应改用其他工法穿过孤石。

人工挖孔灌注桩是工人下到桩孔中去，在井壁护圈的保护下，直接进行开挖，待挖到设计标高，桩底扩孔、验收合格后下放钢筋笼，浇筑混凝土成桩。该工法噪声小、振动少，各孔可同时施工，施工速度快，质量可靠；缺点是桩径不能太小（如小于800mm），桩长不宜过长（16m以上属于危大工程），机械化程度低，不能水下作业，不能在透水性强的砂层采用，受天气影响较大，工人施工时较危险等。

8.1.12 设计试桩个数如何确定？

答复：《建筑基桩检测技术规范》JGJ 106—2014第3.3.1条规定，为设计提供依据的试验桩检测应依据设计确定的基桩受力状态，采用相应的静载试验方法确定单桩极限承载力，检测数量应满足设计要求，且在同一条件下不应少于3根；当预计工程桩总数小于50根时，检测数量不应少于2根。

8.1.13 施工后检测桩数量如何确定？

答复：工程桩应进行承载力和桩身完整性检验。

1. 承载力检验，主要通过静载试验、高应变法检验。《建筑地基基础工程施工质量验收标准》GB 50202—2018第5.1.6条、《建筑基桩检测技术规范》JGJ 106—2014第3.3.4条规定，当符合下列条件之一时，应采用单桩竖向抗压承载力试验进行承载力验收检测。

(1) 设计等级为甲级的桩基；

(2) 施工前未进行单桩静载试验的工程；

(3) 施工前进行了单桩静载试验，但施工过程中变更了工艺参数或施工质量出现了异常；

(4) 地基条件复杂、桩施工质量可靠性低；

(5) 本地区采用的新桩型或新工艺；

(6) 施工过程中产生挤土上浮或偏位的群桩。

检测数量不应少于同一条件下桩基分项工程总桩数的1%，且不应少于3根；当总桩数小于50根时，检测数量不应少于2根。

除上述规定外的工程桩，可采用高应变法对桩基进行竖向抗压承载力检测，检测数量不应少于总桩数的5%，且不应少于10根（两本规范表述不一致，取较大值）。

2. 桩身完整性检验，主要通过高应变法、低应变法、钻芯法、声波透射法检验。

(1) 建筑桩基设计等级为甲级，或地基条件复杂、成桩质量可靠性较低的灌注桩工程，检测数量不应少于总桩数的30%，且不应少于20根；其他桩基工程，检测数量不应少于总桩数的20%，且不应少于10根；

(2) 每个柱下承台检测桩数不应少于1根；

(3) 大直径嵌岩灌注桩或设计等级为甲级的大直径灌注桩，应在本条第 (1)、(2) 款规定的检测桩数范围内，按不少于总桩数 10%的比例采用声波透射法或钻芯法检测；

(4) 当检验出现较多异常问题，或为了全面了解整个工程基桩的桩身完整性情况时，宜增加检测数量。

以上所有基桩检测数量是指桩基施工完成后质量检测数量的最低要求，对为设计提供承载力参数的试验桩检测结果，不得作为基桩施工质量检测的依据。

8.1.14 桩筏基础当采用柱下、墙下布桩时，筏板配筋如何计算?

答复: 仅在柱下、墙下布桩时，上部结构荷载可直接传递给桩，筏板往往大部分为构造配筋。为考虑地基沉降可能产生的桩间土对筏板的反力影响，建议筏板配筋时输入桩刚度和地基土的基床系数，考虑桩土共同工作进行筏板配筋验算。桩土刚度先按照沉降试算给出初值，然后按照沉降计算与有限元位移计算结果一致的条件进行迭代计算，直至满足收敛条件。

8.1.15 试桩的桩身强度验算时，混凝土强度如何取值?

答复: 试桩加载量一般不小于 2 倍的单桩承载力特征值，此时荷载可视为偶然荷载，桩身强度计算时混凝土、钢筋强度可按标准值取值。强度标准值具有 95%的保证率，在满足桩身强度验算的同时，具备试桩采用更高加载量的强度储备。

8.1.16 试桩所用的锚桩是否需要按抗拔桩要求控制桩身裂缝?

答复: 裂缝宽度验算往往基于荷载的准永久组合，而试桩荷载可视为偶然荷载。另外，裂缝控制等级与环境类别相关，关系到混凝土结构的耐久性。试桩的锚桩在设计使用期内基本还是承受压力，因此不需要控制桩身裂缝宽度，但桩身受拉承载力应按《桩基规范》第 5.8.7 条抗拔桩进行设计，材料强度取设计值。

8.1.17 《基础规范》附录 R 与《桩基规范》第 5.5.6 条关于桩基沉降计算有何异同?

答复: 两本规范关于桩基沉降计算方式基本相同，均为单向压缩分层总合法。

《基础规范》式(R.0.1) 可表示为:

$$s=\omega_{\mathrm{M}}=\psi_{\mathrm{p}}\sum_{j=1}^{m}\sum_{i=1}^{n_j}\frac{\sigma_{\mathrm{M}j,i}\Delta h_{j,i}}{E_{\mathrm{s}j,i}} \tag{8.1.17-1}$$

《桩基规范》式(5.5.6) 可表示为:

$$s=\omega_{\mathrm{M}}=\psi_{\mathrm{e}}\omega_{\mathrm{B}}=\psi_{\mathrm{e}}\psi_{\mathrm{p}}\sum_{j=1}^{m}\sum_{i=1}^{n_j}\frac{\sigma_{\mathrm{B}j,i}\Delta h_{j,i}}{E_{\mathrm{s}j,i}} \tag{8.1.17-2}$$

式中: s——桩基最终计算沉降量 (mm);

m——桩端平面以下压缩层范围以内土层总数;

$E_{\mathrm{s}j,i}$——桩端平面以下第 j 土层第 i 个分层在自重应力至自重应力附加应力作用段的压缩模量 (MPa);

n_j——桩端平面下第 j 土层的计算分层数;

$\Delta h_{j,i}$——桩端平面下第 j 土层的第 i 个分层厚度 (m);

$\sigma_{\mathrm{M}j,i}$——桩端平面下第 j 土层的第 i 个分层的竖向附加应力 (kPa);

ψ_{p}——桩基沉降计算经验系数，各地区应根据当地的工程实测资料统计对比确定;

ψ_{e}——桩基等效沉降系数。

以上两公式为相同计算原理的不同表达方式。ω_{M} 为基于弹性半无限体内部集中作用力下的明德林（Mindlin）位移解，其中 $\sigma_{Mj,i}$ 为采用明德林应力公式计算所得地基中某点的竖向附加应力值，考虑了桩的距径比、长径比、桩数、基础长宽比等影响因素。由于式(8.1.17-1）考虑因素较多，故引入公式(8.1.17-2）的等效作用分层总和法。

式(8.1.17-2）按不考虑群桩侧面剪应力和应力不扩散实体深基础布辛奈斯克(Boussinesq）解沉降计算值 ω_M，计算较为简单。引入等效沉降系数 ψ_e 考虑桩的距径比、长径比、桩数、基础长宽比等影响因素，做到与式(8.1.17-1）等效，即 $\psi_e=\omega_M/\omega_B$。而 ψ_e 通过不同距径比、长径比、总桩数、承台长宽比等因子进行回归分析，得出式(8.1.17-3）[《桩基规范》式(5.5.9-1)]。

$$\psi_e=C_0+\frac{n_b-1}{C_1(n_b-1)+C_2} \tag{8.1.17-3}$$

$$n_b=\sqrt{n\cdot B_c/L_c} \tag{8.1.17-4}$$

式中：n_b——矩形布桩时的短边布桩数，当布桩不规则时可按式(8.1.17-4）近似计算，$n_b>1$；$n_b=1$ 时，可按《桩基规范》式(5.5.14）计算；

C_0、C_1、C_2——根据群桩距径比 s_a/d、长径比 l/d 及基础长宽比 L_c/B_c，按《桩基规范》附录E确定；

L_c、B_c、n——分别为矩形承台的长、宽及总桩数。

总体来讲，式(8.1.17-2）等效作用分层总和法集中了辛奈斯克解、明德林解各自的优点，可操作性较强。当然，用等效弹性理论公式进行桩基沉降计算，在理论上存在一定误差，这时沉降经验系数就显得格外重要，ψ_p 的取值应根据周边地区桩基沉降观测资料及经验统计确定。

对于单桩、单排桩、疏桩基础，《桩基规范》给出了考虑桩土共同工作的沉降计算公式：

$$s=\omega_M=\psi_p\sum_{j=1}^{m}\sum_{i=1}^{n_j}\frac{(\sigma_{Mj,i}+\sigma_{zci})\Delta h_{j,i}}{E_{sj,i}}+s_e \tag{8.1.17-5}$$

式中：σ_{zci}——地基土压力对地基中某点（一般为计算土层1/2厚度处）产生的附加压力；

s_e——桩身压缩量。

8.1.18　8度区建筑在使用预应力混凝土管桩时应注意什么？

答复：限制预应力混凝土管桩在高烈度区应用主要是考虑其抗剪承载力较差。根据《桩基规范》式(5.7.2-2）计算桩身抗剪承载力特征值，考虑桩基抗震水平承载力调整系数 ζ_a，以及地基土水平抗力系数的比例系数 m（取《桩基规范》表5.7.5中每一类别土下限)，得到不同直径预应力高强混凝土管桩的水平地震承载力特征值，见表8.1.18-1。

《桩基规范》第3.3.2条第3款规定“抗震设防烈度为8度及以上地区，不宜采用预应力混凝土管桩（PC）和预应力混凝土空心方桩（PS）”。而预应力高强混凝土管桩(PHC）和预应力高强混凝土空心方桩（PHS）规范中未提及。国标图集《预应力混凝土管桩》10G409总说明第7.2.1条指出：“用于抗震设防烈度7度、8度地区的管桩基础工程，宜选用AB型或B型、C型管桩，且所选桩型的各项力学指标应满足设计要求及有关规范的规定”。国标图集《预应力混凝土空心方桩》08SG360总说明第2.2条指出：“本图集空心方桩适用于我国非抗震区，抗震设防烈度6度、7度和8度地区。当考虑地震作用时，应按相关规范进行验算”。

预应力高强混凝土管桩的水平地震承载力特征值（kN） **表 8.1.18-1**

地基土类别	外径 D(mm)	壁厚 (mm)	比例系数 m(MN/m^4)	7m≤桩长≤10m		桩长≥10m	
				桩端固接	桩端铰接	桩端固接	桩端铰接
淤泥；淤泥质土；饱和湿陷性黄土	300	70	2	37	14	37	14
	400	95		64	25	64	25
	500	125		94	36	99	38
	600	130		127	48	140	54
流塑（$I_L>1$）、软塑（$0.75<I_L\leqslant1$）状黏性土；$e>0.9$粉土；松散细粉砂；松散、稍密填土	300	70	4.5	60	23	60	23
	400	95		104	40	104	40
	500	125		161	62	162	62
	600	130		220	85	228	88
可塑（$0.25<I_L\leqslant0.75$）状黏性土、湿陷性黄土；$e=0.75\sim0.9$粉土；中密、稍密细砂	300	70	6	71	27	71	27
	400	95		124	48	124	48
	500	125		192	74	192	74
	600	130		265	103	270	104
硬塑（$0<I_L\leqslant0.25$）、坚硬（$I_L\leqslant0$）状黏性土、湿陷性黄土；$e<0.75$粉土；中密的中粗砂；密实老填土	300	70	10	89	37	89	37
	400	95		154	65	154	65
	500	125		257	101	257	101
	600	130		331	142	331	142

上部结构地震作用引起的管桩抗剪承载力需求，可根据管桩分担的上部结构质量产生的地震作用由反应谱法近似求得，以单桩竖向承载力最大特征值 R_a 作为承担上部结构重量的最不利情况，求得 PHC 管桩的可抗剪重比（抗剪承载力与抗压承载力比值），见表 8.1.18-2。

预应力高强混凝土管桩的可抗剪重比 **表 8.1.18-2**

比例系数 m (MN/m^4)	R_{Eha}(kN)				剪重比			
	7m≤桩长<10m		桩长≥10m		7m≤桩长<10m		桩长≥10m	
	桩端固接	桩端铰接	桩端固接	桩端铰接	桩端固接	桩端铰接	桩端固接	桩端铰接
2	94	36	99	38	3.43%	1.31%	3.61%	1.39%
4.5	161	62	162	62	5.87%	2.26%	5.91%	2.26%
6	192	74	192	74	7.00%	2.70%	7.00%	2.70%
10	257	101	257	101	9.38%	3.68%	9.38%	3.68%

8.1.19 当建筑物在地裂缝附近时，结构设计中应采取怎样的避让措施？

答复：陕西省标准《地裂缝规程》第 5.1.1 条规定，地裂缝影响区范围应符合以下规定：

（1）上盘 0～20m，其中主变形区 0～6m，微变形区 6～20m；

（2）下盘 0～12m，其中主变形区 0～4m，微变形区 4～12m。

以上分区范围均从主地裂缝或次生地裂缝起算。

在地裂缝场地，同一建筑物的基础不得跨越地裂缝布置。采用特殊结构跨越地裂缝的建筑物应进行专门研究；在地裂缝影响区内，建筑物长边宜平行地裂缝布置。

建筑物基础底面外沿（桩基时为桩端外沿）至地裂缝的最小避让距离，一类建筑应进行专门研究或按表 8.1.19-1 采用；二类、三类建筑应满足表 8.1.19-1 的规定，且基础的任何部分均不得进入主变形区内；四类建筑允许布置在主变形区内。

主地裂缝与次生地裂缝之间，间距小于 100m 时，可布置体型简单的三类、四类建筑；间距大于 100m 时，可布置二类、三类、四类建筑。

地裂缝场地建筑物最小避让距离（m）　　表 8.1.19-1

结构类别	构造位置	建筑物重要性类别		
		一	二	三
砌体结构	上盘	—	—	6
	下盘	—	—	4
钢筋混凝土结构、钢结构	上盘	40	20	6
	下盘	24	12	4

注：1. 底部框架砖砌体结构、框支剪力墙结构建筑物的避让距离应按表中数值的 1.2 倍采用。
2. Δk（勘探精度修正值）大于 2m 时，实际避让距离等于最小避让距离加上 Δk。
3. 桩基础计算避让距离时，地裂缝倾角统一采用 80°。

《地裂缝规程》对地裂缝场地建筑物最小避让距离作了适当调整（表 8.1.19-2），增加了特殊类建筑分类，在提高地裂缝勘察精度的前提下，缩小了各类建筑的避让距离。

建筑物最小避让距离（m）　　表 8.1.19-2

建筑类别	下盘	上盘
四类建筑	可以不避让地裂缝布置	
三类建筑	$4m+\Delta k$	$6m+\Delta k$
二类建筑	$8m+\Delta k$	$12m+\Delta k$
一类建筑	$12m+\Delta k$	$18m+\Delta k$
特殊类建筑	$16m+\Delta k$	$24m+\Delta k$

注：1. 建筑物的避让距离是建筑物基础底面外缘（桩基础为桩端外缘）至地裂缝的最短水平间距，计算时地裂缝倾角统一采用 80°。
2. 建筑物基础的任何部分都不能进入地裂缝破碎带（上盘 $6m+\Delta k$、下盘 $4m+\Delta k$）。

8.1.20 当建筑物位于地裂缝附近或跨越地裂缝时，如何减小地裂缝避让距离？

答复： 当建筑物位于地裂缝附近或跨越地裂缝时，可采取下列措施减小地裂缝避让距离：

（1）建筑整体位于地裂缝的下盘区时，可采取增加基础的埋深或采取桩基的形式以满足地裂缝的避让要求（图 8.1.20）。同时，应满足基础任何部分不应进入主变形区。

（2）位于上盘区的建筑，基础埋置越深，地坪投影避让距离越大，基础选择时，应尽量选择浅基础。采用桩基础时，靠近地裂缝的区域，可增大桩直径，减小桩长。对于避让地裂缝造成上部结构平面缺失较大的结构，可在地下部分做斜撑、悬挑的形式使结构平面补充完整。当采取地上桁架悬挑时，在悬挑部分采用钢结构的形式以减轻自重，尽量减小对建筑功能和空间的影响。

(3) 当地裂缝从建筑中间穿过时，主体结构应避开地裂缝，主体结构之间一般可按照柔性连体结构设计，并充分考虑地裂缝长期活动对结构变形造成的影响。

另外，建议提高地裂缝勘探精度，保证 Δk（勘探精度修正值）取值不大于2m，有必要时对地裂缝影响召开专项论证。

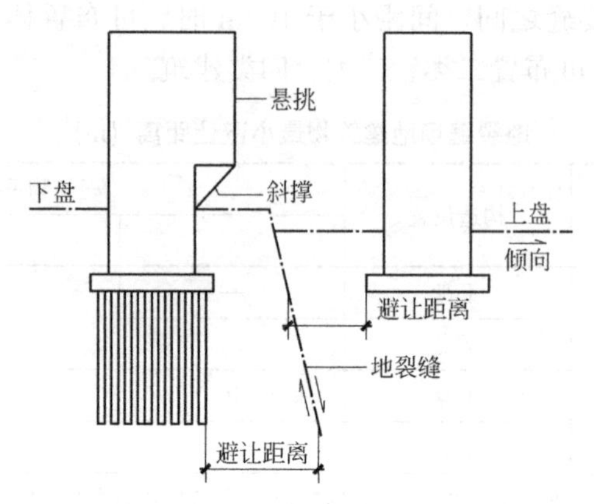

图 8.1.20　地裂缝避让示意

8.1.21　当建筑物在发震断层附近时，结构设计中应采取怎样的措施?

答复：结构抗震设计时，首先应按《抗规》第 4.1.7 条第 1 款要求判定是否需要考虑发震断裂错动对于地面建筑的影响（抗震设防烈度、是否全新世活动断裂、土层覆盖厚度等）。另外，《抗规》第 4.1.7 条规定了建筑物距离发震断裂带的最小避让距离（表 8.1.21）。

发震断裂的最小避让距离　　**表 8.1.21**

烈度	建筑抗震设防类别			
	甲	乙	丙	丁
8	专门研究	200m	100m	—
9	专门研究	400m	200m	—

对于满足最小避让距离要求但仍处于不利地段的建筑，《抗规》第 3.10.3 条规定，建筑结构抗震性能化设计时，对处于发震断裂带两侧 10km 以内的结构，地震动参数应计入近场影响，5km 以内宜乘以增大系数 1.5，5km 以外宜乘以不小于 1.25 的增大系数。《抗规》第 12.2.2 条对于隔震结构抗震设计、《高钢规》第 5.3.5 条对于高层钢结构抗震设计也有类似规定。

震源机制、断层破裂方向与场地关系、断裂面相对滑动方向等因素导致近断层地震表现出与一般地震动明显不同的性质，其最显著的特点是方向性效应和滑冲效应引起的脉冲型地面运动，其中以速度型脉冲最为常见，具有长周期、高幅值特点，对自振周期较长的柔性结构影响较为显著。因此现行规范对隔震结构、高层钢结构以及需要进行性能化设计（一般指超高层）的结构提出需要考虑近场放大系数的要求。

近年来，随着研究的进一步深入，近场地震动的复杂性、特异性更多地体现出来，期待我国逐步建立针对近断层地震动的设计反应谱，或在现行加速度反应谱基础上引入修正因子，规范近断层地震的结构抗震设计。

8.1.22 对于新建建筑基底低于相邻既有建筑基底标高的情况，二者的避让距离应满足什么条件？

答复： 避让距离应考虑到地基承载力、地基土压力扩散角、边坡稳定等各方面的因素，关系到基础形式、地基土类型、基底高差大小等。从地基承载力和地基土压力扩散角角度考虑，1倍的高差基本能够满足要求，但边坡稳定性应根据《基础规范》第5.4.2条进行验算。一般情况下，对于基底高差不大于4m（约一层地下室高度）的情况，在保证开挖边坡稳定的前提下，既有建筑基础边缘至后建建筑基坑底边缘的水平距离不应小于1倍基底高差，既有建筑基础边缘至后建建筑基础边缘的水平距离不宜小于2倍基底高差（图8.1.22）。

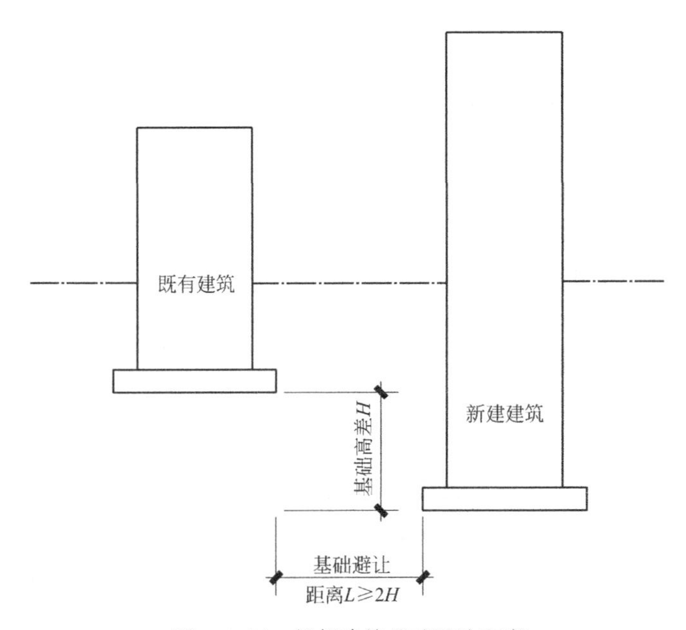

图8.1.22 相邻建筑基础避让距离

8.1.23 场地的卓越周期与反应谱曲线的特征周期是什么关系？

答复： 场地卓越周期 T_0 是描述场地特性的重要指标。地震波在土层中传播时，经过不同性质界面的多次反射，将出现不同周期的地震波（傅里叶变换）。若某一周期的地震波与地表土层固有周期相近时，由于共振的作用，这种地震波的振幅将得到放大，此周期称为卓越周期。场地卓越周期与覆盖土层的厚度、构成、物理力学性质以及场地的背景振动等有密切关系。研究表明，卓越周期还随震中距、震级等因素而变化。

特征周期 T_g 是在结构抗震设计用的地震影响系数曲线中，反映地震震级、震中距和场地类别等因素的反应谱曲线下降段起始点对应的周期。

场地卓越周期和特征周期均基于对地面运动的研究，所有影响地面运动的因素，如场地条件、震级、震中距等因素，均会对两者产生影响，这属于客观的影响因素。场地卓越周期可以近似判别工程抗震中场地土类型划分及估算地震动分布规律，进而可以大致判断场地类别。特征周期 T_g 与场地卓越周期 T_0 有诸多内在联系。

当然，二者也有许多不同之处，场地卓越周期更多地是场地地震动特性的客观反映；而特征周期更多地体现了人们的主观性，建立在考虑我国经济发展和人们对地震灾害的可接受程度的基础上。二者研究对象、研究途径、研究意义、取值均不同。

8.2 湿陷性黄土地基处理

8.2.1 判别地基的湿陷等级时，为什么自重湿陷量 Δ_{zs} 自天然地面算起，而湿陷量 Δ_s 自基础底面算起？

答复： 湿陷量、自重湿陷量关系到湿陷性黄土地基的湿陷等级，进而影响地基处理厚度和防水措施。湿陷量从基础底面算起，和湿陷系数定义方法一致，能准确反映基底压力对下部黄土层浸水饱和后湿陷量的影响。自重湿陷性黄土定义为在上覆土的饱和自重压力下即遇水下沉，而上覆土一般对应自然地面，因此，自重湿陷系数、自重湿陷量计算均以天然地面为基准，主要反映场地的湿陷情况（图 8.2.1）。如果主体结构周边场地存在自重湿陷情况，遇水发生沉降，会对结构产生不利影响。因此自重湿陷原则上属于湿陷性黄土的更不利情况，将二者结合起来，更能反映基底下土层、周边场地土对结构沉降的综合影响。

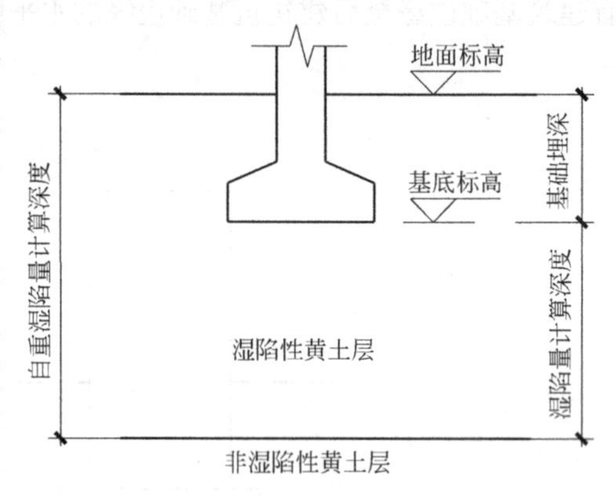

图 8.2.1 湿陷量计算深度

8.2.2 如何合理地选择湿陷性黄土处理方法？

答复： 垫层法处理深度不宜大于 3m，垫层可选用素土、灰土、水泥土等，具有因地制宜、就地取材、施工简单等优点，目前被广泛采用。当仅用来消除湿陷性时，垫层可选择素土，需要提高地基承载力时，应选择灰土或水泥土（地基承载力特征值可取到 250kPa）。垫层法适用于地下水位以上地基，处理深度不应大于 5m，否则压实质量难以保证。换填垫层法处理地基的承载力较高，可减少地基的沉降量，缺点是需要增加一定挖方量。

强夯法处理深度可达到 10m 左右，适用于处理地下水位以上土层，对土层含水量要求较高，含水量应在 10%～22%且平均含水量低于塑限含水量 1%～3%。另外，强夯施工会产生较大的振动和噪声，目前在各大城市或近郊区已被禁止采用。

挤密法处理深度可达 20m，其根据成孔工艺可分为挤土成孔挤密法和预钻孔夯扩挤密法，当只用于消除湿陷性时，孔内填料可采用素土，当既用于消除湿陷性又用于提高承载力和刚度时，孔内填料宜采用灰土或水泥土等，填料中的土料宜选用粉质黏土。目前挤密法广泛应用于湿陷性土层较厚地区。应该注意，选择预钻孔夯扩挤密法时（一般预钻孔 d=400mm，分层填料夯扩至成桩直径 D=550mm），当土的含水率偏低，为硬塑或坚硬状态时，扩孔直径很难满足设计要求，桩间土的挤密效果很差，难以达到消除湿陷性的效果。

预浸水法宜用于处理自重湿陷性黄土层厚度大于 10m、自重湿陷量计算值不小于

500mm 的场地，操作简便，处理范围广、深度大。由于其对周边边坡、建筑物、市政设施影响较大，且耗水量大，耗时长，处理后的上部 6m 土层往往需要进行二次处理等，主要应用于边远地区的大厚度湿陷性黄土处理。

8.2.3 灰土材料的特点有哪些？工程应用中应注意什么问题？

答复：灰土材料一般要求采用消解后的生石灰（生石灰主成分为氧化钙、氧化镁），在潮湿环境中，石灰与土能够发生化学反应，产生新的水硬性胶凝物质，具有强度高、稳定性好、隔水性好等优点。灰土强度与石灰质量（特别是 CaO、MgO、$Ca(OH)_2$ 含量）、灰土比、夯实度等因素密切相关。

工程应用中，目前环保要求采用袋装消石灰，但袋装消石灰中掺有大量的磨细石粉及工业废料等，有效成分钙、镁活性离子含量远远低于规范要求，压实灰土不产生物理化学变化，几年后仍不胶结硬化，仍是透水的散体材料。因此，灰土材料应慎用，如果建设单位非要采用灰土，施工图中应增加“所用石灰应采用生石灰工地消解”的要求。

8.2.4 在湿陷性地基处理中，水泥土是否可以代替灰土？

答复：目前一般采用 1∶7 水泥土代替 2∶8 灰土，1∶6 水泥土代替 3∶7 灰土（体积比）。这种代替在强度方面是基本等同的，在隔水性方面水泥土略差，但对于湿陷性黄土地基处理，水泥土也能满足其隔水需要。

8.2.5 孔内深层强夯法（DDC）工法有何特点？

答复：孔内深层强夯法（Down-hole Dynamic Consolidation，DDC）是一种深层地基处理方法。该方法先成孔（钻孔或冲孔）至预定深度，然后自下而上分层填料强夯或边填料边强夯，形成高承载力的密实桩体和强力挤密的桩间土。DDC 法可采用素土、灰土或水泥土、也可采用混凝土或水泥粉煤灰碎石水拌制料等强度高的填料。

DDC 法是在综合了重锤夯实、强力夯实、钻孔灌注桩、钢筋混凝土预制桩、灰土桩、碎石桩、双灰桩等地基处理技术的基础上，吸收其长处，抛弃其缺陷，集高动能、高压强、强挤密各效应于一体，完成对软弱土层的处理。工程应用时，大多采用成孔直径 400mm，间距 0.9m 左右，成桩直径 550mm，要求桩土压实系数不小于 0.97，桩间土挤密系数平均值不小于 0.93，复合地基承载力范围为 180～300kPa（素土桩 180～200kPa，2∶8 灰土 200～250kPa，3∶7 灰土 250～300kPa）。该工法适用于素填土、杂填土、砂土、粉土、黏性土、湿陷性黄土、淤泥质土等地基的处理。另外，对沙漠、垃圾场以及工业废料堆场的处理也有明显的效果。

8.2.6 孔内深层超强夯法（SDDC）工法有何特点？

答复：孔内深层超强夯法（Super Down-hole Dynamic Consolidation，SDDC）是用旋挖钻机取土成孔或液压履带式打桩机提升重锤自由放下冲击成孔，然后向孔内回填一定量桩体材料，再用自由下落的重锤对填充的桩体材料反复夯实达到密实度要求，连续回填桩体材料并分层夯实直至地面标高，形成高承载力的密实桩体和强力挤密的桩间土体。根据桩体填料不同，桩型可分为素土桩、灰土桩、水泥土桩、渣土桩、碎石桩、三合土桩等，一般成孔孔径为 1200～1500mm，夯扩成桩直径为 1800～2500mm，成孔深度可达 25m 左右。桩体压实系数 0.97～1.00，桩间土挤密系数 0.93～0.97；复合地基承载力范围，素土桩 200～250kPa；2∶8 灰土 250～300kPa；3∶7 灰土 300～350kPa；渣土桩、三合土桩 300～450kPa；水泥土桩、碎石桩 500～700kPa。

该工法多适用于湿陷性黄土、杂填土、各类软弱土，垃圾回填区和高填方区等，能够有效消除原地基土的湿陷性、大幅度提高地基承载力，对各类地基处理适应性强，施工周期短。另外，对于SDDC工法处理后的复合地基仍难以满足承载力、沉降或稳定性要求时（如大厚度杂填土、生活垃圾回填区上建造高层建筑等），可在SDDC工法桩体上钻孔形成钢筋混凝土灌注桩，可减小不利土层对桩体影响，有效消除桩侧负摩阻力，大幅度提升灌注桩的承载力。

8.2.7 DDC工法与SDDC工法有何区别？

答复：DDC工法与SDDC工法的工艺、填料、适用范围相近，但仍存在诸多区别，具体见表8.2.7。

DDC工法与SDDC工法区别 **表8.2.7**

工法	DDC工法	SDDC工法
成孔设备	长螺旋钻机、柴油锤、振动锤	液压打桩机、旋挖钻机
桩锤类型	细长锤，牵引下落	子弹头，自由落体
桩锤质量(t)	1.8～3.0	10～15
桩锤高度(m)	3～5	5～10
成孔直径(mm)	400	1000～1400
成桩直径(mm)	550～600	1800～2200
桩间距(mm)	800～1400	2500～3500
复合地基承载力(kPa)	素土桩180～200； 2∶8灰土桩200～250； 3∶7灰土桩250～300	素土桩200～250； 2∶8灰土桩250～300； 3∶7灰土桩300～350

8.2.8 湿陷起始压力对设计有何意义？

答复：湿陷起始压力P_{sh}是指湿陷性黄土浸水饱和、开始出现湿陷时的压力，工程中一般定义湿陷系数$\delta_s=0.015$对应的压力作为湿陷起始压力值。P_{sh}越大，黄土湿陷性越弱，反之则强，如果基底附加压力与上覆土的饱和自重压力之和小于P_{sh}，则地基一般可不处理。

《湿陷性黄土标准》表6.1.5中对于非自重湿陷性场地，主要从控制黄土层湿陷起始压力确定处理深度。湿陷起始压力与土的液限、塑限、塑性指数、含水率、饱和度、干密度和孔隙比等有关，一般随着土层深度的增加而增加，$P_{sh}>100$kPa时，土层的承载力、压缩模量能够得到基本保证；另外，$P_{sh}<100$kPa，对于6m以下的非自重湿陷性土层基本不存在（6m以下上覆土饱和自重压力$P_h>100$kPa，$P_h/P_{sh}>1$可判别为自重湿陷性黄土）。因此，多层丙类建筑控制湿陷起始压力$P_{sh}\geqslant100$kPa，一方面是对地基承载力、沉降提出基本要求，另一方面则变相对剩余湿陷量也提出了要求。

8.2.9 大厚度湿陷性黄土地基，如何确定处理方案？

答复：大厚度湿陷性黄土指基底以下湿陷性黄土层下限深度大于20m。若需要处理的厚度较深（如大于15m）时，一般地基处理工艺很难将湿陷性土层消除。一方面，地基土附加压应力在一定深度后逐渐消散；另一方面，水源进入较深地基范围的概率较低，因此，大厚度湿陷性黄土的处理厚度可适当放松。对位于Ⅲ级、Ⅳ级大厚度湿陷性黄土的丙类建筑，剩余湿陷量可按 300mm 控制，当计算所得的处理厚度分别大于 10.0m、12.0m 时可取 10.0m、12.0m，按 1/2 处理土层厚度计算的外放宽度大于 6m 时取 6m，满足应力扩散角（$B=b+2Z\tan\theta$）要求的同时，应在原防水措施基础上提高等级或采取加强措施。

8.2.10 湿陷性黄土场地的地基处理范围受条件限制，不满足《湿陷黄土标准》第 6.1.6 条第 3 款规定时，如何处理？

答复：地基处理外放尺寸主要考虑两个方面的因素：一是改善应力扩散，增强地基稳定性，防止地基受水浸湿产生侧向挤出；二是减小拟处理土层的渗透性，增强整片处理土层的防水作用，防止大气降水、生产及生活用水从上向下或侧向渗入。对于天然地基承载力要求不高的桩基础、刚性桩复合地基、天然地基承载力有富余的丙类多层建筑等，地基处理外放尺寸确因条件限制不满足《湿陷性黄土标准》相关要求时，可适当放宽外放尺寸要求，但原则上不应小于标准最低限值的 3/4；对于压力扩散要求较高的地基，外放尺寸尚应满足处理深度范围内的压力扩散角要求。对于不满足地基处理最小外放尺寸的情况，应在四周设置防水帷幕等措施，防止水从建筑物外侧渗入地基。如图 8.2.10-1 所示，北侧和西侧外放范围受限时采用加密桩间距的办法，形成竖向防水帷幕。图 8.2.10-2 提供了另一种办法，采用一排咬合的人工挖孔桩，桩径取 1m，桩间距取 0.7～0.8m，桩长比湿陷性土层深 1～2m，桩孔内用人工回填灰土或水泥土，施工时需要间隔施工，形成竖向隔水帷幕。

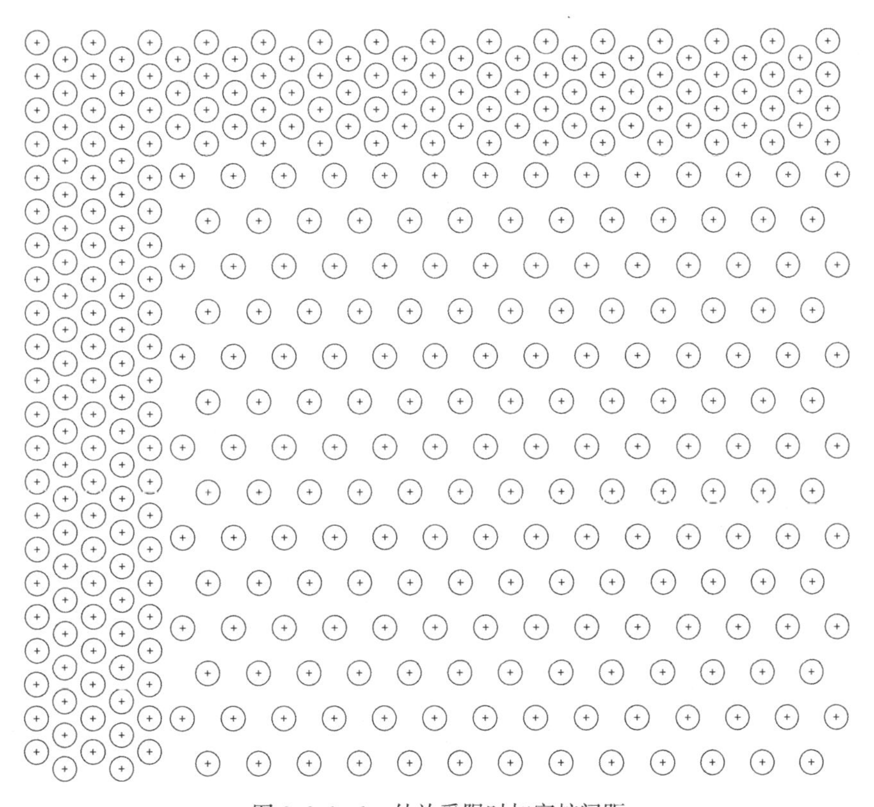

图 8.2.10-1 外放受限时加密桩间距

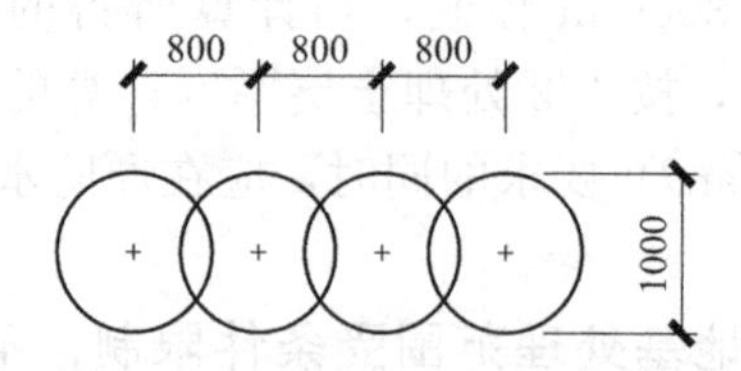

图 8.2.10-2　咬合桩形成止水帷幕示意

8.2.11　挤密桩法处理湿陷性黄土地基时，桩间土质量如何控制？

答复：《湿陷性黄土标准》第 6.4.3 条规定，挤密填孔后，3 个孔之间土的平均挤密系数 $\overline{\eta}_c$ 不宜小于 0.93；第 6.4.5 条规定，三个孔之间的最小挤密系数 η_{dmin}，甲、乙类建筑不宜小于 0.88，丙类建筑不宜小于 0.84。《地基处理规范》第 7.5.2 条规定，桩间土挤密后的平均挤密系数不宜小于 0.93。陕西省标准《挤密桩规程》第 3.2.1 条规定，桩间土挤密后的平均挤密系数，对土桩挤密地基及甲、乙类建筑的灰土桩、水泥土桩及二灰桩等挤密地基不宜小于 0.93，对丙类建筑的灰土桩挤密地基不宜小于 0.90。建议陕西省的建设项目执行陕西省标准《挤密桩规程》，陕西省以外的项目执行《湿陷性黄土标准》。

对于桩间土检查的取样位置，《湿陷性黄土标准》第 8.2.3 条规定，应分层检测桩间土平均挤密系数，竖向取样间距不宜超过 1m。平均挤密系数取样位置应分别位于两桩心连线的中点（B 点）及净间距（桩间距减去桩直径）的 1/10 处（A 点），取二者的平均值，如图 8.2.11 所示。陕西省标准《挤密桩规程》也有类似规定。《地基处理规范》在条文说明中明确规定，平均干密度的取样应自桩顶向下 0.5m 起，每 1m 不应少于 2 点（一组），即桩孔外（桩径外）100mm 处 1 点（A 点），桩孔之间的中心距（1/2 处）1 点（B 点），取 A、B 两点土样的平均值。建议按《湿陷性黄土标准》取样。

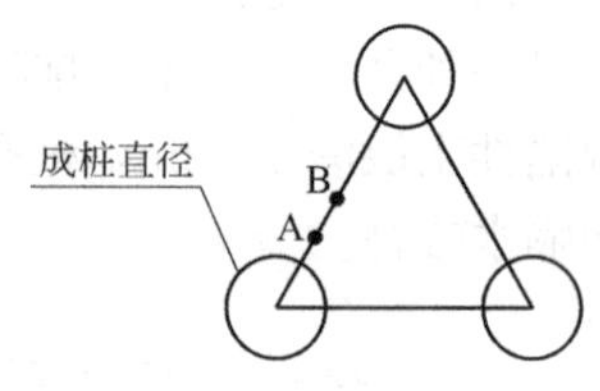

图 8.2.11　桩间土干密度取样位置示意

8.2.12　自重湿陷性黄土场地，考虑桩侧负摩阻力时，如何试桩？

答复：在自重湿陷性黄土场地，单桩竖向承载力计算除不计中性点深度以上黄土层的正侧阻力外，尚应扣除桩侧的负摩阻力（图 8.2.12）。桩的承载力特征值 R_a 可表示为：

$$R_a = q_{pa}A_p + uq_{sa}(l-z) - u\overline{q}_{sa}z \quad (8.2.12\text{-}1)$$

式中：q_{pa}——桩端阻力特征值（kPa）；

A_p——桩端横截面的面积（m^2）；

u——桩身周长（m）；

q_{sa}——中性点深度以下土层（加权平均）桩侧摩阻力特征值（kPa）；

$\overline{q}_{sa}$——中性点深度以上黄土层平均负摩阻力特征值（kPa）；

l——桩身长度（m）；

z——中性点深度（m）。

试桩时，中性点以上的桩周土发挥的是正侧摩阻力效应，此时，桩的承载力特征值计算如下：

$$R_0 = \frac{Q_{uk}}{2} = q_{pa}A_p + uq_{sa}(l-z) + uq_{sa0}z \quad (8.2.12\text{-}2)$$

式中：q_{sa0}——中性点深度以上土层（加权平均）桩侧摩阻力特征值（kPa）。

试桩压力可取 Q_{uk}：

$$Q_{uk}=2R_0=2(R_a+u\bar{q}_{sa}z+uq_{sa0}z) \quad (8.2.12\text{-}3)$$

其中，$\bar{q}_{sa}$、z 可根据《湿陷性黄土标准》第 5.7.6 条规定取值，或参考地勘报告。

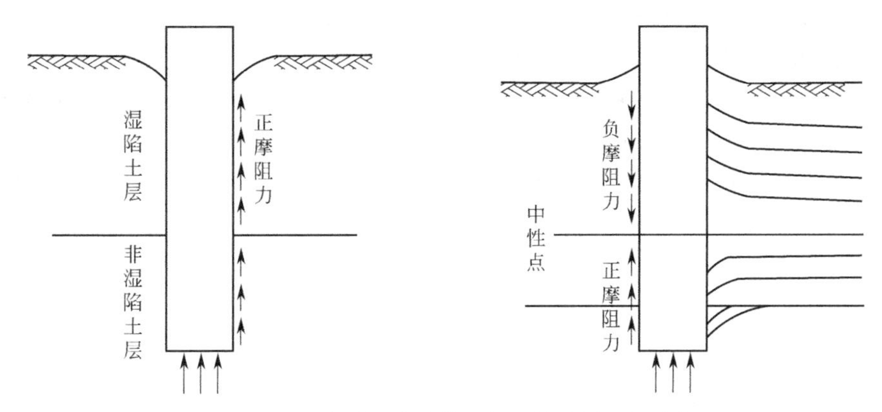

图 8.2.12 自重湿陷性黄土场地桩基侧阻力示意

参考文献

[1] 中华人民共和国住房和城乡建设部. 工程结构可靠性设计统一标准：GB 50153—2008 [S]. 北京：中国建筑工业出版社，2008.

[2] 中华人民共和国住房和城乡建设部. 建筑结构可靠性设计统一标准：GB 50068—2018 [S]. 北京：中国建筑工业出版社，2018.

[3] 中华人民共和国住房和城乡建设部. 建筑工程抗震设防分类标准：GB 50223—2008 [S]. 北京：中国建筑工业出版社，2008.

[4] 中华人民共和国住房和城乡建设部. 建筑结构荷载规范：GB 50009—2012 [S]. 北京：中国建筑工业出版社，2012.

[5] 中华人民共和国住房和城乡建设部. 混凝土结构设计规范（2015 年版）：GB 50010—2010 [S]. 北京：中国建筑工业出版社，2015.

[6] 中华人民共和国住房和城乡建设部. 砌体结构设计规范：GB 50003—2011 [S]. 北京：中国建筑工业出版社，2011.

[7] 中华人民共和国住房和城乡建设部. 钢结构设计标准：GB 50017—2017 [S]. 北京：中国建筑工业出版社，2017.

[8] 中华人民共和国住房和城乡建设部. 钢结构焊接规范：GB 50661—2011 [S]. 北京：中国建筑工业出版社，2011.

[9] 中华人民共和国住房和城乡建设部. 建筑抗震设计规范（2016 年版）：GB 50011—2010 [S]. 北京：中国建筑工业出版社，2016.

[10] 中华人民共和国住房和城乡建设部. 建筑地基基础设计规范：GB 50007—2011 [S]. 北京：中国建筑工业出版社，2011.

[11] 中华人民共和国住房和城乡建设部. 地下工程防水技术规范：GB 50108—2008 [S]. 北京：中国建筑工业出版社，2008.

[12] 中华人民共和国住房和城乡建设部. 湿陷性黄土地区建筑标准：GB 50025—2018 [S]. 北京：中国建筑工业出版社，2018.

[13] 中华人民共和国住房和城乡建设部. 建筑地基基础工程施工质量验收标准：GB 50202—2018 [S]. 北京：中国建筑工业出版社，2018.

[14] 中华人民共和国住房和城乡建设部. 建筑抗震鉴定标准：GB 50023—2009 [S]. 北京：中国建筑工业出版社，2009.

[15] 中华人民共和国住房和城乡建设部. 钢管混凝土结构技术规范：GB 50936—2014 [S]. 北京：中国建筑工业出版社，2014.

[16] 中国石油和化学工业学会. 橡胶支座　第 3 部分：建筑隔震橡胶支座：GB 20688.3—2006 [S]. 北京：中国标准出版社，2006.

[17] 中华人民共和国住房和城乡建设部. 建筑隔震设计标准：GB/T 51408—2021 [S]. 北京：中国建筑工业出版社，2021.

[18] 中华人民共和国住房和城乡建设部. 高层建筑混凝土结构技术规程：JGJ 3—2010

[S]. 北京：中国建筑工业出版社，2010.
[19] 中华人民共和国住房和城乡建设部. 高层民用建筑钢结构技术规程：JGJ 99—2015 [S]. 北京：中国建筑工业出版社，2015.
[20] 中华人民共和国住房和城乡建设部. 混凝土异形柱结构技术规程：JGJ 149—2017 [S]. 北京：中国建筑工业出版社，2017.
[21] 中华人民共和国住房和城乡建设部. 钢结构高强度螺栓连接技术规程：JGJ 82—2011 [S]. 北京：中国建筑工业出版社，2011.
[22] 中华人民共和国住房和城乡建设部. 空间网格结构技术规程：JGJ 7—2010 [S]. 北京：中国建筑工业出版社，2010.
[23] 中华人民共和国住房和城乡建设部. 组合结构设计规范：JGJ 138—2016 [S]. 北京：中国建筑工业出版社，2016.
[24] 中华人民共和国住房和城乡建设部. 建筑消能减震技术规程：JGJ 297—2013 [S]. 北京：中国建筑工业出版社，2013.
[25] 中华人民共和国住房和城乡建设部. 建筑地基处理技术规范：JGJ 79—2012 [S]. 北京：中国建筑工业出版社，2012.
[26] 中华人民共和国住房和城乡建设部. 建筑桩基技术规范：JGJ 94—2008 [S]. 北京：中国建筑工业出版社，2008.
[27] 中华人民共和国住房和城乡建设部. 建筑基桩检测技术规范：JGJ 106—2014 [S]. 北京：中国建筑工业出版社，2014.
[28] 中华人民共和国住房和城乡建设部. 既有建筑地基加固技术规范：JGJ 123—2012 [S]. 北京：中国建筑工业出版社，2012.
[29] 中国工程建设标准化协会. 建筑工程抗震性态设计通则：CECS 160：2004 [S]. 北京：中国计划出版社，2004.
[30] 中国工程建设标准化协会. 叠层橡胶支座隔震技术规程：CECS 126：2001 [S]. 北京：中国工程建设标准化协会，2001.
[31] 中华人民共和国住房和城乡建设部. 超限高层建筑工程抗震设防专项审查技术要点 [A/OL]. (2015-05-21) [2021-02-01]. http://www.mohurd.gov.cn/wjfb/201505/wo20150528101815.doc
[32] 陕西省建设厅. 西安地裂缝场地勘察与工程设计规程：DBJ 61—6—2006 [S]. 西安：陕西省建设厅，2006.
[33] 陕西省建设厅. 挤密桩法处理地基技术规程：DBJ 61—2—2006 [S]. 西安：陕西省建设厅，2006.
[34] 吕西林. 超限高层建筑工程抗震设计指南 [M]. 上海：同济大学出版社，2005.
[35] 但泽义. 钢结构设计手册 [M]. 4 版. 北京：中国建筑工业出版社，2019.
[36] 北京市建筑设计研究院有限公司. 建筑结构专业技术措施 [M]. 北京：中国建筑工业出版社，2019.
[37] 中国建筑设计院有限公司. 结构设计统一技术措施 [M]. 北京：中国建筑工业出版社，2018.
[38] 李国胜. 多高层钢筋混凝土结构设计中疑难问题的处理及算例 [M]. 北京：中国

建筑工业出版社，2011.
[39] 史庆轩，梁兴文. 高层建筑结构设计 [M]. 3 版. 北京：科学出版社，2020.
[40] 梁兴文，叶艳霞. 混凝土结构非线性分析 [M]. 2 版. 北京：中国建筑工业出版社，2015.
[41] 梁兴文，史庆轩. 混凝土结构设计原理 [M]. 4 版. 北京：中国建筑工业出版社，2019.
[42] 梁兴文，史庆轩. 混凝土结构设计 [M]. 4 版. 北京：中国建筑工业出版社，2019.
[43] 蔡绍怀. 现代钢管混凝土结构 [M]. 北京：人民交通出版社，2003.
[44] 王亚勇，戴国莹.《建筑抗震设计规范》的发展沿革与最新修订 [J]. 建筑结构学报，2010，31 (6)：7-16.
[45] Federal Emergency Management Agency. Quantification of building seismic performance factors: FEMA P-695 [S]. Washington D. C.: Federal Emergency Management Agency, 2009.
[46] BERTERO V V. Strength and deformation capacities of buildings under extreme environments [J]. Structural Engineering and Structural Mechanics, 1977: 211-215.
[47] MWAFY A, ELNASHAI A S. Static pushover versus dynamic collapse analysis of RC buildings [J]. Engineering Structures, 2001, 23 (5): 407-424.
[48] Federal Emergency Management Agency. Recommended seismic design criteria for new steel moment-frame buildings: FEMA-350 [S]. Washington D. C.: Federal Emergency Management Agency, 2000.
[49] Federal Emergency Management Agency. Recommended seismic evaluation and upgrade criteria for existing welded steel moment-frame buildings: FEMA-351 [S]. Washington D. C.: Federal Emergency Management Agency, 2000.
[50] Perform-3D Nonlinear Analysis and Performance for 3D Structures Components and Elements [R]. University Avenue, Berkeley, California, USA, Computers and Structures Inc., 2011: 58.
[51] VAMVATSIKOS D, CORNELL C A. Incremental dynamic analysis [J]. Earthquake Engineering & Structural Dynamics, 2002, 31 (3): 491-514.
[52] Federal Emergency Management Agency. NEHRP guidelines for the seismic rehabilitation of buildings: FEMA 273 [S]. Washington D. C.: Federal Emergency Management Agency, 1997.